Studien zur theoretischen und empirischen Forschung in der Mathematikdidaktik

Reihe herausgegeben von

Gilbert Greefrath, Münster, Deutschland

Stanislaw Schukajlow, Münster, Deutschland

Hans-Stefan Siller, Würzburg, Deutschland

In der Reihe werden theoretische und empirische Arbeiten zu aktuellen didaktischen Ansätzen zum Lehren und Lernen von Mathematik – von der vorschulischen Bildung bis zur Hochschule – publiziert. Dabei kann eine Vernetzung innerhalb der Mathematikdidaktik sowie mit den Bezugsdisziplinen einschließlich der Bildungsforschung durch eine integrative Forschungsmethodik zum Ausdruck gebracht werden. Die Reihe leistet so einen Beitrag zur theoretischen, strukturellen und empirischen Fundierung der Mathematikdidaktik im Zusammenhang mit der Qualifizierung von wissenschaftlichem Nachwuchs.

Gudula Volbers

Visualisierungen bei nicht linearen Geometrieproblemen

Springer Spektrum

Gudula Volbers
Institut für Didaktik der Mathematik und
Informatik
Universität Münster
Münster, Deutschland

Die Dissertation wurde im Dezember 2025 am Institut für Didaktik der Mathematik und der Informatik der Universität Münster eingereicht. Betreut wurde die Arbeit von Prof. Dr. Stanislaw Schukajlow und Prof. Dr. Gilbert Greefrath.

ISSN 2523-8604 ISSN 2523-8612 (electronic)
Studien zur theoretischen und empirischen Forschung in der Mathematikdidaktik
ISBN 978-3-658-52827-0 ISBN 978-3-658-52828-7 (eBook)
https://doi.org/10.1007/978-3-658-52828-7

Die Deutsche Nationalbibliothek verzeichnet diese Publikation in der Deutschen Nationalbibliografie; detaillierte bibliografische Daten sind im Internet über https://portal.dnb.de abrufbar.

Planung/Lektorat: Deborah Priß
Springer Spektrum ist ein Imprint der eingetragenen Gesellschaft Springer Fachmedien Wiesbaden GmbH und ist ein Teil von Springer Nature.
Die Anschrift der Gesellschaft ist: Abraham-Lincoln-Str. 46, 65189 Wiesbaden, Germany

Geleitwort

Visualisierungen gelten in der Didaktik und pädagogischen Psychologie als besonders hilfreiche Strategien. Sie können Strukturen sichtbar machen, Zusammenhänge verdeutlichen und Lernende beim Problemlösen unterstützen. Gerade deshalb ist es wissenschaftlich und für die Unterrichtspraxis von großer Bedeutung, genauer hinzusehen, wann Visualisierungen tatsächlich hilfreich sind und unter welchen Bedingungen sie Lernprozesse auch erschweren können. Die Dissertation von Frau Gudula Volbers greift diese Frage in einem anspruchsvollen und zugleich hochrelevanten Bereich auf, bei nichtlinearen Geometrieproblemen und linearen Übergeneralisierungen.

Frau Volbers widmet sich damit einem Phänomen, das weit über einzelne Aufgabenformate hinausweist. Lineare Zusammenhänge prägen viele Alltagserfahrungen und spielen auch im Mathematikunterricht eine zentrale Rolle. Lernende neigen oft dazu, lineare Beziehungen auch dort anzunehmen, wo nichtlineare Zusammenhänge vorliegen. Besonders Skalierungsprobleme machen sichtbar, wie herausfordernd es sein kann, zwischen linearen und nichtlinearen Beziehungen zu unterscheiden. Die Arbeit zeigt eindrucksvoll, dass Visualisierungen in diesem Kontext nicht automatisch zu besseren Lösungen führen, sondern dass ihre Wirkung von Qualität, Zielgerichtetheit und dem zugrunde liegenden konzeptuellen Wissen abhängt.

Besonders lesenswert ist die Dissertation, weil sie ein verbreitetes didaktisches Vertrauen in Visualisierungen differenziert prüft und dadurch neue Perspektiven eröffnet. Frau Volbers analysiert nicht nur, warum selbst erstellte Skizzen in bestimmten Situationen keine positiven Effekte entfalten oder sogar hinderlich sein können. Sie zeigt auch, wie eine gezielte Kombination statischer und dynamischer Visualisierungen dazu beitragen kann, konzeptuelles Wissen über funktionale Zusammenhänge aufzubauen und lineare Übergeneralisierungen zu reduzieren.

Die Stärke der Arbeit liegt zudem in ihrer methodischen Breite. Qualitative Analysen, Interviews, Leistungstests und Eye-Tracking-Daten werden so miteinander verbunden, dass ein differenziertes Bild der Lösungsprozesse entsteht. Auf diese Weise wird nachvollziehbar, welche Rolle Visualisierungen im Bearbeitungsprozess spielen, warum bestimmte Strategien naheliegen und weshalb Lernende nichtlineare Zusammenhänge häufig übersehen. Die abschließende Interventionsstudie führt diese Befunde konsequent weiter und zeigt, wie Forschungsergebnisse in ein lernwirksames digitales Angebot überführt werden können.

Dieses Buch richtet sich damit an alle, die sich für Problemlösen, Visualisierungen, nichtlineares Denken und die Gestaltung lernförderlicher Aufgaben interessieren. Es bietet theoretische Klärungen, empirisch fundierte Einsichten und praktische Anregungen für die Weiterentwicklung von Mathematikunterricht und Lehrkräftebildung. Die Lektüre lohnt sich besonders, weil sie dazu einlädt, eine scheinbar einfache didaktische Annahme neu zu durchdenken: Visualisierungen helfen nicht schon dadurch, dass sie vorhanden sind, sondern dann, wenn sie gezielt, verständnisorientiert und passend zum mathematischen Problem eingesetzt werden.

Münster

Stanislaw Schukajlow
Gilbert Greefrath

Danksagung Beim Anfertigen meiner Dissertation haben mich zahlreiche Menschen begleitet, denen ich an dieser Stelle herzlich danken möchte.

Zunächst möchte ich Prof. Dr. Stanislaw Schukajlow meinen besonderen Dank aussprechen. Als Erstbetreuer hat er mich mit seiner fachlichen Begleitung, seinen wertvollen Rückmeldungen und seiner beständigen Gesprächsbereitschaft maßgeblich unterstützt und zum Gelingen dieser Arbeit beigetragen. Mein Dank gilt ebenso Prof. Dr. Gilbert Greefrath, der diese Arbeit mit seinen Rückmeldungen bereichert hat. Ebenso möchte ich Dr. Janina Krawitz erwähnen, deren Vorarbeiten den Ausgangspunkt für dieses Projekt bildeten und deren fachliche Unterstützung für mich sehr hilfreich war. Auch meine Kolleginnen und Kollegen am Institut für Didaktik der Mathematik und Informatik sowie die an den Erhebungen beteiligten Masterstudierenden haben diese Arbeit durch fachlichen Austausch und ihre Mitarbeit bei den Erhebungen unterstützt. Ebenso erinnere ich mich gern an die gemeinsamen Momente und Gespräche im Rahmen von Konferenzen und institutsinternen Veranstaltungen.

Theresia Volbers und Katharina Forster danke ich sehr für das sorgfältige Korrekturlesen meiner Arbeit.

Ein großer Dank gilt auch meiner gesamten großen Familie – meinen Eltern Christa und Klaus, meinen Geschwistern, meinem Ehemann Martin, meinen fünf Kindern und ihren Partnerinnen und Partnern sowie meinen Enkelkindern. Sie haben mich nach mehr als zwanzig Jahren Tätigkeit im Schuldienst zu diesem Promotionsvorhaben ermutigt. Ich danke ihnen für ihre Geduld, ihr Verständnis und dafür, dass sie mir den nötigen Ausgleich gegeben und mich immer wieder daran erinnert haben, was im Alltag wirklich zählt. In besonderer Erinnerung bleibt mir mein verstorbener Freund Andreas, dessen fachliche Gespräche zu Beginn der Dissertation mir viel bedeutet haben, ebenso gilt mein Dank seiner Frau und meiner Freundin Brigitte für ihre emotionale Unterstützung.

Interessenkonflikt Der/die Autor*in hat keine relevanten Interessenskonflikte im Zusammenhang mit dieser Publikation.

Inhaltsverzeichnis

Abbildungsverzeichnis

Tabellenverzeichnis

Einleitung 1

„Ja dann habe ich einfach die 1440 genommen und geteilt durch 4 gerechnet, weil der Flächeninhalt ja viermal größer ist, dann habe ich ja auch geteilt durch 4. Aber ich glaube, das hat auch nicht so viel genützt, weil die Seite glaube ich viermal größer ist und ich weiß nicht, heißt das auch, dass der Flächeninhalt dann viermal größer ist? Glaub ich nicht."

Dieses Zitat verdeutlicht eine verbreitete Schwierigkeit beim Lösen sogenannter nicht linearer Geometrieprobleme, bei denen der Flächeninhalt oder das Volumen ähnlicher Figuren oder Körper auf Grundlage eines gegebenen Skalierungsfaktors bestimmt werden sollen. Häufig nehmen Lernende fälschlich einen linearen funktionalen Zusammenhang statt des korrekten quadratischen bzw. kubischen an. Hierin zeigt sich ein in der mathematikdidaktischen Forschung vielfach dokumentiertes Phänomen: Lineare Übergeneralisierungen, also die Anwendung linearer Modelle in Situationen, in denen sie nicht tragfähig sind (De Bock et al., 2007). Es ist weit verbreitet, tritt in vielen mathematischen Inhaltsfeldern auf, beruht auf einem vielschichtigen Ursachenbündel und hat sich insbesondere im genannten geometrischen Kontext als resistent gegenüber verschiedenen unterrichtlichen Interventionen erwiesen (De Bock et al., 2007; Krawitz & Schukajlow, 2020). Die Schwierigkeiten von Lernenden bei der Lösung nicht linearer Geometrieprobleme sind im Kontext des Problemlösens als grundlegende Dimension mathematischen Lernens zu sehen. Das Lösen von Problemen erfordert Strategien, die über bekannte Routinen hinausgehen und das Überwinden kognitiver Barrieren notwendig machen (Pólya, 1973). Eine der wichtigen Voraussetzung für erfolgreiches Problemlösen ist eine grundlegende Wissensbasis im jeweiligen Inhaltsbereich, hier also zu Flächen- bzw. Rauminhalten, Ähnlichkeit und den funktionalen Zusammenhängen beim Skalieren. Lineare Übergeneralisierungen

G. Volbers, *Visualisierungen bei nicht linearen Geometrieproblemen*, Studien zur theoretischen und empirischen Forschung in der Mathematikdidaktik,
https://doi.org/10.1007/978-3-658-52828-7_1

können somit auch als Ausdruck unzureichend entwickelter Wissensstrukturen verstanden werden (Greer, 2010). Typische Denkweisen wie im Zitat verdeutlichen, dass gerade die Unterscheidung zwischen linearen und nicht linearen Zusammenhängen eine besondere Hürde darstellt. Eine mögliche Intervention zur Unterstützung beim Lösen von Skalierungsproblemen ist der Einsatz von Visualisierungen in Form von Skizzen. Skizzen gelten als mächtige heuristische Strategie beim mathematischen Problemlösen (Arcavi, 2003). Empirische Befunde zeigen jedoch insbesondere im Kontext nicht linearer Geometrieprobleme ein ambivalentes Bild: Während einige Studien lediglich keine oder nur geringe positive Effekte von Skizzen berichten (zum Beispiel De Bock et al., 1998), weisen andere sogar auf negative Effekte hin, wenn Skizzen auf explizite Aufforderung hin erstellt werden (De Bock et al., 2003; Krawitz & Schukajlow, 2020). Dabei zeigt sich, dass das Zeichnen von Skizzen nicht nur mit einer Zunahme linearer Übergeneralisierungen verbunden ist, sondern dass der Leistungsrückgang insgesamt noch stärker ausfällt, als es allein durch die Häufigkeit linearer Übergeneralisierungen erklärbar ist (Krawitz & Schukajlow, 2020). Eine empirisch tragfähige Erklärung für diesen Befund liegt bislang nicht vor. Die vorliegende Arbeit setzt an dieser Forschungslücke an. Die übergeordneten Erkenntnisziele bestehen darin, erstens die festgestellten negativen Effekte auf Aufforderung gezeichneter Skizzen bei Aufgaben zu nicht linearen geometrischen Zusammenhängen systematisch zu untersuchen und zweitens Bedingungen für einen lernförderlichen Einsatz von Visualisierungen in diesem Kontext zu identifizieren. Hierzu wurde ein mehrschrittiges Forschungsprogramm entwickelt, das drei aufeinander aufbauende Studien umfasst: In einer ersten quantitativen Studie zur Skizzenqualität erfolgte eine vertiefte Analyse von Bearbeitungen nicht linearer Geometrieprobleme, bei denen Lernende auf Aufforderung hin oder spontan Skizzen anfertigten. Der Fokus lag auf der Problemlöseleistung, den gewählten Lösungsstrategien sowie der Art und der Qualität der Skizze. Ziel war die Identifikation von Faktoren, die erklären können, warum das Zeichnen einer Skizze leistungsmindernd wirken kann. In einer zweiten qualitativen Studie wurden die kognitiven Prozesse beim Bearbeiten nicht linearer Geometrieprobleme mit auf Aufforderung gezeichneten Skizzen untersucht. Im Zentrum stand, wann und wie Lernende diese Skizzen im Problemlöseprozess nutzen, welche Schwierigkeiten dabei auftreten und welche Rolle sie bei der Entstehung linearer Übergeneralisierungen spielen. Die Ergebnisse der beiden ersten Studien deuteten darauf hin, dass Skizzen nur unter sehr spezifischen Bedingungen lernförderlich wirken können und dass alternative Ansätze notwendig sind. Vor diesem Hintergrund wurde in einer dritten quantitativen Interventionsstudie die Wirksamkeit statischer und dynamischer Visualisierungen zur Förderung des Verständnisses des

Wachstumsprinzips skalierter Flächen und Körper überprüft. Damit stellt die dritte Studie in gewisser Weise einen Neuansatz dar, der aus den Befunden der ersten beiden Studien heraus entwickelt wurde. Die Arbeit leistet damit sowohl einen theoretischen Beitrag zur Erklärung der ambivalenten Rolle von Skizzen im Problemlöseprozess als auch einen praktischen Beitrag zur Entwicklung von Perspektiven für die Gestaltung von Lernmaterialien, die nicht nur beim Überwinden linearer Übergeneralisierungen unterstützen, sondern insbesondere den Aufbau tragfähigen konzeptuellen Wissens fördern.

Die Arbeit gliedert sich in drei Teile: Einen theoretischen Teil (Teil I), einen empirischen Teil (Teil II) und einen abschließenden Syntheseteil (Teil III). Der theoretische Teil (Kapitel 2–7) entwickelt die Grundlagen und verortet die Arbeit im bestehenden Forschungsstand. Kapitel 2 stellt zentrale Konzepte zu Linearität, nicht linearen Geometrieproblemen und linearen Übergeneralisierungen dar. Es schafft damit eine erste begriffliche und inhaltliche Grundlage für die Arbeit. Kapitel 3 diskutiert das Phänomen im Kontext des Problemlösens. Dabei wird nicht nur deutlich, wie lineare Übergeneralisierungen in bestehende Modelle des mathematischen Problemlösens eingeordnet werden können, sondern es wird auch herausgearbeitet, welche Wissensbasis für die erfolgreiche Bearbeitung nicht linearer Geometrieprobleme erforderlich ist. Kapitel 4 und 5 widmen sich den Grundlagen von Repräsentationen, Visualisierungen und multimedialem Lernen. Damit werden theoretische Bezüge hergestellt, die für das Verständnis des Potenzials und der Grenzen von Skizzen zentral sind. Kapitel 6 führt Eye-Tracking als Methode zur Untersuchung kognitiver Prozesse ein. Dies legt die methodische Basis für die Analyse der Skizzennutzung im Problemlöseprozess. Kapitel 7 fasst den Forschungsstand zur Rolle von Skizzen beim Lernen und Problemlösen und insbesondere bei der Lösung nicht linearer Geometrieprobleme zusammen und bildet die Brücke zwischen Theorie und Empirie. Im empirischen Teil (Kapitel 8–11) wird das Forschungsprogramm vorgestellt. Die Kapitel 9 bis 11 berichten über drei Studien zur Skizzenqualität, zu kognitiven Prozessen und zur Wirksamkeit statischer und dynamischer Visualisierungen. Zu Beginn des dritten Teils werden in Kapitel 12 die Ergebnisse der drei Studien zusammengeführt, kritisch diskutiert und in theoretische Modelle eingeordnet. Darüber hinaus werden Limitationen benannt, theoretische und praktische Implikationen herausgestellt, Forschungsdesiderate skizziert und die zentralen Beiträge der Arbeit zusammengefasst. Kapitel 13 schließt die Arbeit mit einem Fazit ab.

Teil I
Theoretischer Teil

2 Linearität, nicht lineare Geometrieprobleme und lineare Übergeneralisierungen

In diesem Kapitel werden die für diese Arbeit relevanten theoretischen Grundlagen und empirischen Befunde zum Begriff der Linearität und zum Phänomen der linearen Übergeneralisierung erörtert. Nach einer Präzisierung zentraler Begriffe (2.1) werden proportionale Funktionen im Kontext von Proportionenlehre und Funktionsbegriff anhand von Strukturmerkmalen, Grundvorstellungen und Darstellungsarten behandelt (2.2). Anschließend wird die Bedeutung und die Entwicklung des proportionalen Denkens beleuchtet (2.3). Es folgen Ausführungen zum Phänomen der linearen Übergeneralisierung im Kontext nicht linearer Geometrieprobleme (2.4). Dabei werden zunächst das Phänomen allgemein (2.4.1) sowie konkret im Hinblick auf nicht lineare Geometrieprobleme (2.4.2) dargestellt; es folgen die Beschreibung möglicher Einflussfaktoren und bisher untersuchter Interventionsmaßnahmen (2.4.3), theoretischer Erklärungsansätze (2.4.4) sowie langfristiger Ansätze zu seiner Überwindung (2.4.5). Das Kapitel schließt mit einer Zusammenfassung (2.5).

2.1 Proportional, linear oder affin – eine Begriffsklärung

Die Verwendung der Begriffe *linear* und *Linearität* ist bezogen auf funktionale Zusammenhänge allgemein sowie im Rahmen der Literatur, die die Basis für die vorliegende Arbeit bildet, nicht einheitlich. Bildungssprachlich wird linear im Sinne von *gradlinig* oder *linienförmig* verwendet, Linearität entsprechend im Sinne von „von gradliniger Beschaffenheit“ (Dudenredaktion, o. D.a). Funktional betrachtet spricht man demnach von einem linearen Zusammenhang, wenn dieser durch eine Gerade veranschaulicht werden kann. Grundlegende Eigenschaft

G. Volbers, *Visualisierungen bei nicht linearen Geometrieproblemen*, Studien zur theoretischen und empirischen Forschung in der Mathematikdidaktik,
https://doi.org/10.1007/978-3-658-52828-7_2

von in diesem Sinne linearer Funktionen ist eine konstante Änderungsrate bzw. Steigung der Geraden (Barzel et al., 2021; vom Hofe et al., 2015). Dementsprechend werden häufig und insbesondere im deutschen Bildungssystem Funktionen der Form $f(x) = ax + b$ mit $a, b, x \in \mathbb{R}$ als linear bezeichnet (Barzel et al., 2021; vom Hofe et al., 2015). Folgt man jedoch der mathematischen Definition von Linearität im Sinne linearer Abbildungen, so bedeutet sie die Eigenschaft eines Systems, auf die Veränderung eines Parameters mit einer dazu proportionalen Änderung des anderen Parameters zu reagieren (Greefrath & Siller, 2012). Dieser Definition folgend liegt genau dann eine lineare Funktion vor, wenn sie additiv und homogen ist, also gilt: $f(x_1) + f(x_2) = f(x_1 + x_2)$ und $f(ax) = af(x)$ für $a, x, x_1, x_2 \in \mathbb{R}$ (Greefrath & Siller, 2012; Walz, 2016). Diese Eigenschaften erfüllen nur Funktionen der Form $f(x) = ax$, also die Funktionen, die insbesondere im schulischen Kontext als proportionale Funktionen bezeichnet werden, wobei a der sogenannte *Proportionalitätsfaktor* ist (Barzel et al., 2021). Der Begriff *proportional* bedeutet „in gleichem Verhältnis zueinander stehend" oder „verhältnisgleich" (Dudenredaktion, o. D.c) und umschreibt damit sowohl eine Beziehung zwischen (zwei) Größen als auch die Eigenschaft eines Zusammenhangs und damit die Kerneigenschaft proportionaler Beziehungen (siehe auch Abschnitt 2.2).

Insbesondere in der für diese Arbeit relevanten Forschung werden mit dem Begriff lineare Funktion meist (direkt) proportionale Funktionen der Form $f(x) = ax$ bezeichnet, während Funktionen der Form $f(x) = ax + b$ affin genannt werden (De Bock et al., 2007; Van Dooren et al., 2008). Die Begriffe Linearität und Proportionalität bzw. linear und proportional werden synonym verwendet. Um einerseits dieser Sprechweise Rechnung zu tragen und andererseits Missverständnisse hinsichtlich der in den Bildungsstandards, Kernlehrplänen und weiteren schulischen Materialien verwendeten Terminologie zu vermeiden, werden in dieser Arbeit Funktionen der Form $f(x) = ax + b$ als affin linear und ihr Spezialfall, also Funktionen der Form $f(x) = ax$, als linear oder proportional bezeichnet; die Begriffe Linearität und Proportionalität werden synonym verwendet.

2.2 Proportionale Funktionen zwischen Proportionenlehre und Funktionsbegriff

Proportionale Funktionen sind einerseits ein Spezialfall einer Funktion und andererseits eng mit der sogenannten Proportionenlehre verknüpft, die Verhältnisse zwischen Größen betrachtet (Van Dooren et al., 2008). Um die Entstehung linearer Übergeneralisierungen zu verstehen, ist es notwendig, die beiden Konzepte – Proportionalität und Funktion – in ihren Verflechtungen, Gemeinsamkeiten und Unterschieden zu beleuchten. Einerseits erfolgt die schulische Anbahnung des Funktionsbegriffs häufig über proportionale Zuordnungen, andererseits sind beide Konzepte nicht vollständig deckungsgleich. Im Folgenden werden daher zunächst die historische Proportionenlehre und die sich daraus ergebenden Strukturmerkmale der Proportionalität behandelt. Daran anschließend wird Proportionalität als Sonderfall funktionaler Zusammenhänge eingeordnet, bevor Grundvorstellungen und Darstellungsarten sowohl für Proportionalität als auch für Funktionen dargestellt und schließlich Entstehensbedingungen linearer Übergeneralisierungen herausgearbeitet werden.

Das Konzept der Proportionen ist sehr viel älter als das der Funktionenlehre. Während der Funktionsbegriff erst im 17. Jahrhundert durch Mathematiker wie Leibniz, Bernoulli und Euler entwickelt wurde, wurde die Grundlage für ein systematisches Konzept der Proportionenlehre bereits durch Euklid gelegt, der in seinen Büchern *Elemente* verschiedene Gesetze der Proportionalität entwickelte und bewies (Barzel et al., 2021; Klinger, 2018; Klinger & Barzel, 2019; Modestou & Gagatsis, 2010). Euklid beschrieb sogenannte innere Verhältnisse als Beziehungen zwischen zwei Größen derselben Art; in heutiger Schreibweise entspräche dies einer Gleichung der Form $\frac{a}{b} = \frac{c}{d}$, wobei jeweils a und b sowie c und d Größen gleicher Art sind (Kleinert, 2019).[1]

Aufgrund der im folgenden Kapitel genauer beschriebenen hohen Bedeutung von Verhältnissen nicht nur in Alltag, Kunst und Musik, sondern auch innerhalb der Mathematik wurde das Konzept der Proportionen in den folgenden Jahrhunderten erweitert (Freudenthal, 1973; Modestou & Gagatsis, 2010; Rink,

[1] Euklid beschrieb keine Quotienten, sondern erklärte Verhältnisse anhand der Vergleichbarkeit von Vielfachen: „Man sagt, dass zwei Größen in demselben Verhältnis stehen, die erste zur zweiten wie die dritte zur vierten, wenn bei beliebiger Vervielfältigung die Gleichvielfachen der ersten und dritten den Gleichvielfachen der zweiten und vierten gegenüber, paarweise entsprechend genommen, entweder zugleich größer oder zugleich gleich oder zugleich kleiner sind.“ Die Darstellung als Gleichung entspricht dieser Struktur formal, geht inhaltlich jedoch weit über Euklids Konzept hinaus (vgl. Kleinert, 2019; Freudenthal, 1983; Rink, 2013).

2013).[2] Proportionen, also Verhältnisse, spielen eine wichtige Rolle nicht nur bei der Untersuchung proportionaler Zuordnungen, sondern auch in der Bruch- und Prozentrechnung, bei der Betrachtung relativer Häufigkeiten und Wahrscheinlichkeiten, bei der sogenannten Dreisatzrechnung und auch bei Betrachtungen von Ähnlichkeit und Maßstab (Freudenthal, 1973; Rink, 2013).[3] Obwohl es auf den ersten Blick intuitiv erscheint, ist das Konzept (direkter) Proportionalität schwer zu erfassen. Ein Verhältnis ist, wie Freudenthal (1983) erläutert, keine bloße Paarung zweier Zahlen, sondern eine Funktion eines geordneten Paares von Zahlen oder Größenwerten. Es handelt sich demnach, so der Autor, um eine konzeptuelle Konstruktion, deren Struktur im Vergleich zu anderen mathematischen Konzepten logisch anspruchsvoll ist. Das tragfähige Verständnis von Verhältnissen als Konzept oder geistiges Objekt ist daher kognitiv herausfordernd. Es umfasst mehrere miteinander verknüpfte Strukturmerkmale (Behr et al., 1992; De Bock et al., 2007; Freudenthal, 1983; Lamon, 1993; Modestou & Gagatsis, 2007b; Rink, 2013):

1. *Multiplikativität*: Gemeint ist das Verständnis, dass eine Größe mit einem Faktor multipliziert wird und nicht durch wiederholte Addition entsteht.
2. *Kovariation*: Das Erkennen funktionaler Beziehungen in Form wechselseitiger Veränderungen zweier Größen. Verändert sich eine Größe um das k-Fache, so verändert sich die andere Größe auch um das k-Fache.
3. *Invarianz*: Zwei gemeinsam variierende Größen stehen in einem konstanten Verhältnis zueinander, und zwar unabhängig von ihren absoluten Werten.
4. *Relationalität*: Größen innerhalb eines Verhältnisses gewinnen ihre Bedeutung nicht isoliert, sondern erst durch die Relation zueinander.

Diese Strukturmerkmale der Proportionalität lassen sich als stabile und über verschiedene Darstellungsarten (z. B. als Bruch, Verhältniszahl, Verhältnisgleichung oder auch graphische Darstellung; siehe auch Tabelle 2.1) gültige Beziehung verstehen; sie bilden zugleich die Grundlage für proportionales Denken, in dem

[2] Bemerkenswert ist, dass der Zusammenhang mit der von orientalischen Kaufleuten bereits früh entwickelten Dreisatzregel mit der in der Proportionslehre formulierten Verhältnisgleichheit erst gegen Ende des 15. Jahrhunderts erkannt wurde (Modestou und Gagatsis, 2010).

[3] Ein Eingehen auf die Bereiche der Bruch-, Prozent- und Wahrscheinlichkeitsrechnung würde den Rahmen der Arbeit sprengen. Eine gute Übersicht findet sich bei Freudenthal (1973) und Rink (2013). Auf die Bedeutung von Verhältnissen im Kontext der Ähnlichkeit wird in Abschnitt 3.2.3 eingegangen.

sich diese vier Merkmale, wie im weiteren Verlauf des Abschnitts erläutert wird, widerspiegeln (Behr et al., 1992; Freudenthal, 1983; Lamon, 1993).

Mathematisch lässt sich Proportionalität als Sonderfall eines funktionalen Zusammenhangs auch ohne Rückgriff auf den Verhältnisbegriff oder die klassische Proportionenlehre behandeln. In der schulischen und außerschulischen Praxis erfolgen Überlegungen zur Proportionalität aber bereits in der Primarstufe und der frühen Sekundarstufe I – also lange vor einer systematischen Einführung des Funktionsbegriffs (siehe Abschnitt 2.3). Zwar werden durch solche Proportionalitätsbetrachtungen bereits funktionale Zusammenhänge thematisiert und damit Grundlagen für den Funktionsbegriff gelegt, dieser wird jedoch – entsprechend der gängigen Unterrichtskonzeption – erst im weiteren Verlauf der Sekundarstufe I explizit eingeführt (Greefrath et al., 2016, siehe auch Abschnitt 2.3). Das Konzept der Proportionen wird jedoch innerhalb der schulischen Bildung zu keinem Zeitpunkt umfassend oder systematisch unter Beachtung aller eben genannten Aspekte vertieft: Bei Verhältnisbetrachtungen steht meist die rein numerische, tabellarische oder verbale Beschreibung der Proportionalität durch Zahlverhältnisse im Vordergrund (Barzel et al., 2021). Die Anbahnung des Funktionsbegriffs erfolgt im Allgemeinen über solche Zugänge, etwa durch proportionale Zuordnungen im Zusammenhang mit der Dreisatzlehre. Im Folgenden werden Grundvorstellungen und Darstellungsarten näher betrachtet, die typische Denkweisen im Umgang mit Proportionalität und Funktion sowie deren Gemeinsamkeiten und Unterschiede sichtbar machen.

Grundvorstellungen sind inhaltsbezogene Deutungsmöglichkeiten mathematischer Begriffe oder Verfahren. Sie stellen eine Verbindung zwischen mathematischen Strukturen, individuellen Denkprozessen und lebensweltlichen Kontexten her und spielen eine zentrale Rolle beim Verstehen mathematischer Konzepte (vom Hofe, 1992). Ohne tragfähige Grundvorstellungen bleibt mathematisches Wissen häufig auf formale Verfahren beschränkt, was die flexible Anwendung in Sachsituationen erschwert und das langfristige Verständnis wichtiger Konzepte verhindert (vom Hofe & Blum, 2016). Ebenso bedeutsam ist die Vielfalt an Darstellungsarten mathematischer Objekte: Der Wechsel zwischen Darstellungen und ihre Verknüpfung fördern ein tieferes Verständnis mathematischer Zusammenhänge; sie sind also nicht nur Mittel zur Beschreibung, sondern tragen auch zum Aufbau mathematischer Vorstellungen bei (Duval, 2006).

Funktionales Denken ist laut Vollrath (1989) „eine Denkweise, die typisch für den Umgang mit Funktionen ist". Drei grundlegende Vorstellungen kennzeichnen diese Denkweise:

1. Funktionen beschreiben Beziehungen zwischen Größen: einer unabhängigen Größe wird eine abhängige Größe zugeordnet.
2. Mit Hilfe von Funktionen erfasst man die Auswirkung der Änderung einer Größe auf die andere.
3. Mit Funktionen betrachtet man einen gegebenen oder erzeugten Zusammenhang als Ganzes (Klinger, 2018; Vollrath, 1989).

Diesen Sichtweisen entsprechend haben sich in der (deutschen) Mathematikdidaktik drei Grundvorstellungen zu Funktionen etabliert: Die Zuordnungsvorstellung, die Kovariationsvorstellung und die Objektvorstellung (Greefrath et al., 2016; Vollrath, 1989; vom Hofe & Blum, 2016). Bei der Zuordnungsvorstellung werden lokal einzelne Wertepaare betrachtet, die durch die Funktion einander zugeordnet werden. Die Kovariationsvorstellung entspricht einer dynamischen Sichtweise; sie legt den Fokus auf die Auswirkung der Veränderung einer Größe auf die zweite Größe. Bei der Objektvorstellung wird die gesamte Funktion betrachtet, sie wird beispielsweise dann aktiviert, wenn mit einem bestimmten Funktionstyp die Vorstellung eines bestimmten Graphen verbunden ist (Barzel et al., 2021; Klinger & Barzel, 2019). Bei proportionalen Funktionen wie beispielsweise der Funktion $f(x) = 2x$ entspricht die Zuordnungsvorstellung der Betrachtung konkreter Wertepaare wie (2,4) oder (6,12). Die Kovariationsvorstellung zeigt sich im Verständnis, dass sich bei Veränderung der Ausgangsgröße die zugeordnete Größe im gleichen Verhältnis ändert. Die Vorstellung der Funktion als Gerade durch den Ursprung mit Steigung 2 entspricht der Objektvorstellung.

Die Darstellungsarten von Funktionen betreffend haben sich in der Mathematikdidaktik vier Darstellungsarten etabliert.

1. Die formal-symbolische Darstellung über eine Funktionsgleichung, die im Falle proportionaler Funktionen die Form $f(x) = ax$ (für $x, a \in \mathbb{R}$) hat.
2. Die graphisch-visuelle Darstellung als Funktionsgraph, die bei proportionalen Funktionen einer Geraden durch den Ursprung mit der Steigung a entspricht.
3. Die numerisch-tabellarische Darstellung durch eine Wertetabelle.
4. Die situativ-sprachliche verbale Beschreibung des Zusammenhangs (Barzel et al., 2021).

Betrachtet man das Konzept der proportionalen Funktionen, ist für ein tieferes Verständnis, oder anders gesagt die Ausbildung funktionalen Denkens, einerseits ein flexibler Wechsel zwischen den Darstellungsarten sowie andererseits die Ausbildung der genannten Grundvorstellungen wichtig (Barzel et al., 2021; Klinger & Barzel, 2019).

Definiert man in Analogie zur Definition des funktionalen Denkens proportionales Denken als das Denken in Verhältnissen, umfasst dieses aufbauend auf einem tragfähigen Verständnis von Verhältnissen folgende Teilaspekte: Erstens die Fähigkeit zu multiplikativem Denken, zweitens das Nachvollziehen der Kovariation zwischen abhängigen Größen, drittens das Verständnis der Invarianz der Verhältnisse und viertens das Erfassen der Relationalität (Behr et al., 1992; Freudenthal, 1983; Lamon, 1993). Proportionales Denken befähigt dazu, proportionale Strukturen in konkreten Situationen darzustellen, zwischen verschiedenen Repräsentationen zu wechseln und geeignete Strategien zur Problemlösung auszuwählen (Ayan & Isiksal Bostan, 2016; Behr et al., 1992; Lamon, 1993). Trotz dieser theoretischen Rahmung bestehen nach Christodoulou (2022) derzeit Unschärfen in der Definition der zugrundeliegenden Aspekte; es fehlt eine einheitliche, präzise Bestimmung der zugrundliegenden Komponenten. Der Begriff wird häufig weniger formal-theoretisch als vielmehr induktiv aus beobachteten Denk- und Handlungsweisen von Lernenden abgeleitet (Ayan & Isiksal Bostan, 2016; Christodoulou, 2022; Modestou & Gagatsis, 2010; Rink, 2013). Insbesondere prägen schulische Aufgabenformate und Schulbuchbeispiele maßgeblich die Vorstellung, was unter proportionalem Denken verstanden wird (Modestou & Gagatsis, 2010). Dadurch geraten wichtige Strukturmerkmale wie die Invarianz der Verhältnisse, die Relationalität der beteiligten Größen oder auch die flexible Repräsentation proportionaler Beziehungen oft aus dem Blick. Stattdessen wird proportionales Denken häufig auf den (multiplikativen) Vergleich zwischen Größen und das Lösen von Verhältnisgleichungen der Form $\frac{a}{b} = \frac{c}{d}$ reduziert (Ayan & Isiksal Bostan, 2016; Rink, 2013). Im Zentrum stehen dabei nicht die visuell-graphische oder formal-symbolische Darstellung, sondern die tabellarische oder verbale Beschreibung proportionaler Beziehungen (Barzel et al., 2021). Typische Aufgaben sind die von De Bock et al. (2007) so genannte *Fehlender-Wert-Aufgaben* (*missing value*) wie in dem folgenden sehr einfachen Beispiel, das typische Lösungsmöglichkeiten illustrieren soll: *Ein Kilogramm Äpfel kostet 2,50 Euro. Berechne die Kosten für zwei Kilogramm.*

Bei der Bearbeitung solcher Aufgaben spielen verschiedene (Grund)Vorstellungen zur Proportionalität eine zentrale Rolle, die eng mit den mathematischen Eigenschaften proportionaler Zuordnungen verknüpft sind (Barzel et al., 2021; Hafner, 2012): Logisch äquivalent zu den beiden in Abschnitt 4.1 beschriebenen definierenden Eigenschaften einer proportionalen Zuordnung, der Vervielfachungseigenschaft ($f(a \cdot x) = a \cdot f(x)$) und der Additionseigenschaft ($f(x_1) + f(x_2) = f(x_1 + x_2)$), sind die Eigenschaften *Proportionalität* ($f(a \cdot x) = a \cdot f(x)$), *Quotientengleichheit* ($\frac{f(x)}{x} = a$)) und *Verhältnisgleichheit* ($\frac{x}{y} = \frac{f(x)}{f(y)}$) (Barzel et al., 2021; De Bock et al., 2007; Hafner, 2012). Diese Grundvorstellungen bilden die Grundlage für die in Tabelle 2.1 dargestellten typischen Lösungsmöglichkeiten Fehlender-Wert-Aufgaben. Zu den häufig verwendeten Lösungsverfahren proportionaler Aufgaben gehört der sogenannte Dreisatz, der auf der Anwendung der Vervielfachungseigenschaft beruht und damit multiplikatives Denken sowie die Kovariationsvorstellung adressiert. Weitere Strategien umfassen die Operatormethode, die auf der Proportionalitätsvorstellung basiert und ebenfalls multiplikatives Denken voraussetzt, sowie das Aufstellen einer Bruch- bzw. Verhältnisgleichung auf Grundlage der Verhältnisvorstellung, bei der insbesondere die Invarianz der Verhältnisse sowie das relationale Verständnis eine Rolle spielen (Barzel et al., 2021; De Bock et al., 2007; Hafner, 2012). Auch eine Lösung mit Hilfe der sich primär auf die Kovariationsvorstellung stützenden Additionsvorstellung ist insbesondere bei kleineren Proportionalitätsfaktoren möglich (De Bock et al., 2007).

Tabelle 2.1 Grundvorstellungen zur Proportionalität und Lösungsverfahren proportionaler Aufgaben

Grundvorstellung	Lösungsverfahren	Beispiel
Vervielfachungsvorstellung Wenn sich eine der Größen ver-n-facht, ver-n-facht sich auch die andere Größe.	Dreisatz[1]	Menge in kg | Preis in € 1 | 2,50 2 | **5,00** ($\cdot 2$ in beiden Spalten)
Additionsvorstellung Addiert man zwei Ausgangsgrößen, so muss man auch die zugeordneten Größen addieren.	Additive Überlegungen	$2\,kg + 2\,kg = 4\,kg$ $2{,}50\,€ + 2{,}50\,€ = \mathbf{5{,}00}\,€$
Proportionalitätsvorstellung Man erhält die zugeordnete Größe durch Multiplikation mit dem Proportionalitätsfaktor	Operatormethode	$2 \cdot 2{,}50\,€ = \mathbf{5{,}00}\,€$
Quotientenvorstellung Der Quotient aus zugeordneter Größe und Ausgangsgröße ist konstant	Quotientenmethode	$\frac{2{,}50\,€}{1\,kg} = \frac{x\,€}{2\,kg} \Leftrightarrow \boldsymbol{x = 5}$
Verhältnisvorstellung Die Quotienten aus je zwei Ausgangsgrößen und ihren zugeordneten Größen sind konstant	Bruch- oder Verhältnisgleichung	$\frac{2\,kg}{1\,kg} = \frac{x\,€}{2{,}50\,€} \Leftrightarrow \boldsymbol{x = 5}$

Quelle: eigene Darstellung nach Hafner (2012)
[1] Streng genommen handelt es sich bei diesem Vorgehen um einen Zweisatz, da die gesuchte Größe direkt durch Multiplikation mit einem Vielfachen berechnet wird, ohne dass ein Zwischenschritt über eine Einheitsgröße erfolgt. Der Begriff Dreisatz wird hier im weiteren Sinne verwendet, wie es im schulischen Sprachgebrauch häufig der Fall ist. Didaktisch lässt sich der Zweisatz als Spezialfall eines Dreisatzes auffassen, der bei einfachen Zahlenverhältnissen verkürzt angewendet wird (siehe Koßmann, 2024). Im Beispiel ist die Vervielfachungsvorstellung in Tabellenform dargestellt, da dies der typischen schulischen Darstellung des Dreisatzes entspricht.

Betrachtet man die Vorstellungen und Lösungsverfahren aus funktionaler Perspektive, adressieren die Vervielfachungs- und die Additionsvorstellung die Kovariationsvorstellung des Funktionenkonzepts, die Proportionalitätsvorstellung die Zuordnungsvorstellung. Weder Quotienten- noch Verhältnisvorstellung beziehen sich unmittelbar auf eine der drei Grundvorstellungen funktionalen Denkens, leisten jedoch einen wichtigen Beitrag zum Verständnis von Invarianz und Relationalität der Proportionalität.[4] Die Objektvorstellung spielt für die Lösung von Aufgaben zur Proportionalität in der Regel keine Rolle.

[4] Sie adressieren diese Aspekte eher implizit: Die Quotientenvorstellung lässt sich als rechnerische Ableitung eines konstanten Faktors verstehen, ohne dabei eine funktionale Beziehung

Die typischen Vorstellungen zur Proportionalität sowie die damit verbundenen Lösungsverfahren beziehen sich also alle vier Aspekte proportionalen Denkens; jedoch adressieren nicht alle der Vorstellungen Grundvorstellungen funktionalen Denkens. Umgekehrt werden nicht alle Proportionalitätsvorstellungen durch funktionales Denken erschlossen.

Infolge lassen sich drei Aspekte identifizieren, die ein vertieftes Verständnis proportionaler Beziehungen erschweren können: Erstens zeigt sich aus funktionaler Perspektive eine Einschränkung sowohl der Grundvorstellungen auf den Zuordnungs- und Kovariationsaspekt als auch der Darstellungsarten auf die tabellarische und verbale Beschreibung. Insbesondere geraten Darstellungsformen wie Graphen oder Bruchgleichungen in den Hintergrund. Zweitens stellen aus Sicht der Proportionalität besonders das Verständnis von Invarianz und Relationalität kognitive Herausforderungen dar. Dazu gehört die Fähigkeit, Verhältnis- und Quotientengleichheit zu erkennen und flexibel mit inneren und äußeren Verhältnissen umzugehen. Ein tragfähiges Verständnis setzt außerdem voraus, dass die zugrundeliegenden Einheiten stets mitgedacht werden; bleibt diese Kontextualisierung aus, werden Bruchgleichungen häufig rein formal bearbeitet (Freudenthal, 1983; Hafner, 2012; Rink, 2013). Häufig wird proportionales Denken dann auf den multiplikativen Vergleich zweier Größen reduziert, etwa in Form des Dreisatzes, der Operatormethoden oder auch einer Bruchgleichung, ohne die zugrundeliegende Verhältnisstruktur konzeptuell zu erschließen. Drittens ermöglichen etablierte algorithmische Lösungsverfahren etwa über den Dreisatz eine schematische Bearbeitung entsprechender Aufgabenformate auch ohne echtes Verständnis des zugrundeliegenden Begriffs. Modestou und Gagatsis (2010) sprechen in diesem Zusammenhang von Routineproportionalität (siehe Abschnitt 2.4.5): Lernende reproduzieren eingeübte Verfahren, ohne deren mathematische Bedeutung zu verstehen. Der Einsatz der algorithmischen Verfahren kann, so Freudenthal (1983), bereits vorhandenes Verständnis sogar blockieren.

zu konstruieren; die Verhältnisvorstellung wiederum vergleicht zwei proportionale Strukturen, ohne sie im Sinne eines funktionalen Zusammenhangs zu interpretieren oder darzustellen.

2.3 Die Bedeutung proportionaler Zusammenhänge und die Entwicklung des proportionalen Denkens in Alltag und Schule

Affin lineare und insbesondere proportionale Zusammenhänge sind sowohl in wissenschaftlichen Kontexten als auch im Alltagsleben von grundlegender Bedeutung. Die Fähigkeit zum sogenannten *linear reasoning* ist zentral zur Beschreibung und Interpretation vieler Erscheinungen der realen Welt (Modestou & Gagatsis, 2010; Van Dooren et al., 2008). Proportionale Beziehungen begegnen uns beispielsweise bei der Preisberechnung während des Einkaufs, beim Tanken, bei der Währungsumrechnung oder im Zusammenhang mit Kochrezepten (Barzel et al., 2021; De Bock et al., 2007). Auch in den Naturwissenschaften – insbesondere in der Physik und Chemie – haben lineare Zusammenhänge eine herausragende Bedeutung. Viele fundamentale Gesetzmäßigkeiten wie das Ohmsche Gesetz ($U = R \cdot I$) oder das Massenverhältnis bei Reaktionen beruhen auf linearen bzw. proportionalen Beziehungen. Auch innerhalb der Mathematik selbst nehmen, wie Rouche (1992) feststellte, lineare Zusammenhänge eine herausragende Stellung ein, da sie sowohl zum Verständnis als auch zur Lösung eines weit gefächerten Feldes mathematischer und wissenschaftlicher Probleme der verschiedensten Niveaus grundlegend sind (Van Dooren et al., 2008).

Dieser Bedeutung proportionaler Zusammenhänge entsprechend erfolgte und erfolgt – sowohl menschheits- als auch individualgeschichtlich betrachtet – die Beschäftigung mit ihnen vor und, berücksichtigt man Zugangsmöglichkeiten zur schulischen Bildung, wahrscheinlich auch parallel zu einer wissenschaftlichen Betrachtung auf präformale und empirische Weise (Rink, 2013). Bereits vor Beginn der konzeptuellen Entwicklung der Proportionenlehre wurden in den antiken Kulturen Ägyptens und Babyloniens Probleme des alltäglichen Lebens auf empirische Weise mit Hilfe von Proportionen gelöst (Modestou & Gagatsis, 2007b, 2010). Diese menschheitsgeschichtliche Entwicklung hat ihr Pendant in der individualgeschichtlichen: Kinder werden von klein auf auch außerhalb der Schule mit Situationen konfrontiert, die proportionales Denken erfordern, beispielsweise beim Spielen, beim Einkaufen oder der Mithilfe zu Hause (Rink, 2013; Van Dooren et al., 2008). Hier treffen sie bereits früh korrekte Entscheidungen (Van Dooren et al., 2008). Dies ist jedoch, wie Rink (2013) betont, nicht gleichzusetzen mit einem konzeptuellen Verständnis proportionalen Denkens. Studien zeigen, dass Kinder zunächst ein intuitives Verhältnisverständnis entwickeln, das von einem additiven Verständnis abgelöst wird, während das so wichtige multiplikative Verständnis erst ab etwa 7 Jahren entwickelt wird; zudem gehen qualitative-anschauliche Betrachtungsweisen beispielsweise von Größen-

oder Mengenverhältnissen der quantitativen Erfassung voraus (Freudenthal, 1983; Rink, 2013).

Der gerade geschilderten Bedeutung proportionaler Zusammenhänge entsprechend nehmen diese auch im Schulfach Mathematik eine bedeutende Rolle nicht nur im deutschen Bildungssystem ein. Das National Council of Teachers of Mathematics (NCTM) in den USA beispielsweise schreibt zur Bedeutung proportionaler Zusammenhänge:

> „The ability to reason proportionally develops in students throughout grades 5–8. It is of such great importance that it merits whatever time and effort must be expended to assure its careful development. Students need to see many problem situations that can be modeled and then solved through proportional reasoning." (NCTM,1989, S. 82)

Gemäß der deutschlandweit gültigen Bildungsstandards bilden proportionale Situationen einen wichtigen Zugang zur *Leitidee Muster, Strukturen und funktionaler Zusammenhang*. Dies ist eine von fünf mathematischen Leitideen zur Strukturierung der inhaltsbezogenen mathematischen Kompetenzen von der Primarstufe bis zum Abitur. Bereits in der Grundschule sollen Schülerinnen und Schüler funktionale Beziehungen beispielsweise zwischen Menge und Preis in Sachsituationen erkennen und entsprechende Aufgaben mithilfe multiplikativer Überlegungen lösen; neben einer verbalen wird dabei auch die tabellarische Darstellung thematisiert (Kultusministerkonferenz [KMK], 2005, 2022b; Van Dooren et al., 2008). Dieses Wissen wird im Sinne eines spiralförmigen Curriculums in der Sekundarstufe I aufgegriffen, systematisiert und erweitert (KMK, 2004, 2022a). Eine exemplarische Betrachtung der Kernlehrpläne für das Gymnasium des Landes Nordrhein-Westfalen in Fassung von 2004[5] (KMK, 2004; Ministerium für Schule und Bildung des Landes Nordrhein-Westfalen [MSB], 2004a) verdeutlicht diese Schwerpunktsetzung: Am Ende der Klasse 6 sollen Schülerinnen und Schüler dazu fähig sein, Zusammenhänge zwischen zwei Größen in Worten und mit Hilfe von Diagrammen und Tabellen zu beschreiben sowie diese in Sachsituationen zu erkennen und Werte rechnerisch zu bestimmen. Auch hier werden häufig proportionale Zusammenhänge verwendet, ohne dass entsprechende Begrifflichkeiten eingeführt wurden. Im Laufe des Doppeljahrgangs 7 und 8 folgt zunächst die explizite Einführung des Konzepts proportionaler und antiproportionaler Zuordnungen sowie die Einführung

---

[5] Die ausgewählten Kernlehrpläne wurden fokussiert, da sie für die meisten der am empirischen Teil beteiligten Probandinnen galten. Die übrigen Kernlehrpläne für den mittleren Schulabschluss weisen inhaltlich keine wesentlichen Unterschiede auf; dies gilt ebenso für die aktuell gültigen Fassungen.

des Funktionsbegriffs im Kontext affin linearer Funktionen. Proportionale und antiproportionale Zuordnungen betreffend werden deren Eigenschaften thematisiert sowie das Dreisatzverfahren zur Lösung inner- und außermathematischer Probleme eingeführt und angewendet (MSB, 2004a). Auch hier stehen verbale und numerisch-tabellarische Betrachtungsweisen im Vordergrund. Das explizite Funktionskonzept unter Nutzung aller Darstellungsarten wird in der Regel erst im Anschluss eingeführt – typischerweise im Zusammenhang mit affin linearen Funktionen als erstem formalisierten Funktionstyp. Erst in der Jahrgangsstufe 9 werden quadratische Funktionen, Exponentialfunktionen und trigonometrische Funktionen als neue Funktionstypen eingeführt. Im Fokus stehen hier der Wechsel zwischen den verschiedenen Darstellungsformen von Funktionen, die Nutzung der Funktionstypen zur Lösung inner- und außermathematischer Problemstellungen sowie die Analyse von Parametern und ihrer Veränderung im Hinblick auf deren Einfluss auf die Funktionsgraphen wie auch das zugrunde liegende Modell (MSB NRW, 2004a). Die Basis für ein Verständnis des quadratischen Zusammenhangs zwischen skalierten Flächengrößen aus funktionaler Perspektive wird durch die Einführung quadratischer Funktionen angebahnt; inwiefern dieser Zusammenhang dabei explizit thematisiert wird, wird in Abschnitt 3.2.3 näher diskutiert.

2.4 Lineare Übergeneralisierungen bei nicht linearen Geometrieproblemen

2.4.1 Das Phänomen der linearen Übergeneralisierung

Der Begriff *lineare Übergeneralisierungen* (engl.: *linear overgeneralizations*) beschreibt die Anwendung linearer Modelle in hierfür ungeeigneten Situationen (Krawitz & Schukajlow, 2020). In der Literatur wurden für dieses Phänomen weitere Begriffe geprägt, die sich in Bedeutungsnuancen unterscheiden, jedoch meist synonym verwendet werden: *Lineare Fehlvorstellung* (*linear misconception*), *Linearitätsillusion* (*illusion of linearity*), *Linearitätsfalle* (*linear trap*) und *lineares Hindernis* (*linear obstacle*) (De Bock et al., 2007; De Bock et al., 1998; Krawitz & Schukajlow, 2020). In Abgrenzung hierzu wird im Rahmen dieser Arbeit der Begriff lineare Übergeneralisierungen zur allgemeinen Beschreibung des Phänomens verwendet. Andere Begriffe werden jeweils dann aufgegriffen, wenn ihre Wortwahl bestimmte Aspekte besonders betont. So verweist die Bezeichnung lineare Fehlvorstellung darauf, dass lineare Übergeneralisierungen auf einer tatsächlichen kognitiven Fehlvorstellung beruhen.

Die Tendenz zur linearen Übergeneralisierung ist ein hinsichtlich vieler Aspekte weit verbreitetes Phänomen. Historisch längsschnittlich betrachtet findet sich der erste bekannte schriftliche Beleg in Platos Dialogen Menon: Sokrates bittet den Sklaven Menon, die Seitenlänge eines Quadrats zu berechnen, wenn man den Flächeninhalt verdoppelt. Menon schlägt daraufhin zunächst vor, auch die Seitenlänge zu verdoppeln (Modestou & Gagatsis, 2007b). In ihrer umfassenden Bestandsaufnahme belegen Van Dooren et al. (2008), dass die Tendenz zur linearen Übergeneralisierung querschnittlich in nahezu allen schulischen mathematischen Inhaltsfeldern (Arithmetik, Algebra, Funktionen, Daten und Zufall) sowie in unterschiedlichen Altersgruppen vom Vorschulalter bis hin zu Studierenden auftritt. Ihr Auftreten wurde durch zahlreiche empirische Studien belegt, wobei lineare Übergeneralisierungen in einigen Fällen auch als Zufallsbefund jenseits der einzelnen Forschungsfrage dokumentiert wurde (Van Dooren et al., 2008). Speziell das Inhaltsfeld funktionaler Zusammenhang betreffend treten lineare Übergeneralisierungen die graphisch-visuelle Darstellung von Funktionen betreffend auf. Die Autoren führen mehrere Studien auf, die zeigen, dass Schülerinnen und Schüler, aber auch Lehrkräfte, beim Skizzieren oder Interpretieren von Funktionsgraphen eine ausgeprägte Tendenz zur linearen Übergeneralisierung zeigen – auch, wenn der Zusammenhang eindeutig nicht linear ist. Dieses Phänomen, das sich sowohl beim Zeichnen von Funktionsgraphen, beim Erfinden von Beispielen als auch bei der Interpretation grafischer Daten zeigt, wird von Van Dooren et al. (2008) als lineare Übergeneralisierungen im grafischen Kontext bezeichnet. Die Gründe scheinen hier eher im Bereich einer falschen Objektvorstellung und fehlerhaften Kovariationsvorstellung zu liegen. Über das Inhaltsfeld funktionaler Zusammenhang hinaus lässt sich das Phänomen der linearen Übergeneralisierung in Bereichen beobachten, in denen das in Abschnitt 2.2 beschriebene Proportionalitätskonzept eine wichtige Rolle spielt. Je nach Kontext zeigen sich fehlerhafte (Grund)Vorstellungen Bruch- oder Verhältnisgleichungen betreffend und vor allem eine fehlerhafte Anwendung des auf der Vervielfachungsvorstellung beruhenden Dreisatzes bei Fehlender-Wert-Aufgaben (Van Dooren et al., 2008). Beispiele im Bereich der Arithmetik sind lineare Übergeneralisierungen bei der Lösung sogenannter Pseudoproportionalitätsprobleme, konstanter Probleme sowie additiver (affiner) Probleme (De Bock et al., 2007; Van Dooren et al., 2008). Im Falle von Pseudoproportionalitätsproblemen (siehe Tabelle 2.2) bietet eine Lösung mit Hilfe proportionaler Betrachtungen bestenfalls eine Näherungslösung; im Falle konstanter Probleme sind diese sinnlos, additive Probleme erfordern einen affin linearen Ansatz. Dennoch zeigt sich eine starke Tendenz, die Probleme im Sinne der Vervielfachungsvorstellung zu lösen, ohne die inhaltliche Sinnhaftigkeit der angenommenen Proportionalität kritisch zu hinterfragen (De Bock et al., 2007; Van Dooren et al., 2008).

Tabelle 2.2 Problemtypen mit Potenzial zu linearer Übergeneralisierung im arithmetischen Kontext

Typ	Beispiel
Pseudoproportionalitätsproblem	Wie lange benötigt ein Läufer, dessen Bestzeit im 100-Meter-Lauf 17 Sekunden beträgt, für eine Strecke von 1 Kilometer?
Konstantes Problem	10 Musizierende spielen ein Stück in 5 Minuten. Wie viele Minuten benötigen 20 Musizierende?
Additives bzw. affines Problem	Ellen und Kim laufen gleich schnell, aber Kim hat früher begonnen. Wenn Ellen 5 Runden gelaufen ist, hat Kim 15 zurückgelegt. Wie viele Runden hat Kim gelaufen, wenn Ellen 30 gelaufen ist?

Quelle: eigene Darstellung in Anlehnung an Van Dooren et al., 2008

Eine typische lineare Fehlvorstellung im Bereich der Wahrscheinlichkeitsrechnung besteht in der Annahme, dass die Wahrscheinlichkeit proportional mit der Anzahl der Versuche zunimmt; auch Fehleinschätzungen im Zusammenhang mit dem sogenannten Geburtstagsparadoxon lassen sich in diesem Kontext als Ausdruck linearer Übergeneralisierungen interpretieren (De Bock et al., 2007; Van Dooren et al., 2004 a; Van Dooren et al., 2008). Sehr intensiv erforscht ist das Auftreten linearer Übergeneralisierungen für einen Teilbereich der Geometrie, nämlich bei sogenannten nicht linearen Geometrieproblemen, auf die im folgenden Abschnitt eingegangen wird.

2.4.2 Nicht lineare Geometrieprobleme

Besonders häufig treten lineare Übergeneralisierungen bei sogenannten nicht linearen Geometrieproblemen auf; gemeint sind im Forschungskontext dieser Arbeit Skalierungsprobleme zu Flächen- oder Volumeninhalten maßstäblich vergrößerter oder verkleinerter Figuren oder Körper wie im in Abbildung 2.1 dargestellten Beispiel zur Skalierung eines Quadrats:

Aufgabe 1:

Die Seitenlänge von einem Quadrat C ist 12-mal größer als die Seitenlänge von Quadrat D. Wenn der Flächeninhalt von C 1440 cm² ist, wie groß ist dann der Flächeninhalt von Quadrat D?

Berechnungen oder Überlegungen:

$1440\,cm^2 : 12 = 120\,cm^2$

Abbildung 2.1 Beispielaufgabe mit linearer Übergeneralisierung, Testheft K, Nr. 153 (Krawitz & Schukajlow, 2020)

Analoge Probleme lassen sich zu anderen Flächenformen (krummlinig oder irregulär) und auch zu Körpern formulieren. Die Bezeichnung als nicht linear beruht auf dem Wachstumsprinzip: Während sich Längen beim Skalieren linear verändern (lineare Probleme), verändern sich Flächeninhalte beim Skalieren mit dem Quadrat (k^2), Volumina um die dritte Potenz (k^3) des linearen Skalierungsfaktors. Schülerinnen und Schüler lösen die Aufgabe jedoch häufig mit linearer Übergeneralisierung (siehe Abbildung 2.1). Skalierungsprobleme können sowohl innermathematisch gestellt als auch in einen – meist einfachen – Sachkontext eingebettet sein. Auch die Problemstruktur kann variieren: Die Probleme können im sogenannten Missing-Value-Format oder im Vergleichsformat formuliert werden. Bei Problemen im Missing-Value-Format sind von vier Größen drei gegeben und die vierte ist zu ermitteln (siehe Tabelle 2.3); sie ähneln in ihrer Struktur klassischen proportionalen Dreisatzaufgaben. Bei einer Problemformulierung im Vergleichsformat hingegen sind eine Ausganggröße und ein Skalierungsfaktor gegeben (siehe Abbildung 2.1 und Tabelle 2.3). Eine weitere Differenzierung ergibt sich durch die Verwendung indirekter statt direkter Maße. Bei Skalierungsproblemen mit direkten Maßen steht die Ermittlung von Flächen- bzw. Rauminhalten im Fokus. Indirekte Maße liegen vor, wenn die gesuchte Größe nicht der Flächeninhalt oder das Volumen selbst ist, sondern eine zugeordnete Größe wie eine Zeit-, Masse- oder Preisangabe. Die beispielhaften Problemformulierungen aus Tabelle 2.3 verwenden indirekte Maße; das Skalierungsproblem aus Abbildung 2.1 verwendet direkte Maße und ist im Vergleichsformat formuliert.

Tabelle 2.3 Beispielformulierungen zu nicht linearen Geometrieproblemen

Format	Beispielaufgabe
Missing-Value-Format	Farmer Carl benötigt etwa 8 Stunden, um ein quadratisches Feld mit einer Seitenlänge von 200 m zu pflügen. Wie lange würde er zum Pflügen eines quadratischen Feldes mit einer Seitenlänge von 600 m benötigen?
Vergleichsformat mit indirekten Maßen	Farmer Carl pflügt ein quadratisches Feld und benötigt hierfür 8 Stunden. Morgen muss er ein quadratisches Feld pflügen, dessen Seiten zweimal so lang sind. Wie lange würde er zum Pflügen dieses Feldes benötigen?

Quelle: eigene Darstellung nach De Bock et al. (2007)

Die hohe Relevanz der Thematik zeigt sich in einer Vielzahl empirischer Studien, die sich mit Einflussfaktoren, gezielten Interventionen zur Reduktion linearer Übergeneralisierungen, den kognitiven Ursachen für ihr Auftreten sowie auch mit einer Analyse der verwendeten Lösungsstrategien befassen. Auf die drei ersten Aspekte wird im Folgenden eingegangen, konkrete Lösungsstrategien werden im Rahmen des Abschnitts 3.2 zu nicht linearen Geometrieproblemen im Kontext des Problemlösens vertiefend analysiert.

2.4.3 Einflussfaktoren und Interventionsmaßnahmen zur Reduktion linearer Übergeneralisierungen

Zahlreiche empirische Studien weisen auf eine geringe Lösungsrate bei nicht linearen Geometrieproblemen hin, wobei lineare Übergeneralisierungen häufig als zentrale Fehlerquelle identifiziert werden. (De Bock et al., 2002b; De Bock et al., 1998; De Bock et al., 2003; Svanteson & Kullberg, 2020). Nicht lineare Probleme wurden signifikant schlechter gelöst als lineare. De Bock et al. (2002) belegten zum Beispiel, dass die durchschnittliche Lösungsrate bei linearen Problemen 91 % und bei nicht linearen nur 15 % betrug, wobei der Effekt der

Problemart (proportional versus nicht proportional) sehr groß nach Cohen (1988) war ($F(1,377) = 3293.95$, $p < .01$, $\eta_p^2 \approx .90$[6])[7].

Die generell niedrige Leistung beim Lösen nicht linearer Geometrieprobleme bildete den Ausgangspunkt für eine Reihe systematischer Studien insbesondere durch die Forschungsgruppe um De Bock, Verschaffel und Van Dooren an der Universität Leuven, die diesen Themenkomplex zwischen 1998 und 2007 in mehreren experimentellen Studien umfassend analysierte (siehe De Bock et al., 2007 für eine Übersicht).

Weitere internationale Studien in unterschiedlichen kulturellen und bildungssystemischen Kontexten replizierten und differenzierten die Befunde (Ayan & Isiksal Bostan, 2016; Krawitz & Schukajlow, 2020; Modestou & Gagatsis, 2007b; Paić-Antunović & Vlahović-Štetić, 2011; Pavlin-Bernardić & Mateša, 2012; Svanteson & Kullberg, 2020; Theodoulou et al., 2005; Vlahović-Štetić et al., 2010). Insgesamt wurden die Auswirkungen verschiedener Variablen (Alter, Geschlecht, Form und Dimension der geometrischen Objekte) sowie unterschiedliche Interventionsmaßnahmen zur Förderung des Verständnisses nicht linearer Zusammenhänge untersucht. Im Folgenden werden zunächst die empirischen Befunde zu den untersuchten Variablen dargestellt, die Leistungsunterschiede bei der Lösung nicht linearer Geometrieprobleme erklären. Anschließend wird auf die Auswirkungen der Interventionsmaßnahmen eingegangen.

Die Variablen betreffend hatte das Geschlecht der Schülerinnen und Schüler laut Vlahović-Štetić et al. (2010) keinen messbaren Einfluss auf die Leistung bei der Lösung nicht linearer Geometrieprobleme. Für das Alter zeigte sich dagegen der erwartete Effekt: Ältere Schülerinnen und Schüler schnitten insgesamt und bei der Lösung nicht linearer Probleme besser ab als jüngere (Ayan & Isiksal Bostan, 2016; De Bock et al., 1998, 2002; Modestou & Gagatsis, 2007b; Pavlin-Bernardić & Mateša, 2012; Vlahović-Štetić et al., 2010). Exemplarisch belegten De Bock et al. (2002), dass ältere Lernende (15 bis 16 Jahre) durchschnittlich 22 % der nicht linearen Probleme korrekt lösten, während es bei jüngeren Lernenden nur 7 % waren.[8] Ähnliche altersabhängige Muster wurden auch in anderen

---

[6] Im Original wurden die Effektstärken nicht numerisch angegeben. Sie wurden für die in diesem Abschnitt berechneten Werte nachträglich auf Basis der berichteten F-Werte und Freiheitsgrade berechnet.

[7] Statistische Testkennwerte (z. B. F-, t- und p-Werte) werden in dieser Arbeit aus Gründen der Lesbarkeit im APA-Format mit Dezimalpunkt angegeben; alle übrigen numerischen Angaben folgen der deutschen Kommaschreibweise.

[8] Die Autoren berichten keine Effektstärken zu den Altersvergleichen; diese lassen sich aufgrund fehlender Varianzangaben auch nicht nachträglich berechnen.

der oben genannten Untersuchungen festgestellt. Die Leistungsunterschiede wurden auf ein größeres geometrisches Vorwissen, größere Erfahrungen mit nicht linearen Funktionstypen, eine verbesserte Problemlösefähigkeit sowie eine zunehmende kognitive Reife zurückgeführt (De Bock et al., 1998, 2002; Modestou & Gagatsis, 2007b; Pavlin-Bernardić & Mateša, 2012).

Neben Alter erwiesen sich insbesondere Form und Dimension der geometrischen Objekte als zentrale Einflussfaktoren. In der Literatur werden Form und Dimension als strukturelle Aufgabenmerkmale verstanden, die die Art der kognitiven Verarbeitung beeinflussen (De Bock et al., 1998; Pavlin-Bernardić & Mateša, 2012; Sweller, 1994). Form bezieht sich dabei auf die Form des geometrischen Objekts, Dimension auf den räumlichen Bezugsrahmen (zweidimensional vs. dreidimensional). Bezüglich der Form unterschieden De Bock et al. (1998, 2002) zwischen gradlinig begrenzten (S-Items), krummlinig begrenzten (C-Items) und irregulär begrenzten (I-Items) Figuren oder Körpern. Beide Studien zeigten signifikante Effekte der Form, die insbesondere bei nicht linearen Problemen auftraten. So berichten De Bock et al. (2002) einen signifikanten Haupteffekt der Form auf die Leistung ($F(2,754) = 38.21$, $p < .01$, $\eta_p^2 \approx .09$) sowie eine Interaktion mit der Problemart ($F(2,754) = 107.43$, $p < .01$, $\eta_p^2 \approx .22$). Die durchschnittlichen Lösungsraten bei den nicht linearen Problemen betrugen 28 % für die S-Items, 13 % für die C-Items und 4 % für die I-Items.[9] Auch spätere Studien bestätigten diesen Formeffekt insbesondere hinsichtlich des Vorteils gradlinig begrenzter Figuren bei nicht linearen Problemen (zum Beispiel Pavlin-Bernardić & Mateša, 2012; Svanteson & Kullberg, 2020). Die Leistungsunterschiede in Abhängigkeit von der Form wurden zum einen durch die jeweils möglichen Lösungsstrategien erklärt (De Bock et al., 1998; De Bock et al., 2003), zum anderen durch spezifische Schwierigkeiten insbesondere bei kreisförmigen Figuren (De Bock et al., 1998; Svanteson & Kullberg, 2020). So weisen De Bock et al. (1998; 2003) darauf hin, dass nur bei gradlinig begrenzten Objekten potenziell hilfreiche Rasterstrategien angewendet werden können und die Berechnung des Flächeninhalts mit Hilfe der Flächeninhaltsformel komplexer ist. Zudem ist die nicht lineare Veränderung beispielsweise einer Kreisfläche beim Skalieren durch eine fehlende visuelle Referenz viel schwerer zu erkennen (De Bock et al., 1998; Svanteson & Kullberg, 2020). Bezüglich der Dimension zeigten Pavlin-Bernardić und Mateša (2012) in einer Studie mit Universitätsstudierenden einen großen Haupteffekt der Dimension ($F(1,118) = 40.28$, $p < .001$, $\eta_p^2 = .25$), wobei Flächenprobleme deutlich besser

[9] Die Studie von De Bock et al. (1998) berichtete Formeffekte getrennt nach Altersgruppen; eine direkte altersübergreifende Zusammenfassung war daher nicht möglich.

gelöst wurden als Volumenprobleme. Die geringeren Leistungen bei letzteren wurden auf die höhere kognitive Komplexität dreidimensionaler Relationen und die zusätzliche mentale Belastung zurückgeführt, die daraus entsteht, dass der gleiche Skalierungsfaktor auf mehrere Dimensionen gleichzeitig angewendet und deren Wirkung miteinander koordiniert werden muss (De Bock et al., 2003; Pavlin-Bernardić & Mateša, 2012). Theoretisch lässt sich daraus ableiten, dass sowohl die Form als auch die Dimension geometrischer Objekte die Bearbeitung nicht linearer Geometrieprobleme systematisch beeinflussen. Probleme zu gradlinig begrenzten Objekten und Flächen werden tendenziell besser gelöst, während solche zu krummlinig begrenzten und Körpern zu geringeren Erfolgsraten führen. Diese Unterschiede lassen sich durch die erhöhte kognitive Komplexität und die spezifischen Anforderungen bei der Verarbeitung nicht linearer Relationen erklären.

Im Anschluss an diese Befunde zu den Variablen werden nun die in der Forschung untersuchten Interventionsmaßnahmen dargestellt, mit denen versucht wurde, die Leistung bei nicht linearen Geometrieproblemen zu verbessern. Im Einzelnen betrafen diese:

- die Problemformulierung im Vergleichsformat statt im Fehlender-Wert-Format (De Bock et al., 2002)
- die Verwendung indirekter statt direkter Maße (Van Dooren et al., 2003 a)
- die Einbettung der Probleme in einen authentischen Kontext (De Bock et al., 2003)
- Eine handlungsorientierte Problemstellung verbunden mit enaktiver Arbeit an realen Materialien (De Bock et al., 2007)
- die Einbeziehung metakognitiver und visueller Scaffolds (De Bock et al., 2002; Pavlin-Bernardić & Mateša, 2012; Theodoulou et al., 2005)
- die Visualisierung durch (in Teilen) selbst erstellte oder vorgegebene maßstabsgetreue Skizzen (ohne Scaffold-Funktion) (De Bock et al., 1998, 2002; De Bock et al., 2003; Krawitz & Schukajlow, 2020)
- Wahlmöglichkeiten zwischen vorgegebenen Antworten bei einem Multiple-Choice-Antwortformat (Vlahović-Štetić et al., 2010)
- das Feedback zwischen zwei Leistungstests (Paić-Antunović & Vlahović-Štetić, 2011)

Einige der Interventionen, nämlich die Formulierung der Probleme im Vergleichsformat, der Einsatz metakognitiver und visueller Scaffolds, das Geben von

Feedback sowie eine handlungsorientierte Problemstellung, führten zu signifikanten Leistungsverbesserungen bei nicht proportionalen Problemen. In allen Studien, in denen auch proportionale Probleme einbezogen wurden, kam es jedoch diese betreffend zu Leistungseinbußen, so dass sich kein positiver Gesamteffekt der jeweiligen Intervention zeigte. Für die Formulierung der Probleme im Vergleichsformat beispielsweise zeigte sich ein deutlicher Interaktionseffekt mit der Problemart[10] ($F(1{,}311) = 118.16$, $p < .01$, $\eta_p^2 \approx .28$): Während Lernende, die im Vergleichsformat formulierte Probleme erhielten, deutlich besser bei nichtproportionalen Problemen abschnitten (41 % versus 23 %), verschlechterte sich ihre Leistung bei proportionalen Problemen (De Bock et al., 2002). Auch der Einsatz metakognitiver und visueller Scaffolds[11] führte nur bei nicht proportionalen Problemen zu Verbesserungen (Interaktionseffekte $F(1{,}377) = 15.50$, $p < .01$, $\eta_p^2 \approx .04$; 18 % versus 12 % bzw. $F(1{,}377) = 6.96$, $p < .01$, $\eta_p^2 \approx .02$; 17 % versus 13 %). Ein additiver Effekt der Scaffolds fand sich nicht (De Bock et al., 2002). Die Wahl eines handlungsorientierten Ansatzes reduzierte lineare Übergeneralisierungen kurzfristig deutlich (20 von 24 korrekte Lösungen; Fisher's Exact Test, $p = .0412$; De Bock et al., 2007), zeigte jedoch keinen stabilen Nachtest-Effekt.

Insgesamt blieben die Effekte der Interventionsmaßnahmen, wie De Bock et al. (2007) und Christodoulou (2022) betonen, begrenzt: Trotz der Verbesserung blieb die Gesamtleistung auch bei nicht linearen Problemen vergleichsweise niedrig, wie die oben berichteten Werte exemplarisch zeigen. In allen Studien, die auch proportionale Probleme einbezogen, verschlechterte sich zudem die Leistung bei der Lösung dieser, so dass sich kein positiver Gesamteffekt zeigte (De Bock et al., 2007; Paić-Antunović & Vlahović-Štetić, 2011; Theodoulou et al., 2005; Van Dooren et al., 2004 a).

Von besonderer Bedeutung im Kontext dieser Arbeit sind die divergierenden Befunde zur Wirkung von Skizzen: Je nach Funktion der Skizze (als metakognitiver oder visueller Scaffold oder als rein heuristische Visualisierung) und experimenteller Bedingung werden positive, keine oder sogar negative Effekte berichtet (De Bock et al., 1998, 2002; Krawitz & Schukajlow, 2020; Theodoulou et al., 2005). Die möglichen Ursachen für diese widersprüchlichen Befunde werden in Kapitel 7 vertiefend diskutiert.

---

[10] proportional versus nicht proportional

[11] Eine detailliertere Betrachtung visueller Scaffolds erfolgt in Abschnitt 7.6.

2.4.4 Erklärungen für das Auftreten linearer Übergeneralisierungen

In der Forschung werden verschiedene Erklärungsansätze psychologischer, unterrichtsbezogener sowie fachinhaltlicher Art diskutiert, die sowohl einzeln als auch in ihrem Zusammenwirken zum Verständnis des Auftretens linearer Übergeneralisierungen beitragen (De Bock et al., 2007; Freudenthal, 1983; Modestou & Gagatsis, 2010; Van Dooren et al., 2008). Es lassen sich vier Erklärungsansätze differenzieren: Erstens die Dominanz linearer Modelle in Schule und Alltag, zweitens die Intuitivität und scheinbare Einfachheit linearer Modelle, drittens Einflüsse des Unterrichts und schulischer Lernroutinen sowie viertens inhaltliche und strategische Defizite im jeweiligen mathematischen Inhaltsfeld. Diese vier Erklärungsansätze werden im Folgenden näher erläutert.

Zunächst ist darauf hinzuweisen, dass sich insbesondere die Wirkung der beiden Erklärungsansätze – der Dominanz linearer Modelle und ihrer Intuitivität und scheinbaren Einfachheit – nicht eindeutig voneinander trennen lässt. Beide stehen in einem engen wechselseitigen Zusammenhang. So versteht Freudenthal Linearität als eine Art Leitmotiv von der frühen Kindheit bis ins Erwachsenenalter. Verbunden mit der scheinbaren Einfachheit führe dies dazu, dass "linearity is such a suggestive property of relations that one readily yields to the seduction to deal with eachnumerical relation as though it were linear" (Freudenthal, 1983, S. 267)." Linearität erscheint also den Aspekt der Dominanz linearer Modelle betreffend zunächst als ein universelles Modell zur Lösung mathematischer Probleme. Die wiederholte Auseinandersetzung mit proportionalen Beziehungen im Rahmen des in Abschnitt 2.3 beschriebenen und von Modestou und Gagatsis (2007b) als kultureller Weg zur Aneignung des Funktionsbegriffs bezeichneten Zugangs begünstigt die Tendenz, Beziehungen zwischen zwei Größen grundsätzlich als proportional aufzufassen (De Bock et al., 2007; Modestou & Gagatsis, 2007b; Van Dooren et al., 2005). Modestou und Gagatsis (2007b) bezeichnen Linearität in diesem Zusammenhang als epistemologisches Hindernis im Sinne von Brousseau (2002), also ein solches, das sowohl in der Geschichte der Mathematik als auch in alltäglicher mathematischer Tätigkeit wirksam ist. Unter Bezug auf Duroux (1982) nennen sie fünf Kriterien zur Abgrenzung eines epistemologischen Hindernisses von einer bloßen Schwierigkeit: Erstens ist ein Hindernis Teil des Wissens oder einer Vorstellung, nicht Ausdruck fehlenden Wissens. Zweitens führt es in vertrauten Situationen zu angemessenen, drittens aber außerhalb dieser Kontexte zu falschen Antworten. Viertens ist es resistent gegenüber gelegentlichen Widersprüchen und verschwindet auch nach Erwerb eines adäquateren

Wissens nicht. Fünftens tritt es selbst nach dem Erkennen seiner Unangemessenheit erneut auf. Modestou und Gagatsis (2007b) sehen alle fünf Kriterien im Falle der Linearität bzw. Proportionalität als erfüllt an. Die vier letztgenannten Aspekte erscheinen aus Sicht dieser Arbeit unstrittig: Den zweiten und dritten Aspekt erfüllt Linearität sicherlich; die Tendenz, lineare Zusammenhängen in vertrauten Kontexten erfolgreich anzuwenden, gleichzeitig aber in abweichenden systematisch zu Fehlschlüssen zu gelangen, lässt sich durch die analysierten empirischen Befunde klar belegen. Auch die Punkte vier und fünf lassen sich durch weitere Befunde stützen, etwa durch die in Abschnitt 2.4.2 geschilderte Resistenz linearer Übergeneralisierungen gegenüber Interventionen und insbesondere durch Studien mit Retentionstests, die eine erneute Zunahme linearer Übergeneralisierungen belegten (De Bock et al., 2007; Van Dooren et al., 2004 a). Die Einschätzung des ersten Kriteriums, dass linearen Übergeneralisierungen ein Wissen und nicht der Mangel an Wissen zugrunde liegt, fällt jedoch differenzierter aus: Einerseits berichten Modestou und Gagatsis (2007b), dass lineare Übergeneralisierungen trotz offensichtlich zugänglicher korrekter Lösungsverfahren oder -vorschläge angewendet wurden, was auf eine Überzeugung von deren Korrektheit hinweist. Andererseits kritisieren sie, dass der Zugang zum Konzept (proportionaler bzw. linearer) Funktionen häufig ohne die Entwicklung eines tragfähigen Verständnisses des Konzepts der Proportionalität erfolgt: Wie in Abschnitt 2.2. angedeutet, wird proportionales Denken häufig auf die Fähigkeit eingeengt, Routineaufgaben zur Proportionalität algorithmisch zu lösen. Daher bleibe das Wissen über Proportionalität, so Modestou und Gagatsis (2010), oberflächlich ohne den Aufbau eines für reflektierte Anwendungen notwendigen Konzeptverständnisses. Die hohe Lösungsrate proportionaler im Vergleich zu nichtproportionalen Aufgaben darf daher nicht überbewertet werden. Sie belegt weder ein sicheres Verständnis proportionaler Zusammenhänge noch die Fähigkeit, die inadäquate Anwendung eines proportionalen Lösungsschemas in nichtproportionalen Kontexten zu reflektieren: Beide Fälle können auf einer routinemäßigen Anwendung bekannter Verfahren beruhen, eventuell verbunden mit der Unfähigkeit, proportionale von nicht proportionalen Situationen zu unterscheiden (Ayan & Isiksal Bostan, 2016; Christodoulou, 2022; De Bock et al., 1998; Greer, 2010; Modestou & Gagatsis, 2010; Van Dooren et al., 2008). Neben dieser Fokussierung auf Routineproportionalität könnte für den im Kontext dieser Arbeit wichtigen Fall linearer Übergeneralisierungen bei nicht linearen Geometrieproblemen auch die in Abschnitt 2.2 beschriebene Reduzierung der Darstellungsarten und Grundvorstellungen im Vergleich zu funktionalen Zusammenhängen eine Rolle spielen. Dies wird an späterer Stelle noch einmal aufgegriffen.

Während die Dominanz linearer Modelle somit als struktureller und kultureller Erklärungsansatz verstanden werden kann, bezieht sich der zweite Erklärungsansatz stärker auf kognitive Mechanismen, die Linearität intuitiv und unmittelbar plausibel erscheinen lassen. Für diesen beziehen sich De Bock et al. (2007) auf verschiedene Theorien aus dem Bereich der mathematikdidaktischen Psychologie sowie der Kognitionspsychologie, nämlich Fischbeins (1999) Theorie der Intuitionen, die darauf beruhende Theorie der intuitiven Regeln von Tirosh und Stavy (1999a, 1999b) und die *Dual-Process-Theory*. Diese Theorien werden im Folgenden kurz erläutert. Fischbein (1999) definierte Intuitionen als Kognitionen, die subjektiv als selbstverständlich, unmittelbar, sicher, global und zwingend erscheinen. Neben logischen Schwierigkeiten und Fehlvorstellungen zeigen, so der Autor, Schülerinnen und Schüler häufig auch intuitive Denkmodelle und Interpretationen, die teilweise im Gegensatz zu schulisch vermitteltem Wissen stehen. De Bock et al. (2007) sehen das Wissen um proportionale Zusammenhänge tief im von Fischbein beschriebenen intuitiven Wissen verankert und daher bis zu einem gewissen Grad unzugänglich für Reflexion. Die auf Grundlage der Ausführungen Fischbeins (1999) entwickelte Theorie der intuitiven Regeln von Tirosh und Stavy (1999a, 1999b) geht davon aus, dass Schülerinnen und Schüler oft auf einfache, scheinbar naheliegende Denkstrategien zurückgreifen. Beispiele sind die „Mehr-a-mehr-b-Regel“ oder die „Gleiches-a-gleiches-b“ Regel.[12] Diese führen häufig zu korrekten, in komplexeren Situationen jedoch zu fehlerhaften Antworten, etwa im Kontext nicht linearer Geometrieprobleme (Gillard et al., 2009 a).[13]

Im Unterschied zu diesen beiden Theorien bietet die ursprünglich aus der Kognitionspsychologie stammende Dual-Process-Theory (Evans, 2008; Stanovich & West, 2000) eine prozessbezogene und differenzierte Erklärung für das

---

[12] Nach Tirosh & Stavy bezeichnet die „Mehr-a-mehr-b-Regel“ (More-A-More-B rule) die intuitive Annahme, dass eine Zunahme einer Größe A automatisch mit einer Zunahme einer anderen Größe B einhergeht (z. B. „je länger die Seite, desto größer der Winkel“). Die „Gleiches-a-gleiches-b-Regel“ (Same-A-Same-B rule) beschreibt die Annahme, dass gleiche Werte einer Größe A gleiche Werte einer zweiten Größe B implizieren (z. B. „gleiche Seitenlänge bedeutet gleicher Flächeninhalt“ oder „gleiche Menge Zucker bedeutet gleich süßes Wasser“).

[13] Wie Greer (2010) betont, sind die Ausführungen zur Anwendung intuitiver Regeln insbesondere auch im Kontext linearer Übergeneralisierungen kritisch zu betrachten, und zwar aufgrund fehlender empirischer Nachweise sowie wegen der Gefahr von Fehlinterpretationen. Letztere wurde von Van Dooren et al. (2004 b) empirisch nachgewiesen: In einer qualitativen Analyse zeigte sich, dass die Wahl bestimmter falscher Antworten in einem Multiple-Choice-Test, die scheinbar der intuitiven Regel: „Same A- Same B“ entsprach, in Wirklichkeit auf andere Faktoren zurückzuführen war.

Auftreten linearer Übergeneralisierungen (Gillard et al., 2009 a). Aufgrund ihrer engen Anbindung an den mathematischen Problemlöseprozess erscheint sie für die Fragestellungen im Kontext dieser Arbeit besonders geeignet und wird daher ausführlicher dargestellt. Die Dual-Process-Theory postuliert die Existenz zweier Arten der Informationsverarbeitung, genannt System 1 und System 2. System 1 steht für schnelle, intuitive und ressourcenschonende Entscheidungen, die oft auf hervorstechenden Merkmalen der Problemsituation beruhen. System 2 hingegen arbeitet langsamer, reflektierter und erfordert kognitive Anstrengung bei der Informationsverarbeitung (De Bock et al., 2007; Gillard et al., 2009 a; Putarek & Vlahović-Štetić, 2019). Keines der beiden Informationsverarbeitungssysteme ist grundsätzlich überlegen; beide haben spezifische Stärken und Schwächen und sind je nach Situation nützlich. Die beiden Prozesse verlaufen meist unabhängig, parallel und häufig ohne Widerspruch. Stimmen beim Lösen mathematischer Probleme beide Systeme überein – wenn System 1 eine korrekte, intuitive Antwort liefert, die auch durch System 2 analytisch bestätigt wird –, handelt es sich um sogenannte kongruente Probleme. Dagegen entstehen inkongruente Probleme, wenn die spontane Antwort von System 1 der korrekten Lösung widerspricht und System 2 aktiv werden muss, um die intuitive, aber fehlerhafte Antwort zu hinterfragen und zu korrigieren (siehe De Bock et al., 2007; Gillard et al., 2009 a; Putarek & Vlahović-Štetić, 2019).[14] Nicht lineare Geometrieprobleme sind Beispiele für inkongruente Probleme, ihre proportionalen Pendants gelten als kongruent. Aus Sicht der Dual-Process-Theory sind lineare Übergeneralisierungen eine Folge vorschneller Entscheidungen von System 1, möglicherweise getriggert durch Aufgabenmerkmale wie das „Fehlende-Wert-Format" oder durch den Anschein von Linearität als Universalmodell (De Bock et al., 2007; Gillard et al., 2009 b). Entscheidend ist dabei, ob ein Konflikt zwischen intuitiver und analytischer Verarbeitung nicht erkannt wird oder ob er zwar wahrgenommen, aber nicht erfolgreich durch System 2 aufgelöst werden kann (Gillard et al., 2009 a). Studien zur Konflikterkennung haben gezeigt, dass letzteres häufig der Fall ist (Putarek & Vlahović-Štetić, 2019; Ronghuan et al., 2020). Nicht lineare Geometrieprobleme als inkongruente Probleme betreffend zeigten Putarek und Vlahović-Štetić (2019), dass Lernende den Konflikt zwischen intuitiven linearen Übergeneralisierungen und korrekter Lösung durchaus erkennen – dies belegen unter anderem Unterschiede in den Antwortzeiten und metakognitive Einschätzungen wie geringeres Vertrauen in die Antwort oder eine höhere wahrgenommene Schwierigkeit im Vergleich zu kongruenten Problemen. Unklar blieb

[14] Auf die Rolle der Systeme im Problemlöseprozess wird auch in Kapitel 3 noch einmal eingegangen.

jedoch, ob die analytisch korrekte Antwort aufgrund fehlender inhaltlicher Kenntnisse nicht gegeben werden konnte oder ob die Schülerinnen und Schüler trotz erkannter Inkongruenz nicht versuchten, eine analytische Lösung zu ermitteln. Letzteres deutet auf motivational-affektive Aspekte und ein mangelndes Engagement hinsichtlich schulischer Problemstellungen hin. Dies bezieht sich auf den dritten oben genannten Erklärungsansatz, die Einflüsse des Unterrichts und schulischer Routinen.

Hierzu gehört einerseits die in Abschnitt 2.3 beschriebene starke Fokussierung nicht nur der deutschen Curricula auf Linearität, verbunden mit der algorithmischen Ausführung bestimmter Lösungsverfahren (De Bock et al., 2007). Weiter erläutern De Bock et al. (2007) unter Bezugnahme auf die Ausführungen Brousseaus (2002) zum didaktischen Vertrag und von Cobb et al. (1992) zu soziomathematischen Normen die Bedeutung einer Reihe impliziter Regeln und Erwartungen, die der Beschäftigung von Schülerinnen und Schülern mit mathematischen Aufgaben zugrundliegen. So erwarten Schülerinnen und Schüler häufig, dass eine Aufgabe mit Hilfe aktuell erlernter Verfahren eindeutig lösbar ist (De Bock et al., 2007). Aus ihren Erfahrungen im Mathematikunterricht wissen Lernende, dass sich Aufgaben oft erfolgreich lösen lassen, wenn sie Entscheidungen über geeignete Rechenoperationen auf der Grundlage oberflächlicher Aufgabenmerkmale treffen, etwa anhand bestimmter Schlüsselwörter (zum Beispiel „mehr“ als Hinweis auf Addition oder Multiplikation) oder der Vorstellung, dass alle gegebenen Zahlen verwendet werden müssen. Dabei verinnerlichen Lernende schnell Zusammenhänge zwischen diesen Oberflächenmerkmalen der Aufgabe und den anzuwendenden Lösungsmethoden, sodass sie letztere bei Wiedererkennen entsprechender Merkmale aktivieren (Greer, 1997; Van Dooren et al., 2005). Die linguistische Struktur der untersuchten, in allen Studien als klassische schulische Textaufgabe formulierten nicht linearen Geometrieprobleme weist eine hohe Ähnlichkeit zur Struktur typischer Proportionalitätsaufgaben auf. Diese Oberflächenmerkmale – etwa sprachliche Formulierungen oder Zahlenkonstellationen – verleiten dazu, die Probleme mit Hilfe vertrauter proportionaler Überlegungen zu lösen, deren Gültigkeit Lernende vielfach erfolgreich erfahren und deren Verfahren sie automatisiert haben (Greer, 1997; Modestou & Gagatsis, 2007b; Van Dooren et al., 2005). Dies gilt insbesondere für im Missing-Value-Format formulierte Probleme, trifft jedoch auch auf im Vergleichsformat formulierte Probleme zu, wenn auch deren strukturelle Ähnlichkeit zu klassischen Dreisatzaufgaben geringer ist. In Folge nehmen Lernende, so De Bock et al. (2007), die Probleme als (scheinbar) proportionale Routineaufgaben war und aktivieren keine potenziell hilfreichen Strategien – selbst dann nicht, wenn sie über entsprechende Kenntnisse verfügen. Ein Indiz für diese Erklärung ist der in Abschnitt 2.4.3 dargestellte Befund, dass die Umformulierung der Probleme ins Vergleichsformat zwar zu einer signifikanten Reduktion linearer Übergeneralisierungen führte, diese jedoch weiterhin in erheblichem Umfang auftraten.

Die als vierter Erklärungsansatz genannten inhaltsspezifischen Aspekte sind jeweils im entsprechenden Problemkontext zu sehen. Im Falle nicht linearer Geometrieprobleme werden – wie in Kapitel 3 genauer ausgeführt wird – Defizite im geometrischen Verständnis beschrieben, die sich sowohl auf das Wissen über Flächeninhalte, Volumina und das maßstäbliche Vergrößern und Verkleinern als auch auf das Verständnis der diesen Konzepten zugrundliegenden geometrischen Relationen beziehen (Ayan & Isiksal Bostan, 2016; De Bock et al., 2007; Modestou & Gagatsis, 2007b). Zudem wird ein weiterer Erklärungsansatz diskutiert: Lernende richten ihre Aufmerksamkeit beim Nachdenken über skalierte Figuren oder Körper unweigerlich zunächst auf lineare Veränderungen in jeweils eine Dimension. Trotz korrekter Skalierung dieser linearen Maße – also von Länge, Breite und gegebenenfalls der Höhe – kann diese Fokussierung auf eine Dimension dazu führen, dass Veränderungen in den linearen Dimensionen fälschlicherweise auf Flächeninhalte und Volumina übertragen wird und so zu linearen Übergeneralisierungen führt (De Bock et al., 2007; Theodoulou et al., 2005).

Auf Grundlage der bisherigen Ausführungen zu den theoretischen Erklärungsansätzen lässt sich folgern, dass lineare Übergeneralisierungen bei der Lösung nicht linearer Geometrieprobleme – sowohl unter Versuchsbedingungen als auch in anderen Kontexten – aus vier Gründe erfolgen könnte:

1. Linearen Übergeneralisierungen liegt eine tatsächliche lineare Fehlvorstellung zugrunde, die entweder bereits vorhanden ist oder während der Problembearbeitung entwickelt wird. Diese Fehlvorstellung kann entweder durch die Dominanz linearer Modelle bei der Lösung mathematischer Probleme entstehen – die den Eindruck erwecken kann, dass sie universell anwendbar sind – oder durch Defizite im linearen Denken bedingt sein (De Bock et al., 2007; Greer, 2010).
2. Lineare Übergeneralisierungen entstehen als intuitive, nicht durch das reflektierende System 2 verhinderte Lösung im Sinne der Dual-Process-Theorie oder aufgrund oberflächlicher Aufgabenhinweise. Die Erklärungen hierfür liegen dann entweder in der Intuitivität linearen Denkens oder in der schulischen Erfahrung der Lernenden, dass eine Entscheidung über die zur Lösung eines Problems nötigen Rechenoperationen oft erfolgreich ist, wenn sie auf

oberflächlichen Aufgabemerkmalen beruht (De Bock et al., 2007; Greer, 2010).
3. Schülerinnen und Schüler greifen auf lineare Übergeneralisierungen zurück, weil ihnen geeignete Alternativen fehlen, sei es durch mangelnde inhaltliche Kenntnisse (De Bock et al., 2007; Greer, 2010; Holzäpfel et al., 2018; Modestou & Gagatsis, 2007b) oder auch fehlendes Strategiewissen (Holzäpfel et al., 2018).
4. Ein im Kontext dieser Arbeit nicht weiter diskutierter Grund könnte der Wunsch sein, der Prüfungssituation zu entkommen, indem ohne genaueres Durchdenken der Situation eine schnelle intuitive Antwort gegeben wird (Greer, 2010).

Insgesamt lassen sich lineare Übergeneralisierungen somit auf tief verankerte Denk- und Erfahrungsmuster zurückführen. Diese bilden einerseits die Grundlage linearer Fehlvorstellungen, aber auch die Anwendung linearer Übergeneralisierungen als oberflächliches oder ersatzhaftes Lösungsmodell beruht auf der Vertrautheit und (schnellen) Verfügbarkeit linearer Modelle.

2.4.5 Langfristige Ansätze zur Überwindung linearer Übergeneralisierungen

Die im vorangegangenen Abschnitt erörterten Erklärungsansätze für das Phänomen linearer Übergeneralisierungen machen deutlich, warum kurzfristige Interventionen, wie sie im Abschnitt 2.4.3 beschrieben wurden, zur Überwindung linearer Übergeneralisierungen nicht ausreichen. Daraus ergibt sich die Notwendigkeit, Ansätze in den Blick zu nehmen, die den Aufbau tragfähiger Vorstellungen sowie eine Reorganisation bestehenden Wissens unterstützen. In diesem Zusammenhang plädieren Van Dooren et al. (2005) für einen frühen und kontinuierlichen Aufbau von Modellierungskompetenz bereits ab der Grundschule. Beim Erwerb grundlegender mathematischer Konzepte wie der Multiplikation, Division oder direkter sowie inverser Proportionalität soll Wert auf die Entwicklung der Fähigkeit gelegt werden, mathematische Modelle situationsangemessen zu hinterfragen. Phasen der wichtigen Einübung algorithmischer Fähigkeiten mit Hilfe prototypischer Textaufgaben sollen im Wechsel mit Modellierungsaktivitäten erfolgen, die dabei helfen, das Verhältnis zwischen Realität und Mathematik zu reflektieren. Greer (2010) fordert konkreter, nicht proportionale Probleme im Sinne eines spiralförmigen Lernens frühzeitig zu thematisieren, um einem einseitigen Fokus auf Routinefertigkeiten entgegenzuwirken und adaptives Fachwissen zu fördern. Diese teils eher unspezifisch gehaltenen Vorschläge adressieren sowohl die Stellung der Linearität als Leitmotiv und die Intuitivität proportionaler Beziehungen als auch die oben aufgeführten, den Kontext Schule betreffenden Aspekte. Einen wichtigen Beitrag zur theoretischen Fundierung solch langfristiger Lernprozesse leistet das von Modestou und Gagatsis (2010) entwickelte mehrdimensionale Modell des proportionalen Denkens. Das in Abbildung **2.2** dargestellte Modell erweitert als Reaktion auf die in Abschnitt 2.2 geschilderte Engführung des Begriffs die Sichtweise auf das proportionale Denken über traditionellen Fokus hinaus.

Neben der Fähigkeit zur Lösung klassischer Proportionalitätsaufgaben (Routine Proportionality) umfasst das Modell auch analoges Schlussfolgern (Analogical Reasoning) sowie das meta-analoge Bewusstsein (Meta-analogical Awareness). Analoges Schlussfolgern beschreibt die Fähigkeit, Beziehungsmuster zu erkennen und anzuwenden; meta-analoges Bewusstsein betrifft das Verstehen und Regulieren kognitiver Prozesse, die beim proportionalen Denken involviert sind. Hierzu gehört sowohl die Fähigkeit, proportionale und nicht proportionale Zusammenhänge zu unterscheiden als auch die, nicht proportionale Aufgaben zu lösen. Das vorgeschlagene Modell bietet, wie Christodoulou (2022) herausstellt, nicht nur einen vielversprechenden Ansatz für die Entwicklung der Fähigkeit von Lernenden, zwischen proportionalen und nicht proportionalen Situationen zu unterscheiden.

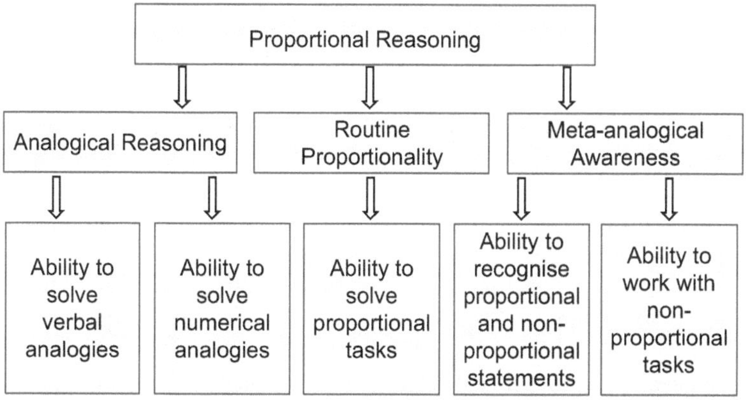

Abbildung 2.2 Strukturmodell proportionalen Denkens nach Modestou und Gagatsis (2010). (Eigene Darstellung)

Es bildet zugleich die Grundlage für ein vertieftes Verständnis des proportionalen Denkens. Dieses Verständnis kann wiederum dazu beitragen, das epistemologische Hindernis der Linearität zu überwinden.

Speziell mit Blick auf nicht lineare Geometrieprobleme zeigen bisherige Forschungsergebnisse, dass ergänzend zu diesen Maßnahmen auch gezielt geometrisch-inhaltliche Aspekte adressiert werden müssen. Die besondere Hartnäckigkeit des Phänomens in diesem geometrischen Kontext sowie auch die Tatsache, dass ein erfolgreiches Unterdrücken linearer Übergeneralisierungen stets begleitet war von einer Zunahme „nicht linearer" Übergeneralisierungen, deuten auf grundlegende Defizite im Verständnis skalierter Größen hin. Daher sollte bereits ab der Grundschule und somit deutlich vor der Thematisierung quadratischer oder kubischer funktionaler Zusammenhänge das konzeptuelle Verständnis des Wachstumsprinzips skalierter Flächen und Körper spiralförmig ausgebaut werden; insbesondere sollte das Wachstumsprinzip explizit im Unterricht thematisiert werden (Ayan & Isiksal Bostan, 2016; Christodoulou, 2022).

Die ursprünglich von G. Posner et al. (1982) formulierte *Conceptual Change Theory* bietet in diesem Zusammenhang einen übergeordneten theoretischen Rahmen. Die Theorie beschreibt Lernen als einen Prozess des konzeptuellen Wandels, bei dem bestehende und möglicherweise fehlerhafte Vorstellungen durch neue, geeignetere Konzepte ersetzt oder neustrukturiert werden. Ein solcher Konzeptwandel setzt voraus, dass Lernende Unstimmigkeiten zwischen ihren bisherigen Vorstellungen und den neuen Konzepten erkennen und das neue Konzept als plausibel und verständlich wahrnehmen. In späteren Arbeiten wurde der Ansatz weiter differenziert. Vosniadou (2007) argumentiert, dass konzeptueller Wandel nicht als plötzlicher Konzeptwechsel, sondern als schrittweise Umstrukturierung und Integration bestehender Konzepte zu verstehen ist. Sie geht davon aus, dass Lernende über tief verankerte Rahmentheorien (*framework theories*) verfügen, die ihr Denken strukturieren, aber auch begrenzen. Solche Rahmentheorien beruhen auf frühen Alltagserfahrungen und prägen grundlegende Annahmen, die Lernende in der Regel nicht bewusst reflektieren. Zudem wurde die Bedeutung metakognitiver Prozesse hervorgehoben: Lernende müssen die Grenzen ihres bisherigen Wissens reflektieren und den eigenen Denkprozess aktiv steuern (Mason, 2001; Vosniadou, 2007). Für die Überwindung linearer Übergeneralisierungen erscheinen die Erkenntnisse der Conceptual Change Theory besonders geeignet, da sie Ansätze bieten, um sowohl stabile lineare Fehlvorstellungen zu korrigieren als auch die unreflektierte oder ersatzhafte Anwendung linearer Denk- und Lösungsstrategien zu verhindern, indem der Aufbau tragfähiger nicht linearer Konzepte unterstützt wird. Auf diesen Überlegungen beruht eine Studie von Van Dooren et al. (2004 a), die aufgrund ihrer thematischen Nähe, der differenzierten empirischen Befundlage und der direkten Relevanz für den dritten empirischen Teil dieser Arbeit ausführlicher dargestellt wird: Sie adressiert unmittelbar das Problem linearer Übergeneralisierungen bei nicht linearen Geometrieproblemen und bildet sowohl eine inhaltliche Grundlage für die Konzeption der eigenen Intervention als auch eine wichtige Referenz für die spätere Interpretation der empirischen Ergebnisse. Die Studie war als quasi-experimentelles Prä-Post-Retention-Design konzipiert mit dem Ziel, die Wirksamkeit eines auf den Prinzipien der Conceptual Change Theory basierenden zehnstündigen Unterrichtsprogramms für Lernende des achten Jahrgangs zu untersuchen. Das Unterrichtsprogramm war inhaltlich in vier thematische Blöcke gegliedert:

Die ersten zwei Einheiten widmeten sich der Einführung in das Konzept der Ähnlichkeit, dem Erkennen und Konstruieren vergrößerter und verkleinerter Figuren sowie dem Verständnis ihrer Eigenschaften. Eine dritte Einheit thematisierte die Skalierung von Längen. Es folgten jeweils zwei Einheiten zur Untersuchung des linearen Wachstums des Umfangs und des quadratischen Flächenwachstums sowie zur Behandlung des kubischen Volumenwachstums. Abschließend erfolgten zwei Einheiten zu einem integrativen Projekt (Leben und Arbeit der Zwerge). Die Experimentalgruppe (n = 18) zeigte nach der Intervention eine substanzielle Leistungsverbesserung bei nicht proportionalen Problemen. Der Anteil korrekter Lösungen stieg von 29,2 % im Prätest auf 61,1 % im Posttest, während in der Kontrollgruppe (n = 17) nur ein minimaler Anstieg von 13,2 % auf 16,1 % zu beobachten war. Erstens sank jedoch im Retentionstest die Zahl der in der Experimentalgruppe korrekt gelösten nicht linearen Probleme deutlich auf 50,0 %, was auf die Schwierigkeit einer dauerhaften Konzeptänderung hinweist. Zweitens fiel die Leistung der Experimentalgruppe bei proportionalen Problemen nach der Intervention stark ab (von 83,3 % im Prätest auf 58,3 % im Post-Test und 52,8 % im Retentionstest), während die Leistung der Kontrollgruppe weitgehend gleich blieb. Dieser auch in anderen Studien (siehe Abschnitt 2.4) beobachtete negative Transfereffekt – die Übertragung neu erarbeiteter nicht linearer Skalierungsprinzipien auf proportionale Probleme – überlagerte die positiven Effekte, sodass kein klarer Gesamteffekt erzielt wurde. Die Autoren folgerten, dass auch diese eher umfangreiche und auf einen konzeptuellen Wandel angelegte Intervention als punktuelle Maßnahme nicht ausreichte, um lineare Übergeneralisierungen dauerhaft zu korrigieren. Sie betonen zugleich die Notwendigkeit, Interventionen so zu gestalten, dass lineare Lösungsstrategien in linearen Kontexten erhalten bleiben, was eine bewusste Unterscheidung zwischen linearen und nicht linearen Beziehungen voraussetzt.

Potenziell unterstützend für das Anstoßen eines solchen konzeptuellen Wandels wirken dabei die in den Abschnitten 2.4.2 und 7.6 beschriebenen visuellen und metakognitiven Hilfen; auch der Einsatz einer dynamischen Geometriesoftware wurde als mögliche Maßnahme vorgeschlagen, jedoch – soweit ersichtlich – bisher nicht systematisch untersucht (Ayan & Isiksal Bostan, 2016; Pavlin-Bernardić & Mateša, 2012). Zum Aufbau des Verständnisses des Wachstumsprinzips skalierter Flächen hat es sich zudem als vielversprechend erwiesen, das Wachstum von Längen und Flächen gleichzeitig zu betrachten (Svanteson & Kullberg, 2020). Es liegt nahe, diese Überlegungen auf den dreidimensionalen Fall zu übertragen, entsprechende empirische Untersuchungen stehen jedoch bislang aus.

2.5 Zusammenfassung

Dieses Kapitel untersuchte das Phänomen linearer Übergeneralisierungen im Kontext nicht linearer Geometrieprobleme. Zunächst wurden grundlegende Begriffe wie linear, proportional und affin differenziert und fachdidaktisch eingeordnet (2.1). Abschnitt 2.2 widmete sich verschiedenen Zugängen zur Proportionalität, den damit verbundenen Grundvorstellungen sowie den typischen Darstellungsformen. Dabei wurden Gemeinsamkeiten und Unterschiede zum funktionalen Denken deutlich: Zwar bestehen konzeptuelle Überschneidungen – etwa im Bereich der Zuordnung oder der Kovariation –, doch fehlt bei vielen Zugängen zur Proportionalität ein durchgängiges Verständnis der Invarianz und Relationalität proportionaler Beziehungen, die Einbindung der Objektvorstellung als Ganzes sowie symbolischer und graphischer Darstellungsarten. Abschnitt 2.3 analysierte die Entwicklung proportionalen Denkens im Alltag und in der Schule und zeigte die Dominanz linearer Zusammenhänge auf. Im Anschluss wurde das Phänomen linearer Übergeneralisierungen systematisch analysiert (2.4). Es zeigte sich als weit verbreitet, besonders hartnäckig im Bereich nicht linearer Geometrieprobleme und nicht durch kurzfristige Maßnahmen zu überwinden. Theoretische Erklärungsansätze verweisen auf drei zentrale Gründe für das Auftreten linearer Übergeneralisierungen, nämlich eine lineare Fehlvorstellung sowie eine Anwendung linearer Übergeneralisierungen als Oberflächenstrategie oder mangels tragfähiger inhaltlicher oder strategischer Alternativen. Diese Gründe wiederum lassen sich mit der Rolle von Linearität als kulturell geprägtes Leitmotiv, ihrer Doppelgesichtigkeit als vermeintlich einfaches, aber tatsächlich komplexes Modell sowie mit aufgabenstrukturellen und inhaltsbezogenen Faktoren in Verbindung bringen. Dies verdeutlicht die Notwendigkeit langfristiger Maßnahmen, die auf einen Aufbau tragfähiger Begriffe und Grundvorstellungen zur Proportionalität sowie auf die Unterscheidung linearer und nicht linearer Zusammenhänge abzielen.

3 Problemlösen und nicht lineare Geometrieprobleme – Theorien, Modelle und Praxis

Für ein tieferes Verständnis des Phänomens linearer Übergeneralisierungen im Kontext der Lösung nicht linearer Geometrieprobleme ist es notwendig, sowohl die zugehörigen Problemtypen als auch die zur Lösung erforderlichen inhalts- und prozessbezogenen Kompetenzen zu analysieren und sie in die Theorie des Problemlösens einzuordnen. Kapitel 3 widmet sich daher dem theoretischen und empirischen Verständnis mathematischer Problemlöseprozesse sowie einer didaktischen Analyse nicht linearer Geometrieprobleme. Zunächst werden grundlegende Begriffe, Modelle und Kompetenzen des mathematischen Problemlösens erläutert (3.1). Darauf aufbauend folgt eine fachdidaktische Analyse nicht linearer Geometrieprobleme (3.2). Anschließend wird die Entstehung und Verortung linearer Übergeneralisierungen im Problemlöseprozess diskutiert (3.3). Das Kapitel schließt mit einer Zusammenfassung (3.4).

3.1 Probleme und Problemlösen in der Mathematik – Grundlagen und Modelle

Die Fähigkeit, Probleme zu lösen, gilt als zentrale Kompetenz für Wissenschaft, Beruf und Alltag; ihre Entwicklung wird in zahlreichen Bildungsdiskursen, internationalen Vergleichsstudien wie den PISA-Erhebungen seit 2003 sowie nationalen und internationalen Curricula als grundlegendes Ziel mathematischer Bildung hervorgehoben (English & Gainsburg, 2016; Foster, 2023; OECD, 2004, 2013, 2017, 2024). Es besteht ein enger Zusammenhang zwischen Problemlösen und Mathematik, der sowohl in der Kognitionspsychologie als auch in der Mathematikdidaktik intensiv untersucht wird (Greiff et al., 2014; Rott, 2015; Schoenfeld, 1985). Einerseits umfasst mathematisches Arbeiten das Lösen von

G. Volbers, *Visualisierungen bei nicht linearen Geometrieproblemen*, Studien zur theoretischen und empirischen Forschung in der Mathematikdidaktik, https://doi.org/10.1007/978-3-658-52828-7_3

Problemen, andererseits gilt Mathematik als ein besonders geeignetes Medium zur Förderung allgemeiner Problemlösefähigkeiten (Heinze, 2007; Lester & Cai, 2016). Diese enge Verbindung spiegelt sich auch in internationalen Curricula wider, in denen Problemlösen als zentrale Kompetenz und als Ausdruck mathematischer Denk- und Arbeitsweisen verankert ist (English & Gainsburg, 2016; Foster, 2023; Lester & Cai, 2016; Santos-Trigo, 2024). Auch in den deutschen Bildungsstandards nimmt das Problemlösen eine wichtige Rolle als eine der sogenannten prozessbezogenen Kompetenzen ein (KMK, 2004, 2022a); im Mathematikunterricht wird im Sinne der von Heinrich Winter (1995) formulierten Grunderfahrungen die Entwicklung heuristischer Fähigkeiten als Beitrag zur Allgemeinbildung angestrebt (KMK, 2004; Winter, 1995). Trotz weitgehender Einigkeit über die hohe Relevanz des Problemlösens besteht jedoch weder international noch national ein allgemeiner Konsens über die Bedeutung der Begriffe Problem, Problemaufgabe und Problemlösen sowie der Abgrenzung zur Routineaufgabe (Foster, 2023; Holzäpfel et al., 2018; Schoenfeld, 1985). Daher werden in den folgenden beiden Abschnitten zunächst die in dieser Arbeit verwendeten Begrifflichkeiten präzisiert.

3.1.1 Begriffsklärung: Probleme, Problemaufgaben und Routineaufgaben

Der Begriff *Problem* geht etymologisch auf das griechische Wort probléma zurück und bezeichnet im heutigen (alltäglichen) Sprachgebrauch eine schwierige (ungelöste) Aufgabe, schwer zu beantwortende Frage oder komplizierte Fragestellung (Dudenredaktion, o. D.b). Beispielsweise kann ein verlegter Schlüssel oder ein defekter Autoreifen während einer Autofahrt ein Problem darstellen – diese Beispiele verdeutlichen, dass es verbunden mit dem Problem auch einen erwünschten Zielzustand (in Form des wiedergefundenen Schlüssels oder eines funktionstüchtigen Autoreifens) gibt. Diesen Aspekt greifen wissenschaftliche Begriffsdefinitionen auf. Entsprechend den meisten der kognitionspsychologischen Definitionen, die von Rott (2015) umfassend verglichen werden und deren Grundidee auf die Problem-Space-Theorie von Newell und Simon (1972) zurückgeht, ist ein Problem dadurch gekennzeichnet, dass zwischen einem – unerwünschten – Anfangszustand und einem – erwünschten – Ziel- oder Endzustand eine Barriere existiert, die ein direktes Erreichen des Zielzustandes mit den vorhandenen bekannten Mitteln und Methoden verhindert (Newell & Simon, 1972; Rott, 2015).

Im obigen Beispiel wäre der PKW mit einem defekten Reifen der unerwünschte Ausgangszustand, der erwünschte Zielzustand das fahrtüchtige Auto mit vier funktionstüchtigen Reifen. Der Zielzustand kann durch eine Reparatur oder einen Wechsel des Reifens erreicht werden. Hier wird deutlich, dass die Art und „Höhe" der Barriere stark variieren kann (Lester & Cai, 2016; Schoenfeld, 1985; Stiller et al., 2021). Zudem ist erkennbar, dass bereits die Existenz dieser Barriere und damit die Frage, ob ein Problem vorliegt, sowohl personenabhängig als auch abhängig von situativen oder zeitlichen Faktoren ist. Ein Reifenwechsel wird für einen Mechatroniker oder eine Mechatronikerin das sein, was wir im Alltag als Routine bezeichnen, falls die notwendigen Mittel – also Werkzeug und Ersatzreifen – zur Verfügung stehen, denn die notwendigen Methoden sind ihr oder ihm bekannt. Stehen die notwendigen Mittel nicht zur Verfügung, bedeutet der defekte Reifen auch für diesen Personenkreis ein Problem. Für andere Personen kann die Barriere auch bei verfügbaren Mitteln aufgrund fehlender methodischer Kenntnisse bestehen. Zwischen diesen Extremen sind Abstufungen denkbar, wenn beispielsweise eine Person die notwendigen Werkzeuge zur Verfügung und prinzipielle Kenntnisse über das Wechseln eines Reifens hat, aber die notwendigen Schritte zunächst erinnern und strukturieren muss. Problemhaftigkeit ist also relational zu verstehen: Sie entsteht aus der Wechselwirkung zwischen Individuum einschließlich seiner Wissens- und Erfahrungshintergründe, der Problemsituation und dem Kontext, in den diese eingebettet ist (Lester & Cai, 2016; Liljedahl et al., 2016; Schoenfeld, 1985).

Betrachtet man die stärker auf mathematische Handlungen ausgerichtete Problemdefinitionen der deutschen Mathematikdidaktik, so erfolgen diese teils wie gerade ausgeführt mit Bezug auf eine Barriere, andererseits jedoch in Abgrenzung zu Routinesituationen (Foster, 2023; Pólya, 1973; Rott, 2015; Schoenfeld, 1985). Dabei ist der Begriff Problem eng mit dem Begriff der Aufgabe verbunden, wobei die Verwendung des zweitgenannten Begriffs nicht eindeutig ist. Teils wird in Anlehnung an Dörner (1976) ein Problem deutlich von einer Aufgabe abgegrenzt: Eine Aufgabe ist laut Dörner (1976) eine geistige Anforderung, für deren Bewältigung die notwendigen Methoden oder eine Reihe bekannter Operationen vorliegen, zu deren Lösung also rein reproduktives Denken erforderlich ist. Dementsprechend werden Problem und Aufgabe als Gegensatzpaare gesehen (siehe Fritz, 2020; Funke, 2003; Stiller et al., 2021). George Pólya, der für die Didaktik des Problemlösens als richtungsweisend gilt, differenzierte dagegen zwischen Routine- und Nichtroutineproblemen:

> „There are all sorts of differences between problems, but the most important one for the teacher is between routine problems and nonroutine problems. The latter demand

a certain amount of independence, judgment, originality, creativity, while the former can be solved by merely applying ready-made techniques. The borderline between both kinds is not sharp, but the extreme cases are easily recognizable." (Pólya, 1973, S. 171)

Schoenfeld (1985, S. 74) beschreibt wiederum *exercises* und *problems* als unterschiedliche Formen von *task*. Exercises im Sinne Schoenfelds (1985) entsprechen den routine problems bei Pólya bzw. den Aufgaben im Verständnis Dörners, also jenen Situationen, in denen ein bekanntes Verfahren unmittelbar zur Verfügung steht; bei problems hingegen ist kein solches Verfahren verfügbar.

Aufbauend auf diesen Überlegungen und in Übereinstimmung mit der Begrifflichkeit Fosters (2023, S. 595) wird in der vorliegenden Arbeit der Begriff Aufgabe als Oberbegriff für jede mathematische Tätigkeit verwendet, zu der Lernende aufgefordert werden und der sowohl Routineaufgaben (*routine problems* im Sinne Pólyas) als auch Probleme bzw. Problemaufgaben (*nonroutine problems*) umfasst. Eine klare Trennung zwischen beiden Typen ist dabei nicht immer möglich; vielmehr bilden diese, wie bereits aus obigem Zitat von Pólya (1973, S. 171) hervorgeht, die Endpunkte eines Kontinuums unterschiedlicher kognitiver Anforderungen (vgl. Foster, 2023; Schoenfeld, 1985).

Die beiden Definitionen eines Problems bzw. einer Problemaufgabe – kognitionspsychologisch über die Existenz einer Barriere und didaktisch über die Abgrenzung zu einer Routineaufgabe – widersprechen sich nicht, sondern ergänzen sich (Lester & Cai, 2016; Rott, 2015). Die Abgrenzung hat eine analytische Funktion: Sie dient – wie in unterschiedlichen theoretischen Ansätzen beschrieben – der Unterscheidung kognitiver Anforderungen, die mit verschiedenen Aufgabentypen verbunden sind (Foster, 2023; Fritz, 2020; Lester & Cai, 2016; Pólya, 1973; Rott, 2015; Schoenfeld, 1985). Eine zusammenfassende Gegenüberstellung zentraler Merkmale findet sich etwa bei Fritz (2020) und Stiller et al. (2021).

Zusammenfassend lässt sich ein mathematisches Problem in Abgrenzung zu einer Routineaufgabe dadurch charakterisieren, dass es nicht unmittelbar mit Hilfe bekannter Lösungswege und Verfahren zu lösen ist und für die Person, die die Aufgabe lösen soll, eine Barriere entsteht. Diese Barriere kann zum einen darin bestehen, dass Lösungsschritte unbekannt sind, zum anderen jedoch in der Notwendigkeit, bekannte Lösungsschritte neu zu kombinieren (Dörner, 1976; Hartmann, 2023; Lester & Cai, 2016; MSB, 2022a).

Die Art der Barriere ist einerseits abhängig von der Art der Problemaufgabe: Mathematische Problemaufgaben können rein innermathematische Aufgaben sein, aber auch Aufgaben mit realweltlichem Bezug; weiter wird häufig nach Grad und Art der Offenheit Anfangs- und Zielzustand sowie Lösungsweg betreffend unterschieden.[1] Holzäpfel et al. (2018) kategorisieren Problemaufgaben hinsichtlich der Art des Ziels in Bestimmungsprobleme, Modellierungsprobleme, Begründungsprobleme, Entdeckungsprobleme und Begriffsbestimmungsprobleme, wobei sie inhaltlich an internationale Typologien von Problemlöseaufgaben (zum Beispiel English & Gainsburg, 2016; OECD, 2013) anschließen. Die im Fokus der Arbeit stehenden nicht linearen Geometrieprobleme sind je nach Kontextbezug rein innermathematische Aufgaben oder Aufgaben mit realweltlichem Bezug. Es handelt sich um Bestimmungsprobleme – gemeint ist damit das Berechnen von Zahlen und Größen oder das Konstruieren einer Figur. Der Anfangszustand ist geschlossen, der Zielzustand je nach Perspektive geschlossen oder offen, da der Flächeninhalt als gesuchte Größe zwar aus Expertenperspektive klar, aber aus Lernendensicht unbekannt ist (siehe Greefrath, 2010). Der Lösungsweg ist offen, da verschiedene Lösungswege existieren (siehe Greefrath, 2018).

Wie bereits oben ausgeführt, ist die Wahrnehmung einer Aufgabe als Problem relativ und hängt von individuellen Voraussetzungen – etwa den verfügbaren Werkzeugen, Strategien und Wissensbeständen – ab. Dies fasst Schoenfeld (1985, S. 75) für den mathematischen Kontext folgendermaßen zusammen:

> „The difficulty with defining the term problem is that problem solving is relative. The same tasks that call for significant effort from some students may well be routine exercises for others, and answering them may just be a matter of recall for a given mathematician. Thus, being a 'problem' is not a property inherent in a mathematical task. Rather, it is a particular relationship between the individual and the task that makes the task a problem for that person."

Problemhaftigkeit ist demnach keine Aufgabeneigenschaft, sondern entsteht aus der individuellen Beziehung zwischen einer Person und der Aufgabe. Eine klare Abgrenzung von Problemlöse- und Routineaufgaben ist daher sowohl für den Mathematikunterricht als auch in der mathematikdidaktischen Forschung nur begrenzt möglich, wenn Kenntnisse über individuelle inhaltliche und prozessbezogene Kompetenzen, über ihre kognitiven Fähigkeiten sowie über zur Verfügung stehende Werkzeuge fehlen; dass auch motivationale Aspekte eine Rolle spielen, sei an dieser Stelle vernachlässigt.

---

[1] Gemeint ist, dass sowohl Anfangs- als auch Endzustand sowie der Weg dazwischen offen sein können. Details und auch die Beleuchtung der Beziehung zwischen offenen Aufgaben und Problemaufgaben würden den Rahmen der Arbeit sprengen, finden sich aber z. B. bei Greefrath (2018) und Rott (2015).

3.1.2 Modelle des Problemlösens

Nachdem im vorherigen Abschnitt gezeigt wurde, dass sich Problem- und Routineaufgaben nicht eindeutig voneinander abgrenzen lassen und Problemhaftigkeit stets in der Wechselwirkung zwischen Individuum und Aufgabe entsteht, rückt nun der Prozess des Problemlösens selbst in den Mittelpunkt. Während die Begriffsbestimmung die strukturellen Merkmale eines Problems betonte – etwa die Existenz einer Barriere zwischen Ausgangs- und Zielzustand –, richtet sich der Blick nun auf die kognitiven und handlungsbezogenen Prozesse, mit denen diese Barriere überwunden wird.

Der Definition des Begriffs Problem entsprechend kann der Prozess des Problemlösens grundsätzlich, wie in Abbildung 3.1 dargestellt, als Transformation des (unerwünschten) Anfangs- in den (gewünschten) Endzustand unter Überwindung einer Barriere durch schrittweise Anwendung von Operatoren und entsprechende Zwischenschritte verstanden werden (Heinze, 2007). In der Terminologie von Newell und Simon (1972) bezeichnet der sogenannte *Suchraum* die Menge aller in Betracht gezogenen möglichen Zustände – einschließlich potenzieller (Teil-)Lösungen –, die durch Anwendung der verfügbaren Operatoren ausgehend vom Anfangszustand erreichbar sind.

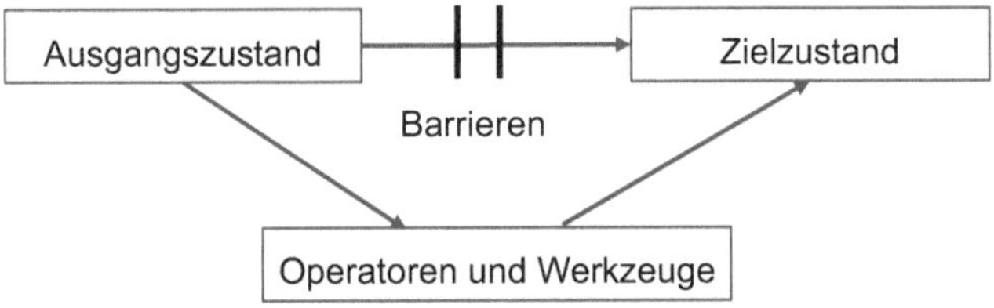

Abbildung 3.1 Problem lösen nach OECD (2013, S. 121). (Eigene Darstellung)

Diese Operatoren entstammen dabei entweder der Wissensbasis der Lernenden oder werden im Verlauf des Problemlöseprozesses durch explorative, strategische und erfahrungsgestützte Verfahren neu entwickelt (Lester & Cai, 2016; Liljedahl et al., 2016; Santos-Trigo, 2024; Schoenfeld, 1985). Der großen Bedeutung des Problemlösens entsprechend wurden in der psychologischen und mathematikdidaktischen Forschung zahlreiche Modelle zum Problemlöseprozess entwickelt. Ein frühes und bis heute einflussreiches Modell stammt von Pólya (1973), der in seinem Werk *How to Solve It* den Problemlöseprozess in die folgenden vier Phasen unterteilt.

1. Verstehen der Aufgabe: Hier muss zunächst die Aufgabenstellung verstanden und analysiert werden: Was ist gegeben, was gesucht und welche Bedingungen sind zu beachten?
2. Ausdenken eines Plans: In dieser Phase wird überlegt, wie sich die bestehende Hürde überwinden lässt. Dabei kann es hilfreich sein, auf bereits gelöste, verwandte Aufgaben zurückzugreifen oder bekannte Strategien zu aktivieren.
3. Ausführen des Plans: Der entwickelte Plan wird schrittweise und unter Kontrolle der Einzelschritte umgesetzt.
4. Rückschau: Abschließend wird die Lösung auf ihre Plausibilität hin überprüft. Dabei wird kontrolliert, ob das Ergebnis zur Aufgabenstellung passt und ob alternative Lösungswege denkbar oder sogar effizienter wären. Zudem sollte das Ergebnis in einer klaren Antwort formuliert werden.

Trotz gelegentlich geäußerter Kritik an diesem von Pólya (1973) wohl eher als Orientierungshilfe und möglicherweise nicht strikt linear gedachtem Modell gilt dieses bis heute als grundlegendes Referenzmodell zur Beschreibung mathematischer Problemlöseprozesse innerhalb der Mathematikdidaktik (Lester, 2007; Liljedahl et al., 2016; Rott, 2015; Santos-Trigo, 2024). Weitere Modelle – eine Übersicht findet sich beispielsweise bei Greefrath (2018) und Rott (2015) sowie in internationalen Übersichtsarbeiten (Lester & Cai, 2016; Liljedahl et al., 2016) – differenzieren die Schritte teilweise weiter aus. Im internationalen Diskurs zeigen sich dabei – zumindest in Teilen – Entwicklungen von Pólyas heuristischem Phasenmodell hin zu zyklischen, dynamischen und metakognitiv gesteuerten Prozessmodellen des Problemlösens (Santos-Trigo, 2024; Schoenfeld, 1985). Ein Beispiel für eine solche Weiterentwicklung stellt das Modell von Schoenfeld (1985) dar, der den Schritt des Verstehens der Aufgabe durch die Schritte Lesen, Analyse und Exploration ersetzte; den Schritt der Rückschau differenzierte er in Verifikation und Übergang. Diese Erweiterung betont insbesondere die Rolle metakognitiver Kontrolle im Problemlöseprozess. Dieser Aspekt wird im Rahmen der Erörterung der Problemlösekompetenzen (siehe 3.1.3) vertieft; in diesem Abschnitt steht die prozessuale Strukturierung im Vordergrund.

Für die Analyse der in dieser Arbeit betrachteten Problemlöseprozesse wird Pólyas (1973) Vier-Phasen-Modell als theoretischer Bezugsrahmen verwendet. Es bietet eine klar gegliederte, international anschlussfähige Struktur zur Beschreibung zentraler Handlungen und ermöglicht zugleich die Berücksichtigung zyklischer und metakognitiver Erweiterungen (Lester & Cai, 2016; Santos-Trigo, 2024). Darüber orientieren sich auch die aktuellen Bildungsstandards (KMK, 2004, 2022a) und Kernlehrpläne (MSB, 2004a, 2022b) zumindest implizit an dieser Grundstruktur, wie im nächsten Abschnitt genauer ausgeführt wird.

Es scheint jedoch sinnvoll, im Problemlöseprozess zwischen „Schritten“ und „Stationen“ zu unterscheiden, also dem jeweiligen Handeln und dem entsprechenden Ergebnis. So führt etwa der erste von Pólya (1973) benannte Schritt, das Lesen und Verstehen des Problems, zu einem mentalen Modell des Problems, das wiederum die Grundlage für die weitere Planung bildet. Der Begriff mentales Modell stammt aus der Kognitionspsychologie und geht auf Johnson-Laird (1980) zurück. Der Autor verstand mentale Modelle als subjektive, strukturähnliche Repräsentationen, die es dem Individuum ermöglichen, Situationen zu simulieren, zu erklären oder vorherzusagen. Ein mentales Modell ist also eine vereinfachte und subjektive interne Vorstellung, die unser Gehirn auf der Grundlage von Erfahrungen und Wahrnehmungen erstellt (Nitz & Fechner, 2018). In Bezug auf (inner)mathematische (Text)Aufgaben beschreiben Andrá et al. (2015) diesen Prozess folgendermaßen: Nach einer Entschlüsselung des Textes auf syntaktischer und semantischer Ebene werden Informationen aus dem Text mit vorhandenem relevanten Vorwissen in Beziehung gesetzt. Ergebnis der Planung als Schritt ist wiederum der Lösungsplan als Station, dessen Ausführung (Schritt) die Lösung (Station) ergibt. Die von Pólya formulierte Rückschau enthält zwei Aspekte, nämlich die Validierung der Lösung sowie die Formulierung einer Antwort. Daraus lassen sich zwei Prozesse ableiten, nämlich das Validieren anhand des mentalen Aufgabenmodells sowie das Dokumentieren mit der Antwort als Ergebnis. Beachtet man zusätzlich, dass ein Validieren auch ein Verwerfen der Lösung und eine Neuplanung bewirken kann, der Problemlöseprozess also nicht zwingend linear verläuft, lässt sich der Prozess des Problemlösens basierend auf den Schritten Pólyas mit dem in Abbildung 3.2 dargestellten Kreislaufmodell beschreiben.

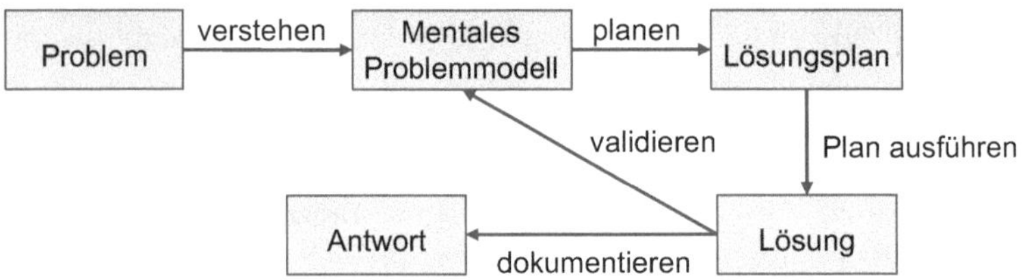

Abbildung 3.2 Problemlösekreislauf in Anlehnung an Greefrath (2018) und Pólya (1973). (Eigene Darstellung)

Nachdem im vorherigen Kapitel die Schwierigkeit einer klaren Abgrenzung zwischen Problem- und Routineaufgaben dargestellt wurde, soll im Folgenden nicht die Aufgabenart, sondern der jeweilige Prozess in den Blick genommen werden. Denn erfolgversprechender als eine Abgrenzung der Aufgabentypen erscheint eine Abgrenzung zwischen Routine- und Problemlöseprozessen, vorausgesetzt, diese können mit geeigneten Mitteln erfasst werden. Während klassische Prozessmodelle primär auf das Problemlösen fokussieren, finden sich Überlegungen zur Einbeziehung von Routineprozessen bei Gick (1986) und Rott (2015). Benjamin Rott grenzt einen Routineprozess folgendermaßen von einem Problemlöseprozess ab:

> „Ein Prozess ist genau dann ein reiner Routineprozess, wenn sofort ein Verfahren zur Lösung der gestellten Aufgabe bekannt ist und angewendet wird. Ist dies nicht der Fall oder wird das Verfahren während der Bearbeitung verworfen, handelt es sich um einen Problemlöseprozess." (Rott, 2015, S. 60)

Dieser sehr engen Definition gemäß liegt ein reiner Routineprozess vor, wenn die Aufgabenbearbeiterin oder der Aufgabenbearbeiter unmittelbar nach dem Lesen der Aufgabenstellung[2] ein Verfahren oder einen passenden Algorithmus anwendet. Qualität und Vollständigkeit der Lösung spielen dabei keine Rolle – ein Prozess kann auch dann ein reiner Routineprozess sein, wenn er ohne korrektes Ergebnis endet. Ein reiner Routineprozess liegt gemäß dieser Definition nicht vor, wenn ein erstes Verfahren verworfen und anschließend ein weiteres – möglicherweise ebenso bekanntes – Verfahren angewendet wird (Rott, 2015). Der vorliegenden Definition eines Routineprozesses entsprechend müsste dieser nach dem Lesen und Verstehen der Aufgabe, also durch das entstandene mentale Aufgabenmodell ausgelöst werden.

Mary Gick (1986) spricht in diesem Fall von der Aktivierung eines Lösungsschemas (siehe Abbildung 3.3).

[2] Der Begriff Aufgabe wird im Folgenden als Oberbegriff für Problem- und Routineaufgaben verwendet (siehe Abschnitt 3.1.1), da ihre Bearbeitung – je nach Vorgehen – in einen Routine- oder Problemlöseprozess münden kann.

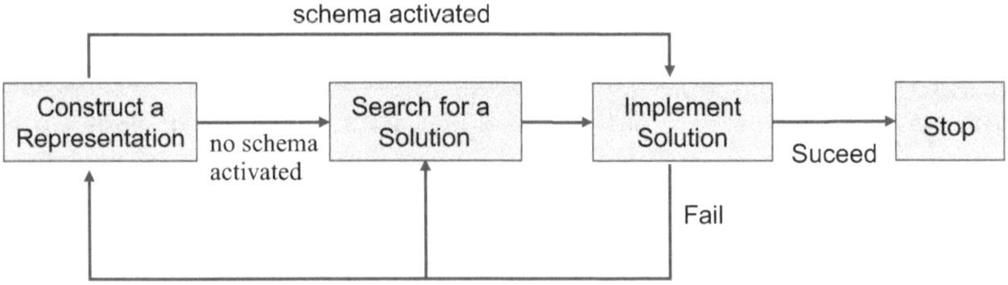

Abbildung 3.3 Eigene schematische Darstellung des Problemlöseprozesses nach Gick (1986). (Eigene Darstellung)

Zur Konstruktion einer Repräsentation müssen, so Gick (1986), die gegebenen und die Zielinformationen extrahiert und mit vorhandenem Wissen verbunden werden. Diese Repräsentation kann mit dem mentalen Aufgabenmodell gleichgesetzt werden. Eigenschaften der Aufgabe[3] wie Schlüsselworte oder bestimmte Phrasen in einer Textaufgabe könnten dabei ein im Gedächtnis vorhandenes Lösungsschema für diesen Aufgabentyp aktivieren. Ein Schema ist also nach Gick (1986) ein mit dem Aufgabentyp verknüpftes Wissenscluster, das unter anderem Informationen zu typischen Lösungsverfahren enthält. Diese Schemaaktivierung führt zu einem direkten Schritt der Lösungsausführung, der dem Schritt des Plan Ausführens bei Pólya (1973) entspricht. Während Gick (1986) den Mechanismus als kognitionspsychologischen Mechanismus beschreibt, bietet Rott (2015) hierzu eine prozessuale Einordnung im mathematikdidaktischen Sinne.

Die Gegenüberstellung der Definitionen von Rott (2015) und Gick (1986) verdeutlicht, dass die Schemaaktivierung im Sinne Gicks als Auslöser eines Routineprozesses im Sinne Rotts verstanden werden kann. Insgesamt kann der gesamte Lösungsprozess gemäß der engen Definition von Rott jedoch nur dann als Routineprozess bezeichnet werden, wenn die Anwendung eines aktivierten Schemas zum – zumindest scheinbaren – Erfolg führt. Wird hingegen, wie im Modell von Gick vorgesehen, ein zunächst aktiviertes Schema verworfen und durch einen anderen Lösungsansatz ersetzt, handelt es sich nicht mehr um einen Routineprozess im Sinne Rotts, sondern um einen Problemlöseprozess.

Für den empirischen Teil der Arbeit sind sowohl eine potenzielle Schemaaktivierung als auch die Frage von Interesse, ob diese in einem Routineprozess oder letztendlich in einem Problemlöseprozess mündet. Daher wurde der Schritt der

[3] Gick (1986) spricht von Problem statt von Aufgabe; im Kontext dieser Arbeit wird der übergeordnete Begriff Aufgabe verwendet um zu verdeutlichen, dass durch die Aktivierung eines Schemas ein Routineprozess angestoßen wird.

Schemaaktivierung in das zuvor entwickelte Prozessmodell aus Abbildung 3.2 integriert (siehe Abbildung 3.4). Ein Routineprozess im Sinne von Rott liegt in diesem Modell genau dann vor, wenn ein aktiviertes Schema direkt zu einer – möglicherweise validierten – Lösung führt. In allen anderen Fällen, etwa bei Abbruch oder Entscheidung für einen anderen Lösungsweg, ist von einem Problemlöseprozess auszugehen.

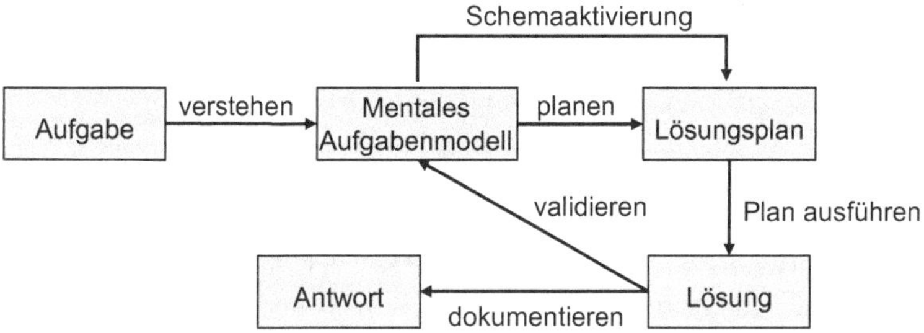

Abbildung 3.4 Erweitertes Problemlösemodell in Anlehnung an Pólya (1973) und Gick (1986). (Eigene Darstellung)

Eine detaillierte Betrachtung der Bedeutung von Schemaaktivierung und Routineprozessen im Kontext nicht linearer Geometrieprobleme erfolgt im Anschluss an die Diskussion der für deren Lösung erforderlichen Problemlösekompetenzen und insbesondere der Wissensbasis und möglicher Schwierigkeiten bei der Lösung in Abschnitt 3.2.5.

3.1.3 Problemlösekompetenz(en)

Für erfolgreiches mathematisches Problemlösen müssen Lernende über bestimmte Fähigkeiten und Fertigkeiten verfügen, die es ihnen ermöglichen, die bestehenden Hürden zu überwinden. Internationale Forschungsansätze betonen dabei das Zusammenspiel kognitiver, metakognitiver und affektiver Ressourcen, die für die erfolgreiche Bearbeitung nichtroutinemäßiger Aufgaben erforderlich sind (English & Gainsburg, 2016; Lester & Cai, 2016; Santos-Trigo, 2024; Schoenfeld, 1985). In der mathematikdidaktischen Forschung wird dieses Bündel an Voraussetzungen meist als Problemlösekompetenz bezeichnet (Greefrath, 2018; Heinze, 2007; Lester & Cai, 2016; Rott, 2015; Stiller et al., 2021). Heinze (2007) verwendet den Begriff in Anlehnung an den allgemeinen Kompetenzbegriff von

Weinert (2001) synonym zum Begriff Problemlösefähigkeit und fasst darunter die „kognitiven und auch motivationalen und volitionalen Fähigkeiten, Kenntnisse bzw. Bereitschaft eines Individuums [...], die zur erfolgreichen Bewältigung von Problemstellungen erforderlich sind.“ (Heinze, 2007, S. 11).

Eine ähnlich umfassende, holistische Definition der (fächerübergreifenden) Problemlösekompetenz wurde im Rahmen der Pisa-Studie 2003 verwendet, wo Problemlösekompetenz als fächerübergreifende Fähigkeit zur Bewältigung neuartiger Situationen verstanden wurde (siehe zum Beispiel OECD, 2004). Auch die Bildungsstandards sowie die Kernlehrpläne der Bundesländer betonen die Bedeutung des Problemlösens als zentrale prozessbezogene Kompetenz (Greefrath, 2018; KMK, 2004, 2022a, 2022b; MSB, 2004a, 2022a). Da wie zuvor dargestellt das Problemlösen ein komplexer, mehrschrittiger Prozess ist, scheint es sinnvoll, Problemlösekompetenz nicht nur holistisch zu betrachten, sondern in strukturierende Einzelaspekte oder Teilkompetenzen zu gliedern (Bruder & Collet, 2011; Greefrath, 2018; Heinze, 2007; Schoenfeld, 1985).

Aufbauend auf den zuvor dargestellten Kompetenzfacetten und Phasenmodellen scheint es für die vorliegende Arbeit sinnvoll, zwischen einer phasenbezogenen und strukturellen Betrachtung der Problemlösekompetenz zu unterscheiden. Die phasenbezogene Perspektive ordnet die Teilkompetenzen entlang der zeitlichen Abfolge des Problemlöseprozesses, während die strukturelle Perspektive funktional-inhaltliche Kompetenzen betont, etwa die von Heinze (2007) genannten kognitiven sowie motivationalen und volitionalen Fähigkeiten. Beide Perspektiven ergänzen sich und werden im Folgenden näher erläutert.

Phasenbezogene Teilkompetenzen des Problemlösens

Bezogen auf das in Abbildung 3.4 dargestellte Prozessmodell lassen sich in Anlehnung an Greefrath (2018) und Bruder und Collet (2011) die folgenden Teilkompetenzen des Problemlösens identifizieren. Diese Einteilung knüpft an Pólyas (1973) heuristische Struktur des Problemlöseprozesses an und steht damit im Einklang mit internationalen Beschreibungen prozessbezogener Problemlösehandlungen (vgl. Lester & Cai, 2016). Im Schritt des *Verstehens* wird ein eigenes mentales Modell zu einer gegebenen Problemsituation konstruiert und so die Fragestellung verstanden. Der Schritt des *Planens* ist das eigentliche „Herzstück“ des Problemlöseprozesses, es bedeutet die Überwindung der Barriere mit Hilfe geeigneter, weiter unten genauer erläuterter Verfahren. Bei der *Ausführung des Plans* werden mathematische Regeln und Verfahren sowie geeignete Problemlösestrategien angewendet. Beim *Validieren* werden Ergebnisse auf Plausibilität sowie auf Korrektheit und Konsistenz überprüft. Beim *Dokumentieren* der Antwort beziehen die Schülerinnen und Schüler die im mentalen Modell gefundenen Antworten auf die Problemsituation. Auch in den Bildungsstandards Mathematik sowie den Kernlehrplänen werden neben der holistischen Definition entsprechende phasenbezogene Teilkompetenzen zur Erkundung von Problemen, zu deren Lösung und zur Reflexion der Lösung angedeutet (Greefrath, 2018; KMK, 2004, 2022a; MSB, 2004a, 2022a).

Funktional-inhaltliche Komponenten der Problemlösekompetenz
In Anlehnung an Schoenfeld (1985) lassen sich vier zentrale Komponenten inhaltsspezifischer, inhaltsübergreifender und individueller Art der Problemlösekompetenz identifizieren, nämlich Ressourcen, Heuristiken, Kontrolle und Beliefs. Das Modell beschreibt Problemlösekompetenz als Zusammenspiel kognitiver, metakognitiver und affektiver Ressourcen, ein Verständnis, das sich in ähnlicher Form in aktuellen fachdidaktischen Arbeiten wiederfindet (Bruder & Collet, 2011; Lester & Cai, 2016; Rott, 2015; Santos-Trigo, 2024).

Die erste Komponente – Ressourcen – ist inhaltsspezifischer Art und bezieht sich auf die von Heinze (2007) genannten kognitiven Voraussetzungen: Es gibt eine – für jedes mathematische Problem individuell zu analysierende – grundlegende (rein) mathematische Wissensbasis. Diese umfasst deklaratives Wissen über mathematische Fakten, Symbole und Formeln sowie Prinzipien und Zusammenhänge und prozedurales Wissen über Algorithmen, die zur Lösung des jeweiligen Problems erforderlich sind (Schoenfeld, 1985; Verschaffel et al., 1999). Eine vertiefte Auseinandersetzung mit dieser problemspezifischen Wissensform im Kontext nicht linearer Geometrieprobleme erfolgt in Abschnitt 3.2.

Die zweite Komponente betrifft die kompetente Anwendung sogenannter Heuristiken. Diese ist inhaltsübergreifend und enthält sowohl kognitive als auch motivationale Aspekte (Bruder & Collet, 2011; Schoenfeld, 1985). Da mathematische Probleme definitionsgemäß keine standardisierten Lösungsverfahren besitzen, erfordert ihre Lösung die Fähigkeit, flexibel mit Wissen umzugehen, es also umzustrukturieren und auf neue Situationen zu übertragen – eine Fähigkeit, die in der Mathematikdidaktik auch als „bewegliches Denken" bezeichnet wird (Greefrath, 2018; Pólya, 1973; Roth, 2006; Rott, 2015; Schoenfeld, 1985). Diese Flexibilität schließt kreative Elemente ein, etwa das Entwickeln origineller Lösungsansätze oder das Entdecken unerwarteter Zusammenhänge, die in internationalen Ansätzen als zentrale Facette heuristischer Kompetenz hervorgehoben werden (English & Gainsburg, 2016; Lester & Cai, 2016). Es gibt eine Reihe von Methoden und Werkzeugen, die helfen können, eventuelle Mängel dieser Fähigkeit zu kompensieren und bewegliches Denken zu fördern (Fritz, 2020; Rott, 2015). Diese werden als Heurismen bezeichnet, die Wissenschaft vom Problemlösen auch als Heuristik (Greefrath, 2018; Pólya, 1973; Rott, 2015, 2018).

Die Anwendung von Heurismen garantiert im Gegensatz zur Verwendung von Algorithmen auch bei korrekter Ausführung keine richtige Lösung, erhöht aber die Wahrscheinlichkeit, zu einer solchen zu gelangen (Greefrath, 2018; Pólya, 1973). Heurismen können in verschiedenen Phasen des Problemlösens unterstützen wie etwa beim Verstehen der Aufgabe und dem Aufbau eines mentalen Aufgabenmodells, dem Ausdenken eines geeigneten Lösungsplans, der Durchführung des Plans, der Validierung und der abschließenden Dokumentation. Sie begleiten damit den gesamten Problemlöseprozess und dienen sowohl der Strukturierung als auch der Reflexion (Bruder & Collet, 2011; Greefrath, 2018; Pólya, 1973). Aktuell werden in der mathematikdidaktischen Forschung unterschiedliche Systematisierungen heuristischer Elemente diskutiert (Stiller et al., 2021). Im Rahmen dieser Arbeit wird die Einteilung nach Bruder und Collet (2011) verwendet, die heuristische Hilfsmittel, Strategien und Prinzipien unterscheiden: Heuristische Strategien wie beispielsweise Vorwärts- oder Rückwärtsarbeiten oder Systematisches Probieren sind allgemein einsetzbare Verfahren zur Planung und Strukturierung des Lösungsprozesses, setzen jedoch voraus, dass das Problem bereits verstanden wurde (Bruder & Collet, 2011; Greefrath, 2018; Pólya, 1973). Heuristische Prinzipien wie das Symmetrieprinzip, das Invarianzprinzip oder das Zerlegungsprinzip beziehen sich auf spezifische inhaltliche Aspekte von Aufgaben; sie helfen durch einen Aspektwechsel oder die Beachtung eines spezifischen Aspekts des Problems beim Finden von Lösungsideen (Bruder & Collet, 2011; Greefrath, 2018; Rott, 2015). Heuristische Hilfsmittel wie das Aufstellen eines Terms oder einer Gleichung, das Anfertigen einer Skizze oder das Anlegen einer Tabelle dienen dazu, das Problem zu verstehen, zu strukturieren oder zu visualisieren; zudem können heuristische Hilfsmittel auch zur Dokumentation des Lösungswegs genutzt werden (Bruder & Collet, 2011; Pólya, 1973). Sie haben im Gegensatz zu den anderen Heurismen jedoch keinen Verfahrenscharakter (Bruder & Collet, 2011; Greefrath, 2018; Rott, 2015; Stiller et al., 2021). Die Fähigkeit, aus einem verfügbaren Repertoire situationsgemäß geeignete Heurismen auszuwählen und zielgerichtet einzusetzen, stellt eine eigenständige und gezielt zu fördernde Komponente von Problemlösekompetenz dar (Greefrath, 2018; Rott, 2015; Schoenfeld, 1985; Stiller et al., 2021). Diese Auswahl hängt sowohl von der Beschaffenheit des Problems als auch von den individuellen Vorerfahrungen, Vorlieben und kognitiven Ressourcen der oder des Problemlösenden ab. Die zentrale Rolle von Heurismen wird auch in den Kernlehrplänen des Landes NRW betont: Beim Erkunden einer Aufgabe sollen geeignete heuristische Hilfsmittel eingesetzt werden, bei der Planung und Ausführung heuristische Strategien und Hilfsmittel zum Einsatz kommen, die Reflexion soll auch die der verwendeten Heurismen einbeziehen (MSB, 2022a).

Die dritte, von Schoenfeld (1985) Kontrolle (control) genannte Kategorie bezieht sich auf metakognitive Fähigkeiten. Wie Schoenfeld (2016) selber betont, ist der Begriff Metakognition vielschichtig und er wird in der wissenschaftlichen Literatur nicht einheitlich verwendet (Flavell, 1979). Dies gilt auch für den eng verwandten und von Schoenfeld ebenfalls diskutierten Begriff der Selbstregulation. In Anlehnung an Rott (2015) wird in dieser Arbeit unter Metakognition das Bewusstsein einer Person über die eigenen kognitiven Prozesse gesehen, wobei zwei Aspekte zu unterscheiden sind. Zum einen das Wissen über eigene Denkprozesse, zum anderen die Fähigkeit, diese Prozesse gezielt zu steuern. Diese von Rott als Selbstregulation bezeichnete Steuerung umfasst die Planung, Überwachung und Reflexion von Denk- und Lösungsprozessen (Otto et al., 2011; Rott, 2015; Zimmermann & Cunningham, 1991). Diese metakognitiven und selbstregulatorischen Fähigkeiten spielen eine zentrale Rolle beim mathematischen Problemlösen, da sie es Lernenden ermöglichen, den eigenen Lösungsweg bewusst zu planen, zu kontrollieren, zu reflektieren und bei Bedarf anzupassen (Rott, 2015; Schoenfeld, 1985; Stiller et al., 2021). Auch in den Bildungsstandards werden entsprechende Kompetenzen explizit benannt, etwa in den Phasen des Planens, Validierens oder Reflektierens (z. B. KMK, 2004, 2022a; MSB, 2004a, 2022b).

Die vierte Komponente nach Schoenfeld (1985) betrifft die sogenannten Beliefs, die die individuellen Überzeugungen, Erwartungen und Einstellungen von Lernenden in Bezug auf Mathematik, mathematische Aufgaben und insbesondere das Problemlösen sowie ihre eigene Rolle im mathematischen Kontext umfassen. Diese Überzeugungen umfassen sowohl epistemologische Überzeugungen, also Vorstellungen über die Natur mathematischen Wissens und darüber, wie solches Wissen entsteht, als auch motivationale über die eigene Fähigkeit, mathematische Probleme zu lösen (Fritz, 2020; Op't Eynde et al., 2002; Rott, 2015; Schoenfeld, 1985). Diese Beliefs wirken als kognitive und affektiv-emotionale Filter, die die Handlungen beim Problemlösen maßgeblich beeinflussen, und bilden somit einen Rahmen für die drei von Schoenfeld zuerst genannten Aspekte (Op't Eynde et al., 2002; Stiller et al., 2021). Sie stehen in engem Zusammenhang mit Konstrukten wie Interesse und Motivation (Heinze, 2007; Op't Eynde et al., 2002; Rott, 2015; Schoenfeld, 1985).

3.1.4 Erfolgsfaktoren und Hindernisse im Problemlösungsprozess

Erfolgreiches mathematisches Problemlösen hängt, wie im vorangegangenen Abschnitt deutlich wurde, von einer Vielzahl von Faktoren ab. In diesem Abschnitt werden die inhaltlichen funktionalen Komponenten der Problemlösekompetenz in den Mittelpunkt gestellt und im Hinblick auf ihre Rolle als Erfolgsbedingungen sowie potenzielle Hindernisse im Problemlöseprozess auch bezogen auf die prozessbezogenen Teilkompetenzen erläutert.

Die gerade dargestellten inhaltlich funktionalen Komponenten der Problemlösekompetenz veranschaulichen die Komplexität mathematischen Problemlösens (Heinze, 2007). Für erfolgreiches mathematisches Problemlösen ist eine tragfähige Wissensbasis unabdingbar (Heinze, 2007; Schoenfeld, 1985). Erst durch den gezielten Einsatz von Heurismen kann dieses Vorwissen jedoch im Problemlöseprozess wirksam genutzt werden (Bruder & Collet, 2011; Schoenfeld, 1985). Studien zeigen, dass die gezielte Thematisierung von Heurismen im Unterricht und ein Training ihrer Anwendungsmöglichkeiten die allgemeine Problemlöseleistung verbessern kann (Herold-Blasius, 2021; Kaitera & Harmoinen, 2022; Schoenfeld, 1985). Der Abruf und der gezielte Einsatz von Vorwissen sowie von Heurismen sind wiederum eng mit der Fähigkeit zur metakognitiven Kontrolle und Selbstregulation verbunden, die eine bewusste Planung, Überwachung und Anpassung des Vorgehens ermöglichen (Rott, 2015; Schoenfeld, 1985; Stenzel, 2023). Auch metakognitive und selbstregulatorische Fähigkeiten können durch eine geeignete Unterrichtsgestaltung langfristig aufgebaut werden. Eine Metaanalyse aus dem Jahr 2023 belegt einen mittelgroßen bis großen Effekt von metakognitiven Interventionen auf die mathematische Leistung (Sercenia & Prudente, 2023). Die als Filter wirkenden Beliefs entscheiden wiederum darüber, ob und wie Vorwissen und Heurismen aktiviert werden und beeinflussen auch die metakognitive Steuerung (Schoenfeld, 1985, 2016). Günstige Beliefs über Mathematik (zum Beispiel die Überzeugung, dass Mathematik ein logisches und verstehbares System ist) und das eigene Problemlösevermögen (wie die Gewissheit, auch komplexere Probleme durch Nachdenken und geeignete Strategien bewältigen zu können) wirken sich entscheidend auf die Qualität des Problemlöseverhaltens aus (Heinze, 2007; Rott, 2015; Schoenfeld, 1985). Insgesamt stellen die inhaltlich funktionalen Komponenten der Problemlösekompetenz eine notwendige Grundlage für erfolgreiches Problemlösen dar und bestimmen auch, ob sich die prozessbezogenen Teilkompetenzen wirksam entfalten können. Gleichzeitig stellen Defizite in einem oder mehreren dieser Bereiche potenzielle Hindernisse im Problemlöseprozess dar, die sich auch gegenseitig verstärken können (Heinze, 2007; Verschaffel et al., 1999). Durch das mit dem Problem assoziierte, möglicherweise auch fehlerhafte Wissen kann der Suchraum eingeschränkt und die Suche in die falsche Richtung geleitet werden: Mängel in der mathematischen Wissensbasis können sowohl zu fehlerhaften Annahmen über die Problemstruktur und zur Wahl ungeeigneter Lösungsansätze führen als auch die Entwicklung eines tragfähigen Lösungsplans verhindern oder Fehler bei der Ausführung eines gewählten Plans bewirken (Alexander, 1996; Heinze, 2007; Schoenfeld, 1985, 2016; Stenzel, 2023). Die Auswirkung von Mängeln in dieser problemspezifischen Wissensbasis wird konkreter in Abschnitt 3.2 für den Kontext nicht linearer Geometrieprobleme beleuchtet. Ein eingeschränktes heuristisches Repertoire kann sich negativ auf alle Phasen des Problemlöseprozesses auswirken: Es erschwert die Analyse des Problems, die Entwicklung eines tragfähigen Lösungsplans ebenso wie die Reaktion auf Schwierigkeiten bei der Ausführung des Plans und die Entwicklung alternativer Lösungswege; außerdem kann es eine Beschränkung auf Routineverfahren bewirken (Corte et al., 1990; Corte et al., 2012; Greefrath, 2018; Schoenfeld, 1985, 2016). Unzureichende metakognitive Kontrolle kann vorschnelles und ungeprüftes Handeln begünstigen (Zimmerman, 2000). Typisch für fehlende oder nicht aktivierte selbstregulatorische Fähigkeiten sind laut Verschaffel et al. (1999) vorschnelle Berechnungsentscheidungen, die sich unmittelbar an den in der Aufgabe genannten Zahlen orientieren, ohne dass zuvor eine inhaltliche Analyse der Problemsituation erfolgt. Gewählte Lösungswege werden unreflektiert durchgeführt, mögliche Fehler nicht erkannt (Schoenfeld, 1985). Das von Verschaffel et al. (1999) beschriebene Verhalten kann zudem von Beliefs in Form der in Abschnitt 2.4.4 beschriebenen schulisch geprägten Einstellungen von Lernenden zu Textaufgaben begünstigt werden. Problematische Beliefs über Mathematik (zum Beispiel der Glaube, dass Mathematik aus dem Auswendiglernen und Anwenden von Regeln und Verfahren besteht) und das eigene Problemlösevermögen (beispielsweise der Glaube, mathematische Probleme nicht lösen zu können) können den Problemlöseprozess erheblich einschränken, indem sie dazu führen, dass Lernende Schwierigkeiten als unüberwindbare Barriere wahrnehmen, vorschnell aufgeben und heuristische Strategien nicht einsetzen (Schoenfeld, 1985, 2016; Stenzel, 2023). Trotz der hohen Bedeutung von Beliefs für das Problemlösen können ihre Einflussfaktoren in der vorliegenden Arbeit aufgrund des gewählten methodischen Ansatzes nicht näher analysiert werden.

3.2 Die Problemhaftigkeit nicht linearer Geometrieprobleme - eine didaktische Analyse

3.2.1 Lösungsansätze für lineare Geometrieprobleme

Nicht lineare Geometrieprobleme lassen sich als sogenannte Bestimmungsprobleme klassifizieren, in deren Fokus das Berechnen von Zahlen oder Größen bzw. das Konstruieren einer Figur steht (siehe Abschnitt 3.1.1). Abhängig vom Format des Problems (Missing-Value- oder Vergleichsformat) sowie der Form des geometrischen Objekts ergeben sich unterschiedliche Lösungsmöglichkeiten. Grundsätzlich lassen sich drei unterschiedliche Lösungsansätze unterscheiden (Ayan & Isiksal Bostan, 2016; De Bock et al., 2007). Erstens die Nutzung des geometrischen Wachstumsprinzips, zweitens die Anwendung von Flächen- bzw. Volumenformeln und drittens visuelle Lösungen mit Hilfe von Skizzen und geeigneter Rasterstrategien (gegebenenfalls in Verbindung mit Approximationen). Letztere werden in Kapitel 7 ausführlicher diskutiert, die beiden anderen Ansätze werden nun vertieft und verglichen. Unabhängig von Problemformulierung und Form des geometrischen Objekts ist die Anwendung des geometrischen Wachstumsprinzips möglich, bei der der funktionale Zusammenhang zwischen Ausgangs- und Bildfigur im Fokus steht. Flächen wachsen mit dem Quadrat, Volumina mit der dritten Potenz des Skalierungsfaktors.[4] Die Anwendung des Wachstumsprinzips im Rahmen von Berechnungen wird im Folgenden als *Skalierungsprinzip* bezeichnet. Entsprechende Lösungen können unter Nutzung verschiedener Darstellungsformen entwickelt werden, wobei je nach Darstellungsform unterschiedliche Grundvorstellungen zu Funktionen aktiviert werden. Für die bereits bekannte Aufgabe zur Skalierung eines Quadrates (siehe Abbildung 2.1) beispielsweise ergeben sich folgende Ansätze und Berechnungen:

- Die explizite Nutzung eines funktionalen Ansatzes: $A(x) = 1400x$; $A\left(\frac{1}{12}\right) = 10\left[cm^2\right]$. Diese beruht vor allem auf der Objektvorstellung von Funktionen.
- Das Aufstellen einer Gleichung: $A = \left(\frac{1}{12}\right)^2 \cdot 1440 = 10\left[cm^2\right]$. Hier steht die Zuordnungsvorstellung im Vordergrund.
- Die Nutzung einer Tabelle unter Aktivierung der Kovariationsvorstellung:

[4] Ayan und Isiksal Bostan (2016) sprechen in Abgrenzung zur im Rahmen dieser Arbeit verwendeten Begrifflichkeit auch von nicht linear proportionalen im Gegensatz zu linear proportionalen Zusammenhängen, wobei letztere den in Abschnitt 2.2 beschriebenen proportionalen Zusammenhängen entsprechen.

Seitenlänge	Flächeninhalt	
$\cdot \frac{1}{12}$	1440	$\cdot \frac{1}{144}$
	10	

Bei formelbasierten Lösungen liegt der Fokus auf funktionalen Zusammenhängen innerhalb eines geometrischen Objekts (beispielsweise zu Seitenlänge und Fläche). Voraussetzungen für die Anwendbarkeit von Formellösungen sind eine Problemformulierung unter Nutzung direkter Maße und die Existenz passender Flächeninhalts- oder Volumenformeln. Diese können dann sowohl für Formulierungen im Missing-Value- als auch im Vergleichsformat unter Angabe einer Bezugsgröße angewendet werden. Da nur letztere für den empirischen Teil der Arbeit von Relevanz sind, werden formelbasierte Lösungswege nur für diesen Fall am Beispiel des Quadratproblems beschrieben:

- Ein vergleichsweise aufwändiger Lösungsweg besteht darin, zunächst die Seitenlänge des gegebenen Quadrats mit Hilfe der Flächeninhaltsformel zu berechnen, daraus mit dem Skalierungsfaktor die Seitenlänge der skalierten Figur zu bestimmen und abschließend deren Flächeninhalt erneut über die Flächeninhaltsformel zu berechnen – ein Verfahren, das anfällig für Rundungsfehler ist.

$$A_C = a^2 = 1440 \Leftrightarrow a = \sqrt{1440} \approx 37,95$$

$$b = a : 12 = 37,95 : 12 \approx 3,16$$

$$A_D = b^2 = 3,16^2 \approx 9,99 \approx 10[cm]$$

- Alternativ ergibt sich eine kompaktere Darstellung, die Rundungsfehler vermeidet und auch das Skalierungsprinzip verdeutlicht:

$$A_D = \left(\frac{1}{12}a\right)^2 = \frac{1}{144}a^2 = \frac{1}{144} \cdot 1440 = 10\left[\mathrm{cm}^2\right]\left(\text{mit}\, A_C = a^2 = 1440\right)$$

Analoge Verfahren ergeben sich für Probleme zu Kreisen, Würfeln und Kugeln, wobei die Formeln komplexer sind und das erste dargestellte Verfahren komplexere Umformungsschritte erfordert. Weitere Zugänge würden sich durch heuristische Verfahren wie beispielsweise Zerlegungen, Rasterungen oder Approximationen insbesondere unter Nutzung von Skizzen ergeben; hierauf wird in Kapitel 7 genauer eingegangen.

Empirische Studien, die die Lösungswege der Lernenden untersuchen, zeigen uneinheitliche Ergebnisse hinsichtlich der Häufigkeit des verwendeten Weges. De Bock et al. (1998) berichteten, dass für korrekte Lösungen vor allem Formellösungen verwendet wurden. Spätere Studien berichten etwa gleiche Anteile an Formellösungen und Lösungen mit Hilfe des Skalierungsprinzips unter den korrekten Lösungen (Ayan & Isiksal Bostan, 2016; De Bock et al., 2007; De Bock et al., 2003). Hier sind die unterschiedlichen Aufgabenformate (Missing-Value-Format versus Vergleichsformat) und die Tatsache zu berücksichtigen, dass die Angaben sich auf Anteile an korrekten Lösungen aller verwendeten Aufgaben inklusive solcher zu irregulären Flächen oder Körpern, die eine Formellösung nicht zuließen, bezogen.[5]

3.2.2 Wissensgrundlagen für die Lösung nicht linearer Geometrieprobleme

3.2.2.1 Begriffsbestimmungen zentraler Wissensarten

Wie in Abschnitt 3.1.3 dargestellt, bilden deklaratives Wissen („knowing that") und prozedurales Wissen („knowing how") nach Schoenfeld (1985) eine grundlegende Basis für erfolgreiches Problemlösen. Der Autor versteht unter deklarativem Wissen nicht nur das Wissen über mathematische Fakten, Symbole und Formeln, sondern auch über Prinzipien und Zusammenhänge. Prozedurales Wissen bezieht sich dagegen auf die Kenntnisse von Algorithmen, Strategien und Verfahren. Im Kontext dieser Arbeit erscheint es sinnvoll, das deklarative Wissen für die Analyse von Problemlöseprozessen weiter zu differenzieren. J. R. Anderson (2000) bezeichnete das Wissen um Prinzipien, Zusammenhänge und Strukturen als konzeptuelles Wissen und verstand dieses als Teilbereich des deklarativen Wissens. Autoren wie Hiebert und Lefevre (1986) betonen die besondere Bedeutung dieses konzeptuellen Wissens für das mathematische Verständnis und Problemlösen. Zugleich grenzen sie es von einem eher auf isolierte Fakten bezogenen Wissen ab, das weniger durch Beziehungen zwischen den Wissenselementen gekennzeichnet ist. In ihrer überarbeiteten Taxonomie

[5] Die beiden Studien aus Belgien haben lediglich den Gesamtwert angegeben; dieser wurde von der Autorin dann auch für die Studie aus der Türkei ermittelt, obwohl diese die Lösungsstrategien für jede Aufgabe gesondert betrachtet. Dieser durchaus interessante Aspekt kann im Rahmen dieser Arbeit jedoch nicht vertieft werden.

berücksichtigten L. W. Anderson und Krathwohl (2014) diese Unterscheidung, indem sie vier Wissensarten differenzierten: Faktenwissen, konzeptuelles Wissen, prozedurales Wissen und metakognitives Wissen. Damit wird konzeptuelles Wissen deutlicher als eigenständige Wissenskategorie herausgestellt und von reinem Faktenwissen abgegrenzt. Diese Differenzierung ist besonders im Kontext des Problemlösens bedeutsam. Wie Hiebert und Lefevre (1986) betonen, reicht isoliertes Faktenwissen nicht für das Lösen komplexerer Probleme aus. Zwar kann durch reines Faktenwissen auch ohne konzeptuelles Wissen ein Lösungsschema aktiviert und ein Routineprozess angestoßen werden (siehe Abschnitt 3.1.1). So können nicht lineare Geometrieprobleme als Routineaufgabe gelöst werden, wenn Faktenwissen über den entsprechenden Skalierungsfaktor oder Flächeninhalts- bzw. Volumenformeln mit entsprechenden algorithmischen prozeduralen Kenntnissen vorhanden ist und als Schema aktiviert werden kann. Sobald jedoch kein vertrautes Schema angewendet werden kann, bilden konzeptuelles und prozedurales Wissen die Grundlage für erfolgreiches Problemlösen (J. R. Anderson, 2020; L. W. Anderson & Krathwohl, 2014; Funke, 2003; Rittle-Johnson et al., 2001). Daher werden diese beiden Wissensformen im Folgenden hinsichtlich nicht linearer Geometrieprobleme konkretisiert und in ihrem Zusammenspiel betrachtet.

3.2.2.2 Konzeptuelles Wissen zu nicht linearen Geometrieproblemen

Konzeptuelles Wissen als das Verständnis mathematischer Prinzipien und Zusammenhänge ist im Falle nicht linearer Geometrieprobleme komplex. Es erfordert sowohl ein tragfähiges Verständnis von Flächeninhalten und Volumina als geometrische Größen als auch ein Verständnis des quadratischen bzw. kubischen Wachstums dieser Größen beim Skalieren sowie der relationalen Natur von Ähnlichkeitsverhältnissen (Holland, 2007; Kuntze, 2018). Für ein solches Verständnis spielen zunächst vier auf dem Messprinzip basierende Grundvorstellungen zu Flächen- und Volumeninhalten eine zentrale Rolle (Holland, 2007; Kuntze, 2018; Wörner, 2014): Erstens der sogenannte *Maßzahlaspekt*: Flächeninhalte bzw. Volumina geben an, wie viel zwei- bzw. dreidimensionaler Raum eine Figur bzw. ein Körper gemessen in normierten Einheiten (z. B. 1 cm^2, 1 cm^3) einnimmt. Eng damit verbunden ist zweitens der *Vereinigungsaspekt*: Der Flächeninhalt einer Figur bzw. das Volumen eines Körpers ergibt sich durch die Summe der Flächeninhalte der Teilfiguren bzw. die Summe der Volumina von Teilkörpern, aus denen sich die Figur bzw. der Körper zusammensetzt. Drittens besagt der *Kongruenzaspekt*, dass Flächeninhalt bzw. Volumen unabhängig von Form und Lage der Fläche bzw. des Körpers sind und viertens der *Zerlegungsaspekt*, dass sich

Flächeninhalte bzw. Volumina durch geeignete Zerlegungs- und Ergänzungsstrategien vergleichen lassen und dass Figuren flächen- bzw. Körper volumengleich sind, wenn sie sich in dieselbe Anzahl deckungsgleicher Teilfiguren bzw. Teilkörper zerlegen oder sich entsprechend zu neuen deckungsgleichen Figuren ergänzen lassen.[6] Zum konzeptuellen Verständnis zu Flächeninhalten und Volumina gehört insbesondere auch ein inhaltliches Verständnis von Flächen- und Volumenformeln (Kuntze, 2018; Redish, 2022; Vollrath, 1999; Wörner, 2014).

Während es sich bei den Begriffen Flächeninhalt und Volumina um Größenbegriffe handelt, sind Skalierungen im Kontext geometrischer Ähnlichkeit verortet und beschreiben relationale Größenverhältnisse, da sie sich nicht auf absolute Maße beziehen, sondern das Verhältnis entsprechender Strecken, Flächeninhalte oder Volumina beschreiben (Hölzl, 2018).

Ein konzeptuelles Verständnis von Skalierungsprozessen im Kontext geometrischer Ähnlichkeit erfordert verschiedene miteinander verknüpfte Einsichten. Erstens gehört hierzu das Verständnis, dass die Flächeninhalte und Volumina (als beteiligte Größen) form- und lageunabhängige Maßzahlen sind – dies setzt die oben beschriebenen Grundvorstellungen zu Flächen- bzw. Volumeninhalten voraus. Zweitens gehört zum konzeptuellen Verständnis geometrischer Ähnlichkeit ein Verständnis von Proportionalität, wie es in Abschnitt 2.2 umfassend dargestellt wurde. Besonders bedeutsam sind hier die Invarianz der Verhältnisse, also die Einsicht, dass entsprechende Seitenlängen (sowie auch Flächeninhalte und Volumina) unabhängig von ihrer absoluten Größe in einem konstanten Verhältnis zueinanderstehen, sowie die Relationalität, nach der die Seitenlängen ihre Bedeutung nicht isoliert, sondern erst im Bezug zueinander gewinnen. Auf dieser Grundlage lässt sich verstehen, dass Ähnlichkeit das konstante Verhältnis zwischen Seiten, Winkeln sowie auch den daraus abgeleiteten Größen wie Umfang, Flächeninhalten und Volumen beschreibt (Hölzl, 2018). Drittens erfordert das Verständnis der Veränderungen von Flächen- bzw. Rauminhalten beim Skalieren zusätzlich zum gerade beschriebenen geometrischen Grundverständnis in doppelter Hinsicht ein konzeptionelles Verständnis funktionaler Zusammenhänge: Zum einen die grundlegende Einsicht, dass diese Veränderungen nicht linear verlaufen und zum anderen das konkrete Verständnis, dass Flächeninhalte in quadratischem und Volumeninhalte in kubischem Verhältnis zum Skalierungsfaktor wachsen.

[6] Anders als für Grundvorstellungen zu Funktionen finden sich, so Ludwig et al. (2015), für den Bereich der Geometrie allgemein und speziell Flächeninhalte bzw. Volumina betreffend wenige und teils nicht einheitliche Grundvorstellungen. Die Bedeutung des Messprinzips zum Aufbau tragfähiger Vorstellungen ist jedoch auch international unbestritten (Smith et al., 2011).

Beide Aspekte – die Überwindung linearer Übergeneralisierungen und das Verständnis der spezifischen funktionalen Beziehung – sind zwei Seiten derselben Medaille: Sie beruhen auf den in Abschnitt 2.2. beschriebenen Grundvorstellungen von Funktionen und sind wesentlich für ein tiefgreifendes konzeptuelles Verständnis geometrischer Skalierungszusammenhänge (De Bock et al., 2007; Svanteson & Kullberg, 2020).

Für den empirischen Teil der Arbeit ist das Konzept der Ähnlichkeit in doppelter Hinsicht relevant: Erstens für das Lösen des Skalierungsproblems selbst, zweitens für die korrekte Interpretation der erstellten Maßstabsskizzen. Hier ist erstens die Einsicht wichtig, dass die Skizze keine maßhaltige Abbildung darstellt und Maße nicht unmittelbar als reale Größe interpretiert werden können (Relationalitätsaspekt der Proportionalität). Zweitens ist bedeutsam, dass die Skizze die Situation proportional korrekt wiedergibt. Dazu ist zum einen die Invarianz der Verhältnisse wichtig, also die Einsicht, dass die Beziehungen zwischen Längen, Flächeninhalten und Körpern unabhängig von der absoluten Größe konstant bleiben. Zum anderen ist die Fähigkeit zum Repräsentationswechsel erforderlich, also das Übersetzen zwischen der visuellen Darstellung der Skizze und der sprachlich-numerischen Beschreibung der entsprechenden Größen im Aufgabentext (siehe Kapitel 4).

3.2.2.3 Prozedurales Wissen zu nicht linearen Geometrieproblemen

Prozedurales Wissen zu nicht linearen Geometrieproblemen beschreibt im Kontext nicht linearer Geometrieprobleme die Fähigkeit, geeignete funktionale Beziehungen oder Formeln anzuwenden, Werte einzusetzen und Terme sicher und zielgerichtet umzuformen. Im Sinne von Star (2005) lässt sich prozedurales Wissen weiter ausdifferenzieren in prozedurale Effizienz, die sich auf die fehlerfreie Ausführung von Verfahren bezieht, und prozedurale Flexibilität als die Fähigkeit, flexibel und begründet zwischen mehreren Verfahren wählen und wechseln sowie auch Verfahren anpassen oder rekonstruieren zu können (Heinze et al., 2009; Rittle-Johnson & Star, 2007; Star, 2005). Im Falle nicht linearer Geometrieprobleme bezeichnet prozedurale Effizienz die Fähigkeit, das gewählte Verfahren, wie die Anwendung des Skalierungsprinzips oder die Nutzung von Formeln, sicher, zügig und algorithmisch korrekt ausführen zu können. Die prozedurale Flexibilität betreffend ist im Kontext dieser Studie die Fähigkeit von Bedeutung, diese Verfahren gegebenenfalls unter Nutzung von Heurismen wie einer Skizze rekonstruieren zu können.

3.2.2.4 Zusammenspiel von prozeduralem und konzeptuellem Wissen bei nicht linearen Geometrieproblemen

Empirische Studien zeigen, dass konzeptuelles und prozedurales Wissen eng miteinander verknüpft sind, sich gegenseitig beeinflussen und in ihrem Zusammenspiel relevant für erfolgreiches Problemlösen sind (Hiebert & Lefevre, 1986; Rittle-Johnson et al., 2015; Rittle-Johnson et al., 2001). Konzeptuelles Wissen kann hierbei die Auswahl oder Herleitung geeigneter Verfahren unterstützen, prozedurales Wissen beispielsweise durch Variation oder Rekonstruktion von Rechenwegen konzeptuelle Einsichten vertiefen. Betrachtet man prozedurales Wissen in der von Star (2005) vorgeschlagenen Differenzierung, so kann prozedurale Effizienz zumindest bis zu einem gewissen Grad auf auswendig gelernten Verfahren beruhen und setzt somit kein konzeptuelles Verständnis voraus (Star, 2005). Ein prominentes und bekanntes Beispiel ist die Anwendung der p-q-Formel zur Lösung quadratischer Gleichungen, die häufig mechanisch und ohne tieferes konzeptuelles Verständnis angewendet wird (siehe zum Beispiel López et al., 2016). Wie in Abschnitt 3.2.2.1 angedeutet, ist auch im Falle nicht linearer Geometrieprobleme prozedurale Effizienz ohne konzeptuelles Verständnis denkbar, wenn die notwendigen Umformungen als erlernte Standardverfahren zügig und sicher, aber alleine auf Basis isolierten deklarativen Wissens durchgeführt werden. Prozedurale Flexibilität dagegen setzt konzeptuelles Wissen voraus (Rittle-Johnson & Star, 2007). Insbesondere gilt das für die oben beschriebene konzeptuelle Flexibilität nicht lineare Geometrieproblem betreffend.

3.2.3 Wissensaufbau zu nicht linearen Geometrieproblemen im Rahmen der Bildungsstandards

Nicht lineare Geometrieprobleme gehören zur Teildisziplin der Geometrie, die als Unterrichtsfach seit dem Zweiten Weltkrieg durch unterschiedliche Sichtweisen geprägt wurde (Hattermann et al., 2023). Seit etwa 20 Jahren haben die Bildungsstandards (KMK, 2004, 2022a) und die daraus abgeleiteten Kernlehrpläne den Geometrieunterricht maßgeblich beeinflusst. Das Inhaltsfeld Geometrie betreffend sollen durch ein spiralförmiges Lernen tragfähige Grundvorstellungen zu geometrischen Strukturen und ihren Beziehungen aufgebaut werden. Dies erfolgt unter Bezug auf die in den Bildungsstandards ausgewiesenen Leitideen Raum und Form, Größen und Messen sowie funktionaler Zusammenhang (Hattermann et al., 2023; KMK, 2004, 2022a). Die Leitidee Raum und Form umfasst gemäß der

Bildungsstandards (KMK, 2004, 2022a) das Erkennen, Beschreiben und Begründen von Eigenschaften geometrischer Objekte (Längen, Flächen und Körper) sowie ihrer Beziehungen beispielsweise durch das Konzept der Ähnlichkeit. Die Leitidee Größen und Messen bezieht sich auf die Erfassung von Längen, Flächeninhalten und Volumina als Maßzahlen. Sowohl die funktionalen Zusammenhänge in Flächen- und Volumeninhaltsformeln als auch die beim Skalieren auftretenden Wachstumszusammenhänge lassen sich der Leitidee *funktionaler Zusammenhang* zuordnen (Kuntze, 2018).

Der Aufbau der im vorherigen Kapitel beschriebenen für das konzeptuelle Wissen nötigen Grundvorstellungen zu Flächen und Volumina (Maßzahl-, Vereinigungs-, Kongruenz- sowie Zerlegungs- und Ergänzungsaspekt) beginnt in der Grundschule mit konkreten Erfahrungen und enaktiven Handlungen: Zunächst kommen personalisierte Maße (z. B. Handflächen), später situationsbezogene Einheiten (z. B. Zeitungen) und schließlich normierte Einheiten (z. B. 1 cm2 oder 1 cm3) zum Einsatz (Kuntze, 2018). Auf dieser Basis und unter Verwendung der Idee der Rasterung werden in Klasse 5 grundlegende Flächeninhaltsformeln (z. B. für Rechtecke) hergeleitet. Es erfolgt eine systematische Erweiterung auf andere Figurtypen, bei krummlinig begrenzten Figuren über Approximationen (z. B. Kreise). Analog dazu wird das Volumenverständnis über die Zerlegung und das Ausfüllen mit Einheitswürfeln aufgebaut – mit sukzessiver Einführung von Volumenformeln bis hin zur Kugel in Jahrgang 9 (G8) oder 10 (G9) (MSB, 2004a, 2022a).

Auch Ähnlichkeitsbetrachtungen sind in der Leitidee Raum und Form verortet und werden meist in Jahrgang 9 oder 10 thematisiert, also zu einem Zeitpunkt, an dem die nötigen Grundvorstellungen zu den beteiligten Größen (idealerweise) aufgebaut wurden. Grundlage bilden die Kongruenzsätze für Dreiecke und die Strahlensätze (KMK, 2022a; MSB, 2004a, 2022a). Die Einführung des Ähnlichkeitsbegriffs erfolgt dabei in der Regel über das Verhältnis entsprechender Längen von Figuren, also über Streckenverhältnisse. Zwei Figuren gelten als ähnlich, wenn sie zueinander durch Streckung (Zentrische Streckung) mit einem gemeinsamen Streckzentrum und einem konstanten Streckfaktor überführt werden können und dabei ihre Winkel erhalten bleiben (Hölzl, 2018).

Die Überprüfung auf Ähnlichkeit erfolgt in der schulischen Praxis in der Regel über Längenverhältnisse, während Flächen- und Volumenverhältnisse deutlich weniger Beachtung finden. Damit verbunden wird der funktionale Zusammenhang zwischen Seitenlänge und Flächen- bzw. Rauminhalt oder zwischen Skalierungsfaktor und den daraus resultierenden quadratischen bzw. kubischen Veränderungen meist nicht explizit thematisiert, sondern bleibt häufig implizit (Hölzl, 2018).

Das prozedurale Wissen wird parallel entwickelt – beginnend mit der Anwendung einfacher Flächeninhaltsformeln. Es wird systematisch erweitert durch die Einführung algebraischer Terme, das Umformen solcher Terme sowie durch den Umgang mit unterschiedlichen Gleichungstypen (z. B. lineare, quadratische Gleichungen). Dabei werden grundlegende Verfahren zur Termumformung und zum Lösen von Gleichungen vermittelt, die für die Anwendung geometrischer Formeln und das Herleiten skalierter Größen erforderlich sind. Diese Inhalte sind dem Inhaltsfeld Arithmetik/Algebra der Bildungsstandards zugeordnet und werden in der Regel in den Jahrgängen 8 und 9 thematisiert (KMK, 2004, 2022a; MSB, 2004a, 2022b).

3.2.4 Nicht lineare Geometrieprobleme - Routine oder echtes Problem?

Nicht lineare Geometrieprobleme lassen sich nicht pauschal als Routine oder echtes Problem klassifizieren. Die Einordnung hängt vielmehr vom konkreten Aufgabenformat, den Vorkenntnissen der Lernenden und insbesondere dem konzeptuellen Verständnis ab. Im Sinne der Begriffsdefinition in Abschnitt 3.1 ist eine Aufgabe ein Problem, wenn für die Bearbeitenden kein unmittelbares, vertrautes Lösungsverfahren verfügbar ist. Dies trifft bei Bestimmungsproblemen in Form nicht linearer Geometrieprobleme insbesondere dann zu, wenn diese in für Lernende ungewohnter Form auftreten, etwa als Aufgabe mit indirekten Maßen oder zu Figuren oder Körpern ohne unmittelbar bekannte Flächeninhalts- oder Volumenformeln. Kann das Wissen um das Wachstumsprinzip skalierter Flächen und Körper jedoch unmittelbar aus dem Vorwissen abgerufen werden, wird ein entsprechendes Schema aktiviert (siehe Abbildung 3.4), das wiederum die Lösung der Aufgabe als Routineaufgabe auslösen kann. Formelbasiert lösbare nicht lineare Geometrieprobleme können zusätzlich eine Routineaufgabe darstellen, wenn die lösende Person über sichere und automatisierte prozedurale Fähigkeiten verfügt; hier wäre das aktivierte Schema die Formellösung. In allen anderen Fällen liegt eine Problemaufgabe vor; die zu überwindenden Barrieren sind unterschiedlich. Das Wachstumsprinzip muss entweder reaktiviert oder unter Nutzung heuristischer Hilfsmittel wie einer Skizze hergeleitet werden; Formeln müssen gegebenenfalls unter Nutzung geeigneter Heurismen erinnert oder hergeleitet und kombiniert werden. Wie im vorangegangenen Abschnitt ausgeführt wurde, sollten Schülerinnen und Schüler am Ende der Klasse 9 über das nötige konzeptuelle und prozedurale Wissen verfügen, um Skalierungsprobleme zu Quadrat, Kreis und Würfel unter Rückgriff auf geeignete Formeln entweder routinemäßig oder als relativ leichtes Berechnungsproblem zu lösen; spätestens Ende der Sekundarstufe I sollten auch Skalierungsprobleme zur Kugel auf diese Weise gelöst werden können. Die konzeptuellen Kenntnisse zur Lösung mit Hilfe des Skalierungsprinzips sollten zu diesem Zeitpunkt ebenfalls aufgebaut sein und eine Lösung sogar als Routineproblem ermöglichen. Sollten die notwendigen Formeln nicht aus dem Gedächtnis abrufbar oder anderweitig zugänglich sein, sollten Lernende auf Basis der entwickelten Grundvorstellungen in der Lage sein, die entsprechenden Formeln mit Hilfe heuristischer Strategien zu rekonstruieren oder die gesuchten Größen zumindest näherungsweise durch geeignete Parkettierungs- oder Zerlegungsverfahren zu bestimmen. Warum dennoch Schülerinnen und Schüler auch in höheren Klassen große Schwierigkeiten bei der Lösung von Skalierungsproblemen haben, wird in den folgenden Abschnitten erörtert.

3.2.5 Schwierigkeiten bei der Lösung nicht linearer Geometrieprobleme

Internationale Studien belegen durchweg schwache Leistungen von Schülerinnen und Schülern der Mittel- und Oberstufe in Geometrie (Smith et al., 2011). Gemeinsamer Aspekt der Erklärungen, die hierfür gegeben werden, ist der folgende: Schülerinnen und Schüler auf der ganzen Welt scheinen erfolgreich die standardmäßigen Verfahren erlernt zu haben, ohne die konzeptionellen Prinzipien, die ihnen zugrunde liegen, zu verstehen (Smith et al., 2011). Betrachtet man konkret den Aufbau eines tragfähigen konzeptuellen Verständnisses zu Flächeninhalten und Volumina als Voraussetzung zur erfolgreichen Bearbeitung geometrischer Probleme, ist die Bedeutung des Messprinzips auch international anerkannt (Smith et al., 2011) und wird in den Vorgaben der Bildungsstandards berücksichtigt (KMK, 2004, 2022a).

Trotz dieser Zielvorgaben zeigen jedoch zahlreiche Studien, dass viele Lernende auch in höheren Jahrgangsstufen über kein hinreichendes Verständnis dieser Konzepte verfügen (Smith et al., 2016; Smith et al., 2011; Vollrath, 1999; Weigand et al., 2018; Wörner, 2014). Zwar gelingt es ihnen häufig, formelbasierte Rechenverfahren korrekt anzuwenden, doch fehlt häufig ein vertieftes Verständnis für die zugrundeliegenden geometrischen Konzepte (Smith et al., 2011; Wörner, 2014). Daher fehlen oft geeignete Strategien zur Bestimmung des Flächeninhalts bzw. Volumens untypischer Figuren oder Körper ebenso wie ein

Verständnis der Flächeninhalts- oder Volumenformeln sowie ihrer Zusammenhänge; weitere Konsequenzen sind die Verwechslung der Begriffe Flächeninhalt und Volumen sowie der entsprechenden Formeln und Einheiten und eine große Unsicherheit in der Verwendung von Formeln (Kuntze, 2018; Vollrath, 1999; Wörner, 2014). Die Ursachen scheinen, wie Vollrath (1999) schreibt, einerseits im Spannungsverhältnis zwischen Formenkunde und Flächeninhaltslehre zu liegen. Verantwortlich könnte ein zu schneller Übergang zur Berechnung von Flächeninhalten und Volumina mit Hilfe geeigneter Formeln sein, bevor die entsprechenden Grundvorstellungen ausreichend gefestigt und vernetzt wurden (Kuntze, 2018). Ein weiterer Grund könnte laut Vollrath (1999) darin bestehen, dass die erlernten Verfahren – im Falle der Fläche also die Ermittlung von Flächeninhalten durch Parkettierungen, ihre Berechnung durch geeignete Formeln sowie in der Sekundarstufe II mit Hilfe des bestimmten Integrals – als isolierte, zu bestimmten Altersgruppen und Flächenarten gehörende Verfahren erscheinen. Insbesondere am Ende der Sekundarstufe I sowie in der Sekundarstufe II steht häufig die kalkülhafte Berechnung von Flächeninhalten und Volumina mit Hilfe geeigneter Formeln im Vordergrund, einhergehend mit Defiziten den Flächeninhalts- und Volumenbegriff betreffend (Vollrath, 1999). Problematisch wird dies insbesondere dann, wenn die zugrundeliegenden Formeln nicht als funktionale Zuordnungen thematisiert werden: Ohne eine explizite Auseinandersetzung mit der variablen Abhängigkeit zwischen Größen wie Seitenlängen, Flächeninhalten oder Volumina bleiben sowohl der Kovariationsaspekt als auch die Entwicklung einer Objektvorstellung ungenutzt. Gerade diese Aspekte sind jedoch zentral, um mathematische Beziehungen flexibel und übertragbar zu verstehen (Kuntze, 2018; Pólya, 1973; Schoenfeld, 1985; Vollrath, 1999).

Die fehlenden Grundvorstellungen zu Flächeninhalten und Volumina erschweren das Verständnis von Flächen- und Rauminhalten als formunabhängige Maßzahlen als ersten Baustein eines konzeptuellen Verständnisses des Konzeptes von Ähnlichkeit (siehe Abschnitt 3.2.2.2). Die mit dem zweiten Baustein, einem Verständnis des Proportionalitätskonzepts verbundenen Schwierigkeiten, wurden bereits in Kapitel 2 dieser Arbeit beschrieben. Geometrische Ähnlichkeit ist zudem eine besonders anspruchsvolle Anwendung proportionalen Denkens (Lamon, 1993). Sie verbindet, so D. C. Cox (2013), geometrische und numerische Denkweisen: Schülerinnen und Schüler müssen nicht nur Zahlenverhältnisse erkennen und verstehen, sondern dies auf Figur- oder Körpermerkmale übertragen. Ein zentrales Verständnismerkmal besteht darin, die kontinuierliche, allseitige Natur der Skalierung zu erfassen. Um dies wirklich zu verstehen, müsste ein Schüler begreifen, dass alle messbaren Distanzen innerhalb einer Figur mit demselben Faktor verändert werden müssen – einschließlich der Gesamtlänge und -breite einer Figur, aber ebenso von Diagonalen oder Zwischenmaßen (D. C. Cox, 2013). Zudem haben Schülerinnen und Schüler zwar häufig Alltagsvorstellungen zur Ähnlichkeit durch den Umgang mit Maßstabsmodellen, Miniaturen oder Landkarten, jedoch stimmt die im Alltag verwendete Definition von Ähnlichkeit nicht mit der mathematischen Definition überein, die zudem in Schulbüchern oft vage bleibt, sodass die Gefahr von Fehlvorstellungen besteht (Chazan, 1988). Eine weitere Schwierigkeit liegt in der unzureichenden Thematisierung funktionaler Beziehungen im Kontext von Ähnlichkeit und Skalierung als drittem Baustein des Konzeptverständnisses. Häufig werden Skalierungsfaktoren lediglich als Verhältnisgrößen zwischen Ausgangs- und Zielgröße behandelt, ohne dass die zugrundeliegende mathematische Struktur als proportionale Funktion explizit deutlich wird (Streefland, 1984). Insbesondere bleibt die Tatsache, dass Längen, Flächen und Volumina unterschiedlich auf denselben Skalierungsfaktor reagieren – nämlich linear, quadratisch bzw. kubisch – häufig unthematisiert oder wird lediglich formal vermittelt, ohne an funktionale Vorstellungen von Veränderung und Abhängigkeit angebunden zu sein.

Insgesamt zeigen sich im Kontext geometrischer Ähnlichkeit erhebliche Schwierigkeiten in allen drei zentralen Bausteinen eines konzeptuellen Verständnisses: dem fehlenden Verständnis von Flächen- und Volumeninhalten als formunabhängige Maßzahlen, grundlegenden Defiziten im Proportionalitätsverständnis sowie mangelnder Einsicht in die funktionalen Zusammenhänge zwischen Skalierungsfaktor und resultierenden Größen.

Neben diesen konzeptuellen Schwierigkeiten zeigen Lernende auch Defizite im prozeduralen Wissen. Diese treten insbesondere dann auf, wenn geometrische Verhältnisse algebraisch dargestellt, umgeformt oder mit Hilfe von Formeln berechnet werden müssen. Die Probleme betreffen nicht allein das Ausführen symbolischer Operationen, sondern auch das Verständnis der Struktur und Bedeutung algebraischer Terme in anwendungsbezogenen Kontexten (Barzel et al., 2021; Kieran, 2007). Bei Skalierungsproblemen kann unsicheres prozedurales Wissen durch fehlerhafte Termumformungen wie zum Beispiel $(12x)^2 = 12x$ zu falsch linearen Lösungen führen, ohne dass diese im Sinne einer linearen Übergeneralisierung zwingend intendiert waren.

3.3 Entstehung und Verortung linearer Übergeneralisierungen im Problemlöseprozess

Betrachtet man die in Abschnitt 2.4.4 diskutierten Gründe für lineare Übergeneralisierungen im Kontext des Problemlösens, so lassen sich diese unterschiedlichen Phasen des Problemlösens zuordnen und mit Mängeln in spezifischen der in Abschnitt 3.1.3 beschriebenen Facetten der Problemlösekompetenz in Verbindung bringen.

Einerseits kann ein Mangel im deklarativen oder spezifischer gesagt konzeptuellen Wissen bestehen. Dieses kann sich erstens in einer bereits vorhandenen linearen Fehlvorstellung Skalierungen betreffend äußern. Diese führt wiederum zu einem fehlerhaften mentalen Aufgabenmodell, das wiederum die Schemaaktivierung eines vertrauten, jedoch inadäquaten linearen Lösungsmodells auslöst. Im Sinne des in Abschnitt 3.1.2 entwickelten Prozessmodells (siehe Abbildung 3.4) wird das Skalierungsproblem dadurch als scheinbare Routineaufgabe gelöst. Auch eine im Verlauf des Lösungsprozesses entwickelte Fehlvorstellung beruht auf den in Abschnitt 3.2.4 beschriebenen konzeptuellen Schwierigkeiten im Umgang mit Ähnlichkeit sowie Flächen- und Volumeninhalten. In diesem Fall entstehen lineare Übergeneralisierungen jedoch in der Planungsphase. Auch die ebenfalls der Planungsphase zuzuordnende Anwendung linearer Übergeneralisierungen mangels Alternative ist auf Defizite in der Wissensbasis zurückzuführen. Zwar könnten zunächst alternative Pläne generiert worden sein, diese jedoch verworfen werden, ohne dass ein adäquates Lösungsmodell entwickelt werden kann.

Lineare Übergeneralisierungen können zudem auf unzureichende metakognitive Kontrolle zurückgeführt werden. Dies zeigt sich besonders in der Nutzung von Oberflächenstrategien: Das lineare Modell wird aufgrund oberflächlicher Aufgabenhinweise oder im Sinne der Dual-Process-Theorie ohne vertiefte Analyse aktiviert. Die mangelnde Überprüfung und Regulation dieses Vorgehens weist auf Defizite in der metakognitiven Steuerung hin, die als zentrale Voraussetzung erfolgreichen Problemlösens gilt (siehe Abschnitt 3.1.3).

Abbildung **3.5** zeigt das ergänzte Prozessmodell des Problemlösens, in das die Ursachen linearer Übergeneralisierungen integriert wurden. Dabei kennzeichnen orange Blitzsymbole (↯^{1} / ↯^{2}) lineare Fehlvorstellungen (vorhanden bzw. entwickelt), das orange Symbol (∅) lineare Übergeneralisierungen mangels Alternative und das lila Augensymbol (👁) solche, die als Oberflächenstrategien als Ausdruck mangelnder metakognitiver Kontrolle auftreten.

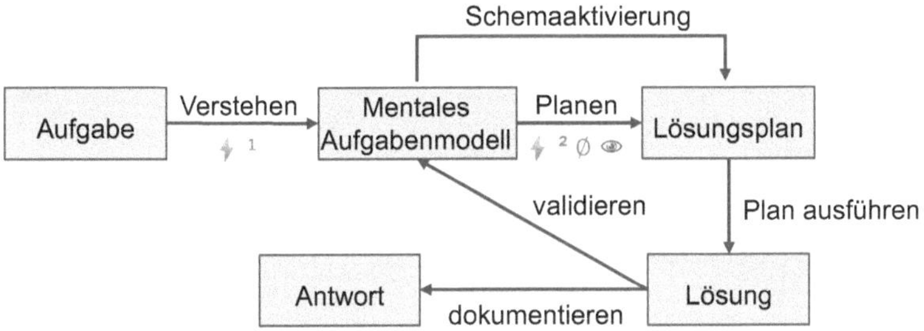

Abbildung 3.5 Prozessmodell mit Verortung linearer Übergeneralisierungen. (Eigene Darstellung)

3.4 Zusammenfassung

Kapitel 3 befasste sich mit der theoretischen und fachdidaktischen Fundierung des Problemlösens im Kontext nicht linearer Geometrieprobleme. Ausgehend von grundlegenden Begriffen und Modellen (3.1) wurde aufgezeigt, dass mathematisches Problemlösen als vielschichtiger kognitiver Prozess zu verstehen ist, der sowohl inhaltsbezogene als auch heuristische, metakognitive und affektiv-motivationale Komponenten umfasst. Im Anschluss wurden nicht lineare Geometrieprobleme als spezifischer Problemtyp analysiert (3.2). Dabei zeigte sich, dass ihre Lösung besondere Anforderungen an das Zusammenspiel von prozeduralem und konzeptuellem Wissen stellt – etwa im Hinblick auf Flächen- und Volumeninhalte, Proportionalität sowie funktionale Zusammenhänge. Gleichzeitig wurden typische Probleme deutlich, etwa das Fehlen tragfähiger Konzepte. Abschnitt 3.3 bildete eine Synthese aus Kapitel 2 und 3, indem lineare Übergeneralisierungen ihren potenziellen Entstehungsbedingungen entsprechend den einzelnen Phasen des Problemlöseprozesses zugeordnet, in das entwickelte Prozessmodell eingeordnet und differenziert mit Defiziten in der Problemlösekompetenz – insbesondere im Bereich des konzeptuellen Wissens und der Metakognition in Verbindung gebracht wurde. Die Einordnung linearer Übergeneralisierungen in das Problemlösemodell erlaubt nicht nur eine differenzierte Analyse, sondern dient zugleich als konzeptionelle Grundlage für die empirische Überprüfung im Rahmen der zweiten Studie.

Repräsentationen und Visualisierungen – Theoretische Grundlagen, Funktionen und didaktische Perspektiven

4

Wer die Begriffe *Mathematik* und *Visualisierung* kombiniert, denkt meist an geometrische Figuren und Körper, möglicherweise aber auch an Diagramme, Graphen oder andere bildhafte Darstellungen (Gretsch & Holzäpfel, 2016). Diese Beispiele verdeutlichen die große Bandbreite visueller Darstellungsformen in der Mathematik. Sie dienen nicht nur der Veranschaulichung, sondern sind zentrale Mittel, um abstrakte Inhalte zugänglich sowie Strukturen sichtbar zu machen und mathematisches Denken zu unterstützen (Ainsworth, 2006; Duval, 2006). Um ihre Rolle im Lern- und Problemlöseprozess zu verstehen, ist es notwendig, das ihnen zugrundeliegende kognitionspsychologische Konzept der Repräsentationen zu berücksichtigen. Erst die Unterscheidung verschiedener Repräsentationsformen erklärt, wie Visualisierungen wirken, welche kognitiven Prozesse sie anstoßen und welche Grenzen sie aufweisen.

Dieses Kapitel erschließt diesen Themenbereich in drei Schritten: Abschnitt 4.1 klärt den Begriff der Repräsentation und beschreibt wichtige Klassifikationen. Abschnitt 4.2 beleuchtet Visualisierungen als besondere Form externer Repräsentationen sowie ihre Formen, Funktionen und Einsatzmöglichkeiten. Abschnitt 4.3 nimmt schließlich die didaktische Perspektive ein, indem historische Entwicklungen und aktuelle Rollen von Visualisierungen in Mathematik und Mathematikunterricht betrachtet werden. Eine abschließende Zusammenfassung (4.4) bündelt die zentralen Ergebnisse als Vorbereitung für die folgenden Kapitel.

G. Volbers, *Visualisierungen bei nicht linearen Geometrieproblemen*, Studien zur theoretischen und empirischen Forschung in der Mathematikdidaktik,
https://doi.org/10.1007/978-3-658-52828-7_4

4.1 Repräsentationen

4.1.1 Begriffsklärung/Definition

Aus kognitionspsychologischer Sicht ist eine Repräsentation eine Struktur, die für etwas anderes steht, wobei sie Teile des Originals enthält und unter Umständen anstelle des Originals verwendet werden kann (Palmer, 2024). Repräsentationen haben selektive Eigenschaften, da nie alle Teile des Originals abgebildet werden. Eine Repräsentation beschreibt stets eine mehrstellige Relation zwischen erstens einem zu repräsentierenden Original, zweitens einem Bildbereich, der das Original repräsentiert, und drittens einem konstruierenden oder interpretierenden Subjekt, wobei eine Verknüpfung zwischen zu repräsentierenden und repräsentierten Eigenschaften kognitive Prozesse des Subjekts erfordert (Duval, 2006; Krey & Schwanewedel, 2018; M. Schmitz, 2022). Zum Verständnis und zum Nutzen einer Repräsentation ist die Kenntnis des gesamten Repräsentationssystems notwendig:

> "In order to specify a representation completely, then, one must state (1) what the represented world is; (2) what the representing world is; (3) what aspects of the represented world are being modeled; (4) what aspects of the represented world are doing the modeling; and (5) what are the correspondences between the two worlds. A representation is really a representational system that includes all five aspects" Palmer (2024, S. 262).

Ein Objekt, also der repräsentierte Originalinhalt (1), kann zum Beispiel ein geographisches Gebiet, also ein Land, eine Stadt oder ein anderer Ort mit all seinen natürlichen oder von Menschen geschaffenen Merkmalen sein. Eine Repräsentation dieses Objektes, also der repräsentierte Inhalt (2) ist dann beispielsweise eine Landkarte dieses Gebietes, das heißt eine vereinfachte und symbolische Darstellung des Ortes. Hier ist zu beachten, welche Aspekte des Originalinhalts modelliert werden (3); bei Landkarten können dies geographische, aber auch politische oder klimatische Gegebenheiten sein. Der Originalinhalt wird durch entsprechende Kartensymbole modelliert (4); Entsprechungen zwischen dem Originalinhalt und der Repräsentation sind beispielsweise maßstäblich dargestellte Entfernungen (5). Die Person, die die Karte mit einer bestimmten Intention und unter Nutzung bestimmter Symbole und Maßstäbe erstellt hat, wäre das konstruierende Subjekt; eine Person, die dieser Karte Informationen entnimmt, ein interpretierendes Subjekt. Die kognitiven Prozesse wären dann im Falle der Erstellung der Karte die Auswahl der für relevant erachteten zu repräsentierenden Eigenschaften sowie die der verwendeten Symbole; im Falle der Kartennutzung wäre es die Interpretation der verwendeten Symbole, ohne deren Kenntnis die Karte nutzlos wäre.

4.1.2 Interne und externe Repräsentationen

Repräsentationen können anhand verschiedener Kriterien kategorisiert werden. Ein zentrales Unterscheidungskriterium ist die Zugänglichkeit einer Repräsentation – hierbei wird zwischen internen und externen Repräsentationen unterschieden (Goldin & Kaput, 1996). Interne Repräsentationen sind von außen nicht direkt beobachtbar; sie beziehen sich auf die mentalen Vorstellungen einer Person und sind individuell geprägt. Externe Repräsentationen sind physisch verkörperte, beobachtbare Konfigurationen beispielsweise in Form von Wörtern, Grafiken, Bildern oder Gleichungen – analog oder auch digital in Computerumgebungen (Goldin & Kaput, 1996). Interne und externe Repräsentationen stehen in enger Wechselwirkung: Externe Repräsentationen der Umwelt werden durch Interpretationsprozesse bewusst oder unbewusst internalisiert, wobei bereits bestehende mentale Strukturen diesen Prozess beeinflussen (Schnotz & Bannert, 2003). Umgekehrt können interne Repräsentationen beispielsweise durch Sprechen, Schreiben oder das Zeichnen einer Skizze externalisiert werden. Dabei dienen interne Repräsentationen einerseits als Voraussetzung für die Konstruktion einer externen Repräsentation, werden bei der Externalisierung aber auch verändert (Goldin & Kaput, 1996; Krey & Schwanewedel, 2018). Insbesondere wegen dieser engen Wechselbeziehung sind die für Beobachtungen zugänglichen externen Repräsentationen sowohl für den Unterricht als auch die fachdidaktische Forschung von Bedeutung, da sie Lehrkräften und Forschenden einen Zugang zu kognitiven Prozessen von Lernenden ermöglichen. Dies ist hilfreich für das Verständnis von Denkwegen und Problemlöseprozessen, aber auch zur Identifikation von Fehlvorstellungen (Ainsworth, 2006; Rellensmann, 2019; Schnotz & Bannert, 2003).

4.1.3 Deskriptionale und depiktionale Repräsentationen und ihre Modalitäten

Interne und externe Repräsentationen können unterschiedliche Formen annehmen. Interne Repräsentationen können visuell-räumlich, auditorisch-rhythmisch oder taktil-kinästhetisch sein (Paivio, 1990; Schnotz & Bannert, 2003). Externe Repräsentationen lassen sich auf verschiedene Arten klassifizieren. Neben der fachübergreifend bekannten Differenzierung Bruners (2009) in enaktive, ikonische und symbolische Repräsentationen ist die Einteilung in depiktionale und deskriptionale Repräsentationen weit verbreitet und aus kognitionspsychologischer Sicht bedeutsam für die in Kapitel 5 geschilderten Theorien des multimedialen Lernens (Krey & Schwanewedel, 2018; Schnotz & Bannert, 2003). Deskriptionale Repräsentationen beruhen auf Symbolen, die eine beliebige auf Konventionen beruhende Struktur aufweisen und keine Ähnlichkeit zum repräsentierten Objekt haben; hierzu zählen gesprochene oder geschriebene Texte ebenso wie mathematische Ausdrücke wie Gleichungen (Schnotz, 2014). Die Worte Haus oder Würfel weisen zum Beispiel keinerlei Ähnlichkeit mit dem repräsentierten Objekt auf, ebenso wenig die Gleichung $V = a^3$ zur Darstellung des Zusammenhangs zwischen Seitenlänge und Volumen eines Würfels. Depiktionale Repräsentationen dagegen verwenden ikonische Zeichen, die eine strukturelle Ähnlichkeit mit dem zu repräsentierenden Sachverhalt haben. Hierzu gehören Fotografien, Zeichnungen und Gemälde, aber auch Landkarten, Balkendiagramme, Funktionsgraphen oder die Anzeigen von Messgeräten (Rellensmann, 2019; Schnotz, 2014). Strukturelle Ähnlichkeit bedeutet, dass die Repräsentation die als jeweils relevant erachtete Struktur des repräsentierten Objekts widerspiegelt. Die strukturelle Ähnlichkeit kann sowohl physischer als auch abstrakter Art sein. Realistische Bilder wie eine Fotografie eines Hauses oder die Zeichnung eines Würfels weisen eine hohe physische Ähnlichkeit mit dem repräsentierten Objekt auf. Ein Grundriss eines Hauses, der die Anordnung der Räume sowie ihre Verbindungen anzeigt, stellt die räumlichen Beziehungen und die Struktur des Gebäudes dar, die physische Ähnlichkeit zum realen Haus ist jedoch gering. Eine Darstellung des Zusammenhangs zwischen Seitenlänge und Volumen eines Würfels als Funktionsgraph ist rein abstrakter Art und hat keinerlei optische Ähnlichkeit mit dem realen Objekt (Krey & Schwanewedel, 2018; Rellensmann, 2019; Schnotz, 2005).

Deskriptionale und depiktionale Repräsentationen haben aufgrund ihrer unterschiedlichen Merkmale unterschiedliche Nutzungsmöglichkeiten und Funktionen (Schnotz et al., 2010). Deskriptionale Repräsentationen eignen sich besser zur Darstellung abstrakter oder allgemeiner Inhalte wie Freiheit oder Tiere als depiktionale Repräsentationen. Depiktionale Repräsentationen konkretisieren dagegen automatisch den repräsentierten Inhalt: Während der Begriff *Tier* Art und konkretes Aussehen offenlässt, zeigt eine depiktionale Repräsentation automatisch ein spezifisches Tier mit bestimmten Eigenschaften wie Fellfarbe oder Größe (Schnotz, 2005). Depiktionale Repräsentationen sind immer vollständig hinsichtlich einer bestimmten Klasse von Informationen, während deskriptionale Repräsentationen mehr selektiv sind. Die Skizze eines Quadrats stellt nicht nur die Form, sondern auch seine Größe und Orientierung dar. Das Wort Quadrat dagegen beschreibt lediglich dessen Form (Kosslyn, 1994). Dies kann einerseits von Vorteil sein: Da die explizit repräsentierten Eigenschaften vom Betrachter einer depiktionalen Repräsentation direkt wahrgenommen werden können, ist diese besonders hilfreich, wenn es darum geht, räumlich-visuelle Sachverhalte – etwa das Aussehen von Objekten oder bestimmte Szenarien – zu verstehen. Depiktionale Darstellungen können daher kognitive Prozesse wie das Problemlösen wirksam unterstützen (Scheiter, 2021a; Schnotz et al., 2010). Andererseits besteht bei depiktionalen Repräsentationen die Gefahr, dass Betrachter irrelevante Merkmale – etwa Farbgebung, Perspektive oder Größe – in ihre Überlegungen einbeziehen und so zu Fehlinterpretationen gelangen (Schnotz & Bannert, 2003).

Eine weitere wichtige Unterscheidung deskriptionaler und depiktionaler Repräsentationen betrifft die Wahrnehmungsebene: Informationen aus der Umwelt werden über unsere Sinnesorgane aufgenommen, wobei im schulischen Kontext Auge, Ohr und Tastsinn eine Rolle spielen. Deskriptionale Repräsentationen können sowohl über das Auge, also optisch als geschriebener Text oder notierte Zeichen, als auch über das Ohr, also auditiv als gesprochener Text präsentiert, wahrgenommen und verarbeitet werden. Depiktionale Repräsentationen werden dagegen meist optisch wahrgenommen, können aber auch taktil erfasst werden (Schnotz, 2005, 2014).[1]

4.2 Visualisierungen

4.2.1 Begriffsklärung

Visualisierungen sind externe depiktionale Repräsentationen: Schnotz (2005, S. 52) definiert Visualisierungen als „alle möglichen Formen von Bildern im weitesten Sinne …, die aus ikonischen, im Gegensatz zu symbolischen, Zeichen bestehen“. Konkreter definiert Scheiter (2021b) eine Visualisierung oder visuelle Repräsentation als bildhaft-analoge Darstellung von Informationen zum Beispiel in Form von Fotografien, Zeichnungen, Diagrammen, Videos oder Animationen, aber auch Modellen, die eine physische oder strukturelle Ähnlichkeit zum dargestellten Objekt aufweisen. Visualisierungen, die eine rein strukturelle Ähnlichkeit

[1] Diese Differenzierung bezieht sich auf Menschen ohne Einschränkung der Sinnesorgane. Blinde Menschen können Brailleschrift mit dem Tastsinn erfassen, gehörlose Menschen können häufig gesprochenen Text von den Lippen ablesen.

mit dem repräsentierten Objekt haben wie beispielsweise Diagramme oder Funktionsgraphen, werden im Folgenden nicht weiter betrachtet, da sie im Kontext dieser Arbeit nicht von Bedeutung sind. Physische Ähnlichkeit bedeutet, dass die räumlichen Eigenschaften des dargestellten Objekts oder Konzepts durch die Visualisierung dargestellt werden (Schnotz, 2005).

Die Definition Scheiters (2021b) beschreibt und kategorisiert zwar – ausgehend von der in Abschnitt 4.1 dargestellten Relationsbeschreibung – den Bildbereich einer Repräsentation und damit eine Visualisierung als Produkt, bezieht jedoch weder das handelnde Subjekt noch die kognitive Tätigkeit ein, die zur Erstellung und Nutzung dieser Visualisierung führt. Der aus mathematikdidaktischer Perspektive wichtige strategische Charakter von Visualisierungen sowie ihre Funktion für Prozesse wie das Verstehen von Konzepten oder das Problemlösen bleiben außer Acht (Rellensmann, 2019). Diese Prozesskomponente wird von Zimmermann und Cunningham (1991) berücksichtigt, die Visualisierungen als Fähigkeit beschreiben, passende Repräsentationen zu erstellen und zu nutzen. In dieser Arbeit wird die von Arcavi (2003, S. 217) geprägte, weit gefasste Begriffsdefinition verwendet, der Visualisierung bezeichnet als

> „the process and the product of creation, interpretation, use of and reflection upon pictures, images, diagrams, in our minds, on paper or with technological tools, with the purpose of depicting and communicating information, thinking about and developing previously unknown ideas and advancing understandings."

Basierend auf dieser Definition ergeben sich verschiedene im Rahmen dieser Arbeit wichtige Aspekte von Visualisierungen. Erstens können Visualisierungen als eine Repräsentationsform sowohl intern (in our minds) als auch extern (on paper or with technological tools) sein, wobei sich diese Arten gegenseitig beeinflussen. Zweitens haben Visualisierungen eine Produkt- und eine Prozesskomponente, drittens ist für externe Visualisierungen das verwendete Medium zu berücksichtigen, viertens gibt es verschiedene Typen von Visualisierungen und fünftens können sie unterschiedliche Funktionen haben. Die vier letztgenannten Aspekte werden im Folgenden genauer erläutert, da der Fokus dieser Arbeit auf externen Repräsentationen beim Lernen und mathematischen Problemlösen liegt.

4.2.2 Produkt- und Prozesskomponente von Visualisierungen

Externe, aber auch interne Visualisierungen umfassen laut Arcavi (2003) erstens sowohl den Prozess als auch das Produkt der Konstruktion sowie die Nutzung und die Interpretation von Visualisierungen. Die Prozesskomponente bezieht sich auf die aktiven Vorgänge und Tätigkeiten von Lernenden sowohl beim Erstellen als auch beim Verwenden von Visualisierungen. Sie umfasst die zielgerichtete Auswahl der darzustellenden Objekteigenschaften, die Wahl der Repräsentationsform, die Nutzung der Visualisierung im Denkprozess (zum Beispiel während des Problemlösens) sowie ihre Interpretation und Reflexion (Arcavi, 2003; Schoenherr & Schukajlow, 2024; Van Meter & Garner, 2005). Die Produktkomponente bezeichnet das Resultat der Aktivitäten des Erstellens der Visualisierung, also die konkrete Darstellung beispielsweise durch eine Skizze. Relevante Kriterien für die Qualität einer Visualisierung sind ihr Typ sowie die Vollständigkeit und Korrektheit der Visualisierung hinsichtlich wichtiger Elemente und ihrer Beziehungen (Arcavi, 2003; Krawitz & Schukajlow, 2020; Rellensmann, 2019; Schoenherr & Schukajlow, 2024; Van Meter & Garner, 2005).

Das folgende Beispiel zeigt, wie sich Produkt- und Prozesskomponente bei einer konkreten Visualisierung zeigen: Erstellt eine Schülerin oder ein Schüler eine Visualisierung zu einem nicht linearen Geometrieproblem, etwa zur Skalierung eines Quadrats, so gehört zur Prozesskomponente zunächst die Wahl einer geeigneten Repräsentationsform – in diesem Fall eine Skizze – sowie die zielgerichtete Auswahl und Darstellung relevanter Objekteigenschaften. Dazu zählen charakteristische Merkmale eines Quadrats (z. B. gleich lange, zueinander senkrechte Seiten), die Darstellung der relationalen Beziehung zwischen den beiden Figuren (z. B. durch Angabe des Seitenlängenverhältnisses) sowie die Einbindung gegebener Zahlenwerte aus dem Aufgabentext. Darüber hinaus umfasst die Prozesskomponente die Nutzung der Visualisierung im Rahmen des Problemlösens, etwa beim Verstehen des Problems, während der Planung oder zur Validierung des Ergebnisses. Hierauf wird in Abschnitt 7.4 genauer eingegangen. Die Produktkomponente bezeichnet die fertige Skizze. Ihre Qualität zeigt sich darin, inwieweit die ausgewählten Eigenschaften korrekt, vollständig und übersichtlich wiedergegeben sind und die Darstellung so als tragfähige Grundlage für das weitere Problemlösen genutzt werden kann.

4.2.3 Verwendete Medien

Zur Konstruktion und Verwendung physisch verkörperter externer Visualisierungen ist der Einsatz geeigneter Medien erforderlich (Schoenherr & Schukajlow, 2024). Der Begriff *Medium* bezeichnet das Instrument oder Gerät, das zur Erstellung, Verwendung und Interpretation der externen Visualisierung benötigt wird. Häufig wird grob zwischen analogen und digitalen Medien unterschieden. Analoge Medien sind Papier und Bleistift, aber auch Gesten und Körperbewegungen (Arcavi, 2003; Schoenherr & Schukajlow, 2024). *Digitale Medien* beschreiben im weiten Sinn elektronische Formate, die Informationen in digitaler Form verarbeiten und übertragen (Jörissen & Marotzki, 2009). Im Rahmen dieser Arbeit wird der Begriff in Übereinstimmung mit Schoenherr und Schukajlow (2024) enger gefasst und bezieht sich speziell auf den Einsatz digitaler Tools wie beispielsweise einer dynamischen Geometriesoftware, die – gemäß dem Stufenmodell von Puentedura (2006) – die Erstellung und Verwendung von Visualisierungen zumindest auf der Stufe der Augmentation zulassen. Dies bedeutet, dass das digitale Format im Vergleich zum analogen nicht eine bloße Ersetzung darstellt, sondern zusätzliche Funktionalitäten in Form von Erweiterungen (Augmentation), weitergehender Veränderungen (Modification) oder sogar der Neugestaltung (Redefinition) der Erstellung und Verwendung von Visualisierungen ermöglicht (Hamilton et al., 2016). Ausgeschlossen sind Anwendungen, die lediglich analoge Medien wie Stift und Papier digital imitieren, etwa das Anfertigen oder Präsentieren einer Skizze mit einem digitalen Stift auf einem Tablet – dies entspräche der Stufe der Substitution.

4.2.4 Typen von Visualisierungen

Die Produktkomponente (externer) Visualisierungen betreffend wurden neben der bereits erwähnten Differenzierung hinsichtlich physischer und struktureller Ähnlichkeit, wie sie auch von Arcavi (2003) verwendet wird, verschiedene Systeme vorgeschlagen. Im Folgenden werden exemplarisch diejenigen Kategorisierungen dargestellt, die für diese Arbeit von Relevanz sind. Presmeg (2006) kategorisierte interne Visualisierungen (imagery) sowie auch ihre Externalisierung in verschiedene Typen: Konkrete Visualisierungen, die sich auf spezifische Objekte beziehen, die Visualisierung von Mustern beispielsweise in Zahlenreihen oder Winkeln bei geometrischen Formen, kinästhetische Visualisierungen sowie dynamische Visualisierungen. Der Begriff kinästhetisch bezieht sich auf die Einbeziehung anderer Sinne, etwa das reale oder gedankliche Abfahren der

Seiten eines Quadrats mit den Fingern. Der Begriff dynamisch bedeutet eine reale oder gedankliche Transformation wie zum Beispiel das Drehen eines Würfels. Speziell für den Bereich der Geometrie, in dem Visualisierungen eine zentrale Rolle bei der Repräsentation räumlicher Merkmale spielen (Rellensmann, 2019), differenzieren Hegarty und Kozhevnikov (1999) zwischen zwei verschiedenen Arten visuell-räumlicher Repräsentationen: Piktorielle (bildliche) Repräsentation, die das visuelle Erscheinungsbild eines Objekts wie Form und Farbe kodieren, und schematische Repräsentationen, die räumliche Beziehungen zwischen Objekten oder Teilen eines Objekts erfassen. Schoenherr und Schukajlow (2024) differenzieren schematische Repräsentationen in Längen-, Flächen- und Beziehungsvisualisierungen. Schließlich lassen sich Visualisierungen nach dem Informationsgehalt bezüglich des zugrunde liegenden (textlichen) Kontextes kategorisieren, wie es Elia et al. (2007) taten: Dekorative Visualisierungen haben keinen sinnvollen Bezug zu dieser Situation, repräsentative Visualisierungen dagegen bilden den zugrundeliegenden Kontext zumindest teilweise ab. Organisatorische Visualisierungen geben durch ihre Struktur eine Richtung für das weitere Vorgehen vor, informelle Visualisierungen enthalten relevante Informationen, die nicht im Text enthalten sind.[2]

Ein Problem dieser Taxonomien besteht darin, dass Visualisierungen allgemein und insbesondere, wenn sie von Lernenden erstellt wurden, nicht immer eindeutig zugeordnet werden können (Finesilver, 2022). Die im Rahmen dieser Arbeit untersuchten Visualisierungen zu nicht linearen Geometrieproblemen weisen je nach Genauigkeit und Korrektheit eine mehr oder weniger große physische Ähnlichkeit mit dem repräsentierten Objekt (z. B. Quadrat oder Würfel) auf. Sie kodieren einerseits die Form der geometrischen Figur (piktoriell), andererseits aber auch räumliche Beziehungen wie das Größenverhältnis zwischen Original und Skalierung oder räumliche Eigenschaften wie rechte Winkel. Gemäß Hegarty und Kozhevnikov (1999) sind sie daher gleichzeitig piktorielle und schematische Darstellungen – im Falle rein innermathematischer Skalierungsprobleme sind sie sogar äquivalent. Die Differenzierung schematischer Relationen in Längen-, Flächen- und Beziehungsvisualisierungen betreffend enthält eine maßstäbliche Visualisierung einer Skalierungssituation sowohl eine Flächenrelation als auch eine Beziehungsrelation (Schoenherr & Schukajlow, 2024).

[2] Die von Elia et al. (2007) vorgenommene Klassifizierung basiert auf der ursprünglichen Funktionsdifferenzierung von Levin (1981), wurde jedoch im Hinblick auf mathematische Anwendungskontexte angepasst und reduziert.

Insgesamt erscheint eine Klassifikation und Bewertung von Visualisierungen als Produkt nach einer der Taxonomien im Rahmen dieser Arbeit weniger sinnvoll als eine Bewertung hinsichtlich der Kriterien Vollständigkeit und Korrektheit als zentrale Merkmale der Skizzenqualität (Krawitz & Schukajlow, 2020). Eine vollständige und korrekte Visualisierung zu einem Skalierungsproblem sollte sowohl die Form der geometrischen Objekte als auch ihre Größenrelation sowie relevante Zahlenwerte des Aufgabentextes enthalten (siehe Abschnitt 4.2.3).[3]

Statische und dynamische Visualisierungen

Für den empirischen Teil der Arbeit, insbesondere die dritte Studie, ist eine Differenzierung zwischen statischen und dynamischen Visualisierungen von Bedeutung, wie sie bereits von Presmeg (1986) angedeutet wurde. Lange Zeit wurden Bilder ausschließlich auf starren Materialien wie Papier erstellt, wodurch ihre Struktur und Eigenschaften dauerhaft gleich blieben; sie gelten daher als statisch (Schnotz, 2023). Technologische Entwicklungen, beginnend mit der Erfindung des Films bis hin zu heutigen computererzeugten Animationen, ermöglichten die Darstellung bewegter Bilder. Im Zuge der zunehmenden Digitalisierung in Bildungskontexten und der technischen Fortschritte in der grafischen Datenverarbeitung gewinnen dynamische Visualisierungen zunehmend an Bedeutung (Schnotz, 2023; West, 1992; Wilzek, 2021). Da sich heute viele Formen bewegter Bilder technisch kaum unterscheiden lassen, wird der Begriff der dynamischen Visualisierung meist synonym mit dem der Animation verwendet. Darunter versteht man „a pictorial display that changes its structure or features over time and triggers perception of a continuous change“ (Schnotz, 2023). Besteht für die Nutzerin oder den Nutzer die Möglichkeit, diese Abfolge zu beeinflussen, spricht man von interaktiven (dynamischen) Visualisierungen (Wilzek, 2021). Digitale Werkzeuge wie eine dynamische Geometriesoftware (z. B. GeoGebra) ermöglichen die Erstellung und Nutzung solch interaktiver dynamischer Visualisierungen.

Zwar können auch statische Visualisierungen dynamische Inhalte darstellen (etwa durch Pfeile oder die Verwendung von Bildsequenzen) und dynamische Visualisierungen statische Informationen zeigen. Ein wesentlicher Unterschied ist jedoch, dass Animationen es ermöglichen, Veränderungen direkt aus der äußeren Darstellung wahrzunehmen, während bei einer statischen Visualisierung

[3] Für den empirischen Teil der Arbeit könnten jedoch die Kategorisierungen von Hegarty und Kozhevnikov (1999) und Presmeg (1986) für die Funktion der Skizze im Problemlöseprozess von Bedeutung sein. Eine vollständige und korrekte Skizze zu einem Quadratproblem kann sowohl im piktoriellen als auch im schematischen Sinne genutzt werden. Auch die Frage einer dynamischen (mentalen) Repräsentation nach Presmeg (1986) ist hier von Bedeutung. Dies betrifft somit die Produktkomponente von Visualisierungen.

dynamischer Inhalte diese Veränderungen mental, also durch dynamische interne Visualisierungen rekonstruiert werden müssen (Presmeg, 2006; Schnotz, 2023). Dies kann für Lernende kognitiv herausfordernd sein, aber auch Vorteile mit sich bringen, worauf in Abschnitt 7.2 genauer eingegangen wird.

Selbst erstellte versus vorgegebene Visualisierungen

Weiter ist nach Arcavi (2003) zwischen vorgegebenen und von Lernenden selbst erstellten Visualisierungen zu unterscheiden. Visualisierungen können Lernenden mit einer bestimmten Intention bereitgestellt werden, um von ihnen verwendet und interpretiert zu werden. Alternativ entstehen sie im Rahmen eigener kognitiver Aktivitäten von Lernenden, etwa während eines Problemlöseprozesses (Arcavi, 2003; Presmeg, 2006). Bei diesen selbst erstellten Visualisierungen handelt es sich typischerweise um Skizzen. Der Begriff *Skizze* beschreibt eine vereinfachte Darstellung eines Sachverhalts mit Hilfe grober Linien und Striche, die ausschließlich mit Stift und eventuell Lineal auf Papier angefertigt wurde, nicht notwendigerweise maßstabsgetreu ist und eine Auswahl an subjektiv relevanten Informationen enthält (Bräuer et al., 2021; Rellensmann, 2019). *Selbst erstellt* bedeutet, dass die zeichnenden Schülerinnen und Schüler für das finale Erscheinungsbild der Skizze verantwortlich sind (Van Meter & Garner, 2005). Dabei ist zu beachten, dass der Grad der Eigenständigkeit nicht dichotom zu verstehen ist, sondern vielmehr auf einem Kontinuum verortet werden kann: Dieses reicht von vollständig selbst entworfenen Skizzen über Skizzen mit bereitgestellten Teilkomponenten (z. B. Leerstellen, Achsensysteme, vorgegebene Objekte), die von den Lernenden zeichnerisch ergänzt werden, bis hin zu vollständig vorgegebenen Abbildungen. Entscheidend für die Einordnung als selbst erstellt ist, dass die Lernenden aktiv in den Konstruktionsprozess eingebunden sind, eigene Entscheidungen zur grafischen Repräsentation treffen und somit die Skizze zielgerichtet zur Erreichung eines intendierten Ziels erstellen (Van Meter & Garner, 2005). Bereitgestellte Illustrationen, die die Schülerinnen und Schüler lediglich durch deskriptionale Beschriftungen ergänzen, gelten daher als vorgegebene Visualisierungen (Van Meter & Garner, 2005). Im Kontext dieser Arbeit sind folgende Aspekte relevant: Im Falle vorgegebener Skizzen entfallen Teile der Prozesskomponente einer Skizze, nämlich die zielgerichtete Auswahl relevanter Objektmerkmale oder die Wahl einer geeigneten Darstellungsform. Darüber hinaus greifen, wie in Kapitel 5 näher erläutert wird, je nach Visualisierungsart unterschiedliche kognitive Prozesse: Eine selbst erstellte Skizze stellt eine Externalisierung eines mentalen Modells dar, das auf der (meist textlich präsentierten) Problemstellung basiert. Die Skizze ist somit Produkt eines aktiven Konstruktionsprozesses und dient der mentalen Organisation und Verarbeitung des Problems

(R. Cox, 1999; Van Meter & Firetto, 2013). Bei vorgegebenen Visualisierungen hingegen liegt der Schwerpunkt auf der Integration von Bild- und Textinformationen, also auf der korrekten Zuordnung und Interpretation der dargestellten Inhalte (Mayer, 2021; Schnotz, 2021; Schnotz & Bannert, 2003). In der vorliegenden Untersuchung zeigte sich, dass die von den Lernenden angefertigten Skizzen häufig bereits vor der Kenntnisnahme der Problemstellung erstellt wurden. Sie übernehmen damit im Problemlöseprozess funktional die Rolle einer vorgegebenen Visualisierung, auch wenn sie individuell erzeugt wurden. Der Begriff *vorgefertigte Skizzen*, der diese Besonderheit beschreibt, wird in Kapitel 10 näher erläutert und empirisch begründet.

4.2.5 Funktionen von Visualisierungen

Visualisierungen erfüllen im Kontext des Mathematikunterrichts stets eine bestimmte Funktion und sind mit einem bestimmten Zweck verbunden (Gretsch & Holzäpfel, 2016; A. Schmitz, 2017). Sowohl von Lernenden selbst erstellte Visualisierungen als auch vorgegebene Visualisierungen, wie sie etwa in Lehrwerken abgebildet sind, können zur Unterstützung verschiedener Prozesse beitragen: Sie können Informationen vermitteln, zum Nachdenken anregen, das Verständnis mathematischer Konzepte fördern sowie den Lösungsprozess mathematischer Probleme oder auch die Entwicklung mathematischer Argumentationen oder Beweise unterstützen (Ainsworth, 2006; Arcavi, 2003; Schoenherr & Schukajlow, 2024). Selbst erstellte Visualisierungen gelten wie bereits in Kapitel 3 angedeutet als wichtiges heuristisches Hilfsmittel beim Problemlösen. Zugleich können sie selber Lerngegenstand werden (Ainsworth, 2006; Arcavi, 2003; Gretsch & Holzäpfel, 2016). Diese Aspekte sollen im kommenden Abschnitt ausführlicher beleuchtet werden.

4.3 Visualisierungen in Mathematik, Didaktik und Unterricht – Entwicklung, Funktionen und Perspektiven

4.3.1 Visualisierung in der Mathematik – ein historischer Überblick

Ein Verständnis der Rolle, die Visualisierungen in der Mathematikdidaktik und dem Mathematikunterricht spielen, setzt ein Verständnis der Bedeutung von Visualisierungen für die Mathematik als Wissenschaft voraus. Visualisierungen sind, so Rival (1987), so alt wie die Mathematik selbst, sie spielten insbesondere in der Geometrie, aber auch in anderen Inhaltsfeldern eine wichtige Rolle. Mathematiker wie Isaac Newton oder Leonhard Euler stützten sich bei Argumentationen häufig auf visuelle Darstellungen. Im Zuge der sogenannten Formalisierungsbewegung der Mathematik im späten 19. und frühen 20. Jahrhundert verloren Visualisierungen jedoch zunehmend an Bedeutung (Zimmermann & Cunningham, 1991). Diese Entwicklung wurde unter anderem durch konkrete Irrtümer ausgelöst, die durch eine Verwendung von Visualisierungen entstanden (Gretsch & Holzäpfel, 2016; Tall, 1991). Im Fokus dieser Formalisierungsbewegung stand die Orientierung an axiomatischen Systemen und formaler Logik sowie das Streben nach formaler Strenge von Beweisführungen mit dem Ziel sicherer Erkenntnis. Visualisierungen wurden als Teil der Mathematik als Wissenschaft ausgeschlossen, die Zulässigkeit visueller Argumentationen wurde sogar für die Geometrie selbst in Frage gestellt:

> „If mathematics were ever to truly possess the certainty with which it is commonly associated, all arguments would have to be cast as rigorous proofs: long chains of mathematical symbols, with each link following logically from the one before, would have to replace more tenuously connected sequences of diagrams and examples" Rival (1987, S. 44).

Der Nutzen von Visualisierungen wurde lediglich im Rahmen eines ersten Zugangs zu bestimmten Themen oder Ideen gesehen:

> „Ich [halte] ein solches Heranziehen geometrischer Anschauung bei dem ersten Unterricht in der Differentialrechnung vom didaktischen Standpunkte aus für außerordentlich nützlich […]. Aber daß diese Art der Einführung in die Differentialrechnung keinen Anspruch auf Wissenschaftlichkeit machen kann, wird wohl niemand leugnen" (Dedekind, 1872, S. 9, zitiert nach Gretsch & Holzäpfel, 2016).

Erst im Laufe des 20. Jahrhunderts – insbesondere ab den 1970er Jahren – gewannen Visualisierungen in der Mathematik erneut an Bedeutung. Die Entwicklung des Computers und die damit verbundenen neuen Möglichkeiten dynamischer und interaktiver Darstellungen führten dazu, dass Visualisierungen zunehmend als Erkenntnismittel und nicht nur zur Veranschaulichung anerkannt wurden (Rival, 1987; Zimmermann & Cunningham, 1991).

4.3.2 Visualisierung im Spannungsfeld von Mathematik als Produkt und Mathematik als Prozess

Die gerade beschriebene historische Entwicklung lässt sich auch vor dem Hintergrund zweier Sichtweisen von Mathematik interpretieren: Mathematik als Produkt und Mathematik als Prozess (Gretsch & Holzäpfel, 2016). Mathematik als Produkt betreffend stellen Gretsch und Holzäpfel (2016) fest, dass Visualisierungen die mathematische Perspektive tatsächlich verengen können: So werden in der klassischen euklidischen Geometrie grundlegende Objekte wie Punkte, Linien oder Figuren häufig durch ihre Visualisierung identifiziert. Aus platonischer Sicht, in der geometrische Objekte als ideale, nicht sinnlich erfassbare Entitäten verstanden werden, ist eine Visualisierung – etwa eines Dreiecks – jedoch nur eine Annäherung an die zugrunde liegende Idee. Auch im Kontext der von Dedekind angesprochenen Differentialrechnung zeigen sich Grenzen einer Visualisierung beispielsweise von Begriffen wie Stetigkeit und Differenzierbarkeit (Tall, 1991).[4]

Wird Mathematik hingegen als Prozess des Denkens und Arbeitens betrachtet, rückt die Funktion von Visualisierungen als kognitives Werkzeug in den Vordergrund. Häufig wurde und wird dabei die in Dedekinds Äußerung erscheinende Ansicht vertreten, dass Visualisierungen ab einem gewissen Grad von Expertise nicht mehr benötigt werden (zum Beispiel Duval, 2006; Freudenthal, 1973; Tall, 1991). Dreyfus (1994) dagegen argumentiert, dass Visualisierungen auch bei fortgeschrittenen Erkenntnis- und Problemlöseprozessen eine wichtige Rolle spielen, jedoch in (mathematischen) Publikationen nicht in Erscheinung treten. Er stellt sogar die These auf, dass jede Form mathematischen Denkens mit zumindest

[4] Tall erläutert, dass im 19. Jahrhundert viele Mathematiker davon ausgingen, dass stetige Funktionen nur an endlich vielen Stellen nicht differenzierbar sein könnten. Die Vorstellung, dass es Funktionen gibt, die überall stetig, aber nirgends differenzierbar sind, widersprach dem damaligen visuellen und intuitiven Verständnis und wurde erst durch präzise formale Definitionen akzeptiert.

mentalen Visualisierungen verbunden ist. Dies führt auch zu einer differenzierteren Sichtweise von Mathematik als Produkt: Zwar kann Mathematik als ideales Konstrukt ohne Visualisierung existieren, mathematisches Denken und Arbeiten ist aber auf allen Ebenen des Expertentums ohne irgendeine Form der Visualisierung nicht möglich (Gretsch & Holzäpfel, 2016). Aus dieser Perspektive kann das Wiedererstarken visueller Zugänge auch als Ausdruck einer Rückbesinnung auf ein eher prozessbezogenes Mathematikverständnis gewertet werden, während der Formalismus eher Mathematik als Produkt fokussierte (Presmeg, 1986; Zimmermann & Cunningham, 1991).

4.3.3 Visualisierungen in Mathematikdidaktik und Unterricht

Eine ähnliche Entwicklung wie für die Mathematik als Fachwissenschaft lässt sich für den Bereich des Mathematikunterrichts feststellen: Bereits in der Antike wurden Visualisierungen zu Bildungszwecken verwendet; Comenius, der als Begründer der modernen Pädagogik gilt, betonte die große Bedeutung bildlicher Darstellungen. Sein Werk *Orbis sensualium pictus* gilt als eines der ersten bebilderten Lehrbücher (Gretsch & Holzäpfel, 2016; Mayer & Fiorella, 2021). Auch im schulischen Kontext verloren Visualisierungen erheblich an Bedeutung. Insbesondere im Rahmen der Reformen durch die Ideen der Neuen Mathematik in den 1960er- und 1970er Jahren lag der Fokus des Mathematikunterrichts nicht nur in Deutschland auf der Förderung des Abstraktionsvermögens und der Vermittlung formalisierter Verfahren (Phillips, 2014). Entsprechend gab und gibt es möglicherweise heute noch das, was Arcavi (2003) als kulturelle und soziologische Schwierigkeit im Umgang mit Visualisierungen beschreibt. Der Begriff kulturelle Schwierigkeit bezieht sich auf die Überzeugungen und Werte darüber, was im Rahmen der Mathematik und mathematischer Handlungen legitim ist. Lange Zeit gab es auch den Unterricht betreffend eine Haltung, die Presmeg (1986, S. 298) als „Abwertung“ von Visualisierungen bezeichnet und die beispielsweise Beweisführungen mit Hilfe von Visualisierungen bescheinigte, keine Mathematik zu sein. Diese Haltung beeinflusst auch die Schwierigkeiten soziologischer Art, die sich auf die konkreten Bedingungen des Unterrichts beziehen: Eine solche negative Einstellung zu Visualisierungen lässt wenig Raum für Unterrichtspraktiken, die Visualisierungen als integralen Bestandteil auch beim Problemlösen und Beweisen einbeziehen (Arcavi, 2003).

In der Mathematikdidaktik hingegen stieg das Interesse an Visualisierungen bereits ab Mitte des 20. Jahrhunderts deutlich an (Rellensmann, 2019). Analog zur Entwicklung die Mathematik betreffend wurden Visualisierungen nicht nur als Mittel zur Veranschaulichung mathematischer Inhalte gesehen, sondern – wie in Kapitel 3 geschildert – als Heurismus im Problemlöseprozess (Schoenfeld, 1985) sowie als Hilfe zum Begreifen abstrakter Konzepte (Freudenthal, 1973).

Im schulischen Unterricht hingegen fand eine verstärkte Berücksichtigung von Visualisierungen nicht nur zur Veranschaulichung, sondern als kognitives Werkzeug erst nach dem Abklingen der Einflüsse der Neuen Mathematik statt. Im deutschsprachigen Raum dürfte dieser Prozess durch die Einführung und Weiterentwicklung der Bildungsstandards ab den 2000er-Jahren gefördert worden sein (Blum, 2012). Heute besteht sowohl national als auch international weitgehende Einigkeit darüber, dass Visualisierungen sowohl beim Erlernen als auch beim Anwenden von Mathematik eine wichtige Rolle spielen und daher ein fließender Umgang mit Visualisierungen zur mathematischen Grundbildung gehört:

> "Mathematical literacy very frequently involves representations of mathematical objects and situations. This can entail selecting, interpreting, translating between, and using a variety of representations to capture a situation, interact with a problem, or to present one's work. The representations referred to include graphs, tables, diagrams, pictures, equations, formulae, and concrete materials" (OECD 2013, S. 30).

Auch in den deutschen Bildungsstandards zeigt sich die Bedeutung von Visualisierungen als kognitives Werkzeug deutlich: Im Rahmen der prozessbezogenen Kompetenz Probleme mathematisch lösen wird explizit auf das Erstellen und Verwenden von Skizzen als Heuristik zur Problemlösung verwiesen (KMK, 2004, 2022a). Auch beim mathematischen Argumentieren sind zeichnerische Beweise vorgesehen wie beispielsweise beim Beweis des Satzes über die Summe von Nachbarzahlen mit Hilfe von Treppenmustern (Blum, 2012, S. 37). Darüber hinaus ist die Kompetenz Mathematisch Darstellen als eigenständige mathematische Kompetenz definiert. Darstellungen umfassen gemäß der Bildungsstandards unter anderem grafisch visuelle Repräsentationen wie Diagramme, Abbildungen, Fotos, Skizzen realer Sachverhalte, statische Schaubilder und Graphen. Die Kompetenz fokussiert die Rolle von Darstellungen als Träger mathematischer Informationen und fordert die aktive Auseinandersetzung mit diesen. Sie sollen erzeugt, verändert, interpretiert, bewertet und flexibel mit anderen Darstellungsformen verknüpft werden (Blum, 2012). Das Spektrum reicht dabei vom Nutzen, Erzeugen und Interpretieren vertrauter Darstellungen über den sachgerechten Wechsel zwischen verschiedenen Darstellungen bis zur Wahl einer zur Problemstellung passenden Darstellung (KMK, 2004, 2022a). In die überarbeitete Version der Bildungsstandards (KMK, 2022a) wurde zusätzlich die Kompetenz mit Medien mathematisch arbeiten aufgenommen. Diese schließt den Einsatz digitaler Mathematikwerkzeuge wie einer dynamischen Geometriesoftware ein, die zum Problemlösen, Entdecken, Modellieren, zur Verarbeitung von Daten, zum Kontrollieren und Darstellungswechseln verwendet werden sollen. Kompetenz im Umgang mit Darstellungen und insbesondere Visualisierungen umfasst sowohl den sicheren, flexiblen Gebrauch verschiedener Darstellungsformen als auch die Fähigkeit, situationsangemessen zwischen ihnen zu wechseln – etwa beim Entscheiden, welche Darstellung sich für ein mathematisches Problem am besten eignet (Blum, 2012; KMK, 2004, 2022a).

Heinze et al. (2009) betonen in diesem Zusammenhang, dass der flexible Umgang mit Visualisierungen ein Wissen über die jeweilige Darstellungsart voraussetzt, das sich aus konzeptuellem, prozeduralem und domänenspezifischem Wissen zusammensetzt. Insgesamt wird deutlich, dass Visualisierungen nicht nur im Inhaltsbereich Geometrie, sondern in allen mathematischen Inhaltsbereichen eine bedeutsame Rolle spielen (Abels & Knipping, 2021; Arcavi, 2003; Ludwig & Weigand, 2018; Presmeg, 2006). Ihre Funktion geht weit über bloße Veranschaulichung hinaus: Visualisierungen dienen als Werkzeuge beim Lernen, Problemlösen, Modellieren und Beweisen – und müssen daher auch als eigene Lerngegenstände betrachtet werden (Arcavi, 2003; Bruder et al., 2023).

4.4 Zusammenfassung

In diesem Kapitel wurden zunächst der Begriff der Repräsentation aus kognitionspsychologischer Sicht definiert als Struktur, die für etwas anderes steht und Teile des Originals enthält (4.1). Die Verbindung zwischen Original und Interpretation erfordert kognitive Prozesse des konstruierenden oder interpretierenden Subjekts. Zur Vorbereitung der folgenden Abschnitte wurden die Unterscheidung zwischen internen und externen Repräsentationen sowie deren Wechselwirkung erläutert. Zudem wurde die Kategorisierung in deskriptionale und depiktionale Repräsentationen eingeführt. Im Anschluss erfolgte eine Fokussierung auf Visualisierungen als besondere Form depiktionaler Repräsentationen (4.2). Auf Basis der Definition von Arcavi (2003) wurden fünf zentrale Aspekte von Visualisierungen diskutiert: Deren Zugänglichkeit (intern versus extern), die Produkt- und Prozesskomponente, das verwendete Präsentationsmedium, der Typ der Visualisierung sowie deren Funktion. Hinsichtlich des Visualisierungstyps wurde eine begriffliche Fokussierung auf die im Rahmen dieser Arbeit relevanten Skizzen vorgenommen, zudem erfolgte eine Differenzierung zwischen statischen und dynamischen sowie vorgegebenen und selbst erstellten Visualisierungen.

Abschließend wurde die Bedeutung von Visualisierungen in der Mathematik, der Mathematikdidaktik und dem Mathematikunterricht – insbesondere auch als kognitives Werkzeug beispielsweise beim Lernen und mathematischen Problemlösen – herausgearbeitet (4.3). Ein vertieftes Verständnis der Rolle von Visualisierungen beim Lernen mathematischer Inhalte und beim Problemlösen erfordert die Auseinandersetzung mit der Theorie des multimedialen Lernens, die im folgenden Kapitel näher erläutert wird.

Multimediales Lernen 5

Ein vertieftes Verständnis der Rolle vorgegebener bzw. vorgefertigter und lernergenerierter Skizzen in Lern- und Problemlöseprozessen setzt grundlegende Kenntnisse darüber, wie visuelle und verbale Informationen gemeinsam oder nacheinander verarbeitet werden, voraus. Dieser Vorgang wird häufig unter dem Begriff multimediales Lernen gefasst. Zur Vorbereitung der theoretischen Darstellung in Abschnitt 5.3 werden zunächst die Begriffe Lernen und Multimedia geklärt (5.1) sowie die Relevanz entsprechender Theorien für das Verständnis der Rolle von Skizzen auch beim Problemlösen erläutert (5.2). Es folgt eine Darstellung zentraler Theorien des multimedialen Lernens, die für das Verständnis der Rolle von Skizzen im Lern- und Problemlösekontext bedeutsam sind (5.3). Darunter fallen Modelle zur Verarbeitung von Text-Bild-Kombinationen sowie Theorien zur aktiven Zeichenkonstruktion (5.3.1 bis 5.3.6). Abschließend werden die beschriebenen theoretischen Perspektiven in Abschnitt 5.3.7 zusammengeführt: Anhand eines konkreten Beispiels – der Lösung eines nicht linearen Skalierungsproblems – werden die zentralen kognitiven Prozesse beim Umgang mit vorgegebenen und selbst erstellten Skizzen vergleichend dargestellt. Dadurch soll die unterschiedliche kognitive Verarbeitung beider Visualisierungsformen verdeutlicht werden. Eine abschließende Zusammenfassung in Abschnitt 5.4 bündelt die wichtigsten Erkenntnisse.

5.1 Lernen und Multimedia – eine Begriffsklärung

Der Begriff des *Lernens* ist komplex und es existiert keine allgemein anerkannte wissenschaftliche Definition. Ein weit verbreiteter Konsens besteht jedoch über folgende Beschreibung: „Lernen ist eine auf Erfahrung basierende, dauerhafte

G. Volbers, *Visualisierungen bei nicht linearen Geometrieproblemen*, Studien zur theoretischen und empirischen Forschung in der Mathematikdidaktik,
https://doi.org/10.1007/978-3-658-52828-7_5

Veränderung in den Verhaltensmöglichkeiten eines Individuums“ (Rinck, 2016, S. 11, vgl. auch Haider, 2021). Lernen umfasst dabei nicht nur den Erwerb von Wissen, sondern auch die Entwicklung von Verhaltensweisen, Einstellungen und motorischen Fähigkeiten. Es stellt einen fundamentalen Bestandteil des menschlichen Lebens und Überlebens dar, da Menschen kontinuierlich und oft unbewusst lernen – von Geburt an bis ins hohe Alter (Rinck, 2016). Im Kontext von Bildungseinrichtungen wie Schulen und Universitäten und somit auch im Kontext dieser Arbeit spielt jedoch eine spezielle Form des Lernens eine zentrale Rolle: das kognitive Lernen. Darunter versteht man den Erwerb von Wissen in Form von Fakten, Konzepten und Prozeduren (J. R. Anderson, 2020; L. W. Anderson & Krathwohl, 2014; Rinck, 2016). Aus kognitionspsychologischer Perspektive wird Lernen als Prozess der Informationsaufnahme, -verarbeitung und -speicherung verstanden. Dazu zählen die Enkodierung neuer Informationen, ihre mentale Verarbeitung und die Integration in bestehende Wissensstrukturen sowie die Anwendung des Gelernten in neuen Kontexten, wobei das Vorwissen und die Fähigkeit zur Wissensverarbeitung eine wichtige Rolle spielen (J. R. Anderson, 2020; Atkinson & Shiffrin, 1968; Mayer, 2008).

Der Begriff *Multimedia* hat, so Schnotz (2005), auf verschiedenen Ebenen unterschiedliche Bedeutungen. Technisch gesehen bedeutet er die Verwendung verschiedener meist digitaler Präsentationsmedien wie Computern, Bildschirmen und Lautsprechern. Auf der Ebene der Präsentation bedeutet er die Verwendung verschiedener Repräsentationsformate wie Text (deskriptional) und Bild (depiktional); auf der Ebene der sensorischen Modalitäten die Verwendung verschiedener Sinne wie Auge und Ohr. Im alltäglichen Sprachgebrauch wird der Begriff Multimedia vermutlich vorwiegend im technologischen Sinne verwendet, in der Lehr-Lernforschung dagegen wird er üblicherweise über die Modalität und Kodalität der verwendeten Repräsentationen definiert: Multimedia bezeichnet demnach den Einsatz mehrerer Repräsentationsformate zur Darstellung von Informationen, wobei verschiedene der in Abschnitt 4.1.3 beschriebenen Modalitäten (visuell, akustisch, haptisch) und Kodalitäten (deskriptional und depiktional) zum Einsatz kommen (Scheiter et al., 2020). Die wohl verbreitetste und historisch älteste Form multimedialer Darstellung besteht in der Kombination von Text und bildhaften Darstellungen (siehe Abschnitt 4.3). Entsprechend definierte Mayer (2021, S. 5) Multimedia als „presenting words (such as printed text or spoken text) and pictures (such as illustrations, photos, animation, or video)“. Diese Definition schließt sowohl analoge Darstellungen beispielsweise in Lehrwerken als auch digitale Präsentationsformen ein. Die bildhaften Darstellungen können sowohl statisch als auch dynamisch sein.

Bezogen auf Lernen als Wissenskonstruktion beschreibt *multimediales Lernen* die aktive Konstruktion von Wissen aus Wörtern und visuellen Informationen; *multimediale Instruktionen* dementsprechend die Präsentation von Wort-Bild-Kombinationen mit dem Ziel, dieses Lernen zu fördern (Mayer & Fiorella, 2021).

Insbesondere für den naturwissenschaftlichen Unterricht konnte empirisch gezeigt werden, dass multimediale Präsentationen etwa in Form von Text-Bild-Kombinationen häufig lernförderlicher sind als rein textbasierte Darstellungen (Ainsworth, 2006; Larkin & Simon, 1987; Scheiter et al., 2020). Eine besondere Form des multimedialen Lernens liegt vor, wenn Lernende zu einem gegebenen, zumeist verbalen Sachverhalt eine eigene Skizze anfertigen (Hellenbrand, 2018; Van Meter & Garner, 2005). Das Zeichnen einer Skizze gilt insbesondere als wirkungsvolle Strategie zur Lösung mathematischer Probleme und wird als aktive, generative Lernform verstanden (Arcavi, 2003; R. Cox, 1999; Pólya, 1973; Van Meter & Garner, 2005). Eine Erklärung dieser Vorteile, aber auch potenzieller Herausforderungen beim Umgang mit Text-Bild-Kombinationen liefern verschiedene kognitionspsychologische Theorien des multimedialen Lernens. Diese Theorien werden nach einem Exkurs zum Zusammenhang zwischen Lernen und Problemlösen kurz und soweit nötig erläutert.

5.2 Exkurs – Lernen und Problemlösen

Lernen und Problemlösen sind Begriffe, die sich innerhalb verschiedener Forschungstraditionen entwickelt haben; die Begriffe stellen keine strikt getrennten Konzepte dar, sondern ähneln sich in ihren kognitiven Prozessen und Strukturen (Mandl & Friedrich, 2006). Die Autoren beschreiben sie als „phänotypisch unterschiedliche Aktivitäten", die jedoch auf gemeinsamen mentalen Mechanismen basieren (S. 4). Lernen wird häufig als der Prozess des Wissenserwerbs und der Wissenserweiterung verstanden, während Problemlösen die Anwendung dieses Wissens auf neue oder unerwartete Situationen beschreibt (Mandl & Friedrich, 2006). Wie in Kapitel 3 dargestellt, erfordert erfolgreiches Problemlösen die Entwicklung von Lösungsstrategien und die Anpassung oder Erweiterung bestehenden Wissens. Problemlösen fördert, so Funke (2003), ein tieferes Verständnis und die Flexibilität des Wissens. Beide Aspekte verdeutlichen, dass während des erfolgreichen Problemlösens auch automatisch Lernen im Sinne des Wissenserwerbs oder der Wissenserweiterung stattfindet. Umgekehrt bedeutet Lernen nicht nur den Erwerb von Wissen, sondern auch der Fähigkeit, dieses Wissen in neuen Situationen anzuwenden (Fiorella & Mayer, 2015). Insofern fördert Lernen auch die Fähigkeit, Probleme zu lösen. Zentrale gemeinsame Aspekte von Lernen und Problemlösen aus kognitionspsychologischer Sicht sind die Rolle des Vorwissens, das sowohl für erfolgreiches Lernen als auch Problemlösen von großer Bedeutung ist, sowie die Notwendigkeit, neue Informationen aktiv aufzunehmen und zu verarbeiten (Funke, 2003). Aufgrund dieser Ähnlichkeit der kognitiven Mechanismen lassen sich die in den nächsten Abschnitten beschriebenen Theorien des multimedialen Lernens sinnvoll auf das Problemlösen übertragen.

5.3 Theorien des multimedialen Lernens

Das Interesse der Lehr-Lernforschung am multimedialen Lernen ist aufgrund der in Kapitel 4 diskutierten großen Bedeutung von Visualisierungen im Bildungsbereich und insbesondere für das schulische Lernen groß. Es existieren verschiedene theoretische Modelle, die beschreiben, wie Lernende verbale (deskriptionale) und bildliche (depiktionale) Informationen verarbeiten und integrieren: Sowohl die Cognitive Theory of Multimedia Learning (CTML) von Mayer (2021) als auch das Integrated Model of Text and Picture Comprehension (IMTPC) von Schnotz (2005) beschreiben zentrale Prozesse beim Lernen mit vorgegebenen Text-Bild-Kombinationen. Das Cognitive Model of Drawing Construction (CMDC) von Van Meter und Firetto (2013) fokussiert auf die kognitiven Prozesse bei der Erstellung lernergenerierter Zeichnungen. Andere Theorien wie der sogenannte DeFT-Ansatz (Design, Function, Task) von Ainsworth (2006) bieten ebenfalls bedeutende Perspektiven auf das multimediale Lernen, indem sie sich auf die Gestaltung und Bewertung von Lehr- und Lernmaterialien konzentrieren.

Im Zentrum dieses Kapitels stehen die CTML nach Mayer (2021) und die CMDC nach Van Meter und Firetto (2013), da sie sich besonders gut zur Beschreibung der Verarbeitung gegebener bzw. der Erstellung lernergenerierter Skizzen im Kontext von Lern- und Problemlöseprozessen eignen. Das Modell von Schnotz (2005) wird ergänzend kurz herangezogen, um zentrale theoretische Gemeinsamkeiten und Unterschiede zur CTML aufzuzeigen.

Allen genannten Theorien gemeinsam ist, dass sie grundlegende Annahmen zur Gedächtnisarchitektur und zur Existenz getrennter Verarbeitungskanäle für deskriptionale und depiktionale Reize enthalten, wie sie in der Dual-Coding-Theorie von Paivio (1990) und im Modell des Arbeitsgedächtnisses von Baddeley (2010) beschrieben werden. Gleichzeitig berücksichtigen sie die kognitive Belastung, wie sie in Swellers (1994) Cognitive Load Theory beschrieben wird, wobei sie die begrenzte Verarbeitungskapazität des Arbeitsgedächtnisses und die Bedeutung einer effizienten Wissensorganisation betonen. Diese Theorien werden im Folgenden in der für diese Arbeit relevanten Tiefe vorgestellt.

5.3.1 Gedächtnisarchitektur und kognitive Grundlagen des Lernens

Das Verständnis kognitiver Lernprozesse setzt grundlegende Kenntnisse über die Architektur des menschlichen Gedächtnisses voraus. Kognitive Prozesse umfassen dabei alle mentalen Funktionen, von denen angenommen wird, dass sie am Erwerb, der Speicherung, der Interpretation, der Manipulation, der Transformation und der Nutzung von Wissen beim Lernen oder Problemlösen beteiligt sind (American Psychological Association [APA], n. d.). Eine zentrale Grundlage bildet das Mehrspeichermodell des Gedächtnisses, das auf den Arbeiten von Atkinson und Shiffrin (1968) basiert und seither kontinuierlich weiterentwickelt wurde. Es unterscheidet drei zentrale Gedächtnissysteme: Das sensorische Register, das Kurzzeit- bzw. Arbeitsgedächtnis und das Langzeitgedächtnis. Umweltreize werden zunächst ungefiltert in das sensorische Register aufgenommen und dort sehr kurz (maximal 1 Sekunde) gespeichert, da die dort gespeicherten Informationen immer wieder durch neue Informationen überschrieben werden (Hergovich, 2021; Scheiter, 2021a; Scheiter et al., 2020). Nur Informationen, die Aufmerksamkeit erhalten, gelangen ins Arbeits- bzw. Kurzzeitgedächtnis. Dieser Gedächtnisspeicher dient als zentrale Verarbeitungseinheit für neue Informationen. Seine Kapazität ist stark begrenzt (Baddeley, 2010; Miller, 1956), was das gleichzeitige Verarbeiten mehrerer Informationseinheiten erschwert (Sweller, 2005). Ohne weitere Verarbeitung können die Informationen nur für etwa 30 Sekunden aufrechterhalten werden.[1] Das Arbeitsgedächtnis ist also eine Art temporäre Verarbeitungseinheit, die eng mit dem Langzeitgedächtnis verknüpft ist (Baddeley & Hitch, 1974). Informationen müssen im Arbeitsgedächtnis verarbeitet werden, bevor sie langfristig im Langzeitgedächtnis abgespeichert werden können. Die Kapazität des Langzeitgedächtnisses gilt hingegen als unbegrenzt (J. R. Anderson, 2000; Atkinson & Shiffrin, 1968) und dient der dauerhaften Speicherung von Wissen. Man nimmt eine Unterteilung in ein deklaratives (explizites) und nicht-deklaratives (implizites) Gedächtnis an

[1] Diese Begrenzung wurde von Miller (1956) in der bekannten "7 ± 2"-Regel beschrieben, die besagt, dass das Arbeitsgedächtnis in der Regel zwischen fünf und neun Elemente gleichzeitig halten kann. Diese Zahl kann jedoch stark variieren, abhängig von der Komplexität der Informationen (Paas & Sweller, 2021).

(Squire, 1987). Das deklarative Gedächtnis umfasst bewusst abrufbare Fakten und Ereignisse und wird weiter in semantisches Gedächtnis (allgemeines Weltwissen) und episodisches Gedächtnis (persönliche Erlebnisse) differenziert. Im Gegensatz dazu sind die Inhalte des nicht-deklarativen Gedächtnisses nicht bewusst zugänglich und umfassen Fähigkeiten und Gewohnheiten, die automatisch ausgeführt werden. Dieser Teil des Langzeitgedächtnisses wird ausdifferenziert in das prozedurale Gedächtnis für motorische Abläufe wie Fahrradfahren und das perzeptuelle Gedächtnis, das für die Wiedererkennung vertrauter Reize wie geometrischer Formen oder Buchstaben verantwortlich ist (Squire, 1987).[2]

Die in diesen Gedächtnissystemen gespeicherten Informationen werden gemäß der Schema-Theorie in komplexen mentalen Strukturen organisiert, die zusammenhängende Konzepte oder Handlungsabfolgen abbilden, den sogenannten Schemata (R. C. Anderson et al., 1977; Sweller, 1994). Lernen bedeutet gemäß der Schematheorie das Bilden, Anpassen und Erweitern von Schemata (R. C. Anderson et al., 1977; Atkinson & Shiffrin, 1968; Kopp, 2021; Kopp & Caspar, 2021; Sweller, 1994). Beispiele sind Problemlöseschemata oder algorithmische Verfahren wie der Dreisatz. Diese Schemata können unvollständig oder fehlerhaft sein oder unangemessen angewendet werden (R. C. Anderson et al., 1977; Kopp, 2021; Sweller, 1994). Ein unvollständiges Schema liegt beispielsweise vor, wenn das Skalierungsprinzip nur für Längen bekannt ist oder noch nicht hinreichend für Flächen oder Körper ausgebildet wurde; die unangemessene Anwendung des linearen Schemas zeigt sich in linearen Übergeneralisierungen als Oberflächenstrategie oder mangels Alternative. Prozesse der Anpassung und Reorganisation von Wissensstrukturen entsprechen im weiteren Sinne konzeptuellen Veränderungen im Sinne der in Abschnitt 2.4.4 beschriebenen Conceptual Change Theory, die Lernen als schrittweise Umstrukturierung und Weiterentwicklung bestehenden Wissens versteht (G. Posner et al., 1982; Vosniadou, 2007).

Voraussetzung ist jeweils, dass die dafür benötigten Informationen gleichzeitig im Arbeitsgedächtnis organisiert und verarbeitet werden können (Sweller, 2005). Das Arbeitsgedächtnis übernimmt in diesem Prozess die zentrale Schaltstelle für die Verarbeitung neuer und bereits gespeicherter Informationen (Baddeley, 2010).

---

[2] Weitere Differenzierung wie das sogenannte Priming, das sich auf die unbewusste Beeinflussung durch vorherige Erfahrungen bezieht, die die Reaktion auf einen Reiz beeinflussen können, sowie die Konditionierung, die gelernte Reaktionen auf bestimmte Reize umfasst wie bei der klassischen Konditionierung (z. B. Pawlowscher Hund), spielen im Rahmen dieser Arbeit keine Rolle und werden daher hier nicht näher betrachtet. Für nähere Informationen siehe zum Beispiel Squire (1987).

Um mit gespeichertem Wissen arbeiten zu können, muss dieses ins Arbeitsgedächtnis überführt werden. Hier erfolgt die Verknüpfung mit neuen Informationen – vorausgesetzt, die Kapazität reicht aus. Aufgrund der oben beschriebenen Kapazitätsbeschränkungen gilt das Arbeitsgedächtnis als Flaschenhals der Informationsverarbeitung, wobei die erwähnte sehr restriktive Beschränkung nur für Informationen gilt, die aus den sensorischen Registern stammen. Informationen aus dem Langzeitgedächtnis können, wie Sweller (2005) erläutert, die Kapazität des Arbeitsgedächtnisses erheblich erweitern. Wie stark die Begrenzung des Arbeitsgedächtnisses ins Gewicht fällt, hängt davon ab, wie gut die benötigten Informationen im Langzeitgedächtnis als Schemata organisiert sind. Diese ermöglichen ein sogenanntes Chunking, bei dem mehrere Elemente zu einer verarbeitbaren Einheit zusammengefasst werden können (siehe Abbildung 5.1).

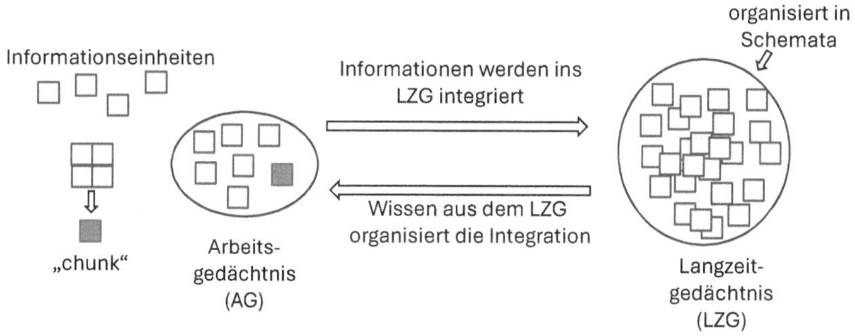

Abbildung 5.1 Schema der Interaktion von Arbeits- und Langzeitgedächtnis nach Salle (2015). (Eigene Darstellung)

5.3.2 Dual-Coding-Theory und das Arbeitsgedächtnismodell von Baddeley

Die *Dual-Coding-Theorie* Paivios (1990) sowie das Arbeitsgedächtnismodell von Baddeley (1992) ergänzen und erweitern das Drei-Speicher-Modell von Atkinson und Shiffrin. Paivios Dual-Coding-Theorie geht davon aus, dass das menschliche Gedächtnis Informationen in zwei unterschiedlichen, aber eng verknüpften Systemen verarbeitet: einem verbalen und einem nicht-verbalen (bildlichen) System. Diese beiden Systeme arbeiten parallel und interaktiv, wobei jede Form der Repräsentation (verbal oder visuell) auf eigene Weise zu einem verbalen bzw. bildlichen Modell organisiert wird. Für die – getrennte – Verarbeitung dieser

Informationen schlugen Baddeley und Hitch (1974) ein Modell vor, das sich aus drei Hauptkomponenten zusammensetzt: der zentralen Exekutive, der phonologischen Schleife und dem visuell-räumlichen Notizblock. Die zentrale Exekutive übernimmt die zentrale Steuerung, indem sie Aufmerksamkeit lenkt, kognitive Ressourcen verteilt und die beiden spezialisierten Subsysteme koordiniert. Diese Subsysteme sind die phonologische Schleife, die sprachliche und akustische Informationen kurzzeitig speichert, und der visuell-räumliche Notizblock, der für die kurzfristige Speicherung und Verarbeitung visueller und räumlicher Informationen zuständig ist. Später erweiterte Baddeley (2000) das Modell um den episodischen Puffer als vierte Komponente. Diese Ergänzung adressierte eine Schwäche des ursprünglichen Modells: Die begrenzte Fähigkeit, Informationen aus unterschiedlichen Quellen in kohärente Episoden zu integrieren. Der episodische Puffer dient als Schnittstelle zwischen den anderen Subsystemen und dem Langzeitgedächtnis. Er ermöglicht die kurzzeitige Speicherung komplexer, multimodaler Informationen und unterstützt so die Bildung von bewussten, integrierten Erinnerungen. Die starke kapazitätsmäßige Begrenzung des Arbeitsgedächtnisses gilt auch für dieses ausdifferenzierte Gedächtnismodell: Diese variiert je nach experimentellen Bedingungen, bleibt jedoch insgesamt gering. Von besonderem Interesse für den empirischen Teil dieser Arbeit ist die geschätzte Größe des visuell-räumlichen Skizzenblocks als visuelles Arbeitsgedächtnis: Diese ist abhängig von den spezifischen experimentellen Bedingungen, aber alle Schätzungen sind relativ klein (Epelboim & Suppes, 2001). Luck und Vogel (1997) zeigten beispielsweise, dass Menschen sich an etwa vier Elemente erinnern können, unabhängig davon, ob diese Elemente einzelne Merkmale wie die Farbe oder die Kombination von Merkmalen wie Farbe, Größe und Orientierung darstellen. Die parallele Nutzung beider Subsysteme kann die Gesamtverarbeitungskapazität erhöhen, jedoch nicht streng additiv (Mayer, 2021; Sweller, 2005).

5.3.3 Cognitive Load Theory

Die von Sweller (1994) formulierte Cognitive Load Theory definiert als kognitive Belastung alles, was bei der Erledigung komplexer Aufgaben (wie Lernen oder Problemlösen) Teile der beschränkten Kapazität des Arbeitsgedächtnisses in Anspruch nimmt. Diese Belastung wird in drei Komponenten geteilt: Die intrinsische, die extrinsische und die germane load genannte kognitive Belastung. Die *intrinsische kognitive Belastung* (*intrinsic cognitive load*) resultiert aus der inhärenten Komplexität und Schwierigkeit der Lerninhalte. Sie hängt davon ab, wie viele Informationseinheiten gleichzeitig im Arbeitsgedächtnis verarbeitet werden müssen, sowie vom Vorwissen der lernenden Person (Paas & Sweller, 2021). Sie ist nicht durch instruktionale Gestaltung beeinflussbar, da sie im Lernstoff selbst begründet liegt. *Extrinsische kognitive Belastung* (*extraneous cognitive load*) entsteht durch ungünstige Gestaltung von Lernmaterialien – etwa durch unnötig komplex dargestellte, irrelevante oder redundante Informationen. Sie kann durch geeignete instruktionale Maßnahmen reduziert werden. Die *lernrelevante kognitive Belastung* (*germane load*) beschreibt schließlich die kognitive Belastung, die für die Bildung, Verfeinerung und Automatisierung von Schemata erforderlich ist – also für das eigentliche Lernen im engeren Sinne (Salle, 2015; Sweller, 2005, 2011). Sie ist stark individuell geprägt, da sie von den individuellen Vorkenntnissen und der Organisation des Vorwissens abhängt. Personen mit umfassenderen und besser organisierten Wissensstrukturen können komplexere Informationen schneller und effizienter integrieren, während Lernende mit weniger ausgeprägten Schemata mehr kognitive Ressourcen dafür aufwenden müssen.

Die ursprüngliche Additivitätshypothese der CLT – die Annahme, dass sich alle drei Belastungsarten zu einer Gesamtbelastung aufsummieren (Sweller, 1994) – wurde in der neueren Forschung relativiert (Schnotz & Kürschner, 2007; Seufert et al., 2024; Sweller et al., 2019). Dennoch bleibt folgende Grundannahme bestehen: Eine hohe intrinsische kognitive Belastung kann das Arbeitsgedächtnis zu stark belasten, sodass keine ausreichenden Ressourcen mehr für lernförderliche Prozesse (germane load) zur Verfügung stehen; um dem entgegenzuwirken, sollte die extrinsische kognitive Belastung möglichst gering gehalten werden (Sweller, 2011).

5.3.4 Die Cognitive Theory of Multimedia Learning

Die von Mayer (2021) entwickelte *Cognitive Theory of Multimedia Learning* (CTML) beschreibt basierend auf den in den vorangegangenen Abschnitten geschilderten Theorien, wie externe Informationen in Form verbaler und bildlicher Repräsentationen über die Konstruktion eines mentalen Modells bis zur Speicherung im Langzeitgedächtnis kognitiv verarbeitet werden. Dem Dreispeichermodell entsprechend beschreibt Mayer den Ablauf der Informationsaufnahme über das sensorische Gedächtnis. Hierbei geht die CTML von drei zentralen Annahmen aus: Die sogenannte *Dual-Channel-Assumption* verbindet die Überlegungen zum Arbeitsgedächtnis von Baddeley (1992) und der Dual-Coding-Theory Paivios (1990) und besagt, dass die Weiterleitung und Verarbeitung von Informationen in zwei getrennten Kanälen erfolgt, einem verbalen Kanal für sprachbasierte Inhalte (gesprochene oder geschriebene Sprache) und einem piktorialen Kanal für bildhafte Inhalte (z. B. Bilder, Diagramme, Animationen).[3] Die *Limited Capacity Assumption* greift die in Abschnitt 5.3.1 beschriebene Begrenzung des Arbeitsgedächtnisses auf und besagt, dass jeder dieser Kanäle nur über eine begrenzte Kapazität zur Verarbeitung von Informationen verfügt. Die *Active Processing Assumption* beschreibt, dass Lernen die aktive Beteiligung der Lernenden am Informationsverarbeitungsprozess voraussetzt (Mayer, 2021). Die Verarbeitung multimedialer Inhalte erfolgt gemäß dem in Abbildung 5.2 dargestellten Modell. Zunächst werden präsentierte Stimuli wie Texte und Bilder entsprechend ihrer Modalität aufgenommen. Gesprochener Text gelangt über das Ohr in das auditive sensorische Register, während Bilder und geschriebener Text über das Auge in das visuelle sensorische Register gelangen. Diese Rohdaten werden getrennt in den von Baddeley beschriebenen Subsystemen des Arbeitsgedächtnisses weiterverarbeitet: Die phonologische Schleife verarbeitet verbale und akustische Informationen, während der visuell-räumliche Notizblock visuelle und räumliche Informationen speichert. Gesprochene und geschriebene Texte werden in einem verbalen Modell und bildliche Informationen in einem piktorialen Modell organisiert.

[3] Mayer sieht zwei Arten, die Unterschiede zwischen diesen beiden Kanälen zu konzeptualisieren: Die erste entspricht am ehesten der Theorie Paivios. Sie orientiert sich am Präsentationsmodus, also daran, ob ein Stimulus verbal (gesprochen oder gedruckt) oder nonverbal (z. B. Visualisierungen, nichtsprachliche Klänge) präsentiert wird. Entsprechend verarbeitet ein Kanal verbales Material, der andere piktorielles bzw. nonverbales Material. Der zweite Ansatz lehnt sich eher an die Konzeptualisierung Baddeleys an und wird von Mayer als sensorisch-modalen Ansatz bezeichnet. Hier steht im Vordergrund, ob Lernende das Material über die Augen (z. B. Visualisierungen, gedruckter Text) oder über die Ohren (gesprochener Text, nonverbale Klänge) aufnehmen. Der Hauptunterschied zwischen diesen Ansätzen ist hinsichtlich der Verarbeitung gedruckter Worte und nonverbaler Klänge. Gedruckter Text wird – fokussiert man den Präsentationsmodus – zunächst im nonverbalen Kanal verarbeitet, beim sensorischen Ansatz im auditiven. Mayer wählt als „Kompromiss" (Mayer, 2009) den sensorisch-modalen Ansatz zur Differenzierung zwischen visuell bzw. auditiv präsentiertem Material und den Präsentationsmodus, um zwischen der Konstruktion des verbal bzw. piktoriell organisierten Modells zu unterscheiden.

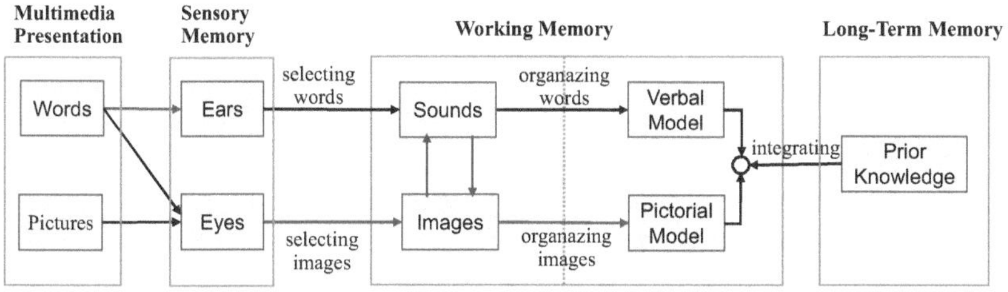

Abbildung 5.2 Cognitive Theory of Multimedia Learning nach Mayer (2014, S. 52). (Eigene Darstellung)

Diese zunächst getrennten mentalen Strukturen werden schließlich unter Rückgriff auf vorhandenes Wissen im episodischen Puffer zu einem integrierten mentalen Modell zusammengeführt (Mayer, 2021; Scheiter et al., 2020). Entsprechend der *Limited-Capacity-Assumption* (Mayer, 2021; Sweller, 2005) kann das Arbeitsgedächtnis jeweils nur wenige Bilder oder Wörter gleichzeitig verarbeiten. Diese begrenzte Kapazität erfordert eine aktive Verarbeitung der Informationen, was Mayer als *Active-Processing-Assumption* bezeichnet. Lernende müssen aktiv entscheiden, welche der gegebenen Informationen sie zur Weiterverarbeitung auswählen und in welchem Maße sie Verbindungen zwischen diesen ausgewählten Informationen und dem Vorwissen herzustellen zu versuchen (Mayer, 2021). Verantwortlich für diese zu den metakognitiven Strategien zugehörigen Prozesse der Selektion, Organisation und Integration ist die zentrale Exekutive (Baddeley, 1992; Mayer, 2021; Scheiter et al., 2020).

Die Bildung eines kohärenten mentalen Modells erfordert laut Mayer (2021) fünf Schritte, die drei kognitiven Prozessen zugeordnet werden können: Der Selektion relevanter Wörter und Bilder (Schritte 1 und 2), die kodalitätsspezifische Organisation der ausgewählten Informationen zu einem kohärenten verbalen bzw. bildlichen Modell (Schritte 3 und 4) und die Integration dieser beiden Modelle unter Einbeziehung des (als Schemata abgespeicherten) Vorwissens (Schritt 5). Eine erfolgreiche Modellbildung erfordert zum einen die Herstellung einer intra-repräsentationalen Kohärenz, indem etwa Zusammenhänge zwischen Elementen eines Textes oder Bildes erkannt werden, und zum anderen die einer inter-repräsentationalen – auch global genannten – Kohärenz durch die Verknüpfung korrespondierender Text- und Bildinformationen (Scheiter et al., 2020). Diese globale Kohärenz ist von besonderer Bedeutung, da erst die Verknüpfung von Text- und Bildinformationen unter Einbeziehung des Vorwissens zu einem tieferen Verständnis der Inhalte als Voraussetzung für Transferleistungen führt (Scheiter et al., 2020).

5.3.5 Integrated Model of Text and Picture Comprehension

Wolfgang Schnotz (2005) entwickelte sein Modell (IMTPC) für das Lernen aus Text und Bildern aus einem theoretischen Rahmenwerk, das er gemeinsam mit Maria Bannert entwarf (Schnotz, 2014; Schnotz & Bannert, 2003). Wie die CTML integriert auch dieses Modell zentrale Elemente des Dreispeichermodells von Atkinson und Shiffrin, des Arbeitsgedächtnismodells Baddeleys und Paivios Dual-Coding-Theorie. Wie die CTML beschreibt auch das IMTPC die Verarbeitung multimedialer Inhalte zu einem gemeinsamen mentalen Modell und geht von kodalitätsspezifischen Eingaberegistern für geschriebenen Text und Bilder (visuell) und gesprochenen Text und Klänge (auditiv) und entsprechenden Verarbeitungskanälen aus (siehe Abbildung 5.3).[4]

[4] Der Autor hat das Modell inzwischen weiter ausdifferenziert (siehe Schnotz, 2014, 2023). Da die Komplexität dieser Ausdifferenzierung im Rahmen dieser Arbeit, die die Kombination schriftlich notierten Textes mit Bildern fokussiert, nicht benötigt wird, sich keine grundsätzlichen Änderungen im postulierten Ablauf des Verarbeitungsprozesses ergeben haben und Gemeinsamkeiten und Unterschiede mit der CTML gut verdeutlicht werden können, wird im Rahmen dieser Arbeit das Modell von 2005 verwendet.

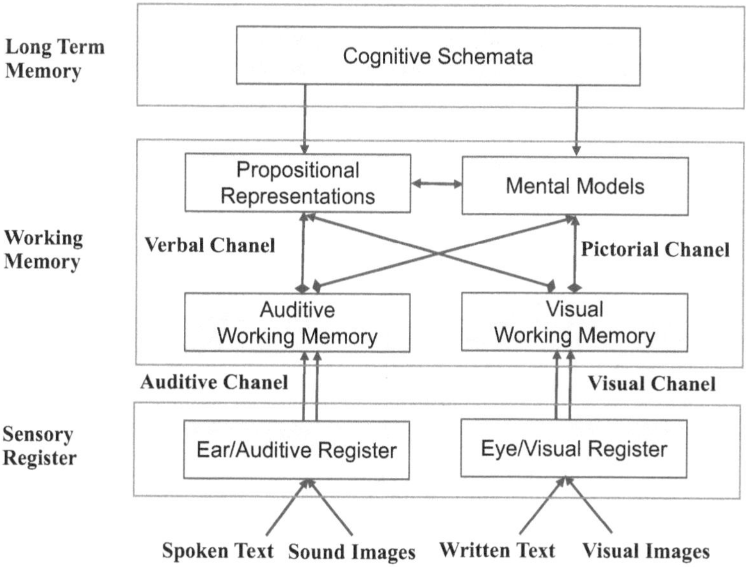

Abbildung 5.3 Integrated Model of Text and Picture Comprehension nach Schnotz (2005, S. 57). (Eigene Darstellung)

Im Unterschied zur CTML unterscheidet das IMTPC jedoch zwischen perzeptiver Oberflächenverarbeitung und semantischer Tiefenverarbeitung (siehe Abbildung 5.4) und geht davon aus, dass die Bildung des propositionalen Modells als sprachbasierte mentale Repräsentation und des mentalen Modells als analog-bildhafte Repräsentation nicht rein kodalitätsspezifisch, sondern in enger Wechselwirkung erfolgen. Sprachliche Beschreibungen wie die eines Kreises können in visuelle Vorstellungen umgewandelt werden und umgekehrt. Anders als die CTML geht die ITPC also davon aus, dass die Informationsverarbeitung integriert zwischen beiden Subsystemen stattfindet, das integrierte Modell bereits im Arbeitsgedächtnis entsteht und anschließend mit dem Vorwissen aus dem Langzeitgedächtnis zusammengeführt wird (Scheiter et al., 2020). Zudem postuliert das IMTPC eine intra- bzw. inter-repräsentationale Kohärenzbildung nicht nur bezogen auf die semantische Tiefenstruktur, sondern bereits bezogen auf Oberflächenmerkmale. Die Verknüpfung von Oberflächenmerkmalen bedeutet dabei, dass verbale Informationen (z. B. Worte) und bildhafte Elemente (z. B. Formen) anhand nicht bedeutungshaltiger Übereinstimmungen wie die Darstellung der Elemente in gleicher Farbe verknüpft werden. Genau wie die CTML beschreibt das IMTPC jedoch Lernen als (erfolgreiche) Bildung eines mentalen

Modells und als aktiven Prozess, der die Auswahl, die Organisation und Integration von Informationen unter Einbeziehung des Vorwissens umfasst (Schnotz, 2005, 2021). Zudem beschreiben beide Theorien die Modellbildung auf Basis gegebener Text-Bild-Kombinationen.

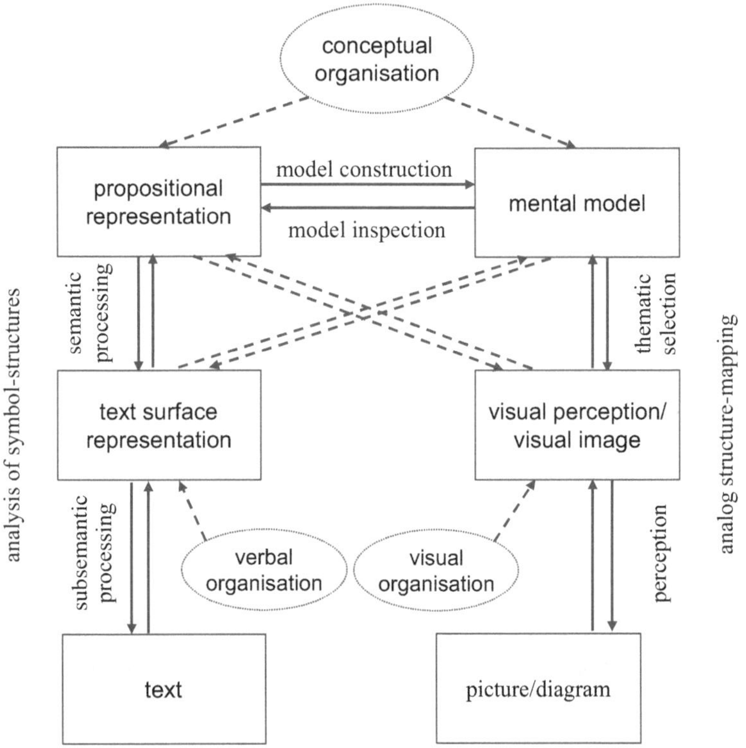

Abbildung 5.4 Theoretisches Rahmenwerk des Text- und Bildverständnisses nach Schnotz und Bannert (2003, S. 145). (Eigene Darstellung)

5.3.6 Das Cognitive Model of Drawing Construction

Das Cognitive Model of Drawing Construction (CMDC) nach Van Meter und Firetto (2013) baut auf der zuvor entwickelten Generative Theory of Drawing

Construction (GTDC) auf, ein von Van Meter et al. (2006) entwickeltes theoretisches Modell, das den dem Zeichnen zugrunde liegenden Prozess beschreibt. Die GTDC erklärt basierend auf der in Abschnitt 5.3.4 vorstellten CTML die Erstellung einer Skizze (Zeichnung) anhand der kognitiven Prozesse der Auswahl, Organisation und Integration von Informationen. Dieses Modell wurde 2013 zum Cognitive Model of Drawing Construction (CMDC) erweitert, das zusätzlich das im vorhergehenden Abschnitt vorgestellte Modell des integrierten Text-Bildverständnisses von Schnotz (2005) sowie auch Fähigkeiten zur Selbstregulation explizit berücksichtigt – letztere finden in der CTML und dem IMTPC nur indirekt Berücksichtigung. Beide Modelle – sowohl die GTDC als auch das CMDC beziehen sich auf die Erstellung von Visualisierungen mit hoher physischer Ähnlichkeit zum repräsentierten Objekt, da bei der Erstellung von Visualisierungen mit rein schematischer Ähnlichkeit wie beispielsweise Eulerdiagrammen andere kognitive Prozesse aktiviert werden (Van Meter & Firetto, 2013). Sie beschreiben zudem, wie das Erstellen einer Zeichnung das Lernen aus verbalem, schriftlich notiertem Text unterstützen kann, jedoch lässt sich der theoretische Rahmen, so die Autorinnen, auf ein weites Spektrum von Unterrichtsmaterialien sowie auch andere Prozesse wie beispielsweise das Problemlösen anwenden. Wird der Zeichenprozess als linearer Ablauf betrachtet (durchgehende Pfeile in Abbildung 5.5), also ohne Rückkopplungsschleifen, die sich aus metakognitiven und selbstregulatorischen Fähigkeiten ergeben (gestrichelte Pfeile in Abbildung 5.5), beginnt dieser laut CMDC nach Van Meter und Firetto (2013) mit einem Selektionsprozess. In diesem werden zentrale Textelemente ausgewählt, die die Oberflächenrepräsentation des Textes bilden. Diese Elemente stellen die unmittelbaren, oberflächlichen Inhalte des Textes dar. Ihre semantische Verarbeitung führt zur Bildung einer propositionalen Repräsentation, die sowohl die Struktur als auch die Beziehungen zwischen den Textelementen beschreibt.

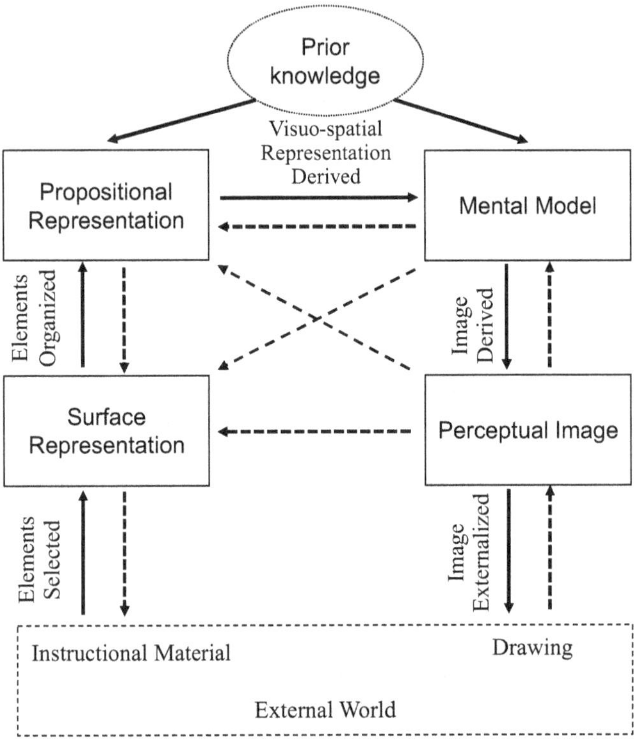

Abbildung 5.5 Cognitive model of drawing construction nach Van Meter und Firetto (2013). (Eigene Darstellung)

Unter Einbeziehung von Vorwissen entsteht daraufhin ein mentales Modell, das auf dieser propositionalen Repräsentation basiert. Dabei wird entschieden, welche Strukturen im mentalen Modell enthalten sein sollen, wie diese Strukturen aussehen und in welcher Beziehung sie zueinanderstehen. Wie auch das IMTPC geht diese Theorie davon aus, dass das mentale Modell repräsentativ ist, visuelle und räumliche Informationen enthält und spezifischer ist als die propositionale Repräsentation. Es bildet die strukturellen Beziehungen analog ab, was Lernenden hilft, die Systemkomponenten und deren Interaktionen besser zu verstehen. Van Meter und Firetto (2013) betonen, dass dieses mentale Modell maßgeblich für die positiven Lerneffekte des Zeichnens verantwortlich ist. Der letzte Schritt des Zeichenprozesses besteht darin, das mentale Modell in ein Wahrnehmungsbild zu überführen, also in eine visuelle Darstellung, die auf Papier übertragen werden kann. Dabei ist zu beachten, dass – anders als die Pfeile in Abbildung 5.5 suggerieren – auch Elemente der propositionalen oder Oberflächenrepräsentation direkt in das Wahrnehmungsbild einfließen können. Dennoch ist die Zeichenstrategie laut Van Meter und Firetto (2013) am effektivsten, wenn das mentale Modell den größten Einfluss auf die externe Darstellung hat. Von besonderer Bedeutung in diesem Modell ist das Vorwissen der Lernenden, das sowohl die propositionale Repräsentation als auch das mentale Modell beeinflusst. Diese Rolle des Vorwissens ist deutlich größer als bei der Arbeit mit gegebenen Text-Bild-Kombinationen, da bildliche Darstellungen fehlende Kenntnisse explizit vermitteln können (Mayer, 2021; Schnotz, 2005). Der Satz „Die mediale Oberfläche der Lunge ist konkav" kann nur dann korrekt visuell umgesetzt werden, wenn die Begriffe „medial" und „konkav" im Langzeitgedächtnis gespeichert und abrufbar sind. Ähnlich verhält es sich mit geometrischen Figuren: Ohne Vorwissen über die Form und Eigenschaften eines Quadrats kann nach dem Lesen des Begriffs keine korrekte Zeichnung angefertigt werden. Im Gegensatz dazu können bei gegebenen Text-Bild-Kombinationen die visuellen Elemente dazu beitragen, die Bedeutung solcher Begriffe zu erschließen.

5.3.7 Vergleich der Wirkmechanismen vorgegebener und lernergenerierter Skizzen im Kontext eines Skalierungsproblems

Die Unterschiede zwischen den Prozessen zur Erstellung einer Skizze im Vergleich zur Nutzung einer gegebenen Skizze hinsichtlich der Bildung des mentalen Aufgabenmodells (als mentales Modell) werden nun am Beispiel des bereits mehrfach angesprochenen Skalierungsproblems zum Quadrat erläutert. Für die Prozessanalyse gegebene Skizzen betreffend wird auf die CTML von Mayer (2021) zurückgegriffen, da dieses eine prozessorientierte Beschreibung der Integration von Text- und Bildinformationen liefert, die dem Erkenntnisinteresse der Arbeit entspricht. Der Entstehungsprozess lernergenerierter Skizzen wird gemäß dem CMDC nach Van Meter und Firetto (2013) analysiert, wobei jedoch ausschließlich die kognitiven Prozesse der Auswahl, Organisation und Integration berücksichtigt werden, während die im Modell vorgesehenen metakognitiven und selbstregulatorischen Prozesse sowie Rückkopplungsschleifen an dieser Stelle unberücksichtigt bleiben.

Zur Verdeutlichung der Unterschiede wird der Schritt des Lesens und Verstehens des Problemlösemodells aus Abbildung 3.4 weiter ausdifferenziert und mit den multimedialen Theoriemodellen Mayers und van Meters in Verbindung gebracht.

Im Falle einer lernergenerierten Skizze ist der Text des Skalierungsproblems alleiniger Ausgangspunkt zur Bildung des mentalen Modells (siehe Abbildung 5.6). Relevante zu selektierende Textinformationen sind die Form der Figuren (Quadrat), das Seitenverhältnis (viermal größere Seitenlänge) und der gegebene Flächeninhalt des größeren Quadrats. Diese Informationen bilden zunächst die Textoberflächenrepräsentation. Die Weiterentwicklung zur propositionalen Repräsentation bedeutet, dass diese Elemente in eine strukturelle Beziehung gebracht werden müssen, zum Beispiel durch Zuordnung des gegebenen Flächeninhalts von 1440 cm2 zum größeren Quadrat oder durch die mathematische Beziehung zwischen den Seitenlängen (4 s und s). Aus dieser noch rein sprachlichen Darstellung wird das mentale Modell als bildhaft-räumliche Vorstellung der Situation gebildet; hier einfließendes Vorwissen sind beispielsweise Kenntnisse zu Eigenschaften eines Quadrats, zu Flächeninhaltsformeln, zum Flächenverhältnis skalierter Figuren oder auch eine lineare Fehlvorstellung. Die perzeptuelle Darstellung als Basis für die Externalisierung entspricht dann einer konkreteren Vorstellung der darzustellenden Elemente (z. B. zwei Quadrate in Form einer Maßstabszeichnung zur Darstellung des Verhältnisses der Seitenlängen). Die Korrektheit und Qualität der Skizze ist maßgeblich vom Vorwissen der Lernenden abhängig. So kann beispielsweise eine lineare Fehlvorstellung dazu führen, dass eine Skizze erstellt wird, die – unter Missachtung der Informationen über die Seitenlängen – einen linearen Zusammenhang zwischen den Flächen suggeriert. Eine einseitige Fokussierung auf Flächeninhaltsformeln kann wiederum Skizzen hervorbringen, in denen das tatsächliche Größenverhältnis nicht adäquat abgebildet wird.

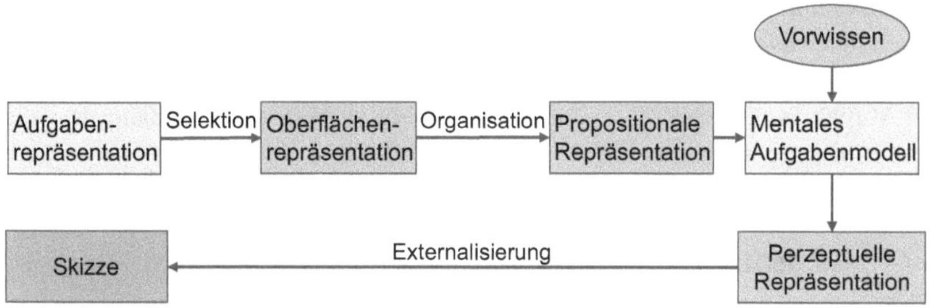

Abbildung 5.6 Prozess der Skizzenerstellung gemäß dem CMDC bei der Bildung eines mentalen Aufgabenmodells. (Eigene Darstellung in Anlehnung an Van Meter und Firetto (2013))

Im Falle gegebener Skizzen wird das mentale Modell auf Basis von Text- und Bildinformationen gebildet. Gemäß der Theorie Mayers erfolgt die Selektion der Textinformationen sowie die Organisation zu einem verbalen Modell analog zur Bildung der propositionalen Repräsentation gemäß der Theorie van Meters (siehe Abbildung 5.7).

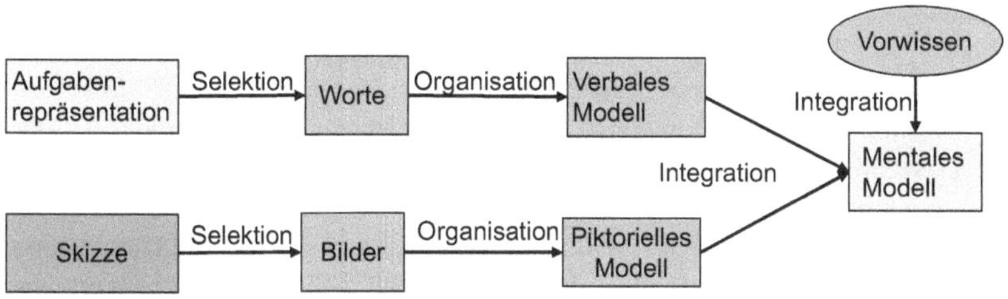

Abbildung 5.7 Prozess der Integration von Text- und Bildinformationen nach der CTML. (Eigene Darstellung in Anlehnung an Mayer (2021))

Zusätzlich werden relevante Skizzeninformationen beispielsweise zu Form und Größe der Figuren sowie zu Seitenlängen und Flächeninhalten ausgewählt und zu einem piktoriellen Modell organisiert, indem zum Beispiel die Beziehung zwischen den Seitenlängen erkannt wird. Die Integration dieser beiden Modelle unter Einbezug des Vorwissens zum mentalen Aufgabenmodell bedeutet, dass die Textinformation „viermal so groß" korrekt mit der visuellen Darstellung des Größenverhältnisses verknüpft und erkannt wird, dass in der Skizze relative Größenverhältnisse dargestellt sind, die nicht den absoluten Maßen gemäß der Textinformationen. Für eine erfolgreiche Integration von Text- und Bildinformationen ist daher ein grundlegendes Verständnis geometrischer Ähnlichkeit erforderlich, insbesondere die Einsicht in die Relationalität sowie die Invarianz der Verhältnisse (siehe 3.2.2). Ohne dieses Wissen besteht die Gefahr, dass die Text-Bild-Integration misslingt.

5.4 Zusammenfassung

In Kapitel 5 wurde die theoretische Grundlage für das Verständnis der Rolle vorgegebener und lernergenerierter Skizzen im Lern- und Problemlöseprozess geschaffen. Nach einer Klärung der Begriffe Lernen und Multimedia (5.1) sowie der Diskussion von Gemeinsamkeiten zwischen den Aktivitäten Lernen und Problemlösen (5.2) wurden zentrale kognitionspsychologische Modelle zur Verarbeitung multimedialer Inhalte dargestellt (5.3). Dabei wurden grundlegende Annahmen zur Gedächtnisarchitektur (5.3.1), zur modalitätsspezifischen Informationsverarbeitung (5.3.2) und zur Theorie der kognitiven Belastung (5.3.3) dargestellt. Darauf aufbauend wurden die Cognitive Theory of Multimedia Learning (CTML) als Grundlage für die Verarbeitung vorgegebener Skizzen (5.3.4), das Integrated Model of Text and Picture Comprehension (IMTPC) als ergänzende Perspektive (5.3.5) sowie das Cognitive Model of Drawing Construction (CMDC) zur Beschreibung aktiver Skizzenerstellung dargestellt (5.3.6). Die CTML beschreibt die Modellbildung als aktiven Prozess der Selektion, Organisation und Integration von Text- und Bildinformationen im Arbeitsgedächtnis. Das CMDC legt den Fokus auf Zeichenhandlungen als kognitive Prozesse bei der aktiven Wissenskonstruktion durch das Erstellen eigener Skizzen. Ein abschließender Vergleich der Wirkmechanismen vorgegebener und lernergenerierter Skizzen (5.3.7) auf Basis des CMDC nach Van Meter und Firetto und der CTML nach Mayer zeigte, wie unterschiedlich beide Skizzentypen kognitive Prozesse im Kontext eines Skalierungsproblems unterstützen. Dabei wurden insbesondere die unterschiedlichen Wege der mentalen Modellbildung aufgezeigt und die Bedeutung des Vorwissens verdeutlicht. Im Rahmen des CMDC kann mangelndes oder fehlerhaftes Vorwissen zu einem unangemessenen oder ungenauen mentalen Modell führen, das sich in einer unzureichenden Skizzenqualität niederschlägt. Im Rahmen der CTML hingegen besteht die Gefahr, dass die Integration von Text- und Bildinformationen misslingt, wenn grundlegende konzeptuelle Kenntnisse fehlen. Diese Unterschiede in den Wegen der Modellbildung und die Rolle des Vorwissens sind eng mit Prozessen der visuellen Aufmerksamkeit verknüpft, die im folgenden Kapitel näher untersucht werden.

6 Eye-Tracking als Methode zur Erfassung der visuellen Aufmerksamkeit und zur Offenlegung kognitiver Prozesse

Aufbauend auf den theoretischen Überlegungen zum multimedialen Lernen und zur Funktion von Skizzen in Kapitel 5 legt Kapitel 6 die methodischen Grundlagen für die Analyse der Skizzennutzung im Kontext multimedialer Lern- und Problemlöseprozesse. In Abschnitt 6.1 wird zunächst der Begriff der visuellen Aufmerksamkeit geklärt, die eine zentrale Rolle bei der Aufnahme und Verarbeitung von Informationen spielt. Es folgen Ausführungen zu den physiologischen Grundlagen des Sehens (6.2) sowie eine Diskussion der Möglichkeiten und Grenzen der Interpretation von Blickbewegungen (6.3). Darauf aufbauend werden in Abschnitt 6.4 die technische Funktionsweise von Eye-Trackern, zentrale Blickmaße sowie qualitative und quantitative Auswertungsverfahren vorgestellt. Das Kapitel schließt mit einer Zusammenfassung zentraler Inhalte (6.5).

6.1 Visuelle Aufmerksamkeit

Wie im vorangegangenen Kapitel im Kontext der Informationsverarbeitung gemäß des Dreispeichermodells bereits deutlich wurde, sind die Begriffe (visuelle) Aufmerksamkeit und (visuelle) Wahrnehmung eng verknüpft: Die im Sinne einer Parallelverarbeitung kurzfristig im sensorischen visuellen Register gespeicherte Gesamtheit der vom Auge enkodierten Informationen ist viel zu umfangreich für eine Verarbeitung im Arbeitsgedächtnis mit seiner begrenzten Kapazität, die nur eine Verarbeitung weniger Informationseinheiten im Sinne einer seriellen Verarbeitung zulässt (Krummenacher, 2021). Welche dieser Informationen weiterverarbeitet werden, wird durch die Aufmerksamkeit gesteuert. Aus kognitionspsychologischer Sicht bezeichnet Aufmerksamkeit die Fähigkeit, Informationen zu selektieren und andere auszublenden, um sie zur Grundlage

G. Volbers, *Visualisierungen bei nicht linearen Geometrieproblemen*, Studien zur theoretischen und empirischen Forschung in der Mathematikdidaktik,
https://doi.org/10.1007/978-3-658-52828-7_6

von Wahrnehmung, Denken und Handeln zu machen (Krummenacher, 2021) – visuelle Aufmerksamkeit ist somit "the mechanism that turns looking into seeing" (Carrasco, 2011, S. 1484). Ansorge und Leder (2016a) beschreiben den Unterschied zwischen Wahrnehmung und Aufmerksamkeit folgendermaßen: Wahrnehmung ist der Prozess der Aufnahme und Interpretation von Umweltinformationen; er umfasst bei visueller Wahrnehmung das Erkennen und Verarbeiten von Licht, Farbe, Form, Tiefe und Bewegung. Die Wahrnehmung ermöglicht es, die Umgebung zu erkennen, zu interpretieren und mit ihr zu interagieren. Aufmerksamkeit bezieht sich dagegen auf die Fähigkeit, bestimmte Informationen selektiv zu fokussieren und andere auszublenden. Beim Betrachten einer geometrischen Skizze nehmen Lernende beispielsweise eine Vielzahl visueller Merkmale wie Formen, Punkte, Linien, Winkel, Größenverhältnisse, räumliche Anordnungen und Beschriftungen wahr. Um die Skizze zu analysieren, müssen sie ihre Aufmerksamkeit jedoch auf bestimmte Bereiche der Skizze, etwa markante Punkte, Winkel oder Relationen richten. Erst diese Selektion ermöglicht es, aus der für das menschliche Hirn unfassbar großen Menge an (visuellen) Informationen diejenigen auszuwählen, die weiterverarbeitet werden (Carrasco, 2011).

Aufgrund dieser selektiven Funktion kommt der visuellen Aufmerksamkeit insbesondere im Kontext des multimedialen Lernens eine zentrale forschungspraktische Bedeutung zu (Carrasco, 2011; Mayer, 2021). Seit den 1980er Jahren hat sich das Forschungsinteresse deutlich verstärkt, nicht zuletzt aufgrund wachsender technischer Möglichkeiten und insbesondere Fortschritten in der Eye-Tracking-Technologie, die detaillierte Einblicke in das Zusammenspiel von Blickbewegung und Aufmerksamkeit ermöglicht (Carrasco, 2011).

Visuelle Aufmerksamkeit kann anhand verschiedener Kriterien differenziert werden, von denen einige im Rahmen dieser Arbeit von Bedeutung sind: Ein erstes Kriterium betrifft die Kontrolle, hier wird zwischen willentlich gesteuerter (auch internal, endogen oder top-down-gesteuert genannt) und stimulusbasierter (auch external, exogen oder bottom-up-gesteuert genannt) Aufmerksamkeit unterschieden (Böswald, 2024; Corbetta & Shulman, 2002; Huestegge, 2022). Ein auffälliger externaler Stimulus kann die willentliche internale Kontrolle überlagern. Beim Betrachten einer geometrischen Figur könnte zum Beispiel ein besonders kontrastreich hervorgehobenes Element wie eine rote Diagonale spontan die Aufmerksamkeit auf sich ziehen. Nach einer inhaltlichen Erklärung beispielsweise durch einen begleitenden Text wird die Aufmerksamkeit dann gezielt auf für das Verständnis relevante Merkmale gelenkt, wobei auffällige Reize dennoch ablenken können. Dieses Beispiel verdeutlicht zudem, dass Vorwissen, wie bereits in Kapitel 5 angedeutet, die Steuerung visueller Aufmerksamkeit beeinflusst (Erlebach & Frank, 2022).

Carrasco (2011) unterscheidet drei weitere Hauptkategorien visueller Aufmerksamkeit, nämlich die räumliche Aufmerksamkeit, bei der die Aufmerksamkeit auf einer bestimmten Stelle im visuellen Feld liegt, die bildbasierte Aufmerksamkeit, bei der Eigenschaften wie Farbe oder Bewegung eines Objekts unabhängig von dessen Position im Raum beachtet werden, und die objektbasierte Aufmerksamkeit, bei der die Aufmerksamkeit durch die Objektstruktur beeinflusst oder gelenkt wird. Hinsichtlich der ersten beiden Typen unterscheidet die Autorin weiter zwischen offener und verdeckter Aufmerksamkeit. Offene Aufmerksamkeit liegt vor, wenn der Fokus der Aufmerksamkeit mit der Augenbewegung zusammenfällt, also die Augen auf den Stimulus gerichtet sind. Wie M. Posner (1980) experimentell nachwies, kann die visuelle Aufmerksamkeit jedoch auf einem Bereich in der Peripherie des Sichtfeldes liegen, ohne dass die Augen hierauf gerichtet sind. Dies bezeichnet man peripheres Sehen (M. Posner, 1980; Strasburger et al., 2011). Der Einsatz verdeckter Aufmerksamkeit hilft bei der Überwachung der Umgebung; insbesondere kann sie der offenen vorausgehen (Carrasco, 2011). Räumliche Aufmerksamkeit kann nach Carrasco entweder offen oder verdeckt sein, bildbasierte Aufmerksamkeit dagegen ist immer verdeckt. Diese Formen der Aufmerksamkeit und ihre Zusammenhänge lassen sich anhand eines Beispiels verdeutlichen: Angenommen, eine Person namens Anna wartet in einem Café auf ihre Freundin Beate. Sie richtet ihre Aufmerksamkeit auf die Eingangstür (räumliche Aufmerksamkeit). Diese Aufmerksamkeit kann offen sein, wenn Anna die Tür direkt anschaut, aber auch verdeckt, wenn sie die Speisekarte liest, aber die Tür dabei im Blick behält, wie es häufig umgangssprachlich formuliert wird. Weiß Anna, dass Beate eine neongelbe Jacke trägt, richtet sich ihre bildbasierte Aufmerksamkeit auf Objekte dieser Farbe. Wenn sie aus den Augenwinkeln ein neongelbes Objekt wahrnimmt, wird sie vermutlich dorthin blicken; verdeckte Aufmerksamkeit geht dann der offenen voraus.

Eine bekannte Metapher zur Beschreibung visuell räumlicher Aufmerksamkeit ist die sogenannte Scheinwerfermetapher (spotlight metaphor), die Aufmerksamkeit mit einem Lichtkegel vergleicht, der auf Objekte der Umgebung gerichtet werden kann (Krummenacher, 2021). Mit Hilfe dieser Metapher lässt sich das Phänomen der verdeckten Aufmerksamkeit bzw. des peripheren Sehens gut verdeutlichen, aber auch weitere wichtige Aspekte der visuellen Aufmerksamkeit beleuchten: Die Objekte im Zentrum des Lichtkegels werden sehr deutlich wahrgenommen, dieses Zentrum entspricht der offenen Aufmerksamkeit. Objekte am

Rand des Lichtkegels werden weniger deutlich, aber noch erkennbar wahrgenommen.[1] Dies sind die Bereiche oder Objekte, auf die verdeckte Aufmerksamkeit gerichtet werden kann und die mit peripherem Sehen erfasst werden können. Alle Objekte außerhalb dieses Lichtkegels liegen im Wortsinn im Dunklen. Zudem zeigt die Scheinwerfermetapher, dass sich die visuelle Erkundung aus einzelnen Phasen zusammensetzt: Phasen, in denen der Aufmerksamkeitsfokus (der „Lichtkegel") auf einen bestimmten Bereich gerichtet ist, wechseln sich mit schnellen Bewegungen des Blicks zur nächsten Position ab. Die Ziele dieser Erkundung können unterschiedlich sein: Sie kann explorativ erfolgen, etwa um sich einen allgemeinen Überblick über die Umgebung zu verschaffen, oder zielgerichtet, wenn gezielt nach einem bestimmten Objekt oder einer bestimmten Information gesucht wird (Wolfe et al., 2011). Schließlich verdeutlicht die Scheinwerfermetapher zentrale Prinzipien, die auch für die Eye-Tracking-Forschung relevant sind: Sie unterstreicht die Rolle des Auges als zentrales Organ der visuellen Informationsaufnahme und macht deutlich, dass Blickbewegungen als Indikatoren für zugrunde liegende Aufmerksamkeitsprozesse interpretiert werden können.

6.2 Grundlagen des menschlichen Sehens

Der komplexe Vorgang des menschlichen Sehens lässt sich in aller Kürze folgendermaßen beschreiben (Ansorge & Leder, 2016b; Atchison & Smith, 2023; Myers & DeWall, 2023, siehe Abbildung 6.1):

[1] Häufig haben Scheinwerfer auch eine Zoomfunktion: Das Licht kann auf einen kleinen Bereich gebündelt werden, der dann dafür sehr deutlich erscheint, der Bereich kann – unter Verlust an Deutlichkeit – aber auch vergrößert werden. Dies gilt in gewissem Rahmen laut Carrasco (2011) auch für das menschliche Sehen. Da dieser Aspekt aber im Rahmen der vorliegenden Untersuchungen keine Rolle spielt, wird er hier nicht vertieft.

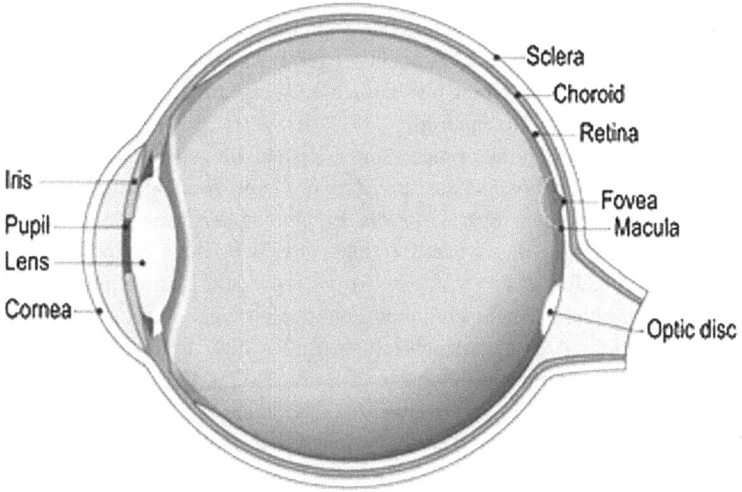

Abbildung 6.1 Architektur des menschlichen Auges in Anlehnung an Myers und DeWall (2023), Ausschnitt aus Designua/Shutterstock.com, ID 2481904865

Durch die Hornhaut (Kornea) dringt Licht in das Auge. Dieses gelangt durch die Pupille, deren Größe sich je nach Lichtintensität und emotionalem Zustand verändert, auf die Linse. Diese bündelt die einfallenden Lichtstrahlen auf der Retina (Netzhaut) zu einem seitenverkehrten und auf dem Kopf stehenden Bild. Die Lichtenergie wird durch Millionen von Fotorezeptoren in elektrische Signale umgewandelt und ins Gehirn weitergeleitet, wo aus den Signalen ein visuelles Bild konstruiert wird. Von diesen Fotorezeptoren gibt es zwei Arten mit unterschiedlichen Aufgaben, die Stäbchen und die Zapfen. Die Stäbchen sind sehr lichtempfindlich, sie können Schwarz, Weiß und Graustufen erkennen und sind für das Sehen bei schwachem Licht, das schnelle Erkennen von Bewegungen und das periphere Sehen zuständig. Sie sind vor allem in den äußeren Bereichen der Retina konzentriert. Die Zapfen ermöglichen das Farbsehen und das Erkennen feiner Details. Sie haben ihre höchste Dichte in der sogenannten Fovea (Sehgrube) und um sie herum. Diese ist der zentrale und mit 0,5 mm bis 1 mm sehr kleine Bereich der Netzhaut. Nur die Fovea ermöglicht das präzise und scharfe Sehen und die Detailwahrnehmung, wie sie beispielsweise für das Lesen von Texten oder die Analyse von Abbildungen erforderlich ist. Die an die Fovea angrenzenden Bereiche werden als Parafovea (bis 0,5 mm breiter Ring um die Fovea herum) und Perifovea (bis 1,5 mm breiter Bereich um die Parafovea) bezeichnet. In diesen Regionen nimmt die Dichte der Zapfen ab, während die Zahl der Stäbchen zunimmt. Die Parafovea trägt noch zur zentralen, relativ scharfen Sicht bei, während die Perifovea als Übergangsbereich zum eigentlichen peripheren Sehen durch die Peripherie der Netzhaut gilt.

Aufgrund dieser Architektur des Auges besteht die visuelle Wahrnehmung eines Menschen typischerweise aus drei Zonen: Dem fovealen Sehen für scharfe Details, dem parafovealen Sehen für die Erkennung angrenzender Inhalte und dem peripheren Sehen, das weite Bereiche des Sichtfeldes abdeckt, aber nur unscharfe Reize liefert (Lai et al., 2013). Bezogen auf das gesamte Sichtfeld eines Menschen ohne Sichteinschränkung ergibt sich unter Berücksichtigung der Überlappung beider Augen ein Sichtfeld von etwa 120° in vertikaler und rund 210° in horizontaler Richtung (Atchison & Smith, 2023). Der Bereich des fovealen Sehens umfasst dabei lediglich etwa 1°–2° in beide Richtungen; der Großteil des Sichtfeldes wird durch das periphere Sehen und damit sehr unscharf erfasst. Bezogen auf ein konkretes Objekt hängt die Größe des Bereichs des scharfen Sehens von der Entfernung des Objekts vom Auge ab. Unter der Voraussetzung, dass sich letzteres in der zentralen Sichtlinie befindet, lässt sich die Größe des Bereichs berechnen durch $x = tan\frac{\theta}{2} \cdot d$, wobei θ der visuelle Winkel und d die Entfernung vom Stimulus ist (Holmqvist et al., 2011). Befinden sich die Augen etwa 60 cm von einem Computerbildschirm, ergibt sich daraus ein foveal scharf wahrnehmbarer Bereich von etwa 1 bis 2 cm im Durchmesser. Bei kürzeren Distanzen wie beim Bearbeiten eines Aufgabenblattes verringert sich dieser; er beträgt bei einem angenommenen Abstand von 35 cm etwa 0,6 cm bis 1,2 cm im Durchmesser.

Die Illusion, dass wir unsere gesamte Umgebung scharf sehen, entsteht dadurch, dass wir sehr schnell nacheinander sehr viele Punkte unserer Umgebung fixieren und unser Gehirn die Informationen zu einem scheinbar scharfen zusammenhängenden Bild zusammensetzt (Myers & DeWall, 2023). Zentral für unser Sehen sind demnach zwei Arten von Augenbewegungen. Bei Fixationen stehen die Augen über einen gewissen Zeitraum relativ[2] still; Sakkaden sind sehr schnelle ballistische[3] Bewegungen der Augen von einem Fixationspunkt zum nächsten, während derer keine visuelle Informationsaufnahme erfolgt (Holmqvist

[2] Relativ bedeutet, dass das Auge auch während einer Fixation sehr kleine Blicksprünge, sogenannte Mikrosakkaden ausführt. Ohne diese wäre wahrscheinlich keine Wahrnehmung möglich. Für Details siehe zum Beispiel Ansorge und Leder (2016b). Diese spielen jedoch im Kontext dieser Arbeit keine Rolle.

[3] Ballistisch bedeutet, dass nach Initiierung einer Sakkade weder Richtung noch Ziel geändert werden kann.

et al., 2011). Die visuelle Informationsaufnahme erfolgt also nur während der Fixationen, während Sakkaden als „blinde Phasen“ gelten. Diese rasche Folge von Fixationen und Sakkaden vermittelt wie beschrieben den Eindruck, dass wir unsere gesamte Umgebung scharf wahrnehmen. Für eine Detailwahrnehmung ist es jedoch nötig, dass der entsprechende Bereich direkt fixiert wird. In der im vorigen Abschnitt beschriebenen Scheinwerfermetapher entspricht dies dem gezielten Ausrichten des Lichtkegels auf ein Objekt. Diese Tatsache nutzt die im folgenden Abschnitt beschriebene Eye-Tracking-Technologie, um Rückschlüsse auf kognitive Prozesse zu ziehen (Holmqvist et al., 2011; Rayner, 2009).

6.3 Blickbewegungen als Indikatoren kognitiver Prozesse: Möglichkeiten und Grenzen

Eye-Tracker bieten die technische Möglichkeit, Blickbewegungen präzise aufzuzeichnen. Ziel ist es, Informationen über die einer direkten Beobachtung nicht zugänglichen kognitiven Prozesse einer Person zu erhalten. Allerdings zeigen Daten zu Blickbewegungen zunächst einmal nur, wohin eine Person wann, in welcher Reihenfolge und wie lange geblickt hat – und insbesondere auch, wohin sie nicht geblickt hat (Holmqvist et al., 2011; Jarodzka et al., 2021). Zwar lässt sich mit gewissen, weiter unten in diesem Abschnitt beschriebenen Einschränkungen schließen, dass nicht fixierte Informationen nicht bewusst visuell verarbeitet wurden. Eine über dieses Ausschlusskriterium hinausgehende Verbindung zwischen Blickbewegungen und kognitiven Prozessen ist jedoch nur möglich unter zwei zentralen, von Just und Carpenter (1980) ursprünglich für die Leseforschung formulierten Annahmen: Der Eye-Mind-Hypothese (Eye-Mind Assumption) und der Unmittelbarkeitshypothese (Immediacy Assumption). Die Eye-Mind-Hypothese (EMH) besagt, dass die Aufmerksamkeit eines Menschen auf den fixierten Informationen liegt, sich die Aufmerksamkeit also synchron mit dem Blick bewegt. Die Unmittelbarkeitshypothese ergänzt dies um die Annahme, dass die Verarbeitung unmittelbar mit der Fixation beginnt. Insgesamt postulieren die beiden Annahmen eine enge zeitliche Kopplung zwischen Fixation und kognitiver Verarbeitung (Rayner, 2009). Ohne diese beiden Annahmen wären viele Auswertungen insbesondere im Hinblick auf Verarbeitungsgeschwindigkeit und Aufmerksamkeitsverteilung kaum valide interpretierbar. Die Gültigkeit insbesondere der EMH[4] wurde für die Leseforschung oft bestätigt (Just & Carpenter,

[4] Da Unmittelbarkeitshypothese und EMH eng zusammenhängen, diskutieren viele Studien nur die EMH und behandeln die Unmittelbarkeitshypothese implizit (Reichle et al., 2003).

1980; Radach et al., 2012; Rayner, 1998); dennoch zeigen auch dort verschiedene Phänomene die Grenzen dieser Annahmen auf – etwa die parafoveale Vorschau auf Wörter, die eine Verletzung der Unmittelbarkeitshypothese darstellt, oder der Spillover-Effekt, bei dem eine Fixation bereits beendet ist, obwohl die Verarbeitung des zuvor Gesehenen noch andauert, was eine Verletzung der EMH bedeutet (Böswald, 2024; Reichle et al., 2003). Auch für andere Bereiche kognitiver Tätigkeit besteht in der Forschung weitgehende Übereinstimmung, dass während komplexer Informationsprozesse wie etwa bei der Szenenwahrnehmung, beim multimedialen Lernen sowie bei der Bearbeitung mathematischer Probleme Blickbewegungen und Aufmerksamkeit eng verknüpft sind, es jedoch gleichzeitig auch Einschränkungen der EMH gibt, die bei der Interpretation von Blickdaten berücksichtigt werden müssen (Alemdag & Cagiltay, 2018; Hellenbrand, 2018; Lai et al., 2013; Schindler & Lilienthal, 2019; Strohmaier et al., 2020; Thomaneck et al., 2022).

Erstens erfasst Eye-Tracking nur offene, nicht aber verdeckte Aufmerksamkeit; peripher wahrgenommene Reize bleiben unsichtbar (Carrasco, 2011). Studien zeigen, dass bekannte Szenen oder visuelle Muster ohne bewusste Fixationen alleine über peripheres Sehen, schnell erkannt werden können (C. Klein & Ettinger, 2019; Larson et al., 2008; Strasburger et al., 2011; Thibaut et al., 2014; Thomaneck et al., 2022). Besonders relevant im Kontext dieser Arbeit sind die Ergebnisse von Chumachenko et al. (2025), die für geometrische Figuren zeigten, dass deren Analyse insbesondere bei Vorliegen bekannter Formen nicht zwingend foveales Sehen, also eine direkte Fixation erfordert. Umgekehrt kann eine Fixation nicht nur auf die bewusste Verarbeitung eines eng begrenzten Bereichs hindeuten, sondern vielmehr auf den Vergleich eines breiten extrafovalen Bereichs mit einem antizipierten inneren Bild.

Zweitens ist eine zeitliche Entkopplung zwischen Fixation und kognitiver Verarbeitung möglich. Die Verarbeitung eines visuellen Reizes endet nicht notwendigerweise mit dem Ende der Fixation. So kann eine Person eine neue Stelle fixieren, während sie noch über zuvor Gelesenes oder Gesehenes nachdenkt – ein Verhalten, das auch als „Löcher in die Luft starren“ bekannt ist (Holmqvist et al., 2011; Schindler & Lilienthal, 2019; Thomaneck et al., 2022). Das OGRE-Modell (Oculomotor Geometry Reasoning Engine) beschreibt zudem, dass beim Lösen geometrischer Probleme Augenbewegungen und visuelles Arbeitsgedächtnis dynamisch ineinandergreifen: Informationen über geometrische Formen können auch nach Abwendung des Blicks im visuellen Arbeitsgedächtnis verbleiben (Epelboim & Suppes, 2001).

Drittens können emotionale und affektive Prozesse wie Unsicherheit, Überforderung oder Freude die Blickbewegung beeinflussen (Schindler & Lilienthal,

2019; Thomaneck et al., 2022). Viertens spielen domänenspezifische Besonderheiten insbesondere im Bereich der Mathematik eine Rolle (Strohmaier et al., 2020). Während die Leseforschung überwiegend kontinuierlichen Fließtext untersucht und die Multimediaforschung vor allem Text-Bild-Kombinationen betrachtet, spielen in der Mathematik bildhafte, sprachliche und formal-symbolische Darstellungen eine Rolle, die in Eye-Tracking-Analysen differenziert betrachtet werden müssen (Alemdag & Cagiltay, 2018; Mayer, 2021; Rayner, 1998; Schindler & Lilienthal, 2019; Strohmaier et al., 2020).

Aufgrund dieser Einschränkungen kann es besonders in Studien, die auf die Rekonstruktion von Denkprozessen oder Strategien abzielen, sinnvoll sein, Eye-Tracking-Daten nicht isoliert, sondern im Rahmen eines methodischen Triangulationsansatzes zu interpretieren (Holmqvist et al., 2011; Jarodzka et al., 2021). Eine bewährte Methode ist die des unterstützten retrospektiven lauten Denkens, etwa in Form eines Stimulated-Recall-Interviews (SRI). Dabei werden Probandinnen und Probanden nachträglich mit ihren eigenen Blickverläufen konfrontiert und erläutern ihre kognitiven und strategischen Überlegungen (Gegenfurtner et al., 2011). Auf diese Weise können auch verdeckte Denkprozesse zugänglich gemacht werden, die im reinen Blickverlauf nicht sichtbar wären.

Insgesamt ist festzuhalten, dass Eye-Tracking unter Beachtung der methodischen Einschränkungen und Nutzung ergänzender Verfahren zur Triangulation ein großes Potenzial bietet, um kognitive Prozesse und Strategien sichtbar zu machen, die in schriftlichen Lösungen nicht direkt erkennbar sind – etwa beim Umgang mit Visualisierungen oder während des Problemlösens (Jarodzka et al., 2010; Strohmaier et al., 2020). Insbesondere in der mathematikdidaktischen Forschung hat die Nutzung von Eye-Tracking in den vergangenen Jahren stark zugenommen (Schindler, 2021; Strohmaier et al., 2020).

6.4 Funktionsweise von Eye-Trackern, zentrale Eye-Tracking-Maße und Auswertungsmethoden

Beim Eye-Tracking wird mit Hilfe von Kameras und Infrarottechnologie die Position der Pupille sowie die Reflexion des Infrarotlichts an der Hornhaut erfasst, um den aktuellen Blickpunkt der untersuchten Person zu bestimmen (Holmqvist et al., 2011). Die zugrunde liegende Technik basiert in der Regel auf dem sogenannten Pupil Center Corneal Reflection-Verfahren (PCCR). Je nach Setting kommen screenbasierte Systeme, also Eye-Tracker, die am Bildschirm angebracht oder integriert sind, oder mobile Systeme wie Eye-Tracking-Brillen zum Einsatz (Holmqvist et al., 2011; Lai et al., 2013). Die Aufzeichnung erfolgt dabei mit hoher zeitlicher Auflösung. In bildungswissenschaftlichen Studien werden üblicherweise Geräte mit einer Messfrequenz zwischen 60 und 250 Messungen pro Sekunde verwendet, die eine detaillierte Auswertung von Fixationen und Sakkaden ermöglichen (Holmqvist et al., 2011; Lai et al., 2013).

Ein methodisch bedeutsamer Aspekt betrifft die Frage, ab welcher Dauer eine Fixation als Indikator für kognitive Verarbeitung gilt. In der Eye-Tracking-Forschung wird in der Regel eine Mindestfixationsdauer von etwa 100 Millisekunden angesetzt (Holmqvist et al., 2011). Befunde aus der Szenewahrnehmung zeigen jedoch, dass auch kurze Fixationen zwischen 50 und 100 Millisekunden ausreichen können, um vertraute Formen oder den visuellen Kern einer Szene zu erfassen (Fei-Fei et al., 2007; Oliva & Torralba, 2006; Potter, 1975). Bei einfachen und bekannten geometrischen Formen kann eine kognitive Verarbeitung bereits durch sehr kurze Fixationen von unter 100 Millisekunden erfolgen (Manor & Gordon, 2003), daher können diese ebenso wie Fixationen im peripheren Bereich (Chumachenko et al., 2025) durchaus relevant sein. Andere Studien wie beispielsweise Dewolf et al. (2013, 2015) haben bewusst strengere Kriterien festgelegt. Für empirische Analysen ist daher entscheidend, diese Schwellenwerte transparent zu machen, da unterschiedliche Mindestdauern direkte Auswirkungen auf die Identifikation und Interpretation von Fixationen haben.

Die Analyse von Eye-Tracking-Daten kann sowohl quantitativ als auch qualitativ erfolgen, wobei sich beide Zugänge sinnvoll ergänzen (Strohmaier et al., 2020). In der quantitativen Eye-Tracking-Forschung stehen numerisch auswertbare Maße im Vordergrund, die auf Basis von Fixationen und Sakkaden berechnet werden. Typische Kennwerte sind die Anzahl der Fixationen, die Fixationsdauer, die Verweildauer in definierten Reizbereichen (Areas of Interest, AOIs) sowie die Zeit bis zur ersten Fixation (Holmqvist et al., 2011). Diese Maße lassen sich statistisch mit Leistungsdaten, Lösungsstrategien oder anderen Variablen in Beziehung setzen und sind insbesondere in experimentellen Studien verbreitet.

Eine verbreitete Systematisierung von Eye-Tracking-Maßen bieten Lai et al. (2013), die eine Einteilung in zeitbezogene, raumbezogene und zählende Maße vorschlagen. Diese lassen sich zudem nach dem Typ der Blickbewegung (Fixation, Sakkade) sowie der zugrunde liegenden Messskala (zeitlich, räumlich, frequenzbasiert) differenzieren:

- Zeitbezogene Maße (zum Beispiel mittlere Fixationsdauer, Gesamtdauer auf einem AOI) liefern Hinweise darauf, wann und wie lange ein Stimulus betrachtet wird. Sie finden vor allem im Bereich des Lesens und der linearen Informationsverarbeitung Anwendung (Alemdag & Cagiltay, 2018; Lai et al., 2013).

- Raumbezogene Maße geben Aufschluss darüber, wo und in welcher Reihenfolge Informationen wahrgenommen werden. Beispiele sind sogenannte Scanpaths, die die zeitliche Abfolge der Blickbewegungen visualisieren, und Transitionen, also Blickwechsel zwischen festgelegten Areas of Interest. Diese Maße sind zentral bei der Analyse von Auswahlprozessen, Vergleichsstrategien oder der Integration visuell-räumlicher Informationen (Johnson & Mayer, 2012; Lai et al., 2013).
- Zählende Maße (zum Beispiel Anzahl der Fixationen auf einem AOI) zeigen, wie oft bestimmte Informationen betrachtet wurden, und lassen Rückschlüsse auf die Relevanz einzelner Elemente zu (Lai et al., 2013).

Etablierte Interpretationsrahmen für diese Maße stehen nicht nur für die Leseforschung (z. B. Rayner, 1998), sondern auch speziell für den Bildungs- und Mathematikkontext (Jarodzka et al., 2021; Lai et al., 2013; Strohmaier et al., 2020) und für den Bereich des multimedialen Lernens (Alemdag & Cagiltay, 2018; Jarodzka, 2022; Jarodzka et al., 2021; Scheiter & Van Gog, 2009) zur Verfügung.

In der multimedialen Lernforschung dienen Eye-Tracking-Maße häufig zur Operationalisierung kognitiver Prozesse im Sinne der CTML nach Mayer (2021), insbesondere zur Untersuchung der Prozesse Selektion, Organisation und Integration. So gelten wiederholte Transitionen zwischen Text- und Bildbereichen als Indikator für Integrationsprozesse, während längere Fixationsdauern häufig als Hinweis auf kognitive Anstrengung oder tiefere Verarbeitung unter anderem im Kontext von Organisationsprozessen interpretiert werden (Alemdag & Cagiltay, 2018; Jarodzka et al., 2010; Johnson & Mayer, 2012; Mason et al., 2013; Scheiter & Van Gog, 2009).

Auch im Kontext des mathematischen Problemlösens werden quantitative Eye-Tracking-Maße genutzt, um etwa Aufmerksamkeitsverteilungen, Übergänge zwischen Repräsentationen oder Hinweise auf kognitive Beanspruchung während der Bearbeitung zu erfassen (Rakoczi, 2012; Strohmaier et al., 2020). Solche Maße erlauben es, Bearbeitungsprozesse statistisch mit Leistungsdaten und Lösungsstrategien in Beziehung zu setzen und so Muster in der Informationsverarbeitung sichtbar zu machen.

Qualitative Analysen zielen dagegen auf die Rekonstruktion individueller Bearbeitungsverläufe, visueller Strategien und kognitiver Prozesse anhand individueller Blickdaten (Rożek et al., 2014; Schindler, 2021; Schindler & Lilienthal, 2019). Hierbei kommen Gaze-Replay-Videos, Scanpath-Darstellungen oder Heatmaps zum Einsatz, um die Reihenfolge, Dauer und Verteilung von Blickbewegungen sichtbar zu machen und zu interpretieren (Alemdag & Cagiltay,

2018; Jarodzka et al., 2010; Lee & Wu, 2018). Solche Ansätze ermöglichen differenzierte Einblicke in kognitive Prozesse beim Problemlösen, sind jedoch zeitaufwändiger und stärker interpretationsabhängig als standardisierte quantitative Verfahren (Alemdag & Cagiltay, 2018; Jarodzka et al., 2010; Lee & Wu, 2018; Strohmaier et al., 2020).

Zunehmend wird in der Forschung auch die kombinierte Anwendung qualitativer und quantitativer Verfahren verfolgt, um die Vorteile beider Ansätze nutzbar zu machen. So können z. B. explorative Gazeplots zur Identifikation visueller Strategien verwendet werden, die anschließend mit quantitativen Kennwerten trianguliert werden (vgl. Rakoczi, 2020). Die Wahl geeigneter Auswertungsverfahren und Maße hängt dabei stets von der Forschungsfrage, dem Stimulusdesign und dem jeweils zu untersuchenden kognitiven Prozess ab.

6.5 Zusammenfassung

In diesem Kapitel wurde das Potenzial von Eye-Tracking als Methode zur Erfassung visueller Aufmerksamkeit und zur Annäherung an kognitive Verarbeitungsprozesse theoretisch und methodisch eingeordnet. Zunächst wurde die Bedeutung visueller Aufmerksamkeit für die Analyse kognitiver Prozesse herausgestellt (6.1). Darauf aufbauend wurden die physiologischen Grundlagen des Sehens erläutert (6.2), die insbesondere für das Verständnis und die Interpretation von Blickbewegungen zentral sind. Vor diesem Hintergrund wurden in Abschnitt 6.3 die Aussagekraft, aber auch die Grenzen von Blickbewegungen als Indikatoren kognitiver Prozesse diskutiert sowie die Notwendigkeit ergänzender Verfahren wie des SRIs betont. Abschließend wurden die technische Funktionsweise von Eye-Trackern, zentrale Blickmaße sowie zentrale quantitative und qualitative Auswertungsmethoden vorgestellt, wie sie in der bildungswissenschaftlichen Forschung – insbesondere im Kontext multimedialen Lernens und des mathematischen Problemlösens – Anwendung finden (Abschnitt 6.4). Damit schafft Kapitel 6 die methodische und theoretische Grundlage für die empirischen Analysen der zweiten empirischen Studie, in der Eye-Tracking zur Untersuchung der Skizzennutzung beim Lösen nicht linearer Geometrieprobleme eingesetzt wird.

7 Skizzen als Visualisierung beim Lernen und beim Problemlösen in der Mathematik

Für die empirischen Untersuchungen dieser Arbeit ist theoretisches Wissen zur Wirkung von Skizzen in zwei Bereichen relevant: Zum einen bei der Lösung nicht linearer Geometrieprobleme in Form von Skalierungsaufgaben, zum anderen beim Aufbau des konzeptuellen Verständnisses des Wachstums skalierter Längen, Flächen und Körper. Dieses Kapitel bereitet die theoretische Grundlage, indem es zentrale Befunde und Modelle zur Nutzung von vorgegebenen und selbst erstellten Skizzen sowie zu statischen und dynamischen Darstellungen für diese Bereiche zusammenführt. Zunächst werden grundlegende Funktionen von Skizzen als Lern- und Problemlösestrategie dargestellt (7.1), bevor der Multimediaeffekt als theoretische Rahmung aufgegriffen wird (7.2). Im Fokus des folgenden Abschnitts stehen empirische Befunde zum Lernen mit statischen und dynamischen Visualisierungen (Abschnitt 7.3). Abschnitt 7.4 diskutiert Potenziale und Funktionen vorgegebener und lernergenerierter Skizzen im Problemlöseprozess; es folgt die Darstellung wichtiger empirischer Befunde zur Wirksamkeit und zur Nutzung von Skizzen beim Problemlösen (7.5). Anschließend werden empirische Befunde zur Wirkung von Skizzen bei der Lösung nicht linearer Geometrieprobleme vorgestellt (7.6). Eine kurze Zusammenfassung schließt das Kapitel ab (7.7).

7.1 Skizzen als Lern- und Problemlösestrategie: Grundlagen und Abgrenzung

Die Nutzung gegebener oder lernergenerierter Skizzen wird in der Literatur sowohl als Lernstrategie (zum Beispiel Arcavi, 2003; Fiorella & Kuhlmann, 2020; Van Meter, 2001) als auch als Problemlösestrategie (Bruder & Collet,

G. Volbers, *Visualisierungen bei nicht linearen Geometrieproblemen*, Studien zur theoretischen und empirischen Forschung in der Mathematikdidaktik,
https://doi.org/10.1007/978-3-658-52828-7_7

2011; De Bock et al., 1998; Pólya, 1973) beschrieben. Lernstrategien werden nach Weinstein und Mayer (1986) als zielgerichtete, bewusste und planvolle Vorgehensweisen verstanden, die Lernende einsetzen, um den Prozess des Wissenserwerbs, -speicherns und -anwendens zu optimieren. Problemlösestrategien hingegen bezeichnen zielgerichtete Handlungen, die darauf ausgerichtet sind, unter Überwindung von Barrieren eine Lösung für ein Problem zu finden (Funke, 2003). In der Praxis zeigt sich jedoch in Übereinstimmung mit den in Abschnitt 5.1 beschriebenen Gemeinsamkeiten zwischen Lern- und Problemlöseprozessen, dass beide Prozesse ineinander übergehen können: Auch beim Problemlösen kann eine Skizze im Sinne einer Lernstrategie eingesetzt werden, wenn sie beispielsweise zur Auswahl, Organisation und Integration relevanter Informationen beiträgt (Rellensmann, 2019; Van Meter & Garner, 2005). Wie auch bei den zugrundeliegenden Prozessen richtet sich die Einordnung der jeweiligen Strategie nach der Zielsetzung der Handlung; beim Problemlösen wird daher im Rahmen dieser Arbeit von der Skizzennutzung als Problemlösestrategie, beim Lernen hingegen von einer Lernstrategie gesprochen.

7.2 Der Multimediaeffekt und seine Relevanz für die Skizzennutzung

7.2.1 Bedingungen für multimediales Lernen

Die Lernförderlichkeit multimedialen Materials ist durch zahlreiche empirische Studien belegt (Çeken & Taşkın, 2022; Mayer & Fiorella, 2021; Noetel et al., 2022; Scheiter, 2021a). Insbesondere kann die Kombination von verbalen und bildlichen Informationen, wie sie im Fokus dieser Arbeit steht, das Lernen im Gegensatz zu rein textbasierten Darstellungen deutlich fördern; eine jüngere Metaanalyse von Schoenherr et al. (2024) belegt entsprechend insgesamt positive Effekte von Visualisierungen. Dieser Vorteil wird in der kognitionspsychologischen Forschung als *Multimediaeffekt* bezeichnet – ein Begriff, der von Mayer (2021) im Kontext der CTML geprägt wurde. Ob der Multimediaeffekt tatsächlich eintritt, hängt jedoch von einer Reihe von Bedingungen ab: Dazu zählen die Passung und die Qualität der eingesetzten Repräsentationen (Text und Bild), deren semantische Beziehung zueinander sowie spezifische Merkmale der Lernenden und deren Strategien (Scheiter, 2021a). Als besonders lernförderlich gelten Visualisierungen, wenn sie in engem Bezug zum Lerninhalt stehen und relevante Informationen gezielt darstellen. Eine erste Bedingung ist also die Erfüllung des sogenannten *Kohärenzprinzips*: Der Multimediaeffekt tritt vor allem dann auf, wenn beide Repräsentationen aufeinander abgestimmt sind und die Bildung eines integrierten mentalen Modells erleichtern (Scheiter, 2021a; Schnotz, 2014). Rein dekorative oder unpassende Bilder können dagegen das Lernen sogar behindern, da sie unnötige kognitive Ressourcen beanspruchen und damit die extrinsische kognitive Belastung erhöhen (Fiorella & Mayer, 2021). Neben dem Kohärenzprinzip beeinflussen weitere Faktoren die Wirksamkeit multimedialer Lernmaterialien. Visualisierungen fördern das multimediale Lernen vor allem dann, wenn sie visuell-räumliche Zusammenhänge veranschaulichen, die nicht zusätzlich auch im Text gegeben sind (Fiorella & Mayer, 2021; Scheiter, 2021a). In diesem Kontext ist das *Redundanzprinzip* zu sehen, das besagt, dass gleiche Informationen nicht sowohl durch Text als auch Bild präsentiert werden sollten (Kalyuga & Sweller, 2021). Zur Vermeidung unnötiger extrinsischer kognitiver Belastungen tragen auch die Einhaltung des *Kontiguitätsprinzips*, des *Signaling-Prinzips* sowie des *Modalitätsprinzips* bei (Fiorella & Mayer, 2021; Scheiter, 2021a). Das Kontiguitätsprinzip fordert, dass zusammengehörende verbale und visuelle Informationen räumlich und zeitlich nah beieinander präsentiert werden sollten. Dies erleichtert die Integration der Informationen und hilft, den *Split-Attention-Effekt* (Ayres & Sweller, 2021) zu vermeiden. Das Signaling-Prinzip hebt die Bedeutung von Hinweisen (zum Beispiel Pfeile und Farbmarkierungen) hervor, um die Aufmerksamkeit der Lernenden gezielt auf relevante Informationen zu lenken und eine angemessene Verbindung zwischen verbalen Erklärungen und bildlichen Darstellungen herzustellen. Das Modalitätsprinzip besagt, dass insbesondere bei kurzen Texten gesprochene Informationen in Kombination mit visuellen Darstellungen lernförderlicher sind als geschriebene, da die Nutzung unterschiedlicher Sinneskanäle entlastend wirken kann (Scheiter, 2021a).[1]

7.2.2 Bedeutung von Vorwissen und Repräsentationskompetenz

Die Effektivität multimedialer Lernumgebungen hängt nicht nur von der Gestaltung der Materialien, sondern auch maßgeblich von Eigenschaften der Lernenden

[1] Für das Modalitätsprinzip werden zwei Erklärungen herangezogen: Erstens kann die visuelle Aufmerksamkeit ausschließlich auf der Visualisierung liegen, zweitens besagt die Theorie des sogenannten auditorischen Nachhalls, dass akustische Reize länger anhaltende Spuren im Arbeitsgedächtnis hinterlassen als visuelle Stimuli. Dieser auditorische Nachhall betrifft jedoch vornehmlich die zuletzt gehörten Elemente eines gesprochenen Textes, da diese im Gegensatz zu früheren Inhalten nicht sofort durch neue Reize überschrieben werden.

ab. Als besonders relevant gelten dabei erstens das domänenspezifische Vorwissen, zweitens die Fähigkeit, mit verschiedenen Darstellungen umzugehen, sowie drittens die metakognitive Fähigkeit zur Steuerung des Lernprozesses (Scheiter, 2021a). Studien zeigen, dass diese Faktoren als Moderatoren wirken, also beeinflussen, ob und in welchem Ausmaß multimediale Darstellungen tatsächlich lernförderlich wirken (Ainsworth, 2006; Noetel et al., 2022). Der Grund für die Wirkung dieser Moderatoren liegt darin, dass Lernende sowohl Text- als auch Bildinformationen berücksichtigen, relevante Elemente beider Repräsentationsformate identifizieren und zu einem mentalen Modell integrieren müssen (Scheiter, 2021a). Im Folgenden werden diese drei Moderatoren und ihre Bedeutung für das Lernen mit multimedialen Darstellungen näher erläutert.

Die große Bedeutung des domänenspezifischen Vorwissens als erstem Moderator wurde wie in Kapitel 5 erläutert sowohl von der Cognitive Theory of Multimedia Learning (CTML) nach Mayer (2021) als auch vom Cognitive Model of Drawing Construction (CMDC) nach Van Meter und Firetto (2013) betont und auch empirisch bestätigt (Fiorella & Zhang, 2018; Mayer, 2021; Noetel et al., 2022; Scheiter, 2021a; Schnotz, 2005; Van Meter & Firetto, 2013; Van Meter & Garner, 2005).

Der zweite Moderator, die Fähigkeit, mit verschiedenen Darstellungen umzugehen, wird als repräsentationale Kompetenz bezeichnet (Kozma & Russell, 1997). Sie umfasst die Fähigkeit, unterschiedliche Formen von Repräsentationen zu erzeugen, sie zu interpretieren, zielgerichtet zu verarbeiten und flexibel zwischen ihnen zu wechseln (Duval, 2006; Kozma & Russell, 1997). In den Bildungsstandards findet sich diese Zielsetzung in der Kompetenz Mathematisch darstellen wieder (siehe Kapitel 4; KMK, 2022a). Diese repräsentationale Kompetenz lässt sich weiter differenzieren in das notwendige deklarative Wissen über die spezifische Darstellungsart, das prozedurale Wissen, um Darstellungen flexibel zu erstellen und zwischen verschiedenen Darstellungsarten zu wechseln sowie das konditionale strategische Wissen darüber, welche Darstellung in bestimmten Situationen besonders geeignet ist (Ainsworth, 2006; Bowen & Roth, 2003; Heinze et al., 2009; Jong & Van Joolingen, 1998; Uesaka & Manalo, 2006). Im Falle (lernergenerierter oder gegebener) Skizzen präzisiert sich das deklarative Wissen über die spezifische Darstellungsart im sogenannten strategischen Skizzenwissen (Rellensmann et al., 2022). Dieses umfasst das Wissen über die Merkmale von Skizzen, die die Problemstruktur – durch die Darstellung wichtiger Objekte und ihrer Beziehungen – adäquat abbilden. Prozedurales Wissen bedeutet bezogen auf Skizzen die Fähigkeit, ausgehend von textlichen Informationen eine adäquate Skizze zu erstellen und zwischen verschiedenen Darstellungsformen wie

Text, Skizze und mathematischen Ausdrücken gezielt zu wechseln. Die konditionale Komponente, also das Wissen darüber, wann eine bestimmte Darstellungsart besonders geeignet ist, spielt Skizzen betreffend im Kontext dieser Arbeit für das Problemlösen eine wichtige Rolle und wird in Abschnitt 7.4 näher erläutert. Ein gezielter und flexibler Umgang mit multimedialen Repräsentationen setzt alle drei Wissensarten voraus (Ayabe et al., 2022). Empirische Befunde bestätigen, dass diese drei Komponenten eng miteinander verknüpft sind und nur in ihrem Zusammenspiel die Grundlage für einen erfolgreichen und flexiblen Umgang mit multimedialen Repräsentationen bilden (Edelsbrunner & Hofer, 2023; Uesaka & Manalo, 2006). So zeigt sich etwa in Eye-Tracking-Studien, dass insbesondere Lernende mit geringem Vorwissen ihre Aufmerksamkeit eher auf visuell auffällige, aber nicht unbedingt lernrelevante Bildteile richten, während solche mit gut ausgeprägtem Vorwissen länger auf relevante visuelle Informationen fokussieren (Canham & Hegarty, 2010; Gegenfurtner et al., 2011; Lowe, 2004; Susac et al., 2023). Darüber hinaus gelingt es ersteren häufig nicht, Inhalte aus Text und Bild integrativ zu verarbeiten; sie betrachten diese eher isoliert, was sich unter anderem in einer geringen Zahl an Sakkaden zwischen den verschiedenen Darstellungen äußert (Bodemer et al., 2004; Eitel & Scheiter, 2015; Mason et al., 2013). Solche integrativen Sakkaden gelten jedoch als zentraler Prädiktor für den Lernerfolg (Johnson & Mayer, 2012). Scheiter (2021a) bezeichnet diese Schwierigkeiten als inadäquate kognitive Verarbeitung und versteht darunter, dass Lernende Informationen nicht angemessen auswählen oder verknüpfen können.

Beim dritten Moderator, der metakognitiven Regulation des Lernprozesses, kann eine unzureichende Ausprägung zu einer verzerrten Informationsverarbeitung multimedialer Inhalte führen (Scheiter, 2021a). Diese kann sich einerseits in einer übermäßigen Konzentration auf den Text unter Vernachlässigung von Bildinformationen äußern, was insbesondere bei Lernenden mit geringem Vorwissen zu beobachten ist (Hannus & Hyönä, 1999; Hegarty & Just, 1993). Hinzu kommen Fehleinschätzungen zur Nützlichkeit von Visualisierungen sowie eine Unterschätzung der kognitiven Anforderungen, die zur Verarbeitung multimedialer Inhalte insbesondere im Kontext dynamischer Visualisierungen nötig sind (Scheiter, 2021a). Dies wirft die Frage auf, unter welchen Bedingungen das Lernen mit statischen und dynamischen Darstellungen besonders lernförderlich ist – ein Aspekt, dem im folgenden Abschnitt näher nachgegangen wird.

7.3 Lernen mit statischen und dynamischen Visualisierungen: Empirische Befunde

Durch die fortschreitende Digitalisierung der Schulen gewinnen dynamische Visualisierungen im schulischen Lernen zunehmend an Bedeutung; digitale Werkzeuge wie GeoGebra ermöglichen insbesondere im Mathematikunterricht die Darstellung komplexer Veränderungszusammenhänge in interaktiver Form (siehe Kapitel 4). Ziel dieses Abschnitts ist es, vor dem Hintergrund der Ausführungen zu Visualisierungen und zum multimedialen Lernen empirische Erkenntnisse zu Wirkmechanismen, Voraussetzungen und Grenzen dynamischer im Vergleich zu statischen Visualisierungen darzustellen und deren Potenzial zu reflektieren.

Dynamische Visualisierungen können Lernprozesse auf vielfältige Weise unterstützen. Ein wesentlicher Vorteil liegt darin, dass durch sie die räumliche und zeitliche Organisation von Prozessen direkt dargestellt werden kann (Bétrancourt & Tversky, 2000). Sich verändernde Informationen können durch die Animation unmittelbar wahrgenommen werden, während sie aus einer Abfolge statischer Visualisierungen erst abgeleitet werden müssen (Tversky et al., 2002). Dies kann zu einer Reduktion kognitiver Anforderungen führen, insbesondere, wenn Bewegungsprozesse fein abgestuft visualisiert werden (Bétrancourt & Tversky, 2000). Diese entlastende Funktion wird als *Erleichterungseffekt* (*facilitating effect*) bezeichnet (Schnotz & Rasch, 2005). Ein Beispiel ist die Veranschaulichung eines Flächenwachstums beim Skalieren durch eine sich dynamisch verändernde Figur anstelle einer Folge statischer Bilder. Darüber hinaus können dynamische Visualisierungen einen *Ermöglichungseffekt* (*enabling effect*) haben, also Prozesse erst zugänglich machen, die andernfalls zu schnell, zu komplex oder zu abstrakt wären, um ohne diese visuelle Unterstützung verstanden zu werden (Schnotz & Rasch, 2005). Mit beiden Effekten können jedoch auch Nachteile verbunden sein. Eine zu passive Nutzung der Animation kann bei Lernenden den Eindruck erwecken, den Sachverhalt verstanden zu haben, obwohl nur eine oberflächliche Verarbeitung stattgefunden hat (Schnotz & Lowe, 2003; Schnotz & Rasch, 2005). Dieses Phänomen wird als *Verstehensillusion* (*underwhelming effect*) beschrieben (Lowe, 2003). Verstärkt werden kann dieser Effekt durch die Tendenz von Lernenden, Animationen als unterhaltsam wahrzunehmen. Hinzu kommen Herausforderungen durch die flüchtige Natur von Animationen: Informationen sind nur temporär sichtbar, sodass eventuell komplexe Veränderungen simultan erfasst, im Arbeitsgedächtnis behalten und unmittelbar verarbeitet werden müssen (Ainsworth & Van Labeke, 2004; Mayer & Moreno, 2003). Bei hoher Informationsdichte kann dies zur *kognitiven Überlastung* führen (*overload effect*).

Im Vergleich zu dynamischen sind statische Visualisierungen dauerhaft präsent. Wird eine dynamische Veränderung also mit einer Reihe statischer Visualisierungen dargestellt, so können einzelne Aspekte oder Zustände jederzeit betrachtet und miteinander verglichen werden, während eine Animation als Ganzes wiederholt werden muss und nur jeweils einen Zustand gleichzeitig zeigt (Bétrancourt & Tversky, 2000). Die Notwendigkeit zur mentalen Animation erfordert zudem eine aktive Auseinandersetzung mit dem Lerngegenstand (Hegarty et al., 2003; Schnotz & Rasch, 2005). Eine Animation kann umgekehrt dazu führen, dass Lernende diese mentale Animation nicht mehr gedanklich durchführen, obwohl sie dazu eigentlich in der Lage wären (Höffler, 2007; Höffler & Leutner, 2007). In diesem Fall wäre also zur Vermeidung der Verstehensillusion der Einsatz einer statischen Visualisierung vorteilhaft. Auch in Situationen mit hoher kognitiver Belastung, begrenztem Vorwissen oder wenn der direkte Vergleich mehrerer Prozesszustände erforderlich ist, können statische Visualisierungen dynamischen Darstellungen überlegen sein (Ainsworth & Van Labeke, 2004; Tversky et al., 2002).

Empirische Studien, die statische und dynamische Visualisierungen vergleichen, kommen zu uneinheitlichen Ergebnissen. Die Metaanalysen von Höffler (2007) und von Berney und Bétrancourt (2016) fanden einen signifikanten Effekt zugunsten dynamischer gegenüber statischen Visualisierungen mit mittlerer (Höffler) bzw. kleiner (Berney und Bétrancourt) Effektstärke. Beide Analysen zeigten, dass der Vorteil von Animationen nicht pauschal gilt, sondern von verschiedenen Moderatorvariablen abhängt: Zu den lernendenbezogenen Voraussetzungen zählen das Vorwissen sowie visuell-räumliche Fähigkeiten. Lernende mit geringem Vorwissen profitieren eher von dynamischen Visualisierungen als Lernende mit hohem Vorwissen, da letztere eher in der Lage sind, Prozesse auch anhand statischer Bilder mental zu extrahieren (Hegarty et al., 2003). Bei hohem Vorwissen hingegen können dynamische Visualisierungen zu unnötiger kognitiver Belastung führen (*Expertise-Reversal-Effekt* Kalyuga; 2008, 2021). Auch räumliches Vorstellungsvermögen beeinflusst die Fähigkeit, sequentielle Informationen aus den Animationen effektiv zu extrahieren (Hegarty et al., 2003). Bezogen auf instruktionale Merkmale sind vor allem das Präsentationstempo, der Grad an Interaktivität und die Gestaltung der Darstellung relevant. Dynamische Visualisierungen wirken besonders lernförderlich, wenn sie im systemgesteuerten Tempo präsentiert, mit auditiver Modalität kombiniert und nicht durch redundante Textinformationen überladen werden (Berney & Bétrancourt, 2016). Diese bloße Steuerung des Präsentationstempos ist als Interaktivitätsmerkmal von einer inhaltlichen Interaktivität – also der gezielten Manipulation von Darstellungen durch die Lernenden – zu unterscheiden. Während die bloße Tempokontrolle bei

Lernenden auch zur Überforderung führen kann, fördern im Sinne aktiver Manipulationen inhaltlich-interaktive Visualisierungen ein tieferes Verständnis und wirken daher lernförderlich (Berney & Bétrancourt, 2016; Höffler, 2007; Koning & Tabbers, 2011). Auch die Komplexität und die Art des vermittelten Wissens spielen eine Rolle: Dynamische Visualisierungen wirken besonders lernförderlich bei komplexen dynamischen oder prozeduralen Inhalten, bei denen statische Bilder die Veränderung nicht adäquat abbilden können. Die größten Effekte zeigten sich bei der Vermittlung prozeduralen und konzeptuellen Wissens, weniger bei Faktenwissen (Berney & Bétrancourt, 2016; Höffler, 2007).

Insgesamt ist festzuhalten, dass dynamische Visualisierungen den Lernprozess wirksam unterstützen können – vorausgesetzt, sie werden didaktisch reflektiert und adaptiv eingesetzt. Ein vielversprechender, bisher jedoch wenig empirisch untersuchter Ansatz könnte eine Kombination dynamischer und statischer Visualisierungen entsprechend ihrer jeweiligen Stärken sein (Berney & Bétrancourt, 2016; Findeisen et al., 2022; Höffler, 2007; Wagner, 2013). Auch eine gezielt eingesetzte inhaltliche Interaktivität und kognitive Unterstützungen können zur Effektivität beitragen (Berney & Bétrancourt, 2016; Koning & Tabbers, 2011). Nicht zuletzt kann durch geeignete Lernumgebungen auch vermieden werden, dass Lernende Animationen lediglich zur Unterhaltung betrachten (siehe Lowe, 2003).

7.4 Skizzen im Problemlöseprozess – Funktionen und empirische Befunde

Wie in Kapitel 3 angedeutet, gilt das Zeichnen einer Skizze als leistungsstarke heuristische Strategie zur Lösung mathematischer Probleme (R. Cox, 1999; Pólya, 1973; Schoenfeld, 1985). In der Literatur werden verschiedene Funktionen von Skizzen beschrieben, durch die sich die angenommene lernförderliche Wirkung lernergenerierter, aber auch vorgegebener Skizzen erklären lässt (Ainsworth et al., 2020; Stylianou, 2020). Sie lassen sich teils einzelnen Phasen des Problemlöseprozesses zuordnen, teils wirken sie phasenübergreifend. Im Folgenden werden diese Funktionen dargestellt und ihre Bedeutung mit empirischen Befunden untermauert.

Entlastung des Arbeitsgedächtnisses und Verwendung als Aufzeichnungsinstrument

Selbst erstellte oder vorgegebene Skizzen können unabhängig von der Phase des Problemlösens das Arbeitsgedächtnis entlasten, indem sie als externer Speicher fungieren (R. Cox, 1999; Rellensmann, 2019; J. Zhang, 1997). Visuell-räumliche Informationen müssen nicht mental im Arbeitsgedächtnis aufrechterhalten, sondern können ausgelagert werden. Dadurch werden kognitive Ressourcen frei. Zudem kann die Skizze als Aufzeichnungsinstrument für Informationen des Textes oder Zwischenergebnisse wie zum Beispiel geometrische Maße oder Beziehungen verwendet werden, was unter anderem den Aufwand zur Suche nach Informationen verringern kann (Newell & Simon, 1972; Stylianou & Silver, 2004). Die so freiwerdenden Kapazitäten des Arbeitsgedächtnisses können für Problemlöseprozesse verwendet werden (R. Cox, 1999; J. Zhang, 1997). Diese Vorteile gelten jedoch nicht uneingeschränkt: Wie in Abschnitt 5.3 zu den Theorien des multimedialen Lernens dargestellt, erfordern sowohl die Externalisierung eines mentalen Modells als Skizze als auch die Integration von Text- und Bildinformationen zu einem kohärenten Modell im Falle gegebener Skizzen kognitive Ressourcen, die das Arbeitsgedächtnis belasten (Leutner et al., 2009).

Verstehen des Problems

Das korrekte Verstehen der Aufgabe und der Aufbau eines angemessenen mentalen Modells sind grundlegende Voraussetzungen für erfolgreiches Problemlösen (Mayer & Hegarty, 1996; Reuter et al., 2015; J. Zhang, 1997). Schon Pólya (1973) empfiehlt, bereits in der ersten Phase des Problemlösens – dem Verstehen der Aufgabe – eine Skizze anzufertigen, um die gegebenen Informationen zu ordnen und die Beziehungen zwischen den beteiligten Größen zu erkennen. Häufig sind nicht alle Bedingungen und Wechselwirkungen einer Problemsituation erkennbar. Eine geeignete Skizze kann helfen, solch verborgene Aspekte hervorzuheben, und dadurch eine zielgerichtete Zieldefinition und Problemerfassung ermöglichen und auch die unreflektierte Anwendung möglicherweise fehlerhafter Schemata verhindern (Schnotz, 2005; Schoenfeld, 1985). Im Falle eines Skalierungsproblems kann – unter Berücksichtigung der in Abschnitt 5.3.7 diskutierten Wirkmechanismen – eine gegebene oder lernergenerierte Maßstabsskizze verdeutlichen, dass die Fläche im Gegensatz zur Seitenlänge nicht linear wächst, das Problem sich also nicht durch eine einfache lineare Rechnung lösen lässt. Daher können sowohl das Anfertigen einer Skizze als auch die Nutzung einer vorgegebenen Skizze Lernende bei der Bildung des mentalen Modells unterstützen und so zum erfolgreichen Problemlösen beitragen (Bruder & Collet, 2011; Reuter et al., 2015).

Planentwicklung

Während des Planens des Lösungsweges kann die Skizze explorativ, also als Erkundungswerkzeug genutzt werden (Stylianou, 2011). Je nach Aufgabenart und Skizzengestaltung ermöglicht sie das Durchspielen, Vergleichen oder auch Verwerfen möglicher Lösungsansätze. Stylianou und Silver (2004) beschreiben Skizzen als Instrument zur Konzeptexploration. Sie helfen beim Suchen, Transformieren und Abstrahieren mathematischer Relationen. Insbesondere bei geometrischen Problemen können Skizzen zur Erkundung von Raum- und Lagebeziehungen, zum Erkennen struktureller Merkmale und zur Visualisierung strategischer Überlegungen genutzt werden (Hershkowitz, 1989). Im Falle des Skalierungsproblems zum Quadrat kann beispielsweise die größere Figur entsprechend dem Skalierungsfaktor gerastert werden (siehe Abbildung 7.1).

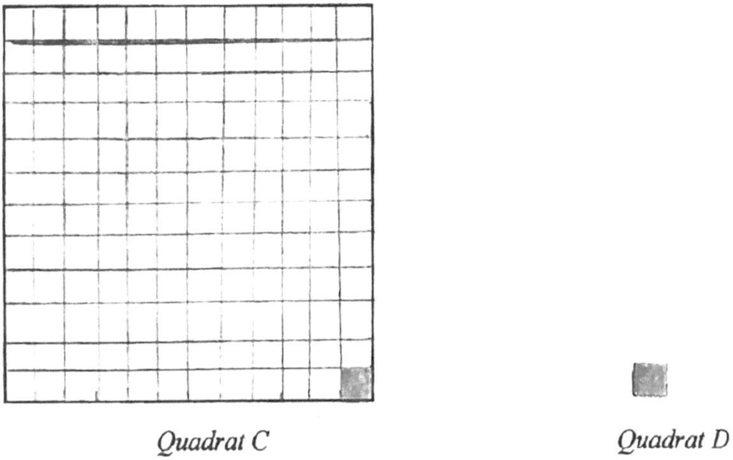

Abbildung 7.1 Beispiel für eine Rasterstrategie (aus Testheft 70, Krawitz & Schukajlow, 2020)

Durch diese visuelle Rasterung und das Zählen der Teilflächen lässt sich der quadratische Skalierungsfaktor ableiten. Eine analoge Rasterstrategie ist auch beim Würfel mit Hilfe von Teilwürfeln möglich (De Bock et al., 2003). Solche Rasterstrategien lassen sich auch bei rechteckigen oder quaderförmigen Objekten anwenden; bei krummlinig oder unregelmäßig begrenzten Flächen oder Körpern wäre durch eine solche Rasterung jedoch nur eine Abschätzung, keine genaue Berechnung der gesuchten Größe möglich.

Visualisierungen können zudem auch in einer weniger explorativen, sondern eher deskriptiven Funktion helfen, relevante mathematische Konzepte zu aktivieren (Arcavi, 2003; Stylianou, 2011; Stylianou & Silver, 2004). Im Kontext von Skalierungsproblemen würde dies bedeuten, dass die Visualisierung der Figuren oder Körper Lernende bei der Erinnerung an erlernte Formeln zur Flächen- bzw. Volumenberechnung oder an das Wissen um den korrekten Skalierungsfaktor unterstützt.

Ausführen des Plans

Auch in dieser Phase können Skizzen in zweierlei Hinsicht genutzt werden, um einen zuvor entwickelten Lösungsansatz konkret umzusetzen. Sie können erstens als Berechnungsgrundlage dienen, wenn sie beispielsweise Zahlen, Maße oder (explizite) Relationen bereitstellen, die unmittelbar zur Durchführung von Berechnungen genutzt werden (Hegarty & Kozhevnikov, 1999; Stylianou & Silver, 2004). Zweitens können sie die Ableitung gesuchter Größen ermöglichen, indem relevante Informationen strukturiert erschlossen werden, etwa durch Ablesen, Zählen oder Abgleichen von Informationen. Im Falle nicht linearer Geometrieprobleme können Skizzen als Berechnungsgrundlage die formelbasierte Berechnung (siehe Abschnitt 3.2.1) unterstützen, zudem kann der Skalierungsfaktor mit Hilfe der Skizze berechnet oder abgezählt werden, was der Ableitung einer gesuchten Größe entspricht. Ein Spezialfall ist hier die Variante, dass zunächst die Flächen- bzw. Volumeninhalte beider Skizzen ermittelt und die gesuchte Größe dann mit Hilfe des Dreisatzes oder einer Verhältnisgleichung unter Einbeziehung des Zahlenwertes der Aufgabe ermittelt wird:

$$A_{SkizzeC} = 6^2 = 36\left[cm^2\right], A_{SkizzeD} = 1,5^2 = 2{,}25\left[cm^2\right],$$

$$\frac{A_D}{A_C} = \frac{A_{SkizzeD}}{A_{SkizzeC}} \Leftrightarrow \frac{A_D}{1440} = \frac{2,25}{36} \Leftrightarrow \frac{A_D}{1440} = 0{,}0625 \Leftrightarrow A_D = 90\left(cm^2\right)$$

Überwachung und Validierung

Darüber hinaus können Skizzen die Funktion einer metakognitiven Hilfe haben. Als Überwachungs- und Bewertungsinstrumente können sie Lernende unterstützen, den Fortschritt im Problemlöseprozess zu reflektieren und gezielte Entscheidungen über das weitere Vorgehen zu treffen (Izsák, 2003; Schoenfeld, 1985). Insbesondere können Skizzen auch zur Überprüfung und Absicherung des Endergebnisses eingesetzt werden (Arcavi, 2003). Im Falle eines Skalierungsproblems könnte eine Abschätzung des (ungefähren) Größenverhältnisses sowohl dazu beitragen, die Fehlerhaftigkeit eines durch lineare Übergeneralisierungen ermittelten Ergebnisses zu erkennen als auch die Korrektheit eines mit geeigneten Formeln oder des Skalierungsprinzips ermittelten Ergebnisses zu validieren.

Insgesamt zeigt sich, dass Skizzen im mathematischen Problemlöseprozess vielfältige kognitive und metakognitive Potenziale besitzen, die von der Entlastung des Arbeitsgedächtnisses über das Verstehen komplexer Zusammenhänge bis zur Unterstützung bei der Planung, der Durchführung und der Überwachung des Lösungsprozesses reichen. Diese Potenziale können jedoch nur dann wirksam werden, wenn die Skizze eine hohe Qualität aufweist und aktiv genutzt wird. Diese Bedingungen werden im Folgenden anhand empirischer Befunde vertiefend betrachtet.

7.5 Empirische Befunde zur Wirksamkeit und zur Nutzung von Skizzen im Problemlöseprozess

7.5.1 Empirische Befunde zur Wirksamkeit von Skizzen

In zahlreichen Studien wurde untersucht, ob und unter welchen Bedingungen sich lernergenerierte oder vorgegebene Skizzen positiv auf die mathematische Problemlöseleistung auswirken – mit teils divergierenden Ergebnissen. Insgesamt belegt die Meta-Analyse von Schoenherr et al. (2024) einen signifikant positiven Effekt von Visualisierungen insbesondere auf die Problemlöseleistung und ergänzt damit ältere Analysen wie die von Hembree (1992). Einige Einzelstudien zeigten jedoch keinen (De Bock et al., 1998) oder sogar einen signifikant negativen (De Bock et al., 2003; Krawitz & Schukajlow, 2020) Effekt auf die Leistung. Diese heterogenen Befunde lassen sich vor allem durch empirisch belegte Einflussfaktoren erklären, die als Moderatoren wirken und sich gegenseitig beeinflussen: Erstens die Art (lernergeneriert oder vorgegeben) und Qualität der Skizze, zweitens das inhaltliche Vorwissen und die repräsentationale Kompetenz und drittens die Fähigkeit zur metakognitiven Steuerung (Renkl & Scheiter, 2017; Reuter et al., 2015; Schwamborn et al., 2010). Diese drei Moderatoren lassen sich strukturell den im Abschnitt 3.1.3 dargestellten Komponenten der Problemlösekompetenz nach Schoenfeld (1985) zuordnen, was eine theoretische Einordnung im Kontext des Problemlösens unterstützt. Im Folgenden werden diese Moderatoren sowie ihre Verflechtung und der Bezug zu Komponenten nach Schoenfeld (1985) näher betrachtet.

Art und Qualität der Skizze

Verschiedene Studien belegen, dass das eigenständige Anfertigen von Skizzen mit positiven Effekten auf die Problemlöseleistung verbunden ist (zum Beispiel Rellensmann et al., 2022; Schwamborn et al., 2010).[2] Das Anfertigen einer Skizze zwingt Lernende zur aktiven Selektion und Organisation von Informationen und fördert so den Aufbau mentaler Modelle (Fiorella & Zhang, 2018; Van Meter & Firetto, 2013). Dieser Vorteil hängt jedoch entscheidend von der Qualität der Skizze ab: Nur, wenn die Skizze eine hohe Qualität aufweist, also relevante Elemente und deren Relationen vollständig abgebildet sind, können die oben beschriebenen Funktionen der Skizzen im Problemlöseprozess ihre Wirkung entfalten (Bräuer et al., 2021; Krawitz & Schukajlow, 2020; Schwamborn et al., 2010). Eine unpassende oder fehlerhafte Skizze kann den Problemlöseprozess sogar behindern, indem sie falsche Relationen suggeriert (siehe zum Beispiel Abbildung 9.2, rechts oben), wichtige Informationen nicht darstellt oder die Aufmerksamkeit auf irrelevante Aspekte lenkt (Hegarty & Kozhevnikov, 1999; Uesaka et al., 2007). Im Gegensatz zu selbst erstellten Skizzen sind vorgegebene Skizzen (im Idealfall) qualitativ hochwertig und kohärent zur Aufgabenstellung (Peeck, 1993; Reuter et al., 2015). Während allerdings beim eigenständigen Anfertigen von Skizzen eine inhaltliche Verknüpfung von Textinformationen und bildlicher Darstellung zwangsläufig erfolgt, ist dieser Integrationsprozess im Falle vorgegebener Skizze nicht automatisch gegeben. Nach dem Angebots-Nutzungs-Modell (Helmke, 2012) entfalten Unterstützungsangebote wie eine vorgegebene Skizze ihre Wirkung nur, wenn sie aktiv in den Lern- bzw. Problemlöseprozess einbezogen werden. In diesem Sinne ist die aktive Nutzung der Skizze im Problemlöseprozess eine notwendige Bedingung dafür, dass diese ihre Wirkung entfalten kann – eine Bedingung, die oft nicht erfüllt ist (Renkl & Scheiter, 2017; Reuter et al., 2015; Q. Zhang & Fiorella, 2019). Damit wird deutlich, dass Art und Qualität einer Skizze nicht unabhängig voneinander zu betrachten sind. Selbst erstellte Skizzen sind zwar stärker kognitiv aktivierend, bergen aber das Risiko niedriger Qualität. Vorgegebene Skizzen haben eine hohe Qualität, erfordern jedoch eine aktive und bewusste Einbindung in den Problemlöseprozess, um förderlich wirken zu können.

---

[2] Die meisten Studien beziehen sich auf Skizzen, die auf Aufforderung hin erstellt wurden. Einige wenige Arbeiten, wie etwa De Bock et al. (1998) erfassen auch spontan erstellte Skizzen (siehe Abschnitt 7.6). Diese standen jedoch nicht im Zentrum des Forschungsinteresses; Häufigkeiten und Zusammenhänge mit der Leistung wurden lediglich als Zusatzbefund berichtet. Systematische Untersuchungen zur Qualität spontan erstellter Skizzen und zum Einfluss spontaner Skizzen auf Leistung fehlen bisher.

Inhaltliches Vorwissen und repräsentationale Kompetenz

Wie in Kapitel 5 dargestellt und in Abschnitt 7.2.2 vertieft, spielt das inhaltliche (konzeptuelle) Vorwissen sowohl für vorgegebene als auch für lernergenerierte Skizzen eine entscheidende Rolle. Gemäß dem CMDC nach Van Meter und Firetto (2013) ist es insbesondere für die Skizzenkonstruktion von zentraler Bedeutung (Schwamborn et al., 2010; Van Meter & Firetto, 2013), wurde aber auch für die Nutzung vorgegebener Skizzen empirisch bestätigt (Reuter et al., 2015). Daneben ist, wie auch für das multimediale Lernen allgemein (siehe Abschnitt 7.2.2), die repräsentationale Kompetenz entscheidend, die strategische, prozedurale und konditionale Anteile umfasst. Aufgrund des Erkenntnisinteresses der Arbeit wird der Fokus auf das strategische sowie das konditionale Skizzenwissen gelegt; das prozedurale Skizzenwissen wird hier nicht näher betrachtet.[3] Das strategische Skizzenwissen, also das Wissen über die Merkmale von Skizzen, die die Problemstruktur durch die Darstellung wichtiger Objekte und ihrer Beziehungen adäquat abbilden (siehe Abschnitt 7.2.2), ist für selbst erstellte Skizzen besonders bedeutsam, da es direkt die Qualität der Darstellung beeinflusst (Rellensmann et al., 2022). Fehlt dieses Wissen, entstehen oft unvollständige oder fehlerhafte Skizzen, die den Problemlöseprozess eher nicht unterstützen. Es ist empirisch belegt, dass ein gezieltes Training im Skizzieren sowohl die Qualität der Skizzen als auch die Problemlösekompetenz verbessert (Hembree, 1992; Rellensmann et al., 2023; Schwamborn et al., 2010). Aber auch für vorgegebene Skizzen ist das strategische Skizzenwissen relevant: Lernende, die Skizzen aktiv markieren, ergänzen oder transformieren, profitieren stärker von ihnen (Renkl & Scheiter, 2017; Reuter et al., 2015).

Inhaltliches Vorwissen und strategisches Skizzenwissen stehen in einem wechselseitigen Verhältnis zueinander: Lernende mit hohem inhaltlichen Vorwissen können das strategische Skizzenwissen sinnvoller anwenden, umgekehrt kann strategisches Skizzenwissen den visuellen Zugang zu fachlichen Inhalten erleichtern (Fiorella & Zhang, 2018; Rellensmann et al., 2023). Sowohl inhaltliches Vorwissen als auch strategisches Skizzenwissen lassen sich den Ressourcen im Sinne Schoenfelds (1985) zuordnen, da sie das für die Skizzennutzung erforderliche fachliche und darstellungsbezogene Fundament bereitstellen.

Es erscheint im Kontext dieser Arbeit sinnvoll, neben dem strategischen Skizzenwissen auch ein *heuristisches Skizzenwissen*, das als Teil der konditionalen Komponente der Repräsentationskompetenz verstanden werden kann

[3] Der Fokus dieser Arbeit liegt auf der Nutzung von Skizzen im Problemlöseprozess, nicht auf deren Konstruktion. Die prozedurale Komponente der Repräsentationskompetenz wird daher nicht näher beleuchtet, obwohl die Fähigkeit des flexiblen Wechsels zwischen den Darstellungen natürlich Voraussetzung für einen heuristischen Einsatz von Skizzen ist.

(siehe 7.2.2), als eigenständige Komponente zu berücksichtigen. In Anlehnung an Schoenfeld (1985) wird dieser Begriff als das Wissen darüber definiert, wann und wie eine Skizze als Problemlösewerkzeug eingesetzt werden kann (siehe Abschnitt 7.4). Heuristisches Skizzenwissen kann im Sinne Schoenfelds (1985) der Heuristik-Komponente zugerechnet werden, die er als zweite grundlegende Voraussetzung für erfolgreiches Problemlösen beschreibt. Dieses Wissen bildet die Grundlage dafür, dass Lernende das Anfertigen bzw. Nutzen von Skizzen überhaupt in Betracht ziehen und ihr potenziell vorhandenes strategisches Skizzenwissen anwenden. Empirische Befunde stützen die Annahme: Studien zum Heuristiktraining (siehe Abschnitt 3.1.4) zeigen, dass Lernende durch gezielte Förderung in ihrer Problemlösekompetenz unterstützt werden können. Darüber hinaus belegen Untersuchungen, dass Skizzen nur dann wirksam sind, wenn Lernende diese aktiv in den Lösungsprozess einbeziehen (Reuter et al., 2015; Schwamborn et al., 2010).

Metakognitive Steuerung
Über diese wissensbasierten Voraussetzungen hinaus ist die Kontrolle (control) als dritte von Schoenfeld (1985) genannte Komponente insbesondere im Kontext der Skizzennutzung von Bedeutung. Sie umfasst die Planung, Überwachung und adaptive Steuerung der eigenen Strategien. Für Skizzen bedeutet dies, dass Lernende nicht nur wissen müssen, wie und wann diese sinnvoll sein können, sondern auch im Problemlöseprozess reflektieren, ob ihre Darstellung zielführend ist und gegebenenfalls angepasst oder verworfen werden sollte. Da metakognitive Steuerungsprozesse empirisch in der Regel prozessbezogen untersucht werden, wird ihre konkrete Ausprägung bei der Skizzennutzung im folgenden Abschnitt betrachtet.

7.5.2 Prozessbezogene Studien zur Skizzennutzung

Prozessbezogene Studien analysieren – häufig unter Nutzung von Eye-Tracking –, wie Skizzen während des Problemlösens genutzt werden. Dabei zeigen sich deutliche Unterschiede in der Nutzung von Visualisierungen zwischen erfolgreichen und nicht erfolgreichen Problemlösenden, die im Einklang mit den im vorangegangenen Abschnitt dargestellten Einflussfaktoren stehen: Erfolgreiche Problemlösende zeigen zielgerichtete Blickmuster: Sie fixieren länger relevante Text- und Bildinformationen und zeigen zielgerichtete Transitionen zwischen Text- und Bildinformationen (C. Klein & Ettinger, 2019; Lin & Lin, 2014; Reuter et al., 2015). Diese gezielten Wechsel unterstützen erfolgreiche Organisations-

und Integrationsprozesse zu einem kohärenten mentalen Modell. Weniger erfolgreiche Problemlösende zeigen dagegen ein Blickverhalten, das auf Überlastung oder fehlende Orientierung hindeutet: Sie fixieren länger irrelevante Bereiche und betrachten relevante Informationen entweder nur kurz oder unverhältnismäßig lange; Transitionen zwischen Text und Bildbereich erfolgen entweder selten oder häufig, aber unstrukturiert (Lin & Lin, 2014; Renkl & Scheiter, 2017; Scheiter & Van Gog, 2009). Ähnliche Unterschiede finden sich auch im klassischen Experten-Novizen-Vergleich: Lernende mit höherem inhaltlichem Vorwissen zeigen zielgerichtete visuelle Strategien mit längeren Fixationen auf relevanten Bereichen und zielgerichteten Transitionen zwischen Text- und Bild (Gegenfurtner et al., 2011; Jarodzka et al., 2010; Mason et al., 2013; Reuter et al., 2015; Strohmaier et al., 2020). Dies stützt den Zusammenhang zwischen Vorwissen und der Qualität visueller Strategien. Darüber hinaus belegen prozessbezogene Studien, dass erfolgreiche Lernende Skizzen aktiv in den Problemlöseprozess integrieren, etwa zur Planung, Kontrolle oder Validierung (Hellenbrand, 2018; Lin & Lin, 2014). In diesem Kontext sind auch sogenannte *Eye-Movement Modeling Examples (EMME)* von Interesse: Lernende beobachten dabei die Blickbewegungen eines Modells, das erfolgreiche Strategien der Text-Bild-Integration zeigt (Scheiter & Van Gog, 2009). Befunde zeigen, dass die EMME zu systematischeren Fixationsmustern und zielgerichteteren Transitionen zwischen Text und Bild führen, was wiederum mit besseren Lernergebnissen einhergeht (Mason et al., 2015; Van Gog et al., 2005). Diese Befunde legen nahe, dass neben dem inhaltlichen Vorwissen auch skizzenbezogenes Wissen, insbesondere also strategisches und heuristisches Skizzenwissen eine Rolle spielt. Systematische Untersuchungen fehlen bislang; aktuell untersuchen Schönherr und Schukajlow im Projekt ViMo-2 den Einsatz von EMME im Kontext geometrischer Modellierungsprozesse für das prozedurale Skizzenwissen (siehe Abschnitt 7.2.2).

Ergänzend weisen Studien darauf hin, dass Schwierigkeiten in der Skizzennutzung häufig auf unzureichendes metakognitives Monitoring zurückzuführen sind, etwa wenn Skizzen unreflektiert oder nur oberflächlich eingesetzt werden (Renkl & Scheiter, 2017; Uesaka et al., 2007).

Auch die Art der Visualisierung ist bedeutsam: Studien zeigen, dass gegebene Skizzen von Lernenden häufig nur oberflächlich oder gar nicht beachtet werden. Dewolf et al. (2013, 2015) wiesen nach, dass viele Lernende vorgegebene Skizzen während des Problemlösens überhaupt nicht beachteten oder die Mindestfixationszeit unter der von den Autoren für eine kognitive Verarbeitung angenommenen Mindestdauer von 150 Millisekunden lag. Andere Untersuchungen zeigen, dass selbst erstellte Skizzen insbesondere von leistungsstarken Lernenden häufiger in den Lern- oder Problemlöseprozess eingebunden werden als vorgegebene (Hellenbrand, 2018).

Insgesamt deuten prozessbezogene Studien darauf hin, dass die Art und Weise, wie Lernende Skizzen nutzen, eng mit ihrem Vorwissen, dem strategischen Skizzenwissen sowie metakognitiver Kontrolle verbunden ist.[4] Im folgenden Abschnitt werden die empirischen und prozessbezogenen Befunde zusammengeführt und in den theoretischen Rahmen nach Schoenfeld (1985) eingeordnet.

7.5.3 Integration der Befunde zur Skizzennutzung

Die in den vorangegangenen Abschnitten dargestellten Befunde legen nahe, dass die Wirksamkeit von Skizzen im mathematischen Problemlöseprozess auf einem Zusammenspiel mehrerer Komponenten beruht. In Anlehnung an die Theorie Schoenfelds (1985) lässt sich annehmen, dass dieses Zusammenspiel die Komponenten Ressourcen (fachliches sowie strategisches Skizzenwissen), Heuristiken (heuristisches Skizzenwissen) und die metakognitive Kontrolle (Planung, Überwachung und adaptive Steuerung der Strategien) umfasst. Auf Basis dieser theoretischen Perspektive lässt sich vermuten, dass sich je nach Skizzentyp unterschiedliche Anforderungen für eine wirksame Nutzung ergeben: Bei selbst erstellten Skizzen ist die Qualität ausschlaggebend; sie entsteht aus dem Zusammenspiel von Vorwissen und strategischem Skizzenwissen und wird durch heuristisches Skizzenwissen und metakognitive Steuerung unterstützt. Vorgegebene Skizzen weisen eine hohe Qualität auf, entscheidend für ihre Wirksamkeit ist eine Integration in den Problemlöseprozess – ein Prozess, der Vorwissen, strategisches sowie heuristisches Wissen und insbesondere metakognitive Kontrolle erfordert.

Auch wenn der überwiegende Teil der bisherigen Befunde nicht aus mathematischen Kontexten stammt, ist anzunehmen, dass eine wirksame Nutzung von Skizzen auch im mathematischen Problemlösen auf dem Zusammenspiel inhaltlichen Vorwissens, strategischen und heuristischen Skizzenwissens und metakognitiver Steuerung beruht. Da die in den Studien untersuchten selbst erstellten Skizzen jedoch auf Anweisung hin erstellt wurden, bleibt offen, inwieweit sich vergleichbare Effekte auch für spontan gezeichnete Skizzen beim mathematischen Problemlösen zeigen.

---

[4] Das heuristische Skizzenwissen (siehe Abschnitt 7.5.1) wurde in diesen Untersuchungen nicht unmittelbar erfasst.

7.6 Empirische Befunde zur Wirkung von Skizzen und visuellen Scaffolds bei der Lösung nicht linearer Geometrieprobleme

Wie in Abschnitt 2.4.4. dargestellt ist die Befundlage zur Wirkung visueller Darstellungen in Form von Skizzen oder visueller Scaffolds auf die Leistung bei der Lösung nicht linearer Geometrieprobleme uneinheitlich – teils ergab sich ein positiver Effekt, teils zeigte sich kein Effekt, teils sogar ein negativer Effekt. Zur Erklärung dieser widersprüchlichen Befunde ist ein differenzierter Blick auf die Funktion der jeweiligen Visualisierung im jeweiligen Setting sowie auf die spezifischen experimentellen Bedingungen erforderlich: Relevant sind hierbei die Funktion (metakognitiver visueller Scaffold versus heuristische Unterstützung beim Problemlösen) sowie speziell Skizzen betreffend deren Art (lernergeneriert versus vorgegeben) und das Darstellungsformat (Skizzen mit visuellem Bezugsrahmen auf kariertem Papier versus Skizzen ohne visuellen Bezugsrahmen auf Blankopapier). Bei lernergenerierten Skizzen ist zudem zwischen spontan und auf Anweisung erstellten Skizzen zu differenzieren; bei letzteren ist auch der Zeitpunkt der Zeichenanweisung (vorgelagert versus aufgabenbegleitend) von Relevanz.

Im Folgenden werden die Studien den Einsatz von Skizzen und visuellen Scaffolds im Kontext nicht linearer Geometrieprobleme betreffend daher detaillierter dargestellt, wobei der Fokus auf skizzenbezogenen Befunden liegt.[5] Von den visualisierungsbezogenen Interventionen wurde jeweils ein positiver Effekt erwartet.

In einer frühen Studie von De Bock et al. (1998) bearbeiteten 120 12- bis 14-jährige Schülerinnen und Schüler insgesamt zwölf Skalierungsaufgaben: Je vier zu gradlinigen (S-Items), kreisförmigen (C-Items) und irregulären (I-Items) Figuren; davon jeweils zwei Längen- und zwei Flächenprobleme; die Aufgaben waren im Missing-Value-Format und meist unter Nutzung indirekter Maße gestellt. Die Experimentalgruppen erhielten entweder zu jedem Problem eine vorgegebene Maßstabsskizze oder eine einmalige Anweisung zum Zeichnen einer Skizze vor Beginn der eigentlichen Problembearbeitungen, die an einer Beispielsaufgabe in

[5] In allen Studien zeigte sich, dass (wie in Abschnitt 2.4.4 berichtet) Skalierungsprobleme zu Flächen und gegebenenfalls Körpern signifikant schlechter gelöst wurden als zu Längen, wobei lineare Übergeneralisierungen eine bedeutende Fehlerquelle waren. Ebenso ergaben sich die weiteren in Abschnitt 2.4.4 dargestellten Befunde beispielsweise das Alter der Schülerinnen und Schüler sowie die Form der Figur betreffend. Für die Darstellungen in diesem Kapitel sind diese Aspekte jedoch nicht relevant, da hier ausschließlich skizzenbezogene Befunde betrachtet werden.

einem anderen Kontext demonstriert wurde. Die Ergebnisse zeigten für keine der beiden Bedingungen den erwarteten positiven Effekt – weder bei proportionalen noch bei nicht proportionalen Aufgaben. Generell wurde fast keines der Flächenprobleme korrekt gelöst – die Lösungsquoten schwankten abhängig von der Form der Figur und der Gruppe zwischen 0 % und maximal 8 %. Eine genauere Analyse zeigte, dass die Instruktionen eher selten befolgt wurden: In der Gruppe der Lernenden, die aufgefordert wurde, eine Skizze zu zeichnen, erfolgte dies bei lediglich 46 % der Flächenprobleme; eine Editierung der gegebenen Skizzen in der anderen Gruppe, die Rückschlüsse auf eine tatsächliche Nutzung zulässt, fanden die Forscher nur in 6 % der Fälle. Lediglich 2 % der Schülerinnen und Schüler der Kontrollgruppe zeichneten eine spontane Skizze. De Bock et al. (1998) beschrieben die Qualität der von Lernenden erstellten Skizzen als gering, nahmen jedoch keine systematische Qualitätsanalyse vor.

Aufgrund dieser überraschenden Ergebnisse wurde unter Verwendung derselben Aufgaben eine Folgestudie mit 15- bis 16-Jährigen Lernenden durchgeführt (De Bock et al., 1998). Auch hier zeigte sich kein genereller positiver Effekt selbst erstellter und vorgegebener Skizzen auf die Leistung. Da jedoch sowohl die Gesamtleistung als auch die Befolgung der Instruktionen in den Experimentalgruppen insgesamt höher ausfielen als in der ersten Studie, analysierten die Autoren die Fälle genauer, in denen eine Skizze spontan (Kontrollgruppe) oder auf Anweisung hin erstellt oder gegebene Skizzen editiert wurden und stellten jeweils einen positiven Zusammenhang zwischen Skizzenerstellung bzw. -nutzung und Leistung fest. In einer späteren Gesamtpublikation wird detaillierter berichtet, dass in 13 % der analysierten Aufgaben spontane und in 59 % auf Aufforderung hin erstellte Skizzen gezeichnet wurden und 28 % der gegebenen Skizzen editiert wurden (De Bock et al., 2007). Die Zusammenhangsanalysen zeigten in allen drei Gruppen einen deutlichen statistischen Zusammenhang zwischen Skizzenerstellung bzw. aktiver Nutzung und korrekter Lösung (spontan erstellte Skizzen: $\chi^2(1, N = 444) = 16.18$, auf Aufforderung hin erstellte Skizzen: $\chi^2(1, N = 444) = 25.26$, gegebene Skizze: $\chi^2(1, N = 444) = 13.82$). Dieser Befund ist jedoch als Zusammenhang zu werten und offensichtlich wurde in die Analyse nur ein Teil der nicht linearen Probleme eingezogen, was sich aus der berichteten Fallzahl von $N = 444$ bei einer Stichprobe von 222 Lernenden ergibt. Er erlaubt daher keine kausalen Schlussfolgerungen über die Wirksamkeit der Skizzen.

In einer späteren Studie unter insgesamt 385 Schülerinnen und Schülern im Alter vom 13 bis 16 Jahren untersuchten De Bock et al. (2002) die Wirkung visueller und metakognitiver Scaffolds bei der Lösung nicht proportionaler Geometrieaufgaben. Die visuellen Scaffolds bestanden aus vorgegebenen Skizzen auf kariertem Papier, das durch die Referenzgröße einen Größenvergleich der Figuren erleichtern sollte (siehe Abbildung 7.2):

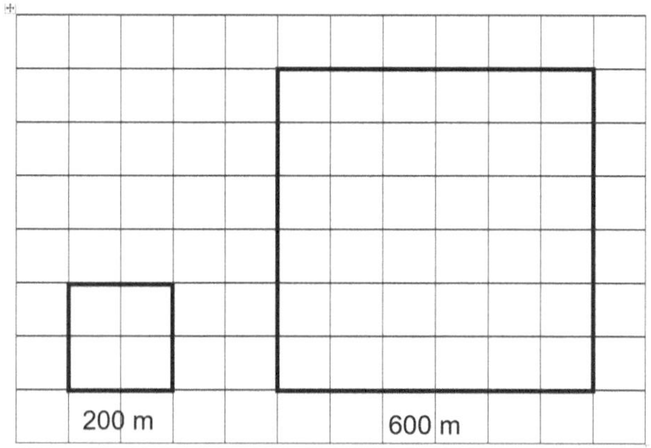

Abbildung 7.2 Visueller problembegleitender Scaffold nach De Bock et al. (2002). (Eigene Darstellung)

Der metakognitive Scaffold war ein vorgeschalteter Dialog zweier fiktiver Schülerinnen und Schüler, die lineare bzw. nicht lineare Lösungsstrategien vertraten. Ziel war es, durch einen kognitiven Konflikt lineare Lösungsmuster zu hinterfragen. Verwendet wurden dieselben Aufgaben wie in der vorangegangenen Studie (De Bock et al., 1998). Insgesamt zeigten die Ergebnisse weder für die metakognitive noch für die visuelle Hilfestellung einen Gesamteffekt auf die Leistung (jeweils 53 % vs. 52 % richtige Antworten), jedoch ergaben sich für beide Interventionen signifikante, wenn auch geringe Interaktionseffekte mit der Aufgabenart: Die metakognitive Warnung führte bei nicht proportionalen Aufgaben zu einer besseren Leistung (18 % vs. 12 %; $F(1, 377) = 15.50$, $p < .01$), insbesondere bei den S-Aufgaben ($F(2, 754) = 5.45$, $p < .01$) und bei älteren Schülern ($F(1, 377) = 7.35$, $p < .01$); die visuelle Hilfestellung hatte unabhängig von Alter und Aufgabentyp ebenfalls einen kleinen positiven Effekt auf nichtproportionale Aufgaben (17 % vs. 13 %; $F(1, 377) = 6.96$, $p < .01$); ein kumulativer Effekt beider Hilfen konnte nicht nachgewiesen werden. Gleichzeitig wurde eine Leistungsverschlechterung bei der Lösung proportionaler Probleme durch die Interventionen beobachtet.

Einen ähnlichen Ansatz verfolgten Theodoulou et al. (2005) in einer Studie, an der insgesamt 172 Lernende aus sechsten Klassen (Durchschnittsalter ca. 11 Jahre) aus zypriotischen Grundschulen teilnahmen. In einem kontrollierten Zweiphasendesign bearbeiteten alle Kinder zunächst einen Test mit 8 Aufgaben: Jeweils vier proportionalen Problemen (mit Fokus auf den Umfang) und vier nicht proportionalen Problemen zu Flächeninhalten quadratischer oder rechteckiger Figuren. Die Probleme verwendeten je zur Hälfte direkte bzw. indirekte Maße. Zwei Wochen später wurden den Experimentalgruppen dieselben Aufgaben erneut vorgelegt – ergänzt entweder um Skizzen auf kariertem Papier (Gruppe B) oder zusätzlich auch um verbale Hinweise zur gezielten metakognitiven Reflexion (Gruppe C). Die Ergebnisse zeigten, dass beide Hilfen die Leistung bei nicht proportionalen Problemen signifikant verbesserten ($t = -6{,}338$, $p < 0{,}001$ für die Skizzen alleine, $t = 6{,}645$, $p < 0{,}001$ für Skizzen kombiniert mit Warnung). Allerdings verschlechterte sich auch hier im Gegenzug die Leistung bei der Lösung proportionaler Probleme ($t = 3{,}623$, $p = 0{,}000$ für Skizzen, $t = 3{,}33$, $p = 0{,}00$ für Skizzen plus Warnung). Pavlin-Bernardić und Mateša (2012) verwendeten wie bereits in Abschnitt 2.4.3 angedeutet Visualisierungen ebenfalls als Scaffold, jedoch in Form einer vorgeschalteten metakognitiven Unterstützung. 122 kroatische Erstsemesterstudierende ($M = 19$ Jahre) wurden zufällig vier Gruppen zugewiesen: einer Kontrollgruppe sowie drei Experimentalgruppen mit visueller, metakognitiver oder kombinierter Unterstützung (je 30 oder 31 Personen). Der Leistungstest bestand aus drei proportionalen Problemen (jedoch keine Längenproblemen) und je fünf Flächen- bzw. Volumenproblemen. Die den Problembearbeitungen vorgeschalteten Scaffolds bezogen sich auf die beiden folgenden Flächen- bzw. Volumenprobleme:

> Problem 1: 20 apple trees can grow in a square-shaped orchard with sides 50 meters long. How many apple trees can grow in a square-shaped orchard with sides of 200 meters?[6]
>
> Problem 2: A cube-shaped box with a side of 5 cm is filled with 8 balls. How many balls of the same size can be put in a cube-shaped box with a side of 10 cm

Der visuelle Scaffold bestand aus den in Abbildung 7.3 dargestellten Visualisierungen mit bildbasierten Referenzmaßen:

[6] Problemformulierung in Anlehnung an Pavlin-Bernardić und Mateša (2012).

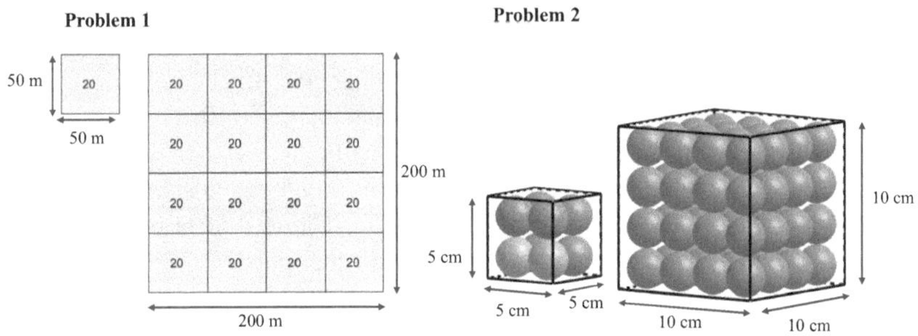

Abbildung 7.3 Vorgeschalteter visueller Scaffold in Anlehnung an Pavlin-Bernardić und Mateša (2012). (Eigene Darstellung)

Der metakognitive Scaffold bestand wie bei De Bock et al. (2002) aus einem fiktiven Dialog.

Alle Experimentalgruppen erzielten signifikant bessere Leistungen als die Kontrollgruppe; den größten Leistungszuwachs zeigte die kombinierte Scaffold-Gruppe (Fläche: $M = 3{,}32$; Volumen: $M = 2{,}10$). Besonders deutlich war der Effekt bei Flächenaufgaben ($F(1{,}118) = 40{,}28$, $p < .001$, $\eta_p^2 = .25$), während er bei Volumenaufgaben schwächer ausfiel – möglicherweise aufgrund der höheren Komplexität kubischer Relationen.

Im Gegensatz zu den bisher in diesem Abschnitt beschriebenen Studien zeigte sich in den beiden folgenden Untersuchungen sogar ein negativer Effekt der Anweisung, eine Skizze zu zeichnen:

Aufgrund der vorherigen Befunde der Forschergruppe zum geringen Anteil der Schülerinnen und Schüler, die der Anweisung zum Zeichnen einer Skizze in vorherigen Studien nachkamen bzw. gegebene Skizzen erkennbar nutzten, versuchten De Bock et al. (2003), das Anfertigen einer Skizze zum integralen Bestandteil des Problemlöseprozesses zu machen; gleichzeitig wurde die Auswirkung der Verwendung eines realistischen Kontextes untersucht. Insgesamt bearbeiteten 313 Lernende der 8. (n = 152, Alter 13 bis 14 Jahre) und 10. Jahrgangsstufe (n = 161, Alter 15 bis 16 Jahre) sechs Aufgaben: Zwei proportionale zu Längen und vier nicht proportionale Aufgaben zu je zwei Flächen- und Volumenproblemen (siehe Tabelle 7.1).

Tabelle 7.1 Testitems aus De Bock et al. (2003)

Test items in A + groups	Test items in A- groups
Proportional items	
Gulliver's walking-stick is 96 cm high. What's the length of a similar Lilliputian walking-stick? *(Answer: 8 cm)*	The length of a line segment A is 13 times as large as the length of a line segment B. If the length of line segment A is 78 cm, how long is line segment B? *(Answer: 6 cm)*
Gulliver's waistband is 108 cm long. What's the length of a similar Lilliputian waistband? *(Answer: 9 cm)*	The length of a line segment C is 11 times as large as the length of a line segment D. If the length of line segment C is 132 cm, how long is line segment D? *(Answer: 12 cm)*
Non proportional items	
Gulliver's handkerchief has an area of 1296 cm^2. What's the area of a similar Lilliputian handkerchief? *(Answer: 9 cm^2)*	The side of square Q is 12 times as large as the side of square *R*. If the area of square *Q* is 1440 cm^2, what's the area of square *R*? *(Answer: 10 cm^2)*
The sole of Gulliver's shoe has an area of 288 cm^2. What's the area of the sole of a similar Lilliputian shoe? *(Answer: 2 cm^2)*	The diameter of a circle *E* is 11 times as large as the diameter of a circle F. If the area of circle E is 242 cm^2, what's the area of circle F? *(Answer: 2cm^2)*
In Gulliver's world, a cheese cube has a volume of 172 800 mm^3. What's the volume of a Lilliputian cheese cube? *(Answer: 100 mm^3)*	The side of a cube I is 13 times as large as the side of a cube J. If the volume of cube I is 2197 cm^3, what's the volume of cube J? *(Answer: 1 cm^3)*
In Gulliver's world, a wineglass has a volume of 1728 mm^3. What's the volume of a similar wineglass in the Lilliputian world? *(Answer: 1 mm^3)*	The diameter of sphere M is 12 times as large as the diameter of a sphere N. If the volume of sphere M is 172 800 mm^3, what's the volume of sphere N? *(Answer: 100 mm^3)*

Quelle: Eigene Darstellung

Das Versuchsdesign folgte einem 2 × 2-faktoriellen Design, das 4 Experimentalgruppen pro Altersstufe bildete: A^+D^+ (authentischer Kontext und Zeichenanweisung, A^+D^- (authentischer Kontext ohne Zeichenanweisung, A^-D^+: kein Realitätsbezug, mit Zeichenanweisung), A^-D^- (kein Realitätsbezug, keine Zeichenanweisung) als Kontrollgruppe. In den beiden D^+-Gruppen wurden die Lernenden im Rahmen eines jeder Problemstellung vorgeschalteten Aufgabenteils explizit dazu aufgefordert, zu einer gegebenen Skizze der Ausgangsfigur bzw. des Ausgangskörpers unter Nutzung des Skalierungsfaktors eine Skizze der skalierten Figur bzw. des skalierten Körpers anzufertigen (siehe Tabelle 7.1).

Für die quantitative Auswertung verwendeten die Autoren eine $2 \times 2 \times 2 \times 2$-ANOVA mit den unabhängigen Variablen *Proportionalität* (proportional versus nicht proportional), *Alter* (13–14 vs. 15–16 Jahre), *Authentizität* (mit versus ohne Kontext) und *Zeichenanweisung* (mit versus ohne Zeichenanweisung) sowie der Anzahl korrekt gelöster Aufgaben als abhängige Variable. Um eine möglichst valide Vergleichsbasis zwischen den Authentizitätsbedingungen zu gewährleisten, wurde die Analyse auf jene vier der sechs Testaufgaben beschränkt, die sich auf proportionale bzw. nicht proportionale Probleme mit gradlinigen Figuren bezogen.[7] Überraschenderweise zeigte sich ein signifikant negativer Effekt beider Interventionen sowohl auf die Gesamtleistung (für die Zeichenanweisung D^+: M = 70 %, D^- M = 59 %, $F(1, 302) = 19.52$, $p < .011$) als auch auf die Leistung bei der Lösung der nicht linearen Probleme (für die Zeichenanweisung D^+: M = 23 %, D^-: M = 44 %, $F(1,302) = 10.38$, $p < .01$).

Eine Analyse der Skizzenqualität ergab, dass 94 % der Lernenden der D + –Gruppen die Zeichenanweisung befolgten und 83 % der Skizzen korrekt erstellt wurden, während in den D^-- Gruppen nur 10 % der Lernenden eine spontane Skizze anfertigten, von denen nur etwa 9 korrekt waren. Damit lässt sich, so die Autoren, der negative Effekt nicht durch mangelnde Skizzenqualität oder Nichtbefolgen der Instruktion erklären. Die überraschenden Befunde wurden durch eine von den Autoren durchgeführte Replikationsstudie bestätigt, die den Fokus auf die Zeichenanweisung legte. De Bock et al. (2003) erklärten die Ergebnisse hinsichtlich der Zeichenanweisung damit, dass durch das Zeichnen der Skizze der Fokus der Lernenden auf lineare Tätigkeiten (z. B. Messen der Seitenlänge, lineare Berechnung der neuen Seitenlänge, Zeichnen der Seitenlänge beim Quadrat) gelenkt und dadurch lineares Denken aktiviert wird, das anschließend fälschlicherweise auf die Berechnung von Flächen- bzw. Volumeninhalten übertragen wird. Eine Analyse der Lösungsstrategien zeigte zudem, dass insgesamt lediglich 2 % der Lernenden einer Rasterstrategie verwendeten; diese stammen bemerkenswerterweise alle aus den D^--Gruppen.

Der negative Effekt der Zeichenanweisung wurde durch Krawitz und Schukajlow (2020) in einer Replikationsstudie bestätigt. Die Stichprobe umfasste 198 Schülerinnen und Schüler der 9. Klasse (Gymnasium, G8) sowie der gymnasialen Oberstufe. Die Lernenden bearbeiteten vier nicht lineare innermathematische Geometrieprobleme zu Quadrat, Kreis, Würfel und Kugel, die der Aufgabenstellung der A^- – Gruppen der Studie von De Bock et al. (2003) entsprachen (siehe

[7] Nur die nicht proportionalen Aufgaben zu den gradlinigen Objekten waren vergleichbar. Die nicht einbezogenen Aufgaben bezogen sich auf irreguläre Objekte in den A^+-Gruppen und auf krummlinig begrenzte in der A^--Gruppen. Wie Claes (2000) zeigen konnte, sind die Befunde dieser Teilanalyse jedoch repräsentativ für das Gesamtset.

Tabelle 7.1). Neben der Replizierung des negativen Effekts wurde geprüft, ob sich dieser durch eine bessere Skizzenqualität (Schraffierung der Fläche bzw. des Volumens als gesuchte Größe) oder ein visuelles Monitoring (Verwendung eines kleinen Skalierungsfaktors von 3,4 und 5) abschwächen lässt. Das Design umfasste somit neben der Kontrollgruppe vier experimentelle Gruppen DV + (Anweisung zum Zeichnen, kleiner Skalierungsfaktor), DV- (Anweisung zum Zeichnen, großer Skalierungsfaktor), DQV + (Anweisung zum Zeichnen und Markieren, kleiner Skalierungsfaktor), DQV- (Anweisung zum Zeichnen und Markieren, großer Skalierungsfaktor). Zur statistischen Analyse wurde eine 3 × 2-Manova mit den Faktoren Zeichenanweisung und visuelles Monitoring als unabhängige und der Problemlöseleistung sowie der Anzahl der linearen Übergeneralisierungen als abhängige Variablen ermittelt. Die Befunde bestätigten den negativen Effekt der Zeichenanweisung: Lernende, die aufgefordert wurden, eine Skizze zu zeichnen (D-Gruppen), zeigten einseitig signifikant mehr lineare Übergeneralisierungen (M = 43,5 % versus M = 24,4 %) und eine signifikant schlechtere Leistung (M = 28,6 % versus M = 47,6 %) als die Kontrollgruppe ($F(2,197) = 1.970$, $p = .071$, $\eta_p^2 = .020$ für lineare Übergeneralisierungen, $F(2,197) = 4.323$, $p < .05$, $\eta_p^2 = .043$, $d = 0.436$ für die Leistung)[8]. Entgegen der Erwartung verringerte die Fokuslenkung auf die gesuchte Größe mittels Schraffierung den negativen Effekt der Zeichenanweisung nur teilweise: Zwar unterschied sich die Zahl der linearen Übergeneralisierungen in den DQ-Gruppen (M = 35 %) nicht signifikant von denen der Kontrollgruppe ($p = .198$), aber auch nicht von der D-Gruppe ($p = .211$). Die Leistung der DQ-Gruppe war jedoch ebenfalls signifikant schlechter als die der Kontrollgruppe (27,5 % vs. 47,6 %, $p < .05$), zwischen den Experimentalgruppen (DQ und D) gab es keinen Unterschied. Auch die Erwartungen hinsichtlich des visuellen Monitorings wurden nicht erfüllt: Die V + –Gruppe unterschied sich weder in der Zahl der linearen Übergeneralisierungen noch in der Leistung von der Kontrollgruppe. Auch Interaktionseffekte zwischen Zeichenstrategie und Monitoring blieben aus. Wie auch De Bock et al. (2003) stellten auch Krawitz und Schukajlow (2020) fest, dass die Schülerinnen und Schüler die Instruktion weitgehend befolgten: Lernende der D-Gruppen fertigten zu 96,1 % der Aufgaben eine Skizze an, Lernende der DQ-Gruppen zu 80 %. Die Befunde zum ausbleibenden Effekt des visuellen Monitorings sowie zur fehlenden Leistungsverbesserung trotz einer

[8] Um die Vergleichbarkeit mit De Bock et al. (2003) zu gewährleisten, beziehen sich die berichteten Werte auf die Analyse der beiden Probleme zu gradlinigen Objekten. Eine ergänzende Analyse unter Einbezug aller vier Probleme bestätigte diese Ergebnisse mit nahezu identischen Effektstärken.

zeichnerischen Fokussierung auf die Fläche – bei zugleich reduzierter Häufigkeit linearer Übergeneralisierungen – deuten, so Krawitz und Schukajlow (2020), darauf hin, dass mit der Zeichenaufforderung weitere leistungshemmende Faktoren verbunden sind.

Die bisherigen empirischen Befunde zur Wirkung von Skizzen beim Lösen nicht linearer Geometrieprobleme lassen zusammenfassend drei Wirkungsmuster erkennen:

Positive Effekte zeigten sich, wenn Visualisierungen gezielt als Scaffold eingesetzt wurden; entweder in Form auf kariertem Papier gegebener Skizzen oder mit einem anderen bildbasierten Referenzrahmen (De Bock et al., 2002; Pavlin-Bernardić & Mateša, 2012; Theodoulou et al., 2005). Wie bereits in Abschnitt 2.4.3 beschrieben, zeigte sich der positive Effekt nur bei nicht linearen Problemen; bei Einbeziehung linearer Probleme gab es keinen positiven Gesamteffekt. Auch durch die visuellen Scaffolds wurde somit nicht automatisch ein stabiles Verständnis geometrischer Ähnlichkeit aufgebaut (De Bock et al., 2002; Theodoulou et al., 2005).

Keine (generellen) Effekte zeigten sich bei gegebenen oder selbst erstellten Skizzen, die entweder spontan (durch Lernende der Kontrollgruppe) gezeichnet wurden oder wo die Anweisung zum Zeichnen exemplarisch vor Beginn der eigentlichen Problembearbeitungen erfolgte (De Bock et al., 1998). Ein positiver Zusammenhang mit der Leistung deutete sich lediglich in den wenigen Fällen an, in denen Skizzen tatsächlich genutzt wurden; angesichts der zugrunde liegenden Problemselektion und der seltenen Nutzung ist dieser Befund jedoch nur zurückhaltend zu interpretieren.

Negative Effekte zeigten sich dann, wenn vor jeder Problemstellung eine explizite Zeichenanweisung gegeben wurde, die zur Erstellung einer maßstabsgetreuen Skizze aufforderte – wie bei De Bock et al. (2003) und Krawitz und Schukajlow (2020). In diesen Fällen wurden die Skizzen nicht zwingend im Kontext der Problemlösung gezeichnet, sondern möglicherweise isoliert vorab erstellt. Es ist also unklar, ob die Skizzen alle Kriterien einer selbst erstellten Skizze nach Van Meter und Garner (2005) (siehe Abschnitt 4.2.4) erfüllen. Zwar sind die Lernenden für das finale Erscheinungsbild der Skizzen verantwortlich; die Anfertigung erfolgt jedoch nicht zwingend zielgerichtet hinsichtlich des jeweiligen Skalierungsproblems, sondern möglicherweise lediglich hinsichtlich der Zeichenanweisung. Obwohl ein Großteil der Skizzen korrekt und die Skizzenqualität somit hoch war, kam es bei nicht proportionalen Skalierungsproblemen zu signifikant schlechteren Leistungen. Zur Erklärung wurde eine Fokussierung auf lineare Größen durch die Aktivitäten rund um das Erstellen der Skizze diskutiert (De Bock et al., 2003; Krawitz & Schukajlow, 2020). Dass eine verbesserte

Skizzenqualität (durch Hervorhebung der gesuchten Größe) oder kleinere Skalierungsfaktoren diesen Effekt nicht aufheben konnten, deutet jedoch an, dass auch andere Faktoren für den negativen Effekt eine Rolle spielen müssen (Krawitz & Schukajlow, 2020).

7.7 Zusammenfassung

Kapitel 7 hat die theoretischen Grundlagen zur Wirkung von Skizzen beim Lernen und Problemlösen beschrieben. In Abschnitt 7.1. wurden zunächst grundlegende Funktionen von Skizzen als Lern- bzw. Problemlösestrategie beschrieben. Abschnitt 7.2 griff den Multimediaeffekt auf und diskutierte Bedingungen, unter denen Skizzen ihr lernförderliches Potenzial entfalten könnten. Abschnitt 7.3 fokussierte das Lernen mit statischen und dynamischen Visualisierungen. Auf Basis vor allem von Metastudien wurden die spezifischen Vor- und Nachteile der jeweiligen Visualisierungsform beleuchtet. Insbesondere wurde die Bedeutung einer gezielten didaktischen Einbettung dynamischer Visualisierungen, die zu einer aktiven Auseinandersetzung mit ihnen anregen, sowie eine Kombination beider Formen zur Nutzung der jeweiligen Stärken diskutiert. Abschnitt 7.4. beleuchtete die verschiedenen phasenunabhängigen sowie phasenspezifischen Funktionen gegebener oder selbst erstellter Skizzen im Problemlöseprozess und stellte empirische Befunde zu ihrer Wirksamkeit sowie der tatsächlichen Nutzung dar. Abschließend wurden empirische Studien zur Wirkung von Skizzen im Kontext nicht linearer Geometrieprobleme beleuchtet. Die Befunde zeigen, dass Skizzen bei nicht linearen Geometrieproblemen förderlich wirken können, wenn sie als Scaffolds mit metakognitiven Impulsen eingesetzt werden, neutral, wenn sie spontan oder lediglich auf Anweisung hin erstellt werden, und hinderlich, wenn Maßstabsskizzen ohne klaren Problembezug angefertigt werden.

Teil II
Empirischer Teil

8 Forschungsprogramm und forschungsleitende Fragestellungen

Die übergeordneten Erkenntnisziele der vorliegenden Arbeit bestehen einerseits darin, die von De Bock et al. (2003) sowie Krawitz und Schukajlow (2020) festgestellten negativen Effekte des Zeichnens einer Skizze bei der Bearbeitung von nicht linearen Geometrieproblemen systematisch zu untersuchen. Andererseits sollen auf Grundlage dieser Analyse Faktoren für einen lernförderlichen Einsatz von Visualisierungen im Kontext nicht linearer Geometrieprobleme gefunden und empirisch untersucht werden. In drei aufeinander aufbauenden Studien wurden hierzu jeweils unterschiedliche Aspekte des Einsatzes von Visualisierungen untersucht (siehe Abbildung 8.1). Die erste Studie zur Skizzenqualität konzentrierte sich auf eine vertiefende Analyse der Bearbeitungen von nicht linearen Geometrieproblemen, die im Rahmen der in Abschnitt 7.6 beschriebenen Studie von Krawitz und Schukajlow (2020) entstanden sind. Die Problembearbeitungen wurden hinsichtlich der bei der Lösung der Skalierungsprobleme gezeigten Leistungen, der angewandten Lösungsstrategien mit besonderem Fokus auf lineare Übergeneralisierungen sowie der Skizzenart (spontan gezeichnete versus aufforderungsinduzierte Skizzen) und Skizzenqualität (Maßstabsskizze versus Maßstabsskizze mit Flächenmarkierung) analysiert. Ergänzend wurde untersucht, inwiefern sich Unterschiede zwischen auf Anweisung hin und spontan erstellten Skizzen sowohl hinsichtlich ihrer Qualität als auch hinsichtlich der in den notierten Lösungen erkennbaren Skizzennutzung zeigen. Ziel der Untersuchung war es, erste Einsichten darüber zu gewinnen, welche Faktoren dazu beitragen können, dass das Anfertigen einer Skizze die Leistung von Lernenden bei der Lösung nicht linearer Geometrieprobleme negativ beeinflusst.

G. Volbers, *Visualisierungen bei nicht linearen Geometrieproblemen*, Studien zur theoretischen und empirischen Forschung in der Mathematikdidaktik,
https://doi.org/10.1007/978-3-658-52828-7_8

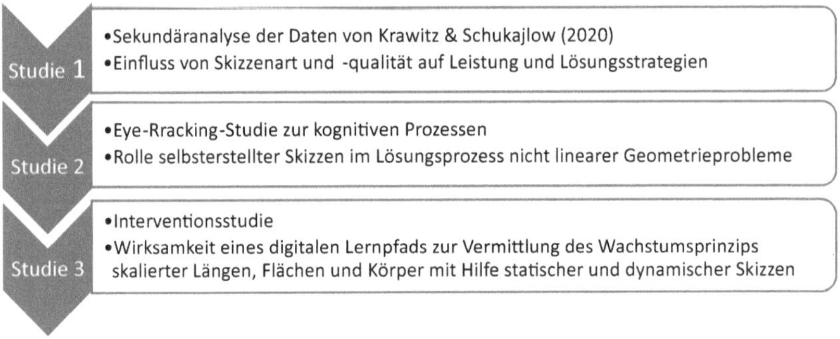

Abbildung 8.1 Übersicht über das Forschungsprogramm

Die zweite Studie, eine qualitative Eye-Tracking-Studie, basierte auf diesen quantitativen Ergebnissen. Im Fokus dieser Studie stand die Analyse kognitiver Prozesse bei der Lösung nicht linearer Geometrieprobleme. Sie zielte darauf ab, Erkenntnisse darüber zu gewinnen, wie auf Aufforderung hin erstellte Skizzen im Lösungsprozess nicht linearer Geometrieprobleme genutzt werden. Hierdurch sollten erstens konkrete Phasen des Problemlöseprozesses identifiziert werden, in denen die Skizzen genutzt werden, und zweitens Schwierigkeiten sowie auch mögliche Potenziale dieser Skizzennutzung erkannt werden. Die in dieser Studie erhobenen Prozessdaten ermöglichen eine differenziertere Erfassung des Umgangs mit Skizzen während der Aufgabenbearbeitung. Der Begriff *Skizzennutzung* wird daher in einem erweiterten Sinn verwendet, um nicht nur beobachtbare Handlungen, sondern auch im Bearbeitungsprozess erfassbare Formen der Auseinandersetzung mit Skizzen, etwa durch Blickbewegungen zur Skizze, einzubeziehen. Insgesamt sollten prozessbezogene Faktoren für die nachteilige Auswirkung des Anfertigens einer Skizze, aber auch Ansatzpunkte und Bedingungen für einen leistungsfördernden Skizzeneinsatz gefunden werden.

Die Erkenntnisse beider Studien legten neben der Identifikation hinderlicher Faktoren nahe, dass das Anfertigen einer Skizze im Problemlöseprozess nur unter sehr spezifischen Bedingungen leistungsförderlich sein kann. Vor diesem Hintergrund fokussierte die dritte Studie die Wirksamkeit statischer und dynamischer Visualisierungen zur Vermittlung des Wachstumsprinzips skalierter Flächen und Körper. Die beiden ersten Studien sind aufgrund der Forschungsfragen und des Designs eng miteinander verzahnt. Die dritte Studie bildet in gewisser Weise einen Neuansatz, knüpft aber sowohl die theoretische Basis als auch das Erkenntnisinteresse betreffend an die beiden ersten Studien an. Da die drei Studien aufeinander aufbauen, werden sie nacheinander dargestellt. Hierbei wird jeweils auf die spezifischen Fragestellungen, alle methodischen Entscheidungen und die Ergebnisse eingegangen. Im Anschluss an jede Studie folgt eine eigenständige Einzeldiskussion, die sich auf die Interpretation der jeweiligen Befunde im Hinblick auf die Forschungsfragen und deren theoretische Einordnung beschränkt. Bei den ersten beiden Studien wird zudem die logische Anschlussfähigkeit zur jeweils folgenden Untersuchung explizit herausgearbeitet, d. h. es wird begründet, warum die nachfolgende Studie den vorhergehenden Befunden folgt und welche offenen Punkte oder Befunde sie weiterführt. Eine umfassende integrierte Gesamtdiskussion – einschließlich der Grenzen der Untersuchungen sowie der daraus abgeleiteten theoretischen und praktischen Implikationen – erfolgt erst im abschließenden Diskussionskapitel, in dem die Ergebnisse aller drei Studien gemeinsam betrachtet und zusammengeführt werden.

Studie 1: Sekundäranalyse

9

Kapitel 9 widmet sich der ersten empirischen Studie dieser Arbeit. Nach der Darlegung der Fragestellungen und Hypothesen (9.1) werden zentrale methodische Entscheidungen (9.2) zu Untersuchungsansatz (9.2.1), zur Stichprobe (9.2.2), zum Untersuchungsdesign (9.2.3), zum Messinstrument (9.2.4), zur Datenaufbereitung (9.2.5) und zur geplanten Auswertungsmethoden inklusive Überprüfung der Analysebedingungen (9.2.6) beschrieben. Es folgen Ausführungen zur Überprüfung der Gütekriterien (9.3) sowie zum Treatmentcheck zur Absicherung der experimentellen Bedingungen (9.4). Nach der nach Forschungsfragen aufgeschlüsselten Darstellung der Ergebnisse (9.5) schließt das Kapitel mit einer kurzen Diskussion der Befunde (9.6).

9.1 Fragestellung und Hypothesen

Die hier beschriebene Studie ist als Sekundäranalyse angelegt. Grundlage der Sekundäranalyse bilden die in der Studie von Krawitz und Schukajlow (2020) erhobenen Daten; diese wird im Folgenden als Primäranalyse bezeichnet. In der Primäranalyse wurde der Gesamteffekt verschiedener Zeichenanweisungen auf die Leistung beim Lösen nicht linearer Geometrieprobleme analysiert. Da wie in Abschnitt 7.6 beschrieben die Ergebnisse der Primärstudie zeigen, dass das visuelle Monitoring keinen Einfluss auf die Leistung der Lernenden hat, folgt im Kontext der vorliegenden Arbeit eine Zusammenfassung der Bedingungen

G. Volbers, *Visualisierungen bei nicht linearen Geometrieproblemen*, Studien zur theoretischen und empirischen Forschung in der Mathematikdidaktik,
https://doi.org/10.1007/978-3-658-52828-7_9

zu zwei Kategorien: „Anweisung zum Zeichnen einer Skizze" und „Anweisung zum Zeichnen einer Skizze mit zusätzlicher Markierung[1]". Zur besseren Lesbarkeit wird im Folgenden für diese Kategorisierung der Begriff *Art der Zeichenanweisung* verwendet; die beiden Gruppen werden mit *Zeichnen-Gruppe* sowie *Zeichnen-Markieren-Gruppe* bezeichnet. Ziel ist die theoretische und empirische Vertiefung der Befunde zur Art der Zeichenanweisung. Die zentralen Ergebnisse der Primäranalyse – die geringeren Leistungen in beiden Zeichengruppen verglichen mit der Kontrollgruppe sowie häufiger auftretende lineare Übergeneralisierungen in der Zeichnen-Gruppe, nicht jedoch in der Zeichnen-Markieren-Gruppe – werden vorausgesetzt und bilden den Ausgangspunkt der weiteren Analysen.

Um mögliche Erklärungsansätze für den negativen Effekt der Zeichenanweisung zu gewinnen, sollen die Befunde der Primäranalyse stärker an die bisherige Forschung zu nicht linearen Geometrieproblemen angebunden werden.

Wie in Abschnitt 2.4.3 ausgeführt, beeinflussen sowohl die Form geometrischer Figuren als auch deren Dimension die Leistung beim Lösen nicht linearer Geometrieprobleme. Die Zeichenanweisung sowie ihre Art betreffend wurde bisher nur der Effekt auf die Gesamtleistung untersucht; eine differenzierte Betrachtung hinsichtlich Form und Dimension der geometrischen Objekte existiert bisher nicht. Diese Forschungslücke soll geschlossen werden, indem der Einfluss der Art der Zeichenanweisung differenziert nach Problemtypen (hinsichtlich Form und Dimension) untersucht wird. Der durch die Primäranalyse gezeigte negative Effekt der Zeichenanweisung auf die Gesamtleistung wird hier vorausgesetzt.

Forschungsfrage 1:

Beeinflussen Form und Dimension des geometrischen Objekts den Effekt der Art der Zeichenanweisung auf die Leistung beim Lösen nicht linearer Geometrieprobleme?

Ausgehend von den theoretischen Befunden (siehe 2.4.3 und 7.4) lassen sich folgende Hypothesen ableiten. Die erste Hypothese bezieht sich auf den Einfluss der Form des geometrischen Objekts auf die Leistung:

---

[1] Die Markierung bezieht sich wie in Abschnitt 7.6 dargestellt auf die Kennzeichnung der in der Skizze dargestellten Fläche bzw. des dargestellten Volumens als relevante geometrische Größe.

H1.1:
Die Form des geometrischen Objekts beeinflusst die Leistung beim Lösen nicht linearer Geometrieprobleme: Probleme zu gradlinig begrenzten geometrischen Objekten werden besser gelöst als solche zu krummlinig begrenzten Objekten.

Diese Annahme basiert auf den Überlegungen, dass gradlinig begrenzte Objekte durch ihre Struktur ein leichteres Erfassen von Relationen zwischen Längen und Flächen ermöglichen, während bei krummlinig begrenzten Objekten wie einem Kreis die zugrunde liegenden nicht linearen Zusammenhänge schwerer zu erkennen sind; auch die Anwendung der Flächeninhaltsformel ist hier komplexer (siehe 2.4.3; De Bock et al., 1998; Svanteson & Kullberg, 2020). Empirisch wird diese Annahme durch Befunde gestützt, die in Abschnitt 2.4.3 berichtet wurden. Lernende erzielen bei Aufgaben mit krummlinig begrenzten Objekten geringere Leistungen als bei solchen mit gradlinigen Begrenzungen (De Bock et al., 1998, 2002; Svanteson & Kullberg, 2020).

Die zweite Hypothese betrifft den Einfluss der Dimension des geometrischen Objekts auf die Leistung:

H1.2:
Die Dimension des geometrischen Objekts beeinflusst die Leistung beim Lösen nicht linearer Geometrieprobleme: Probleme zu Flächen werden besser gelöst als solche zu Körpern.

Diese Hypothese beruht auf der theoretischen Perspektive, dass Skalierungsprobleme zu Körpern das gleichzeitige Erfassen von drei Dimensionen erfordern. Diese höhere kognitive Komplexität und die Notwendigkeit, die Wirkung des Skalierungsfaktors auf Länge, Breite und Höhe miteinander zu koordinieren, führen zu einer größeren kognitiven Belastung und daher zu einer geringeren Lösungsquote bei Volumenproblemen (Pavlin-Bernardić & Mateša, 2012). Auch diese Annahme wird, wie in Abschnitt 2.4.3, berichtet durch empirische Studien gestützt: Lernende erzielen bei Problemen zu dreidimensionalen Objekten schlechtere Leistungen als bei Problemen zu zweidimensionalen (De Bock et al., 1998, 2002; Pavlin-Bernardić & Mateša, 2012).

Die dritte Hypothese bezieht sich auf mögliche Interaktionseffekte zwischen Form und Zeichenanweisung:

H1.3: Die Form der Figur moderiert den Effekt der Art der Zeichenanweisung: Bei krummlinig begrenzten Objekten ist der negative Einfluss beider Arten der Zeichenanweisung auf die Leistung stärker ausgeprägt als bei gradlinig begrenzten Objekten.

Diese Hypothese ergibt sich aus der theoretischen Überlegung, dass das Anfertigen einer (maßstäblichen) Skizze, wie sie durch die Zeichenanweisung entsteht, bei gradlinigen Figuren den Einsatz von Rasterstrategien erleichtert. Bei krummlinig begrenzten Objekten hingegen sind diese Strategien auch bei Vorhandensein einer Maßstabsskizze nicht nur schwieriger umzusetzen; auch der Zusammenhang zwischen der Veränderung des Radius und der Flächenvergrößerung ist weniger offensichtlich, was die Nutzung visueller Informationen zusätzlich erschwert (siehe 2.4.3 und 7.4). Empirische Belege für einen solchen Interaktionseffekt existieren bislang nicht.

Ein zweiter zu untersuchender Aspekt betrifft die von den Schülerinnen und Schülern verwendeten Lösungswege. Frühere Untersuchungen zeigen, dass Lernende über lineare Übergeneralisierungen hinaus beim Lösen nicht linearer Geometrieprobleme überwiegend auf formelbasierte Verfahren zurückgreifen, während Lösungen mit Hilfe des Skalierungsprinzips eher selten sind (Ayan & Isiksal Bostan, 2016; De Bock et al., 1998; De Bock et al., 2003). Wie in Abschnitt 7.4 beschrieben, ergeben sich durch das Anfertigen einer (maßstäblichen) Skizze weitere Lösungsmöglichkeiten insbesondere durch die Verwendung einer Rasterstrategie bei gradlinig begrenzten Objekten, jedoch berichten De Bock et al. (2003), dass letztere nur in etwa 2 % der Problembearbeitungen verwendet werden. Für die vorliegende Sekundäranalyse ist durch die Ergebnisse der Primäranalyse bereits klar, dass die Art der Zeichenanweisung die Häufigkeit linearer Übergeneralisierungen beeinflusst: Lernende der Zeichnen-Gruppe wendeten (einseitig) signifikant häufiger lineare Übergeneralisierungen an als die Kontrollgruppe, während sich die Zeichnen-Markieren-Gruppe diesbezüglich nicht von der Kontrollgruppe unterschied. Damit ist jedoch noch nicht geklärt, ob die Art der Zeichenanweisung auch die Wahl der Lösungswege insgesamt beeinflusst, also über lineare Übergeneralisierungen hinaus zu einer veränderten Verteilung der Lösungswege führt. Jedoch lässt sich der ebenfalls durch die Primäranalyse festgestellte negative Effekt beider Arten der Zeichenanweisung nicht allein durch diese Zunahme linearer Übergeneralisierungen erklären. Daher soll im Rahmen der Sekundäranalyse differenzierter betrachtet werden, inwiefern sich die Art der Zeichenanweisung in einem veränderten Gesamtmuster der verwendeten Lösungswege niederschlägt, sowohl insgesamt als auch differenziert nach richtigen und falschen Lösungen.

Forschungsfrage 2

Hat die Art der Zeichenanweisung einen Einfluss auf die Wahl des Lösungsweges allgemein sowie im Hinblick auf richtige und falsche Lösungen?
Auf die Formulierung weiterführender Hypothesen wird an dieser Stelle verzichtet. Es liegen keine gesicherten theoretischen und empirischen Annahmen darüber vor, in welcher Weise die Zeichenanweisung die Wahl des Lösungsweges über die durch die in der Primäranalyse festgestellte Zunahme linearer Übergeneralisierungen hinaus beeinflusst. Zwar könnte theoretisch angenommen werden, dass das Anfertigen einer Skizze rasterbasierte Lösungsstrategien und möglicherweise das Erkennen des Skalierungsprinzips bei gradlinigen Objekten unterstützt (siehe 7.4); empirische Befunde zeigen jedoch wie oben erwähnt die Seltenheit dieser Lösungswege (siehe 7.6). Zudem spricht der vorausgesetzte negative Gesamteffekt der Art der Zeichenanweisung auf die Gesamtleistung gegen eine solche Annahme.

Die dritte Forschungsfrage fokussiert auf die Gründe für das Auftreten linearer Übergeneralisierungen. Wie in Abschnitt 2.4.4 dargestellt, können lineare Übergeneralisierungen auf unterschiedliche Ursachen zurückgeführt werden: eine lineare Fehlvorstellung, die Anwendung als Oberflächenstrategie, oder die Nutzung mangels verfügbarer Alternativen. Bezüglich des signifikant negativen Effekts der Zeichenanweisung auf die Zahl der linearen Übergeneralisierungen bei der Lösung nicht linearer Geometrieprobleme vermuteten De Bock et al. (2003), wie in Abschnitt 7.6 beschrieben, dass lineare Aktivitäten im Rahmen der Skizzenerstellung die Aktivierung linearer Übergeneralisierungen begünstigen könnten. Zur Untersuchung möglicher Gründe für lineare Übergeneralisierungen und dieser Vermutung soll analysiert werden, mit welcher Konsistenz Schülerinnen und Schüler lineare Übergeneralisierungen über vier Skalierungsprobleme hinweg anwenden.

Forschungsfrage 3:

a) **Wie konsistent wenden Lernende lineare Übergeneralisierungen über vier verschiedene nicht lineare Geometrieprobleme hinweg an?**
b) **Hat die Art der Zeichenanweisung einen Einfluss auf diese Konsistenz?**

Zu Teilfrage a) lässt sich aufgrund fehlender empirischer Befunde keine Hypothese formulieren. Theoretisch lassen sich auf Basis der in Abschnitt 2.4.4 dargestellten Überlegungen zwei Wirkrichtungen unterscheiden: Eine geringe Konsistenz über die Probleme hinweg würde darauf hindeuten, dass lineare

Übergeneralisierungen eher als Oberflächenstrategie oder mangels Alternative angewendet werden. Eine hohe Konsistenz dagegen spräche dafür, dass bei einem größeren Teil der Lernenden eine wirkliche lineare Fehlvorstellung vorliegt. Für Teilfrage b) ergeben sich folgende Hypothesen:

H3.1: In der Zeichnen-Gruppe ist die Zahl der Lernenden, die konsistent bei allen vier Aufgaben linear übergeneralisieren, höher als in der Kontrollgruppe.

Diese Hypothese beruht auf der Annahme, dass die Anweisung, eine Skizze zu zeichnen, die Aufmerksamkeit der Lernenden auf lineare Größen (Seitenlängen, Länge des Radius) lenkt. Dadurch können lineare Denkweisen verstärkt und auf die Flächen- oder Volumenbeziehungen übertragen werden (De Bock et al., 2003). Dies sollte sich in einer systematischen, problemübergreifenden Zunahme linearer Übergeneralisierungen und damit in einer erhöhten Zahl konsistenter linearer Übergeneralisierungen in der Zeichnen-Gruppe zeigen.

H3.2: Die Zahl der konsistent eingesetzten linearen Übergeneralisierungen der Zeichnen-Markieren-Gruppe unterscheidet sich nicht von der der Kontrollgruppe.

Dieser Hypothese liegt die Vermutung zugrunde, dass das zusätzliche Markieren der gesuchten Größe den Fokus auf die relevanten nicht linearen Relationen lenkt und so die Tendenz zur durch De Bock et al. (2003) vermuteten Fokussierung linearer Relationen entgegenwirkt (R. Cox, 1999).

Die bisherigen Forschungsfragen konzentrieren sich ausschließlich auf Skizzen, die in den Zeichengruppen auf explizite Aufforderung hin erstellt wurden. Spontan erstellte Skizzen, wie sie manchmal in den Problembearbeitungen der Kontrollgruppe ohne Zeichenanweisung auftreten, blieben bislang unberücksichtigt. Während die Primäranalyse (Krawitz & Schukajlow, 2020) den von De Bock et al. (2003) belegten negativen Effekt auf Aufforderung hin erstellter Skizzen auf die Leistung beim Lösen nicht linearer Geometrieprobleme bestätigte, scheint dieser Effekt nicht für spontan gezeichnete Skizzen zu gelten. Zwar standen spontan erstellte Skizzen bisher nicht im Fokus des Forschungsinteresses, jedoch berichten De Bock et al. (2007, 1998) wie in Abschnitt 7.6 dargestellt von einem in einer zusätzlichen Analyse festgestellten positiven Zusammenhang zwischen dem spontanen Zeichnen einer Skizze und der Leistung beim Lösen nicht linearer Geometrieprobleme. Die Ergebnisse der Primäranalyse im Treatmentcheck zeigen hingegen, dass spontan gezeichnete Skizzen keinen Effekt auf die Leistung haben (Krawitz & Schukajlow, 2020). Insgesamt legen diese Befunde nahe, dass sich der negative Effekt auf die Leistung nicht allein durch das Zeichnen der Skizze erklären lässt, sondern dass andere Merkmale wie die Qualität der Skizzen und die Art und Weise ihrer Nutzung eine Rolle spielen. Um diese Differenzierung systematisch zu untersuchen, erfolgt im Rahmen der vorliegenden Arbeit eine explorative qualitativ-quantitative Analyse der erstellten Skizzen hinsichtlich ihrer Qualität und ihrer in den notierten Lösungen erkennbaren Nutzung. Da bislang keine systematischen Untersuchungen zu Unterschieden zwischen spontan und auf Anweisung hin erstellten Skizzen vorliegen, ist ein hypothesenüberprüfendes Vorgehen nicht möglich. Auf Grundlage der theoretischen Annahmen zu Bedingungen wirksamer Skizzennutzung (siehe Abschnitt 7.5) lässt sich jedoch vermuten, dass sich beide Skizzentypen insbesondere in ihrer Qualität und ihrer Einbindung in den Problemlöseprozess unterscheiden. Ziel ist es daher, potenzielle Unterschiede zwischen spontan und auf Aufforderung hin erstellten Skizzen hinsichtlich ihrer Qualität und ihrer Nutzung bei der Bearbeitung nicht linearer Geometrieprobleme herauszuarbeiten. Es ergibt sich:

Forschungsfrage 4:

Wie unterscheiden sich auf Aufforderung hin und spontan erstellte Skizzen in ihrer Qualität und ihrer Nutzung beim Bearbeiten nicht linearer Geometrieprobleme?

Zur Berücksichtigung der unterschiedlichen Entstehungsbedingungen (spontan versus auf Anweisung erstellt) der Skizzen wurde zwischen formaler und funktionaler Korrektheit unterschieden. Die formale Korrektheit bezieht sich insbesondere auf spontan erstellte Skizzen der Kontrollgruppe und beschreibt, ob die Skizze die grundsätzliche Problemstruktur wiedergibt, also beispielsweise zwei Quadrate – eines größer, eines kleiner – darstellt. Die funktionale Korrektheit hingegen erfasst, ob die Größenverhältnisse korrekt visualisiert werden. Die Vollständigkeit schließlich bezieht sich auf die Beschriftung der Skizzen mit relevanten Angaben des Skalierungsproblems, also etwa Seitenlängen oder Maßstabsangaben. Skizzen, die funktional korrekt und vollständig sind, werden im Folgenden als qualitativ hochwertig betrachtet.

9.2 Methode

9.2.1 Untersuchungsansatz

Methodisch handelt es sich bei dieser Studie um eine quantitative Sekundäranalyse auf Basis eines Between-Subject-Designs, die durch einen gezielten qualitativen Analyseanteil ergänzt wird. Der Begriff Sekundäranalyse beschreibt eine empirische Studie, in der bereits erhobene Daten mit verfeinerten Auswertungsmethoden und neuen Fragestellungen neu analysiert werden (Döring, 2023; Medjedović, 2014). Im Rahmen der vorliegenden Arbeit bedeutet dies, dass die

Datensätze der Primäranalyse mit einem neuen inhaltlichen Fokus ausgewertet werden, um die in Abschnitt 9.1 formulierten Forschungsfragen zu beantworten und die Hypothesen empirisch zu überprüfen.

9.2.2 Stichprobe

Datengrundlage der Sekundäranalyse sind die Daten, die zwischen dem 17.12.2018 und dem 01.07.2019 für die Studie von Krawitz und Schukajlow (2020) erhoben wurden.[2] Die Datenerhebung erfolgte im Schulkontext nach Zustimmung der beteiligten Schulen und Lehrkräfte. Die Teilnahme der Schülerinnen und Schüler war freiwillig und vollständig anonymisiert; die Erhebung erfolgte im Einklang mit ethischen Richtlinien und Datenschutzbestimmungen der Universität Münster. Für die vorliegende Arbeit wurden die anonymisierten Datensätze im Einklang mit den institutionellen Richtlinien zur Sekundärnutzung von Daten zur Verfügung gestellt. Es wurden keine Datensätze ausgeschlossen. Die Stichprobe umfasste 198 Schülerinnen und Schüler der Klassen 9 bis Q1 (Qualifikationsphase 1) aus 9 Klassen bzw. Kursen von 5 Schulen (4 Gymnasium, 1 Gesamtschule). 57,1 % der Schülerinnen und Schüler waren weiblich, das Durchschnittsalter betrug 16,2 Jahre. 12,6 % der Schülerinnen und Schüler besuchten die Klasse 9 eines Gymnasiums (zu diesem Zeitpunkt Abschlussjahrgang der SI), 77,3 % die Einführungsphase der gymnasialen Oberstufe (Jahrgang 10 des Gymnasiums oder Jahrgang 11 der Gesamtschule) und 10,1 % die Qualifikationsphase 1 (Jahrgang 11 des Gymnasiums oder Jahrgang 12 der Gesamtschule). Die letzte Zeugnisnote (Angabe der Schülerinnen und Schüler) variierte zwischen 1 und 5 (Durchschnitt 3,77).

9.2.3 Untersuchungsdesign

Die der Sekundäranalyse zugrundeliegende Primäranalyse von Krawitz und Schukajlow (2020) folgte einem Between-Subject-Design mit den in Abschnitt 7.6 beschriebenen vier Experimentalgruppen und einer Kontrollgruppe, zu denen die Schülerinnen und Schüler randomisiert zugewiesen wurden. Ziel der Primärstudie war es, zu prüfen, ob sich der negative Effekt der Zeichenanweisung durch

[2] Die erste Erhebungsphase fand vom 17. Dezember 2018 bis zum 14. Februar 2019 statt; eine zweite, später ergänzte Phase folgte vom 6. Juni bis zum 1. Juli 2019.

visuelles Monitoring (Variation des Skalierungsfaktors) oder durch eine Markierung der gesuchten Größe abschwächen lässt. Da sich in der Primäranalyse kein Einfluss des visuellen Monitorings auf Leistung und lineare Übergeneralisierungen zeigte, wurden für die Sekundäranalyse jeweils zwei Experimentalgruppen mit identischer Zeichenanweisung (D – Zeichnen oder DQ – Zeichnen und Markieren) zu einer neuen Gruppe zusammengefasst. Dadurch ergaben sich wie in Tabelle 9.1 dargestellt insgesamt drei Treatmentgruppen, nämlich die Zeichnen-Gruppe (Z) und die Zeichnen-Markieren-Gruppe (ZM) als Experimentalgruppen sowie die Kontrollgruppe (K).

Tabelle 9.1 Stichprobenzusammensetzung für die Sekundäranalyse

Gruppe	Beschreibung	Anzahl
Zeichnen-Gruppe Z	Aufforderung zum Zeichnen einer Skizze (Gruppen DV–, DV + der Primäranalyse)	77
Zeichnen-Markieren-Gruppe ZM	Aufforderung zum Zeichnen einer Skizze und Markieren der Fläche (Gruppen DQV–, DQV + der Primäranalyse)	80
Kontrollgruppe K	Kontrollgruppe: Keine Aufforderung zum Zeichnen einer Skizze (Gruppe K der Primäranalyse)	41

Da für die Sekundäranalyse neue Gruppen gebildet wurden, wurde kontrolliert, ob die in der Primäranalyse geprüfte Randomisierung hinsichtlich Alter und letzter Zeugnisnote als wichtige Prädiktoren der Problemlöseleistung erhalten blieb. Zwei entsprechende ANOVAs mit den Treatmentgruppen als unabhängige und dem Alter bzw. der letzten Zeugnisnote als abhängige Variable ergaben weder für das Alter ($F(2{,}195) = 0.26$, $p = .768$, $\eta_p^2 = .003$) noch für die Zeugnisnote ($F(2{,}195) = 0.23$, $p = .793$, $\eta_p^2 = .002$) signifikante Gruppenunterschiede.[3] Somit kann von einer vergleichbaren Ausgangslage der Gruppen ausgegangen werden, so dass Gruppenunterschiede auf die experimentellen Bedingungen zurückgeführt werden können.

[3] Eine ANOVA wurde auch für die Zeugnisnote verwendet, da Schulnoten trotz formaler Ordinalität häufig als quasi-intervallskaliert behandelt werden und parametrische Tests bei erfüllten Voraussetzungen robust gelten (vgl. Bortz & Schuster, 2017). Eine MANOVA wurde nicht durchgeführt, da Alter und Zeugnisnote unterschiedliche Konstrukte ohne gemeinsame multivariate Fragestellung abbilden.

9.2.4 Messinstrumente

Im Folgenden werden die in der Sekundäranalyse eingesetzten Messinstrumente beschrieben. Grundlage bilden die in der Primäranalyse erhobenen schriftlichen Bearbeitungen eines Paper- und Pencil-Tests. Als zentrales Messinstrument diente ein auf dem Kodieransatz der Primärstudie basierendes und erweitertes Kodiermanual, das Items sowie darauf aufbauende Variablen zu Leistung, Lösungswegen, Skizzenqualität und Skizzennutzung erfasste.

9.2.4.1 Paper-and-Pencil-Test

Das Messinstrument der Primäranalyse, bestehend aus einem Paper- und Pencil-Test mit den in Abschnitt 7.6 beschriebenen vier experimentellen Aufgaben zu nicht linearen Geometrieproblemen, drei Pufferaufgaben sowie der anschließenden Befragung, wurde für die Sekundäranalyse auf die vier experimentellen Aufgaben zu den nicht linearen Geometrieproblemen reduziert.

Die Seitenlänge von einem Quadrat C ist 4-mal größer als die Seitenlänge von Quadrat D.

a) **Zeichne das Quadrat D.**

Quadrat C *Quadrat D*

b) ***Wenn der Flächeninhalt von Quadrat C 1440 cm² groß ist, wie groß ist dann der Flächeninhalt von Quadrat D?***

c) Wenn der Flächeninhalt von Quadrat C 1440 cm² groß ist, wie groß ist dann der Flächeninhalt von Quadrat D?

Abbildung 9.1 Beispielaufgabe zur Skalierung von Flächeninhalten.
Hinweis: Normal gesetzte Aufgabenteile wurden in allen Bedingungen eingesetzt; fett gesetzte Aufgabenteile zusätzlich in den Bedingungen Z und ZM; fett-kursiv gesetzte Aufgabenteile ausschließlich zusätzlich in der Bedingung ZM. (Eigene Darstellung)

Es umfasste also die vier innermathematischen Skalierungsprobleme zum Quadrat, zum Kreis, zum Würfel und zur Kugel (siehe Tabelle 7.1), die sowohl zweidimensionale (Quadrat, Kreis) als auch dreidimensionale (Würfel, Kugel) Skalierungsprozesse abbilden und dabei zwischen Problemen zu geradlinigen (Quadrat, Würfel) und krummlinigen (Kreis, Kugel) Objekten unterscheiden Zur Veranschaulichung ist die Aufgabenstruktur für die drei Treatmentgruppen in Abbildung 9.1 dargestellt.

9.2.4.2 Kodiermanual

Die relevanten Teile des für die Primäranalyse verwendeten Kodiermanuals wurden für die Sekundäranalyse in einem deduktiv-induktiven Vorgehen erweitert. Es wurden vier inhaltliche Dimensionen erfasst: Leistung, Lösungswege, Skizzenqualität und Skizzennutzung.

Leistung

Die Leistung wurde auf Aufgabenebene kodiert. Jede Schülerlösung wurde anhand des erzielten Ergebnisses als richtig, falsch oder fehlend bewertet (Item Lösung). Die Kodierung wurde aus der Primäranalyse übernommen, offensichtliche Kodierfehler wurden korrigiert. Für die statistischen Analysen (siehe 9.2.6) wurden daraus eine dichotome Variable Lösungsscore (LS: 1 = richtig, 0 = sonst) sowie aggregierte Leistungskennwerte (Summenscores und Mittelwerte) gebildet, die als abhängige Variable in die Analysen eingingen (Tabelle 9.2).

Tabelle 9.2 Kodierung des Items L (Lösung) am Beispiel des Quadratproblems

Code	Beschreibung	Ankerbeispiel
9	Die Aufgabe wurde nicht bearbeitet.	
2	Die Aufgabe wurde falsch gelöst. • Angefangene und dann abgebrochene Bearbeitungen werden als falsch gezählt. Auch die alleinige Angabe eines falschen Ergebnisses zählt hierzu	
3	Die Aufgabe wurde richtig gelöst. • innermathematische (Rechen-)Fehler werden geduldet. • Das Fehlen von oder die falsche Verwendung von Einheiten innerhalb der Rechnung wird akzeptiert. • Eine fehlende Rechnung oder fehlende Antwort wird akzeptiert, wenn der Rest der Bearbeitung eine richtige Lösung erkennen lässt.	

Lösungswege
Die beispielhaft für das Quadratproblem in Tabelle 9.3 dargestellte Kodierung der Lösungswege wurde deduktiv-induktiv auf Basis der in Abschnitten 3.2.1 und 7.6 beschriebenen Lösungswege erweitert. Als mögliche Lösungswege wurden zunächst deduktiv die in dargestellten Fälle 1 bis 5 differenziert und kodiert, der 6. Fall wurde induktiv nach einer ersten Sichtung des Materials ergänzt.[4]

Tabelle 9.3 Kodierung des Items LW (Lösungsweg) am Beispiel des Quadratproblems

Code	Beschreibung	Ankerbeispiel
1	**Lösen durch Nutzen der Formel** • Die SuS haben die (richtige oder falsche) Flächenformel und (richtige oder fehlerhafte) Termumformungen zur Bestimmung der Quadratfläche genutzt. • Die gemessenen Seitenlängen dürfen als (falscher) Faktor auftreten, wichtig ist, dass der Schwerpunkt in der Verwendung der Formel liegt.	Quadrat C A = 1440 cm² H aA = √1440 a = 37,95 [cm] 37,95 : 12 = 3,16 [cm] → Seitenlänge in Quadrat D $A_D = a^2$ $A = 3{,}16^2$ A = 10,001 [cm²]
2	**Lösen durch Nutzen der Skizze** • Die Sus haben die Fläche des gezeichneten Quadrats D (unter Verwendung der Flächenformel) berechnet. *(falsche Lösung)* • SuS haben die Fläche von D mit Hilfe der Flächen der gezeichneten Quadrate (unter Verwendung der Flächenformel) und anschließender Umrechnung z. B. mit Hilfe des Maßstabs berechnet. *Hinweis: Folgefehler wurden akzeptiert.*	Quadrat C: 6 · 6 = 36 " D: 0,5 · 0,5 = 0,25
3	**Lösen durch Nutzen des Skalierungsprinzips** • SuS haben die Fläche berechnet, indem sie den im Text gegebenen Flächeninhalt durch v^2 dividiert haben. (v: Verkleinerungsfaktor) • Die Herleitung des Faktors v^2 kann dabei mit Hilfe der Skizzenmaße erfolgt sein.	$1440 : 12^2$ $= 10 cm^2$

(Fortsetzung)

[4] Die Tabelle bezieht sich auf die Kodierung für die Aufgabe zur Skalierung eines Quadrats, die Kodierung der anderen drei Aufgaben erfolgte analog.

Tabelle 9.3 (Fortsetzung)

Code	Beschreibung	Ankerbeispiel
4	**Linearität** • SuS haben den Flächeninhalt durch eine lineare Rechnung ermittelt, also nur einmal durch v (v: Verkleinerungsfaktor) geteilt. *Hinweis: Die Lösung ist auf jeden Fall falsch.*	1440 : 12 = 120 cm^2
5	**Sonstige Lösungswege** • Weitere, durch die folgenden Kodierungen nicht erfasste Lösungen bzw. Lösungsversuche. • Begonnene Rechnungen oder Antworten ohne erkennbaren Lösungsweg.	
6	**Verbale Formulierung des Lösungsweges** • Der Lösungsweg wird – ohne Nennung der konkreten Ergebnisse – in Textform beschrieben.	
9	**Fehlt**	

Für die anschließende Datenanalyse (siehe 9.2.6) wurden die nominal kodierten Lösungswege in sieben entsprechende dichotome Variablen (1 = Strategie verwendet, 0 = Strategie nicht verwendet) überführt. Zusätzlich wurden diese Variablen separat für richtige bzw. falsche Lösungen gebildet. Aufgabenübergreifend wurden daraus aggregierte Werte (Summenscores, Mittelwerte) gebildet, die als abhängige Variable in die Analysen eingingen.

Skizzenqualität

Die Skizzenqualität wurde durch mehrere Variablen operationalisiert, die unterschiedliche Aspekte der Korrektheit und Vollständigkeit abbilden. Sie umfasst sowohl die formale und funktionale Korrektheit (siehe 9.1) sowie ihre Vollständigkeit. Der vorliegende Abschnitt bezieht sich auf den Aspekt der Korrektheit, während die Vollständigkeit im Rahmen der Skizzennutzung beschrieben wird.

Grundlage bildeten die aus der Primäranalyse übernommenen Items Ze[5] (Zeichnung) und M (Markierung). Die Kodierung des Items M (Schraffierung korrekt, falsch oder fehlend) wurde unverändert übernommen und im Rahmen

[5] Zur Unterscheidung von der Experimentalgruppe Z (Zeichnen-Gruppe) wird das in der Primäranalyse verwendete Item „Z" im Folgenden als „Ze" bezeichnet.

des Treatmentchecks (9.4) verwendet; die Kodierung des Items Ze wurde ebenfalls weitgehend übernommen, jedoch für die Kontrollgruppe präzisiert (siehe Tabelle 9.4)

Tabelle 9.4 Kodierung des Items Ze (Zeichnung) am Beispiel des Quadratproblems

Code	Beschreibung	Ankerbeispiel
9	Die Zeichnung fehlt	
2	Fehler bei der Zeichnung, z. B. nicht die richtige Größe	
3	Die Zeichnung wurde richtig angefertigt. • Es werden Abweichungen von 20 % akzeptiert. • <u>Zeichnung bei der Kontrollgruppe:</u> Ausschließlich, wenn beide Quadrate gezeichnet wurden, kann die Zeichnung als richtig kodiert werden. Es reicht nicht aus, nur das verkleinerte Quadrat zu zeichnen. Die Zeichnungen müssen nicht maßstabsgetreu sein, allerdings muss Quadrat D erkennbar kleiner sein als Quadrat C.[6]	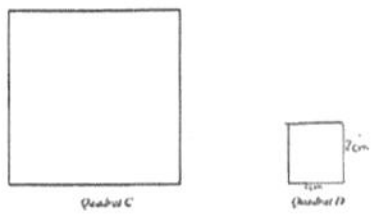

Für die Sekundäranalyse wurde aus dem Item Ze zunächst die dichotome Variable ZK (1 = korrekt, 0 = falsch oder fehlend) gewonnen. Eine Skizze wurde dabei als korrekt bewertet, wenn sie entsprechend der jeweiligen experimentellen Bedingung korrekt angefertigt wurde. In den Experimentalgruppen bedeutete dies eine maßstabsgetreue Skizze, während in der Kontrollgruppe eine formal (gemäß der Kodieranweisung) korrekte, aber nicht notwendigerweise maßstabsgetreue Skizze als korrekt gewertet wurde. Daher wurde die Korrektheit unter Berücksichtigung der unterschiedlichen experimentellen Bedingungen durch zwei weitere dichotome Variable differenzierter erfasst:

- Die Variable ZK_Fo (1 = formal korrekt, 0 = falsch/fehlend) beschreibt die formale Korrektheit der Skizze gemäß dem Kodiermanual; sie ist in allen Gruppen inhaltlich identisch mit der Variable ZK.
- Die Variable ZK_Fu (1 = funktional korrekt, 0 = sonst) beschreibt die funktionale Korrektheit der Skizze, also ob das Größenverhältnis der beiden Flächen oder Körper korrekt visualisiert wurde. In den Experimentalgruppen ist diese Variable wiederum identisch mit der Variablen ZK (also ZK = ZK_Fo = ZK_Fu für Experimentalgruppen). Für die Kontrollgruppe bildet die Variable ZK

[6] Während in der Primäranalyse die Darstellung zweier Quadrate genügte, wurde nun zusätzlich verlangt, dass der Größenunterschied erkennbar ist.

ausschließlich die formale Korrektheit ab, für ZK_Fu wurde zusätzlich geprüft, ob eine spontan angefertigte Skizze das Größenverhältnis korrekt wiedergab, nur in diesen Fällen wurde ZK_Fu = 1 vergeben.

Zur statistischen Weiterverarbeitung wurden aus den aufgabenbezogenen Variablen ZK, ZK_Fo und ZK_Fu aggregierte Kennwerte (Summenscores und Mittelwerte pro Person) gebildet, die in die quantitativen Analysen eingingen.

Skizzennutzung

Rückschlüsse auf die Art und Weise, in der die Skizzen zur Lösung der Skalierungsprobleme genutzt wurden, lassen sich im Rahmen dieser Studie nur begrenzt ziehen. Während bei spontan gezeichneten Skizzen der Kontrollgruppe davon ausgegangen werden kann, dass sie im unmittelbaren Zusammenhang mit der Problembearbeitung entstanden sind und somit in irgendeiner Form genutzt wurden, ist dies bei den auf Aufforderung erstellten Skizzen der Experimentalgruppen nicht eindeutig. Aufgrund des Aufgabendesigns, das das Zeichnen (bzw. Zeichnen und Markieren) und die Bearbeitung des Skalierungsproblems in getrennten, aufeinanderfolgenden Teilaufgaben vorsah, bleibt unklar, ob die Skizzen zur Bearbeitung des Skalierungsproblems überhaupt herangezogen wurden. Hinweise zu einer (potenziellen) Nutzung der Skizzen während der Problembearbeitung lassen sich für die beiden Experimentalgruppen nur aus den Notationen auf dem jeweiligen Aufgabenblatt ableiten. Eine Nutzung der Skizze ist dann erkennbar, wenn sie den in Abschnitt 7.4 beschriebenen Funktionen gemäß entweder als Berechnungsgrundlage gedient hat, indem Maße der Skizze zur Berechnung des Flächeninhalts oder des Volumens herangezogen wurden, oder als Aufzeichnungsinstrument verwendet wurde, etwa durch Beschriftung mit Informationen des Skalierungsproblems (siehe auch De Bock et al., 1998, 2002). Diese beiden Möglichkeiten wurden durch die Variable N erfasst (siehe Tabelle 9.5).

Tabelle 9.5 Kodierung des Items N (Nutzung) am Beispiel des Quadratproblems

Code	Beschreibung	Ankerbeispiel
9	Die Skizze(n) wurde(n) nicht (erkennbar) zur Berechnung der Quadratfläche genutzt und nicht weiterbearbeitet.	
2	Die Zeichnung wurde um den im Text gegebenen Flächeninhalt oder die daraus berechnete Seitenlänge des großen Quadrats ergänzt. • Folgefehler wurden akzeptiert.	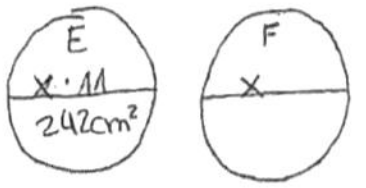
3	Ein oder mehrere Maß(e) der Skizze(n) wurden zur Berechnung der Quadratfläche genutzt. Beispiele: • Berechnung der Fläche(n) der gezeichneten Quadrate. • Herleitung des Skalierungsprinzips mit Hilfe der gezeichneten Quadrate • Anderweitige Verwendung mindestens eines Skizzenmaßes in der Rechnung. Folgefehler wurden akzeptiert.	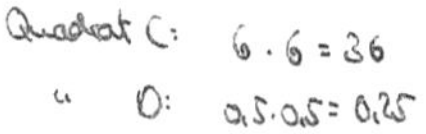

Ein weiterer Hinweis auf eine Nutzung der Skizze ist eine Rasterung. Diese ist einerseits wie in Abschnitt 7.4 dargestellt aufgrund der geometrischen Form nur für das Quadrat und den Würfel möglich und entspricht zudem einer explorativen Nutzung und kann als heuristische Problemlösestrategie gewertet werden, die das Verhältnis zwischen den Flächeninhalten bzw. Volumina verdeutlicht. Diese Information wurde für die Aufgaben zum Quadrat und zum Würfel in einem eigenen Item erfasst (siehe Tabelle 9.6).

Tabelle 9.6 Kodierung des Items R (Rasterung) am Beispiel des Quadratproblems

Code	Beschreibung	
9	Kein Einzeichnen mindestens eines kleinen Quadrats in das große oder Kacheln.	
2	Es wurden ein oder mehrere kleine Quadrate in das große Quadrat gezeichnet. • Folgefehler wurden akzeptiert.	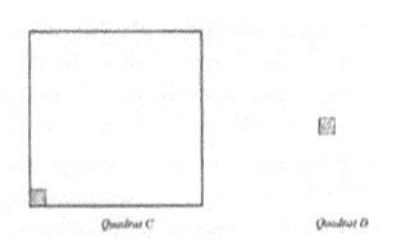
3	Das große Quadrat wurde vollständig durch das kleine Quadrat gekachelt. • Folgefehler wurden akzeptiert	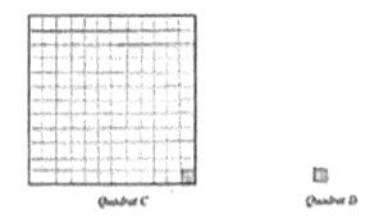

Für die Sekundäranalyse wurden auf Grundlage dieser Items zusätzliche dichotome Variable gebildet: Die Variable ReSk (1 = Skizze zur Berechnung verwendet, 0 = nicht verwendet) zur Verwendung der Skizze zur Berechnung sowie EdSk (1 = Skizze beschriftet, 0 = nicht beschriftet) zur Editierung der Skizze aus dem Item N sowie eine dichotome Variable für das Vorliegen einer Rasterung (1 = vorhanden, 0 = nicht vorhanden).

Die auf diese Weise kodierten Items und Variablen bildeten die Grundlage für die anschließende Datenaufbereitung und Analyse.

9.2.5 Datenaufbereitung

Während in Abschnitt 9.2.4 die Erhebung und Kodierung der inhaltlichen Variablen (Leistung, Lösungswege, Skizzenqualität, Skizzennutzung) beschrieben wurden, wird im Folgenden die technische und analytische Aufbereitung der Daten für die Sekundäranalyse erläutert. Hierzu zählen die Übernahme, Kontrolle und Ergänzung der bestehenden Datensätze sowie die Berechnung zusätzlicher Kennwerte und abgeleiteter Variablen für die statistischen Analysen.

Die Auswertung der Daten erfolgte mit der Statistiksoftware IBM SPSS Statistics in der Version 29.0. Als Ausgangspunkt diente der von Krawitz und Schukajlow (2020) im Rahmen der Primäranalyse erstellte und für die Sekundäranalyse bereitgestellte SPSS-Datensatz. Dieser enthielt die soziodemographischen Daten sowie alle ursprünglichen Kodierungen der Experimentalgruppen und der erhobenen Daten zu Leistung und Lösung. Die Zuweisung zu den Treatmentgruppen (Z, ZM, K) erfolgte direkt im SPSS-Datensatz auf Basis der ursprünglichen Gruppenzuweisungen. Die soziodemographischen Daten wurden ohne Kontrolle übernommen, die Variablen L (Lösung), Ze (Zeichnung) und M (Markierung) wurden kontrolliert, offensichtliche Kodierfehler wurden korrigiert und die Variable Ze für die Kontrollgruppe entsprechend der überarbeiteten Kodierung belegt (siehe 9.2.4). Alle anderen Variablen – zu Leistung (L) und Lösungsweg (LW) sowie Nutzung (N) und Rasterung (R) – wurden aufgabenspezifisch auf Grundlage des Kodiermanuals (siehe Abschnitt 9.2.4) anhand der Testhefte neu kodiert. Diese Kodierung erfolgte durch die Autorin sowie zwei zuvor geschulte Masterarbeitskandidaten. Die Differenzierung zwischen formaler (ZK_Fo) und funktionaler (ZK_Fu) Korrektheit erfolgte erst in einem späteren Analyseschritt; die hierfür notwendigen Kodierungen der funktionalen Korrektheit für die Kontrollgruppe erfolgte blind (ohne Kenntnis der Leistungsdaten) durch die Autorin und wurde von einer zweiten Person überprüft.

Zur Vorbereitung der statistischen Analysen wurden wie in Abschnitt 9.2.4 zusätzliche Kennwerte berechnet und neue Variablen gebildet, etwa Summen- und Mittelwerte über Aufgaben hinweg sowie die ordinalskalierte Variable DiffLin, die den Grad linearer Übergeneralisierungen (0 = keine, 1 = teilweise, 2 = konsistente Übergeneralisierungen) abbildet. Diese Variablen dienten der Vorbereitung der in Abschnitt 9.2.6 beschriebenen statistischen Analysen.

9.2.6 Datenauswertung und Überprüfung der Analysebedingungen

Zur Beantwortung der Forschungsfragen 1 bis 3 wurden jeweils geeignete statistische Hypothesentests genutzt, für die vierte Forschungsfrage das quantitative Vorgehen durch qualitative Analyseanteile ergänzt. Das methodische Vorgehen wird im Folgenden detailliert und nach Forschungsfragen aufgeschlüsselt beschrieben:

Forschungsfrage 1 (Beeinflussen Form und Dimension des geometrischen Objekts den Effekt der Art der Zeichenanweisung auf die Leistung beim Lösen nicht linearer Geometrieprobleme?) betreffend sollen mit der Betrachtung der Faktoren Form und Dimension intraindividuelle Veränderungen erfasst werden, während die Zeichenstrategie einen interindividuellen Faktor darstellt. Zu ihrer Beantwortung wurden zwei separate zweistufige Varianzanalysen mit Messwiederholung durchgeführt, die jeweils einen der Faktoren Form und Dimension als zweistufigen Within-Subject-Faktor und die Treatmentgruppe als dreistufigen

Between-Subject-Faktor enthielt.[7] Effektstärken wurden in Form des partiellen Eta-Quadrats (η_p^2) berichtet; die Interpretation folgte den Richtwerten nach Cohen (1988), wonach $\eta_p^2 \approx .01$ als kleiner, $\eta_p^2 \approx .06$ als mittlerer und $\eta_p^2 \approx .14$ als großer Effekt gilt (siehe auch Döring, 2023). Alle Tests wurden auf einem Signifikanzniveau von $\alpha = .05$ durchgeführt. Bei signifikanten Haupteffekten erfolgten Post-hoc-Analysen empfehlungsgemäß mit Bonferroni-Korrektur (Bortz & Schuster, 2010).

Die Voraussetzungen für die Anwendung der ANOVA wurden systematisch überprüft (Bortz & Schuster, 2010). Die Unabhängigkeit der Beobachtung war durch das Untersuchungsdesign gegeben. Die beiden Within-Subject-Faktoren wurden wiederholt innerhalb derselben Personen gemessen, sodass Abhängigkeit der Messungen gewährleistet ist.

Für die abhängige Variable Leistung wurden die in Abschnitt 9.2.4 beschriebenen aggregierten Leistungskennwerte, deren Grundlage die auf Aufgabenebene dichotom kodierte Variable Lösungsscore (LS: 1 = richtig, 0 = falsch) war, herangezogen. Die daraus berechneten Mittelwerte wurden als intervallskaliert betrachtet (Bortz & Schuster, 2010). Da die Within-Subject-Faktoren jeweils nur zwei Stufen umfassten, war die Sphäritätsannahme automatisch erfüllt und musste nicht gesondert getestet werden (Bortz & Schuster, 2010). Die Normalverteilungsannahme wurde mit Hilfe des Shapiro-Wilk-Tests überprüft und ergab für alle untersuchten Variablen eine signifikante Abweichung von der Normalverteilung ($p < 0.01$ in allen Fällen). Eine ergänzende visuelle Überprüfung mittels Q-Q-Diagrammen zeigte jedoch für alle Variablen eine annähernde Normalverteilung. Aufgrund der Stichprobengröße von mehr als 30 Personen pro Gruppe wurde daher die ANOVA mit Messwiederholung durchgeführt, da diese als robust gegenüber moderaten Verletzungen der Normalverteilungsbedingung gilt (Bortz & Schuster, 2010; Field, 2024)

[7] Zur Analyse wurde ursprünglich eine dreifaktorielle Varianzanalyse mit Messwiederholung unter Berücksichtigung beider Within-Subject-Faktoren (Form und Dimension) durchgeführt. Im Rahmen dieser Analyse zeigte sich jedoch, dass die Signifikanz einzelner Haupteffekte – insbesondere des Faktors Dimension – von der Reihenfolge der Faktoren im Modell beeinflusst wurde. Dieses Verhalten ist auf die sequentielle Varianzaufteilung in SPSS zurückzuführen, die bei Modellen mit mehreren Innersubjektfaktoren und Interaktionen zu instabilen Testergebnissen führen kann (Field, 2024). Da sich die Hypothesen zu Forschungsfrage 1 nur auf die getrennte Wirkung der beiden Faktoren sowie auf ihre Interaktion mit dem Between-Subject-Faktor bezieht, wurde auf eine simultane Modellierung verzichtet. Die getrennten Analysen ermöglichen eine klare und interpretierbare Prüfung der Haupteffekte und des jeweiligen Interaktionseffekts, ohne dass die Ergebnisse durch Wechselwirkungen oder Reihenfolgeeffekte verzerrt werden (Bortz und Schuster, 2010; Maxwell et al., 2017).

Zur Beantwortung von **Forschungsfrage 2** (Hat die Art der Zeichenanweisung einen Einfluss auf die Wahl des Lösungsweges allgemein sowie im Hinblick auf richtige und falsche Lösungen?) wurden drei separate multivariate Varianzanalysen (MANOVA) durchgeführt. Ziel war die differenzierte Untersuchung der Verteilung der von den Lernenden verwendeten Lösungswege. Aufgrund der inhaltlich und statistisch bedingten Zusammenhänge zwischen den abhängigen Variablen wurde für jede Auswertungsdimension (Lösungswege allgemein, richtige Lösungswege, falsche Lösungswege) ein eigenes Modell berechnet. Für die Analysen wurden die sieben in Abschnitt 9.2.4 beschriebenen dichotom kodierten und über alle Aufgaben aggregierten Variablen zu den Lösungswegen herangezogen, die insgesamt und getrennt für richtige und falsche Lösungen gebildet wurden. Diese aggregierten Strategien dienten als abhängige Variablen, während die Treatmentgruppen (K, Z, ZM) als unabhängige Variable fungierten. Effektstärken wurden wieder in Form des partiellen Eta-Quadrats (η_p^2) berichtet; das Signifikanzniveau auf $\alpha = .05$ festgelegt. Bei signifikanten multivariaten Effekten wurden univariate ANOVAs als Follow-up-Tests durchgeführt. Da der multivariate Gesamttest bereits eine Kontrolle des α-Fehlers gewährleistet, erfolgte keine zusätzliche Anpassung des Signifikanzniveaus der univariaten Tests (vgl. Tabachnick & Fidell, 2013). Gruppenunterschiede wurden mit Hilfe des Games-Howell-Tests analysiert, da dieser auch bei ungleichen Varianzen und unterschiedlichen Gruppengrößen zuverlässige Ergebnisse liefert (Bortz & Schuster, 2010). Die statistischen Voraussetzungen für die Durchführung der MANOVA (siehe Bortz & Schuster, 2010) wurden systematisch geprüft, der Umgang mit festgestellten Verletzungen wird im Folgenden transparent dargelegt. Die Unabhängigkeit der Beobachtungen war durch die randomisierte Zuweisung der Teilnehmenden zu den drei Gruppen (K, Z, ZM) gewährleistet. Die Summenscores bzw. Mittelwerte der oben beschriebenen dichotomen Variablen zu den Lösungswegen können wie oben beschrieben als intervallskaliert betrachtet werden. Auch die Stichprobengröße war mit jeweils über 30 Personen pro Gruppe für eine MANOVA angemessen (Tabachnick & Fidell, 2013). Die Normalverteilungsannahme wurde mit Hilfe des Shapiro-Wilk-Tests überprüft und war bei allen abhängigen Variablen formal verletzt ($p < .001$). Die ergänzende visuelle Überprüfung mittels Q-Q-Diagrammen zeigte jedoch, dass die Verteilungen für die meisten Variablen eine annähernde Normalverteilung aufwiesen oder lediglich geringfügige Abweichungen erkennbar waren, wie sie bei Variablen mit sehr geringer Fallzahl statistisch erwartbar waren. Da die Gruppengrößen ausreichend groß waren, wurde die MANOVA dennoch durchgeführt, weil sie als robust gegenüber moderaten Normalitätsverletzungen gilt (Field, 2024; Tabachnick & Fidell, 2013). Die Homogenität der Varianzen der abhängigen Variablen wurde mit dem Levene-Test überprüft. Bei einzelnen Variablen – insbesondere Lösen mit Hilfe der Skizze und lineare Übergeneralisierungen – zeigten sich signifikante Varianzunterschiede zwischen den Gruppen. Zur Kontrolle des α-Fehlers in den anschließenden Gruppenvergleichen wurde daher wie empfohlen der Games-Howell-Test eingesetzt (Bortz & Schuster, 2010). Für die multivariate Analyse wurde die Homogenität der Varianz-Kovarianz-Matrizen mittels des Box-M-Tests geprüft. Dieser war in einigen Modellen nicht durchführbar (beispielsweise bei selten gewählten Strategien und wegen der geringen Leistung für die richtigen Lösungswege), was auf eine Verletzung der Voraussetzung hindeutete. Daher wurde bei der Interpretation der multivariaten Testergebnisse die Pillai-Spur herangezogen, da sie als die robusteste multivariate Teststatistik bei Verletzungen der Normalverteilung und Varianzgleichheit gilt (Field, 2024; Tabachnick & Fidell, 2013). Zusätzlich wurde bei einer signifikanten Verletzung der Voraussetzung ergänzend der nichtparametrische Kruskal-Wallis-H-Test für die betroffenen Variablen herangezogen, um die Robustheit der Ergebnisse abzusichern. Dieser Test ist besonders geeignet, wenn die Normalverteilungsannahme verletzt ist und ermöglicht einen gruppenbasierten Medianvergleich bei ordinalen oder nicht normalverteilten metrischen Daten (Bortz & Schuster, 2010; Field, 2024). Die Linearität zwischen den abhängigen Variablen wurde in Anlehnung an Bortz und Schuster (2010) als gegeben angenommen. Zur Vermeidung multikollinearer Effekte wurden wie oben beschrieben inhaltlich abhängige Variablen nicht gemeinsam, sondern in separaten MANOVAs analysiert. Die Korrelationen zwischen den abhängigen Variablen lagen in allen drei Modellen unterhalb kritischer Schwellenwerte ($r < .80$), sodass keine schwerwiegenden Abhängigkeiten zu erwarten waren (Bortz & Schuster, 2010). Einzelne Ausreißer wurden sowohl univariat (mittels Boxplots) als auch multivariat (Mahalanobis-Distanz) identifiziert; diese wurden empfehlungsgemäß nicht entfernt, da sie keine Eingabefehler darstellten und inhaltlich plausible Strategiewahlen abbildeten (Bortz & Schuster, 2010; Field, 2024).

Zur Beantwortung von **Forschungsfrage 3** wurde eine eigene, ordinalskalierte Variable DiffLin herangezogen, die den Grad linearer Übergeneralisierungen abbildet (0 = keine, 1 = teilweise, 2 = konsistente Übergeneralisierungen). Da es sich bei dieser Variable um ein ordinalskaliertes Merkmal handelt, wurde zur Überprüfung von Gruppenunterschieden der nichtparametrische Kruskal-Wallis-H-Test (s. o.) eingesetzt. Bei einem signifikanten Testergebnis erfolgten paarweise Post-hoc-Vergleiche unter Anpassung des α-Niveaus (mittels Bonferroni-Korrektur), um die spezifischen Gruppenunterschiede zu bestimmen; das Signifikanzniveau wurde auf $\alpha = .05$ festgelegt (Bortz & Schuster, 2010). Da sich der zeitliche Bearbeitungsaufwand durch die Zeichenanweisungen erhöhte, war zu erwarten, dass im Vergleich zur Kontrollgruppe K mehr Lernende der Treatmentgruppen Z und ZM die Aufgaben nicht vollständig bearbeiten konnten. Fehlende Lösungen könnten somit die Ergebnisse verfälschen. Daher wurde der Kruskal-Wallis-H-Test sowohl für die gesamte Stichprobe als auch – in einer ergänzenden Analyse – nur für die Fälle durchgeführt, in denen alle vier Aufgaben bearbeitet wurden. Die statistischen Voraussetzungen – die Unabhängigkeit der Gruppen, die Ordinalskalierung der abhängigen Variablen sowie eine ähnliche Verteilung der abhängigen Variable in den drei Gruppen – waren erfüllt (Bortz & Schuster, 2010).

Zur Beantwortung von **Forschungsfrage 4** (Wie unterscheiden sich angeleitete und spontan erstellte Skizzen in ihrer Qualität und ihrer Nutzung innerhalb der Bearbeitung nicht linearer Geometrieprobleme?) wurden zunächst spontan gezeichnete und angeleitete Skizzen hinsichtlich ihrer Qualität verglichen.

Die Bewertung der Skizzen erfolgte auf Grundlage der in Kapitel 9 beschriebenen Kriterien zur Skizzenqualität. Zur Analyse wurden die in Abschnitt 9.2.4 beschriebenen dichotom kodierten Variablen ZK_Fo (formale Korrektheit), ZK_Fu (funktionale Korrektheit) und EdSk (Editierung der Skizze) herangezogen. Alle drei Merkmale wurden nach Überprüfung der Voraussetzungen mittels univariater Varianzanalyse mit dem Mittelwert der jeweiligen Variable als abhängige und den Treatmentgruppen als unabhängige Variable auf Gruppenunterschiede überprüft. Bei Verletzung der Normalverteilungsbedingung wurde zur Kontrolle des α-Fehlers wie oben begründet bei den Post-hoc-Analysen der Games-Howell-, ansonsten der Tukey-Test eingesetzt.

Die Analyse der Nutzung in Form einer Rasterstrategie oder durch erkennbare Verwendung von Skizzenmaßen bei der Bearbeitung des Skalierungsproblems erfolgte in einem explorativen qualitativ-quantitativen Verfahren. Diese Entscheidung basierte auf mehreren Überlegungen: Erstens liegt die Zahl insbesondere der Fälle mit erkennbarer Rasterstrategie unterhalb der Schwelle für eine aussagekräftige statistische Analyse. Zweitens zielt das Erkenntnisinteresse der Forschungsfrage auf ein detailliertes und differenziertes Verständnis der Art und Weise der (erkennbaren) Skizzennutzung, was sich mit quantitativen Verfahren nur eingeschränkt abbilden lässt. Die Kombination quantitativer und qualitativer Methoden erlaubt es, die strukturierte Analyse mit deskriptiv-statistischen Vergleichen zwischen den Experimentalgruppen zu verbinden (Kuckartz, 2018). Für das Merkmal Rasterung wurden die absoluten und relativen Häufigkeiten ausgewertet und die Verwendung der Rasterung für die Bearbeitung des Skalierungsproblems analysiert. Für die Nutzung der Skizze in Form der Verwendung von Skizzenmaßen während der Bearbeitung des Skalierungsproblems wurde für jede Aufgabe aus der Variable N eine dichotome Variable ReSk (1: Skizze wurde zur Berechnung verwendet, 0: sonst) generiert. Analog zum Vorgehen bei der Kodierung der Lösungswege erfolgte zusätzlich mittels geeigneter dichotom kodierter Variablen eine Differenzierung hinsichtlich der Verwendung für korrekte bzw. falsche Lösungen. Gruppenunterschiede zwischen den drei Variablen wurden wiederum nach Überprüfung der Voraussetzungen mit einer entsprechenden univariaten Varianzanalyse und einem angemessenen Post-Hoc-Vergleich überprüft. Zusätzlich wurden ausgewählte Beispiele vertiefend analysiert, um typische Muster im Kontext der Aufgabenbearbeitung herauszuarbeiten.

9.3 Gütekriterien

Zur Bewertung der wissenschaftlichen Qualität der vorliegenden Sekundäranalyse werden im Folgenden die klassischen Gütekriterien empirischer Forschung – Objektivität, Reliabilität und Validität – herangezogen (Döring, 2023). Da auf bereits bestehende Daten zurückgegriffen wird, ist die Kontrolle über Erhebungsinstrumente, Operationalisierungen und Rahmenbedingungen naturgemäß eingeschränkt. Die Bewertung der Gütekriterien stützt sich daher teilweise auf die Angaben und Qualitätssicherungen der Primärstudie. Hierauf wird nun im Detail eingegangen:

Die Objektivität beschreibt die Unabhängigkeit der Ergebnisse von der durchführenden oder auswertenden Person; üblicherweise wird zwischen Durchführungs-, Auswertungs- und Interpretationsobjektivität unterschieden (Döring, 2023). Die Durchführungsobjektivität ist durch die standardisierte Testdurchführung in der Primärstudie (Instruktionsmanual der Primäranalyse, unveröffentlichtes Dokument) gegeben. Die Auswertungsobjektivität wurde durch das standardisierte Kodiermanual und unabhängige Raterinnen bzw. Rater gewährleistet. Die Interpretationsobjektivität wurde durch eine theoriegeleitete und an das empirische Material rückgekoppelte Interpretation sowie die Diskussion zentraler Befunde im Team und im Rahmen einer wissenschaftlichen Tagung gewährleistet (Döring, 2023).

Die Reliabilität bezeichnet die Zuverlässigkeit bzw. Messgenauigkeit eines Messinstruments. Ein reliables Messinstrument liefert bei wiederholter Anwendung unter gleichen Bedingungen vergleichbare Ergebnisse (Döring, 2023). Die interne Konsistenz der Aufgaben wurde in der Primäranalyse bestätigt und lag mit Cronbachs $\alpha = 0{,}729$ für lineare Übergeneralisierungen bzw. $\alpha = 0{,}754$ für die Leistung im zufriedenstellenden Bereich (Krawitz & Schukajlow, 2020). Das Kodiermanual betreffend wurde die Reliabilität der übernommenen Items durch die Primäranalyse anhand von 20 % des Materials geprüft; dabei zeigte sich eine substanzielle Übereinstimmung (Cohens $\kappa \geq 0{,}773$; vgl. Krawitz & Schukajlow, 2020). Für die Neukodierung der Items zu Leistung, Lösungswegen, Nutzung und Rasterung der Skizzen wurde die Interrater-Reliabilität durch eine vollständige Dreifachkodierung empirisch überprüft. Für alle Items ergab sich für Fleiss' Kappa ein Wert von $\kappa \geq 0{,}715$, was nach Landis und Koch (1977) auf eine substanzielle Übereinstimmung hinweist (siehe Tabelle 9.7).

Tabelle 9.7 Fleiss' Kappa für alle Kodierdimensionen der Aufgaben A1, A3, A5 und A7

Aufgabe	K	N	L	LW
A1 (Quadrat)	0,905	0,967	0,901	0,715
A3 (Kreis)	–	0,941	0,899	0,747
A5 (Würfel)	1,000	0,917	0,910	0,818
A7 (Kugel)	–	0,823	0,871	0,833

Die nachträgliche Kodierung der Variablen zur funktionalen Korrektheit (ZK_Fu) in der Kontrollgruppe erfolgte blind, also ohne Kenntnis der Leistungsdaten, durch die Autorin und wurde von einer zweiten Kodiererin überprüft; Cohen's Kappa betrug $\kappa = 1.00$, was nach Landis und Koch (1977) einer perfekten Übereinstimmung entspricht.

Die Validität gibt an, ob ein Messinstrument tatsächlich das misst, was es zu messen vorgibt. Auch dieses zentrale Gütekriterium bezieht sich zunächst auf die Primärstudie. Hinsichtlich dieses Gütekriteriums ist von einer guten inhaltlichen Validität auszugehen, da die Aufgaben zur Leistungsmessung bei der Lösung nicht linearer Geometrieprobleme theoriegeleitet ausgewählt und bereits in früheren Studien erfolgreich eingesetzt wurden (z. B. De Bock et al., 2003). Für Sekundäranalysen ist die Konstruktvalidität von zentraler Bedeutung, die Medjedović (2014, S. 70) als Plausibilität und theoretische Anschlussfähigkeit der Kategorienbildung im Verhältnis zum analysierten Material und zur Forschungsfrage beschreibt. Für die vorliegende Studie wurde die Konstruktvalidität durch eine theoriegeleitete und am empirischen Material reflektierte und angepasste Kategorienbildung sichergestellt.

9.4 Treatmentcheck

Zur Überprüfung der Umsetzung der Experimentalbedingungen wurde mit Hilfe von T-Tests analysiert, ob und inwieweit die Schülerinnen und Schüler der Treatmentgruppen die Instruktionen befolgten. Die Ergebnisse zeigten, dass die Anweisungen zur Erstellung von Skizzen sowie zur Anfertigung und Hervorhebung von Skizzen weitgehend befolgt wurden. Die Anzahl der angefertigten Skizzen in der Zeichnen-Gruppe ($M = 0.96$, $SD = 0.11$) war signifikant höher als in der Kontrollgruppe ($M = 0.37$, $SD = 0.44$; $t(42.85) = 8.62$, $p < .001$, $d = 2.20$). Die Zahl der gezeichneten und markierten Skizzen in der Zeichnen-Markieren-Gruppe ($M = 0.76$, $SD = 0.27$) war signifikant höher sowohl als die der Kontrollgruppe ($M = 0.01$, $SD = 0.08$; $t(101.62) = 23.08$, $p < .001$, $d = 3.34$) als auch der Zeichnen-Gruppe ($M = 0.00$, $SD = 0.00$; $t(79) = 25.31$, $p < .001$, $d = 3.96$).

Allerdings fertigten auch 20 der 41 Teilnehmenden der Kontrollgruppe bei mindestens einer Problembearbeitung spontan eine Skizze an. Die Schülerinnen und Schüler, die mindestens eine Skizze anfertigten, erzielten vergleichbare Leistungen wie diejenigen ohne spontan erstellte Skizzen (36,2 % versus 35,7 %); die Zahl der linearen Übergeneralisierungen war geringer (17,5 % versus 30,1 %). Eine MANOVA mit den abhängigen Variablen Leistung und Zahl linearer Übergeneralisierungen und der unabhängigen Variablen Min1Sk (1: mindestens eine Skizze wurde angefertigt, 0: keine Skizze wurde angefertigt) zeigte jedoch weder für die Leistung ($F(1,39) = 0.002$, $p = .963$) noch für die Zahl linearer Übergeneralisierungen ($F(1,39) = 1.29$, $p = .264$, $\eta_p^2 = .032$) einen signifikanten Unterschied zwischen den Untergruppen.[8]

[8] Da die Randomisierung in den neu gebildeten Gruppen sowie die Befolgung der Instruktionen bestätigt wurden und spontane Skizzen in der Kontrollgruppe keinen systematischen Einfluss auf Leistung oder lineare Übergeneralisierungen zeigten, wurde – im Unterschied zur Primäranalyse – auf eine zusätzliche Analyse einer bereinigten Stichprobe verzichtet.

9.5 Ergebnisse

9.5.1 Einfluss von Form, Dimension und Zeichenanweisung auf die Problemlöseleistung

Forschungsfrage 1 zielt darauf ab, zu klären, ob die Form und Dimension eines geometrischen Objekts den Einfluss der Zeichenanweisung auf die Leistung beim Lösen nicht linearer Geometrieprobleme moderieren. Weiter sollten die folgenden noch einmal überblicksartig dargestellten Hypothesen überprüft werden.

- H 1.1: Die Form des geometrischen Objekts beeinflusst die Leistung beim Lösen nicht linearer Geometrieprobleme: Probleme zu gradlinig begrenzten geometrischen Objekten werden besser gelöst als solche zu krummlinig begrenzten Objekten (Haupteffekt Form).
- H 1.2: Die Dimension des geometrischen Objekts beeinflusst die Leistung beim Lösen nicht linearer Geometrieprobleme: Probleme zu Flächen werden besser gelöst als solche zu Körpern (Haupteffekt Dimension).
- H 1.3: Die Form der Figur moderiert den Effekt der Art der Zeichenanweisung: Bei krummlinig begrenzten Objekten ist der negative Einfluss beider Arten der Zeichenanweisung auf die Leistung stärker ausgeprägt als bei gradlinig begrenzten Objekten (Interaktionseffekt Form x Gruppe).

Die deskriptiven Ergebnisse (siehe Tabelle 9.8) zeigen sowohl insgesamt als auch innerhalb der einzelnen Gruppen Unterschiede in den Lösungshäufigkeiten bei Skalierungsproblemen. Diese betreffen sowohl die Leistung allgemein als auch den Figurentyp (gradlinig vs. krummlinig begrenzt) und die Dimension (zweidimensional vs. dreidimensional) und entsprechen den Erwartungen: In allen Gruppen – sowohl in den Experimentalgruppen als auch in der Kontrollgruppe – wurden Aufgaben mit gradlinig begrenzten Figuren häufiger korrekt gelöst als solche mit krummlinig begrenzten Figuren. Ebenso schnitten die Lernenden bei Aufgaben zur Ermittlung von Flächeninhalten besser ab als bei Aufgaben zur Volumenbestimmung, wobei diese Unterschiede prozentual geringer ausfielen. Erwartungsgemäß war die Lösungsleistung in den beiden Zeichengruppen durchgehend niedriger als in der Kontrollgruppe.

Tabelle 9.8 Mittelwert (Standardabweichung) der Leistung nach Treatmentgruppen und Aufgabenmerkmalen

Gruppe	Gesamt	Form		Dimension	
		Gerade	Krumm	2D	3D
K	0,36 (0,37)	0,49 (0,45)	0,23 (0,37)	0,38 (0,43)	0,34 (0,36)
Z	0,21 (0,32)	0,30 (0,42)	0,12 (0,29)	0,25 (0,38)	0,17 (0,31)
ZM	0,21 (0,31)	0,29 (0,41)	0,13 (0,26)	0,23 (0,36)	0,18 (0,32)
Gesamt	0,24 (0,33)	0,33 (0,43)	0,15 (0,30)	0,27 (0,39)	0,21 (0,33)

Zur Beantwortung der Forschungsfrage und Überprüfung der Hypothesen wurden zwei zweifaktorielle Varianzanalysen mit Messwiederholung durchgeführt, mit Form bzw. Dimension als Within-Subject-Faktor und der Treatmentgruppe als Between-Subject-Faktor. Diese zeigten, dass beide Haupteffekte signifikant waren:

Für den Within-Subject-Faktor *Form* ergab sich ein signifikanter Haupteffekt mit großer Effektstärke ($F(1{,}195) = 64.65$, $p < .001$, $\eta_p^2 = .25$); für den Within-Subject-Faktor *Dimension* ein signifikanter Haupteffekt mit kleiner Effektstärke ($F(1{,}195) = 7.78$, $p = .006$, $\eta_p^2 = .04$). Skalierungsprobleme zu gradlinig begrenzten Formen wurden signifikant besser gelöst als solche zu krummlinig begrenzten; Skalierungsprobleme zu Flächen signifikant besser als solche zu Körpern. Damit können die Hypothesen 1.1 und 1.2 als bestätigt angesehen werden.

Die Interaktionen zwischen Form und Gruppe sowie Dimension und Gruppe erwiesen sich jeweils als nicht signifikant (Form × Gruppe $F(2{,}195) = 1.16$, $p = .315$, $\eta_p^2 = .01$; Dimension × Gruppe $F(2{,}195) = 0.51$, $p = .604$, $\eta_p^2 = .01$). Die Leistungsmuster zeigten sich also in allen drei Treatmentgruppen ähnlich ausgeprägt. Hypothese 1.3 muss somit verworfen werden.

9.5.2 Einfluss der Zeichenanweisung auf die Wahl des Lösungswegs

Zur Beantwortung von Forschungsfrage 2 wurde untersucht, ob die Art der Zeichenanweisung die Wahl des Lösungsweges allgemein und im Hinblick auf falsche und richtige Lösungen beeinflusst. Bezüglich der nicht nach richtigen und falschen Lösungen differenzierten Lösungswege ergaben sich die folgenden prozentualen Anteile (Tabelle 9.9):

Tabelle 9.9 Mittelwerte (Standardabweichung) der Leistung nach Treatmentgruppen und Aufgabenmerkmalen

	Formel	Prinzip	Skizze	Linear[9]	Sonst.	Verbal	Fehlend
K	0,51 (0,40)	0,05 (0,22)	0,00 (0,00)	0,24 (0,38)	0,07 (0,19)	0,02 (0,09)	0,10 (0,21)
Z	0,23 (0,34)	0,03 (0,15)	0,10 (0,20)	0,42 (0,44)	0,06 (0,20)	0,01 (0,04)	0,15 (0,23)
ZM	0,27 (0,37)	0,03 (0,13)	0,09 (0,24)	0,38 (0,43)	0,06 (0,14)	0,00 (0,03)	0,18 (0,27)
Ges	0,30 (0,38)	0,04 (0,16)	0,08 (0,20)	0,37 (0,43)	0,06 (0,17)	0,01 (0,05)	0,15 (0,24)

In allen Treatmentgruppen sind die mit Abstand am häufigsten gewählten Lösungswege die Formellösung oder lineare Übergeneralisierungen. Allerdings zeigen sich bereits in den deskriptiven Daten deutliche Unterschiede zwischen der Kontrollgruppe einerseits und den beiden Experimentalgruppen andererseits in der Verteilung der gewählten Lösungswege; die Unterschiede zwischen den Experimentalgruppen sind dagegen eher gering: Während in der Kontrollgruppe über die Hälfte der Lernenden eine Formel angewendet haben (50,6 %), war dies in den Experimentalgruppen deutlich seltener der Fall (Z: 23,1 %, ZM: 26,6 %). Umgekehrt traten lineare Übergeneralisierungen in beiden Experimentalgruppen deutlich häufiger auf (Z: 41,9 %, ZM: 37,8 %) als in der Kontrollgruppe (24,4 %). Auch der Lösungsweg mit Hilfe der Skizzen wurde gruppenspezifisch unterschiedlich gewählt (K: 0 %, Z: 10,1 %, ZM: 9,1 %). Die anderen Lösungswege und insbesondere die Lösung mit Hilfe des Skalierungsprinzips betreffend lassen sich zwischen allen Treatmentgruppen nur relativ geringe Unterschiede des prozentualen Anteils beobachten.

Die MANOVA mit den Treatmentgruppen als unabhängige Variable und den sieben verschiedenen Lösungswegen (einschließlich fehlender Lösungswege) als abhängige Variablen zeigte einen statistisch signifikanten Haupteffekt der Art der Zeichenanweisung auf die Wahl des Lösungswegs ($F(12{,}382) = 2.04$, $p = .020$, $\eta_p^2 = .06$, Pillai's Trace = .12), was einem Effekt mittlerer Größe entspricht. Dieser Effekt bestätigt, dass sich die Art der Zeichenanweisung systematisch auf die Wahl des Lösungsweges auswirkt. Die für jede abhängige Variable separat

[9] Die hier berichteten Werte für die linearen Übergeneralisierungen weichen aufgrund der erweiterten Betrachtung aller vier Aufgaben leicht von den in der Primäranalyse von Krawitz und Schukajlow (2020) berichteten Werten ab, da diese sich nur auf gradlinig begrenzte Objekte bezog (siehe. 7.6). Die Effektstärke bleibt jedoch identisch.

durchgeführten ANOVAs ergaben die folgenden über die Befunde zur linearen Übergeneralisierungen hinausgehenden signifikanten Haupteffekte der Art der Zeichenanweisung und Unterschiede zwischen den Gruppen.

1. Für die Anzahl der Formellösungen ergab sich ein hochsignifikanter Haupteffekt mit mittlerer Effektstärke ($F(2{,}195) = 8.18$, $p < .001$, $\eta_p^2 = .08$). Ein anschließender Post-hoc-Test nach Games-Howell ergab, dass der Anteil an Formellösungen in der Kontrollgruppe signifikant höher war als in beiden Experimentalgruppen ($p = .001$, $d = .75$ für die Z-Gruppe; $p = .006$, $d = .63$ für die ZM-Gruppe).

- Auch für die Zahl der Skizzenlösungen zeigte sich ein signifikanter Haupteffekt mit kleiner Effektstärke ($F(2{,}195) = 4.01$, $p = .020$, $\eta_p^2 = .04$). Der Games-Howell-Test ergab, dass der Anteil der Lösungen mit Hilfe einer Skizze in der Kontrollgruppe signifikant niedriger war als in beiden Experimentalgruppen ($p = .001$, $d = -.64$ für die Z-Gruppe; $p = .003$, $d = -.47$ für die ZM-Gruppe).

Für die übrigen Lösungswege, insbesondere den Lösungsweg mittels Anwendung des Skalierungsprinzips, zeigte sich kein signifikanter Effekt der Art der Zeichenanweisung.

Schlüsselt man die Lösungswege wie in Tabelle 9.10 und Tabelle 9.11 dargestellt nach korrekten und falschen bzw. fehlenden Lösungen auf, gehören naturgemäß alle linearen Übergeneralisierungen sowie alle fehlenden Lösungen zu den fehlerhaften Lösungsversuchen. Verbale Lösungswege sind ebenfalls durchweg erfolglos. Auch skizzenbasierte Lösungswege führen fast immer zu falschen Ergebnissen – lediglich 0,6 % (dies entspricht zwei Aufgabenbearbeitungen) sind korrekt, dies wird im Kontext von Forschungsfrage 4 noch näher betrachtet. Innerhalb der korrekten Lösungen ist der Lösungsweg über die Formel in allen Treatmentgruppen der mit großem Abstand am häufigsten gewählter Lösungsweg. In der Kontrollgruppe dominieren unter den fehlerhaften Lösungen neben linearen Übergeneralisierungen ebenfalls die Formellösungen, während in den Experimentalgruppen die Anteile von Skizzenlösungen und Formellösungen unter den fehlerhaften Lösungen nahezu gleich verteilt sind. Lösungswege basierend auf korrekten Skalierungsprinzipien führten hingegen fast immer zu richtigen Ergebnissen.

Tabelle 9.10 Mittelwert (Standardabweichung) der Lösungswege nach Treatmentgruppen für korrekte Lösungen

G	Formel	Prinzip	Skizze	Sonst.	Verbal	Gesamt
K	0,30 (0,34)	0,05 (0,22)	0,00 (0,00)	0,01 (0,04)	0,00 (0,00)	0,36 (0,37)
Z	0,17 (0,29)	0,03 (0,15)	0,01 (0,06)	0,01 (0,04)	0,00 (0,00)	0,21 (0,32)
ZM	0,17 (0,29)	0,03 (0,11)	0,00 (0,00)	0,01 (0,04)	0,00 (0,00)	0,21 (0,31)
Ges	0,20 (0,30)	0,04 (0,16)	0,00 (0,04)	0,01 (0,04)	0,00 (0,00)	0,24 (0,33)

Tabelle 9.11 Mittelwert (Standardabweichung) der Lösungswege nach Treatmentgruppen für falsche Lösungen

	Formel	Prinzip	Skizze	Lin	Sons	Verbal	Fehlend	Gesamt
K	0,21 (0,28)	0,00 (0,00)	0,00 (0,00)	0,24 (0,38)	0,06 (0,17)	0,02 (0,09)	0,10 (0,21)	0,64
Z	0,06 (0,15)	0,00 (0,00)	0,09 (0,18)	0,42 (0,44)	0,06 (0,19)	0,01 (0,04)	0,15 (0,23)	0,79
ZM	0,09 (0,18)	0,00 (0,03)	0,09 (0,24)	0,38 (0,43)	0,05 (0,13)	0,00 (0,03)	0,18 (0,27)	0,79
Ges	0,11 (0,20)	0,00 (0,02)	0,07 (0,19)	0,37 (0,43)	0,06 (0,17)	0,01 (0,05)	0,15 (0,24)	0,76

Die aufgetrennt nach richtigen und falschen Lösungen durchgeführten MANOVAs mit den Treatmentgruppen als unabhängige Variable und den 7 abhängigen Variablen zu den Lösungswegen zeigten, dass die Unterschiede zwischen den Lösungswegen die falschen Lösungen betreffend statistisch signifikant waren ($F(14,380) = 2.13$, $p = .010$, $\eta_p^2 = .07$, Pillai's Trace $= .86$), nicht jedoch die richtigen Lösungen betreffend $F(8,386) = 1.10$, $p = .364$, $\eta_p^2 = .02$, Pillai's Trace $= 0.15$).

Die einfaktoriellen ANOVAs zu den falschen Lösungen zeigten für die abhängigen Variablen die folgenden signifikanten Haupteffekte und Gruppenunterschiede:

- Für die Zahl der linearen Übergeneralisierungen zeigte sich – da diese definitionsgemäß zu den falschen Lösungen zählt – der aus der Primäranalyse bekannte einseitig signifikante Haupteffekt mit kleiner Effektstärke.
- Für die Zahl der Formellösungen zeigte sich ein hochsignifikanter Haupteffekt mit mittlerer Effektstärke ($F(2,195) = 7.36$, $p < .001$, $\eta_p^2 = .07$). Die

Post-hoc-Analysen mit Games-Howell ergaben, dass der Anteil an falschen Formellösungen in der Kontrollgruppe signifikant höher war als in der Z-Gruppe ($p = .010$, $d = .70$), aber knapp nicht signifikant höher als in der ZM-Gruppe ($p = .056$, $d = .54$).

- Für die Zahl der Skizzenlösungen zeigte sich ein signifikanter Haupteffekt der Art der Zeichenanweisung mit kleiner Effektstärke ($F(2{,}195) = 3.92$, $p = .021$, $\eta_p^2 = .04$). Der Post-hoc-Test nach Games-Howell zeigte, dass der Anteil der Lösungen mit Hilfe einer Skizze in der Kontrollgruppe signifikant niedriger war als in beiden Experimentalgruppen ($p < .001$, $d = -.64$ für die Z-Gruppe, $p = .003$, $d = -.47$ für die ZM-Gruppe).

9.5.3 Konsistenz linearer Übergeneralisierungen und Einfluss der Zeichenanweisung

Ziel der dritten Forschungsfrage war es zu prüfen, wie konsistent Lernende lineare Übergeneralisierungen über die vier nicht linearen Geometrieprobleme hinweg anwenden (3a) und ob die Zeichenanweisung diese Konsistenz beeinflusst (3b). Dafür wurde das Antwortverhalten kodiert und den Kategorien *keine*, *teilweise* (1–3 Aufgaben) und *durchgängige lineare Übergeneralisierungen* (4 Aufgaben) zugeordnet. Für Forschungsfrage 3b ergaben sich die folgenden Hypothesen:

- H 3.1 In der Zeichnen-Gruppe ist die Zahl der Lernenden, die konsistent bei allen vier Aufgaben linear übergeneralisieren, höher als in der Kontrollgruppe.
- H 3.1 Die Zahl der konsistent eingesetzten linearen Übergeneralisierungen der Zeichnen-Markieren-Gruppe unterscheidet sich nicht von der der Kontrollgruppe.

Zur statistischen Analyse wurde, wie in Abschnitt 9.2.6 begründet, der Kurskal-Wallis-H-Test einmal für die gesamte Stichprobe sowie ergänzend für die Teilstichprobe der vollständige bearbeiteten Testhefte durchgeführt. Ergänzend wurden absolute und relative Häufigkeiten der Konsistenzkategorien pro Gruppe berichtet. Für die gesamte Stichprobe zeigte sich die Verteilung der drei Antwortkategorien in allen drei Gruppen vergleichbar. Der größte Anteil entfiel jeweils auf Schülerinnen und Schüler, die keine Problembearbeitung mittels linearer Übergeneralisierungen lösten, während die Anteile mit teilweisen bzw. konsistenten Übergeneralisierungen in den Gruppen ähnlich waren (siehe Tabelle 9.12).

Tabelle 9.12 Verteilung der Variablen DiffLin für die gesamte Stichprobe

Gruppe	Anzahl Aufgabenlösungen mit LÜ		
	0	1–3	4
K	63,4 % (n = 26)	19,5 % (n = 8)	17,1 % (n = 7)
Z	46,8 % (n = 36)	26,0 % (n = 20)	27,3 % (n = 21)
ZM	47,5 % (n = 38)	27,5 % (n = 22)	25,0 % (n = 20)

Die Aufgabenbearbeitungen von insgesamt 127 Schülerinnen und Schülern waren vollständig; und zwar von 30 Schülerinnen und Schüler der Kontrollgruppe (73,1 %), 48 Schülerinnen und Schülern der Skizzengruppe Z (62,3 %) und 49 Schülerinnen und Schülern der Qualitätsskizzengruppe ZM (61,3 %), Der Anteil vollständiger Lösungen ist somit in den Zeichengruppen geringer; der Unterschied ist jedoch, wie bei den Ergebnissen zu Forschungsfrage 2 dargestellt wurde, nicht signifikant. Wie in Tabelle 9.13 deutlich wird, war das Verteilungsmuster der drei Konsistenzkategorien in der eingeschränkten Stichprobe für die Kontrollgruppe gegenüber dem der Gesamtstichprobe weitgehend stabil. In den Zeichnen-Gruppen dagegen stieg der Anteil der Lernenden, die konsistent linear übergeneralisierten, merklich an, während der Anteil der teilweisen linearen Übergeneralisierungen niedrig und vergleichbar blieb.

Tabelle 9.13 Verteilung der Variablen DiffLin für vollständige Aufgabenbearbeitung aller 4 Aufgaben

Gruppe	Anzahl Aufgabenlösungen mit LÜ		
	0	1–3	4
K	56,7 % (n = 17)	20,0 % (n = 6)	23,3 % (n = 7)
Z	35,4 % (n = 17)	22,9 % (n = 11)	41,7 % (n = 20)
ZM	38,8 % (n = 19)	20,4 % (n = 10)	40,8 % (n = 20)

Der Kruskal-Wallis-Test zeigte jedoch weder für die gesamte Stichprobe ($\chi^2(2) = 3.30$, $p = .192$) noch nach Ausschluss unvollständiger Aufgabenbearbeitungen ($\chi^2(2) = 4.13$, $p = .127$) einen signifikanten Unterschied zwischen den Gruppen. Damit konnten keine statistisch gesicherten Gruppenunterschiede in der Konsistenz der Anwendung linearer Übergeneralisierungen festgestellt werden. Hypothese 3.1 wird also nicht bestätigt, wenngleich der beobachtete Unterschied in den Verteilungen nach Ausschluss fehlender Lösungen eine entsprechende Tendenz erkennen lässt. Dies deutet darauf hin, dass die Gruppenzugehörigkeit keinen Einfluss auf die Konsistenz der Verwendung linearer Übergeneralisierungen hat. Hypothese 3.2 wird durch das nicht signifikante Testergebnis gestützt; auch hier ist jedoch die nach Ausschluss der fehlenden Fälle beobachtete Tendenz zu beachten.

9.5.4 Qualität und Nutzung auf Aufforderung hin und spontan erstellter Skizzen

Zur Beantwortung von Forschungsfrage 4 wurden die Skizzen zunächst hinsichtlich ihrer Qualität, differenziert nach formaler Korrektheit, funktionaler Korrektheit und Vollständigkeit analysiert. Anschließend wurde ihre Nutzung untersucht, wobei zwei Aspekte betrachtet wurden: Rasterung und Verwendung in der Rechnung. Aufgrund der geringen Fallzahl und der besonderen Rolle der Rasterung als heuristische Strategie erfolgte deren Analyse ausschließlich qualitativ; für die übrigen Aspekte wurden Mittelwertvergleiche durch qualitative Beschreibungen ergänzt.

Skizzenqualität

Ein deskriptiver Vergleich hinsichtlich der Merkmale formale und funktionale Korrektheit sowie Vollständigkeit zeigte deutliche Unterschiede alle Merkmale betreffend zwischen den Gruppen (siehe Tabelle 9.14): In der Kontrollgruppe waren lediglich 12 % der spontan gezeichneten Skizzen formal korrekt (dies entspricht etwa einem Drittel aller gezeichneten Skizzen). In den Experimentalgruppen lagen die Anteile dagegen bei 79 % (Gruppe Z) bzw. 74 % (Gruppe ZM). Die einfaktorielle Varianzanalyse mit der abhängigen Variable MW_ZK (für die formale Korrektheit) und der Gruppenzugehörigkeit zu den Treatmentgruppen als unabhängige Variable zeigte einen signifikanten und großen Haupteffekt der Art der Zeichenanweisung auf die formale Korrektheit ($F(2,195) = 78.52$, $p < .001$, $\eta_p^2 = .45$). Die anschließenden Post-Hoc-Tests ergaben, dass die formale Korrektheit in beiden Experimentalgruppen signifikant höher war als in der Kontrollgruppe (p < .001, $d = 2.34$ für Z, $p < .001$, $d = 3.59$ für ZM), während zwischen den Experimentalgruppen kein signifikanter Unterschied bestand ($p = .516$).

Tabelle 9.14 Mittelwerte (Standardabweichung) für formal korrekter, funktional korrekter, editierter sowie formal korrekter und editierter Skizzen

	formal korrekt	funktional korrekt	editiert	formal korr., editiert
K	0,12 (0,29)	0,01 (0,04)	0,28 (0,39)	0,09 (0,22)
Z	0,79 (0,27)	0,79 (0,27)	0,00 (0,00)	0,00 (0,00)
ZM	0,74 (0,31)	0,74 (0,31)	0,01 (0,09)	0,01 (0,04)
Ges	0,63 (0,39)	0,61 (0,41)	0,06 (0,21)	0,02 (0,11)

Eine qualitative Analyse der spontan gezeichneten Skizzen der Kontrollgruppe ergab, dass die als formal korrekt bewerteten Skizzen in fast allen Fällen keinen Rückschluss auf das tatsächliche Größenverhältnis der Flächeninhalte oder Volumina zuließen; in einigen Fällen suggerierten sie sogar wie in Abbildung 9.2 (oben rechts) dargestellt ein lineares Verhältnis zwischen Fläche und Skalierungsfaktor.

Abbildung 9.2 Beispiele für spontan erstellte Skizzen in der Kontrollgruppe aus den Testheften 37 (oben links), 143 (oben rechts), 152 (unten links), 29 (unten rechts)

Keine Person der Kontrollgruppe fertigte eine Maßstabsskizze an. In einem Fall wurde das Größenverhältnis durch eine Rasterung ersichtlich, sodass diese Skizze auch als funktional korrekt gewertet wurde (vergleiche Abbildung 9.7, links). Der Unterschied zwischen den Gruppen hinsichtlich des Merkmals funktionale Korrektheit vergrößerte sich also im Vergleich zur formalen Korrektheit.[10]

[10] Die MANOVA ergab einen signifikanten Haupteffekt, $F(2,195) = 135.89$, $p < .001$, $\eta_p^2 = .58$; Post-Hoc-Analysen nach Games-Howell zeigten, dass die funktionale Korrektheit in den Experimentalgruppen signifikant höher war als in der Kontrollgruppe ($p < 0.01$, $d = 3,59$ für Z, $p < .001$, $d = 2,90$ für ZM).

Ebenso auffällig waren die Unterschiede hinsichtlich der Editierung, also der Beschriftung der Skizzen mit Informationen des Skalierungsproblems. In der Kontrollgruppe wurden 28 % der spontan gezeichneten Skizzen mit Informationen des Skalierungsproblems beschriftet (das sind mehr als drei Viertel aller Skizzen der Kontrollgruppe). Wie die in Abbildung 9.2 dargestellten Beispiele verdeutlichen, notierten die Schülerinnen und Schüler entweder die im Aufgabentext gegebenen Zahlwerte in oder neben die Skizzen oder versahen diese mit Informationen zum Größenverhältnis. In der Zeichnen-Gruppe dagegen wurde keine der Skizzen mit Informationen des Skalierungsproblems beschriftet, in der Zeichnen-Markieren-Gruppe lediglich bei vier Aufgabenbearbeitungen (gerundet 1 %) durch zwei Schülerinnen: Eine Schülerin notierte das Quadratproblem betreffend die Zahlangabe zum Flächeninhalt von Quadrat C (1440 cm^2) an die entsprechende Skizze; eine andere Schülerin beschriftete bei der Bearbeitung der Skalierungsprobleme zu Kreis, Würfel und Kugel die Seitenlängen bzw. Radien der beiden Skizzen mit den im Zusammenhang mit einer Formellösung errechneten Werten (Testhefte 86 und 79). Auch bezüglich der Beschriftung zeigte sich ein signifikanter großer Haupteffekt der Zugehörigkeit zu den Treatmentgruppen ($F(2{,}195) = 35.98$, $p < .001$, $\eta_p^2 = .27$). Die Post-hoc-Analysen nach Games-Howell belegten, dass die Zahl der beschrifteten Skizzen in der Kontrollgruppe signifikant höher war als in beiden Experimentalgruppen ($p < .001$, $d = 1.23$ für Z, $p < .001$, $d = 1.13$ für ZM).

Betrachtet man schließlich die Fälle, in denen die Skizzen formal korrekt und editiert waren, so traf dies auf vier der in der Kontrollgruppe erstellten Skizzen sowie eine der Skizzen in der Gruppe ZM zu. Auch hier zeigte sich ein signifikanter Haupteffekt der Gruppenzugehörigkeit. Betrachtet man abschließend die Fälle, in denen die Skizzen funktional korrekt und editiert waren, so reduziert sich diese Zahl auf insgesamt 5 Skizzen, nämlich die in Abbildung 9.7 (links) dargestellte Skizze einer Schülerin der Kontrollgruppe sowie die vier durch einen Schüler der Zeichnen-Markieren-Gruppe beschrifteten Skizzen.

Rasterungen gradliniger Figuren

Bei lediglich 12 der insgesamt 396 Aufgabenbearbeitung zu gradlinigen Formen erfolgte die Rasterung einer Skizze, was einem Anteil von 3,0 % entspricht. Im Detail rasterten 11 der insgesamt 157 Schülerinnen und Schüler der Zeichengruppen (Z, ZM) bei der Bearbeitung des Quadratproblems das große Quadrat ganz oder teilweise. Sechs dieser 11 Schülerinnen und Schüler (jeweils 3 der Gruppe Z bzw. ZM) nahmen eine vollständige Rasterung von Quadrat C vor, konnten das Skalierungsproblem jedoch nicht korrekt lösen.

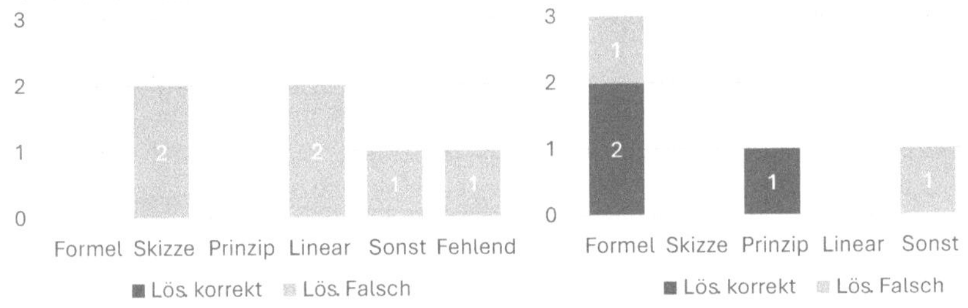

Abbildung 9.3 Übersicht über die gewählten Lösungswege bei vollständiger (links) und teilweiser (rechts) Rasterung des Quadrats durch Lernende der Experimentalgruppen

Auf diese Lösungen – die Verteilung auf die Lösungswege ist links in Abbildung 9.3 dargestellt – wird nun im Detail eingegangen: Bei der in Abbildung 9.4 links gezeigten Lösung, die als lineare Übergeneralisierung kodiert wurde, bleibt unklar, ob die Schülerin mit den letzten vier Zeilen das Ergebnis überprüfen oder eine Formellösung anstreben wollte, bei der sie fälschlicherweise den Flächeninhalt von Quadrat C durch den Skalierungsfaktor dividierte. Auch die Rolle der Rasterung für die Entwicklung des Lösungswegs ist nicht eindeutig.

Ein besonderer Fall findet sich in der rechts in Abbildung 9.4 dargestellten Lösung. Zunächst scheint die Schülerin die Skizze zu Quadrat D mit falscher Seitenlänge und Skalierungsfaktor 0,5 angefertigt zu haben. Die Rasterung und die anschließende lineare Übergeneralisierung wären in diesem Fall konsistent und korrekt. Ein genauerer Blick zeigt jedoch, dass die Schülerin zuvor eine richtige Skizze erstellt und wieder radiert hatte. Dies legt nahe, dass sie nach dem Lesen des Problems Quadrat C linear gerastert und anschließend die Skizze zu Quadrat D korrigiert hat. Schließlich bleibt der Fall einer fehlenden Lösung zu erwähnen: Eine Schülerin (Testheft 71) rasterte Quadrat C identisch zur in Abbildung 9.4 links gezeigten Lösung, einschließlich doppelter farblicher Markierung des kleinen Quadrats, notierte jedoch weder eine Lösung noch einen Lösungsansatz. Der Grund für die Rasterung ist unklar.[11] Auch in den verbleibenden Fällen einer vollständigen Rasterung wird die Bedeutung der Rasterung für die Entwicklung des Lösungsweges nicht deutlich: Zwei Lernende ermittelten das Ergebnis unter fehlerhafter Nutzung der Skizzenmaße (siehe Abbildung 9.5), eine weitere Schülerin

[11] Aufgrund der Testheftnummern liegt die Vermutung nahe, dass sie die Rasterung im Testheft einer Mitschülerin gesehen und übernommen hat.

verwendet einen als „sonstiger Lösungsweg“ klassifizierten Lösungsweg (Testheft 68).

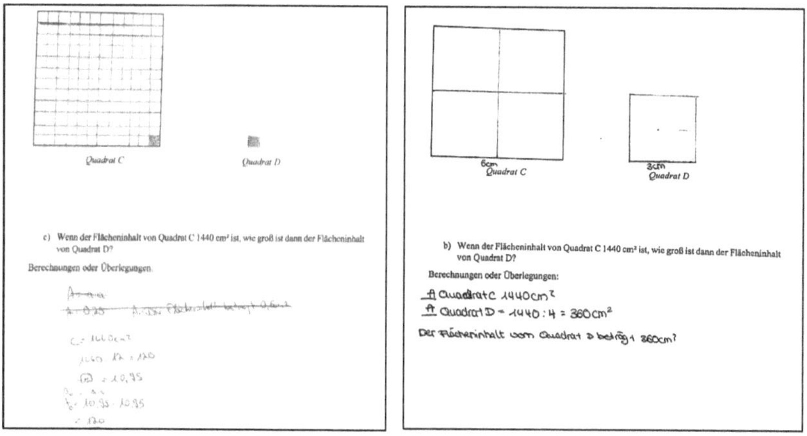

Abbildung 9.4 Bearbeitung des Quadratproblems aus Testheft 70 (links) und Testheft 130 (rechts)

Alle Schülerinnen und Schüler, die eine teilweise Rasterung von Quadrat C vornahmen, gehörten zur Gruppe ZM. Drei von ihnen lösten das Skalierungsproblem korrekt, zwei falsch (siehe Abbildung 9.3, rechts). Nur eine der korrekten Lösungen entstand jedoch unter Nutzung des Prinzips, vermutlich gestützt durch die Skizze, wie die angedeutete weitere Rasterung nahelegt (siehe Abbildung 9.6, links). Die beiden anderen korrekten Lösungen wurden mit Hilfe der Formel ermittelt (siehe Abbildung 9.6, rechts); ob die Rasterung dabei eine Rolle spielte, bleibt offen. Die beiden falschen Lösungen resultierten aus einer unvollständigen Formellösung (Testheft 169) sowie einem als „sonstige Lösung“ klassifizierten Lösungsweg (Testheft 176), auch hier bleibt die Rolle der Rasterung für die Lösung unklar.

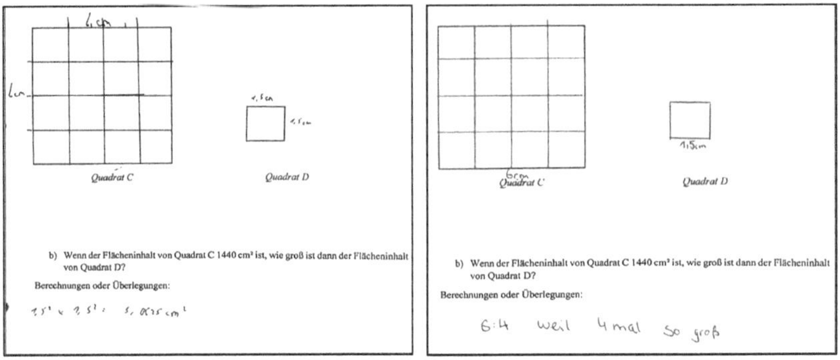

Abbildung 9.5 Bearbeitung des Quadratproblems aus den Testheft 101 (links) und 100 (rechts)

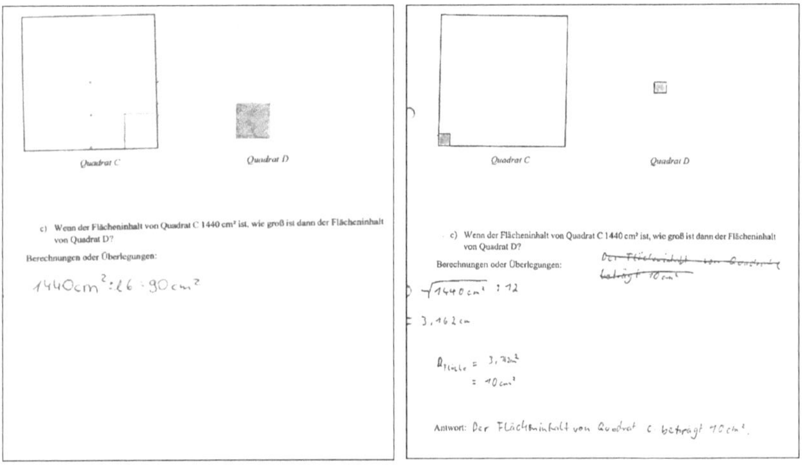

Abbildung 9.6 Bearbeitung des Quadratproblems aus Testheft 93 (links) und 58 (rechts)

Die zwölfte Rasterung wurde durch eine Schülerin der Kontrollgruppe K vorgenommen, und zwar bei der Bearbeitung des Skalierungsproblems zum Würfel (siehe Abbildung 9.7, links).

Die Schülerin löste das Würfelproblem, indem sie eine gerasterte Skizze zu einem selbstgewählten Beispiel mit Kantenlängen von 2 cm und 8 cm erstellte.

Auf dieser Grundlage leitete sie das Volumenverhältnis her und übertrug die Erkenntnis auf das eigentliche Skalierungsproblem. Ein Transfer auf das Kugelproblem erfolgte hingegen nicht: Hier fertigte sie zwar eine Skizze an, löste die Aufgabe jedoch nicht. Bei den Flächenproblemen erstellte die Schülerin zunächst zwei Skizzen zum Quadratproblem, strich jedoch die erste (Rechtecke). Als Lösungen notierte sie sowohl eine Formel- als auch eine Prinziplösung. In welcher Reihenfolge Skizzen und Lösungen entstanden, bleibt offen; die Platzierung der Lösungswege legt eine Formellösung zuerst nahe, ein umgekehrter Ablauf ist jedoch ebenfalls denkbar.

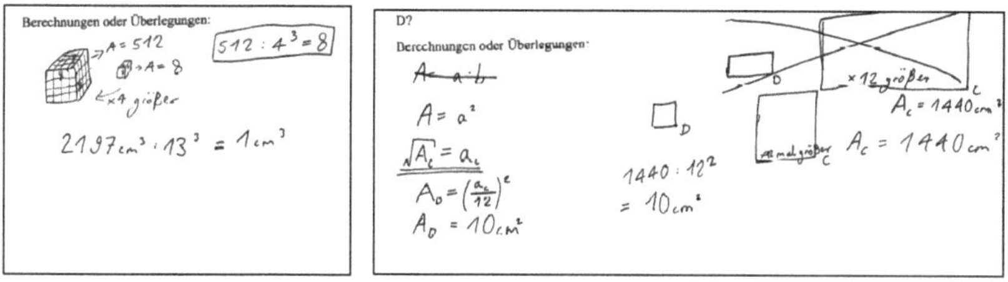

Abbildung 9.7 Lösungen des Würfel- (links) und des Quadratproblems (rechts) aus Testheft 39

Auch im zweidimensionalen Fall übertrug die Schülerin die Erkenntnis zum Skalierungsfaktor nicht auf eine krummlinige Form: Das Kreisproblem löste sie korrekt mit Hilfe der Formel und ergänzte wiederum eine Skizze.

Sonstige Nutzung der Skizzen

Zur Analyse der Nutzung von Skizzenmaßen bei der Lösung der Skalierungsprobleme wurden wie in Abschnitt 9.2.6 beschrieben drei Indikatoren herangezogen: allgemeine Nutzung (*SkRe*), Nutzung in falschen (*SkRe_fa*) und in richtigen Lösungen (*SkRe_korr*). Für jede Person wurden Mittelwerte über die vier Aufgaben gebildet und deren Verteilung in den drei Treatmentgruppen ausgewertet (siehe Tabelle 9.15).

Tabelle 9.15 Mittelwerte (Standardabweichung) für die Nutzung von Skizzenmaßen zur Berechnung allgemein sowie für richtige und falsche Lösungen

	SkRe	SkRe_korr.	SkRe_fa
K	0,01 (0,04)	0,01 (0,04)	0,00 (0,00)
Z	0,16 (0,25)	0,03 (0,14)	0,13 (0,22)
ZM	0,13 (0,24)	0,02 (0,07)	0,11 (0,23)
Ges	0,11 (0,23)	0,02 (0,10)	0,09 (0,21)

Für die Kontrollgruppe zeigte sich, dass die Skizzenmaße nur in 1 % der Aufgabenbearbeitungen genutzt wurden, dies entsprach einem Fall: Eine Schülerin ermittelte mit einer Rasterung den Skalierungsfaktor für die Würfelaufgabe und nutzte diesen korrekt zur Lösung (siehe Abbildung 9.7, links). Dies erklärt die Werte für SkRe_korr (M = 0,01) und SkRe_fa (M = 0,00) in der Kontrollgruppe. In den Experimentalgruppen erfolgte die Nutzung von Skizzenmaßen häufiger (16 % in Gruppe Z, 13 % in Gruppe ZM). Dies betrifft insbesondere falsche Lösungen (13 % in der Gruppe Z, 11 % in der Gruppe ZM). Innerhalb richtiger Lösungen war der Anteil dagegen in beiden Gruppen sehr gering (3 % in der Gruppe Z, 2 % in der Gruppe ZM), sodass die Werte hier mit denen der Kontrollgruppe vergleichbar sind. Die univariaten Varianzanalysen bestätigten signifikante Haupteffekte der Gruppenzugehörigkeit mit mittlerem Effekt für die Nutzung allgemein ($F(2,195) = 6.49$, $p = .002$, $\eta_p^2 = .06$) sowie mit kleinem Effekt für die Nutzung innerhalb falscher Lösungen ($F(2,195) = 5.88$, $p = 0.003$, $\eta_p^2 = .06$). Die Posthoc-Analysen zeigten, dass die Nutzung der Skizzen in beiden Experimentalgruppen signifikant häufiger erfolgte als in der Kontrollgruppe (Nutzung allgemein: $p < .001$, d = 0.74 für Z, $p < .001$, $d = 0.62$ für ZM; Nutzung innerhalb falscher Lösungen: $p < .001$, d = 0.72 für Z, $p < .001$, d = 0.60 für ZM), während sich die Nutzungshäufigkeit zwischen den Experimentalgruppen nicht unterschied. Für richtige Lösungen ergab sich kein signifikanter Gruppeneffekt ($p = .306$).

Ein Blick auf konkrete Bearbeitungen verdeutlicht, dass die Nutzung von Skizzenmaßen innerhalb falscher Lösungen überwiegend in der „Messlösung" bestand, also der Berechnung von Flächen- bzw. Volumenwerten anhand der Skizze (siehe Abbildung 9.8, links).

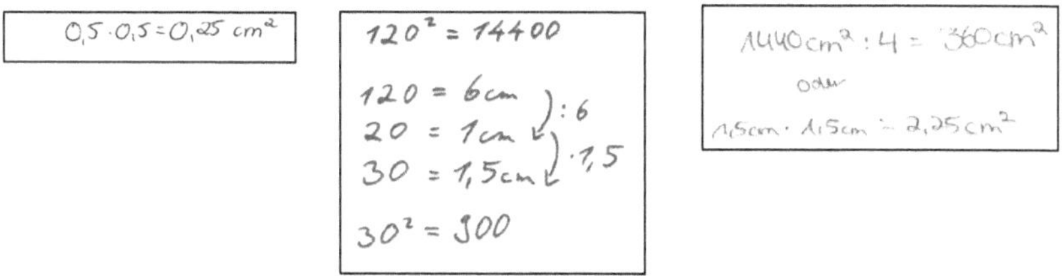

Abbildung 9.8 Beispiele für die Verwendung von Skizzenmaßen im Kontext fehlerhafter Lösungen des Quadratproblems aus den Testheften 55 (links), 134 (Mitte), 79 (rechts)

Weitere fehlerhafte Nutzungen fanden sich bei „sonstigen“ Lösungswegen (siehe Abbildung 9.8, Mitte) oder in Berechnungen, die als alternative, später verworfene Lösungsansätze dienten (siehe Abbildung 9.8, rechts).

Die wenigen korrekten Lösungen unter Verwendung von Skizzenmaßen in den Experimentalgruppen traten bei insgesamt acht Aufgabenbearbeitungen von fünf Lernenden auf. Drei Schülerinnen und Schüler leiteten in vier Fällen den Wachstumsfaktor rechnerisch über die Skizzenmaße und einen Verhältnisansatz her (siehe Abbildung 9.9, links).

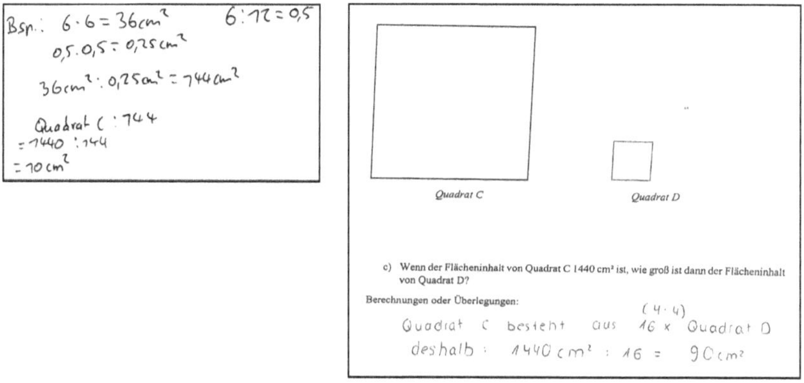

Abbildung 9.9 Beispiele für die Verwendung von Skizzenmaßen im Kontext korrekter Lösungen des Quadratproblems aus den Testheften 2 (links) und 188 (rechts)

Zwei weitere Lernende erkannten beim Quadratproblem ohne Rasterung das Größenverhältnis der visualisierten Fläche (siehe Abbildung 9.9, rechts). Weitere

Nutzungen ergaben sich durch die Berechnung von Skizzenflächen als alternativen, später verworfenen Lösungsweg (Testheft 10, Aufgabe 1). Bemerkenswert ist, dass nur zwei Lernenden eine zumindest teilweise Übertragung des Wachstumsprinzips auf weitere Probleme gelang. Eine Schülerin (Testheft 15) leitete zunächst beim Quadratproblem den Wachstumsfaktor rechnerisch her und löste anschließend die Kreis- und Würfelaufgabe korrekt mit dem quadratischen bzw. kubischen Faktor, während das Kugelproblem unbeantwortet blieb. Ein Schüler ermittelte das Skalierungsprinzip beim Quadratproblem über die visualisierte Fläche, beim Kreis- und Würfelproblem über Skizzenmaße und Verhältnisansatz und löste das Kugelproblem schließlich direkt mit dem korrekten Skalierungsfaktor. Alle übrigen Lernenden griffen bei den weiteren Aufgaben auf andere, nur teilweise korrekte Verfahren zurück.

9.6 Diskussion

Die vorliegende Sekundäranalyse knüpft an die Primäranalyse von Krawitz und Schukajlow (2020) an, in der der Gesamteffekt der Zeichenanweisungen (Anweisung zum Zeichnen einer Skizze bzw. Anweisung zum Zeichnen einer Skizze mit anschließender Markierung) auf die Leistung und die Zahl linearer Übergeneralisierungen beim Lösen nicht linearer Geometrieprobleme untersucht wurde. Zentrale Befunde waren erstens eine leistungsmindernde Wirkung beider Arten der Zeichenanweisung im Vergleich zur Kontrollgruppe sowie eine höhere Zahl linearer Übergeneralisierungen in der Zeichnen-, nicht jedoch in der Zeichnen-Markieren-Gruppe. Diese Ergebnisse bildeten den Ausgangspunkt der Sekundäranalyse, die vertiefend den Einfluss von Form und Dimension auf den Effekt der Art der Zeichenanweisung (Forschungsfrage 1), den Einfluss der Art der Zeichenanweisung auf die Wahl der Lösungswege (Forschungsfrage 2), die Konsistenz linearer Übergeneralisierungen und deren Zusammenhang mit der Art der Zeichenanweisung (Forschungsfrage 3) sowie die Qualität und Nutzung spontaner und auf Anweisung hin erstellter Skizzen (Forschungsfrage 4) untersuchte. Im Folgenden werden die Ergebnisse entlang der Forschungsfragen diskutiert.

Forschungsfrage 1
Die Ergebnisse liefern eine differenzierte Antwort auf die Frage, inwieweit Form und Dimension des geometrischen Objekts den Effekt der Art der Zeichenanweisung auf die Leistung beim Lösen nicht linearer Geometrieprobleme beeinflussen. Die Ergebnisse bestätigten zunächst die Haupteffekte der Form (H1.1) und der

Dimension (H1.2) auf die Leistung beim Lösen nicht linearer Geometrieprobleme. Probleme zu gradlinig begrenzten Objekten wurden besser gelöst als solche zu krummlinigen; Probleme zu Flächen besser als solche zu Körpern. Diese Befunde entsprechen den in Kapitel 2 beschriebenen theoretischen Erwartungen zum Einfluss der Faktoren Form und Dimension, wobei sich insbesondere der Effekt der Form verglichen mit früherer Forschung deutlich zeigte (η_p^2 = .249). Der erwartete Interaktionseffekt zwischen Form und Zeichenanweisung (H 1.3) konnte nicht nachgewiesen werden. Damit ergab sich kein Hinweis darauf, dass der negative Effekt der Zeichenanweisung von der Form des geometrischen Objekts abhängt. Das Potenzial der Maßstabsskizze bei gradlinigen Objekten hinsichtlich der Rasterstrategie zeigte sich also nicht in signifikanten Interaktionseffekten. Mögliche Erklärungen liegen in der geringen Nutzung dieser Strategie oder deren begrenzter Wirkung. Andererseits könnte die Wirkung der Rasterstrategie durch lineare Übergeneralisierungen überlagert werden. Denn führt man den Gedankengang von De Bock et al. (2003) über die Bedeutung der zeichnerischen Aktivitäten für das Auftreten linearer Übergeneralisierungen fort, so könnte das Zeichnen gerader Linien diese Wirkung besonders fördern. Weitere Einblicke in die tatsächliche Nutzung der Rasterstrategie ergeben sich in der Analyse zu Forschungsfrage 4. Ebenso konnte kein signifikanter Interaktionseffekt von Dimension und Treatmentgruppen festgestellt werden, was insbesondere hinsichtlich der Konzeption von Studie 2 relevant ist.

Forschungsfrage 2

Durch Forschungsfrage 2 wurde der Einfluss der Art der Zeichenanweisung auf die gewählten Lösungswege allgemein und hinsichtlich richtiger und falscher bzw. fehlerhafter Lösungen untersucht. Dabei wurde nicht erneut die Häufigkeit linearer Übergeneralisierungen geprüft, da dieser Aspekt bereits im Rahmen der Primäranalyse untersucht wurde, sondern die gesamte Verteilung der Lösungswege betrachtet. Ziel war es, die in der Primäranalyse nachgewiesenen Leistungsunterschiede zwischen den Gruppen durch eine detailliertere empirische Analyse und theoretische Einordnung besser zu verstehen. Die Ergebnisse der vorliegenden Sekundäranalyse zeigen, dass der in der Primäranalyse nachgewiesene negative Effekt der Zeichenanweisung nicht nur mit einer höheren Zahl linearer Übergeneralisierungen einherging, sondern mit einer weitergehenden Verschiebung in der Verteilung der Lösungswege. In beiden Experimentalgruppen wurden die Probleme signifikant seltener mit der Formel gelöst als in der Kontrollgruppe, während die Zahl der Skizzenlösungen in den Experimentalgruppen signifikant höher ausfiel. Die Zeichenanweisung führte also zu einer

Verschiebung vom formalen algorithmischen Verfahren hin Lösungen mit Hilfe der Skizze. Die differenzierte Betrachtung nach richtigen und falschen bzw. fehlenden Lösungen zeigte, dass sich lediglich für letztere ein statistisch signifikanter (großer) Haupteffekt der Art der Zeichenanweisung zeigte. Zusätzlich zur Zunahme (naturgemäß falscher) linearer Übergeneralisierungen war in beiden Experimentalgruppen eine statistisch signifikante Zunahme falscher Lösungen mit Hilfe der Skizzen zu beobachten, bei denen Lernende die gezeichnete Fläche bzw. das gezeichnete Volumen berechneten, während die Zahl der Lösungen mit Hilfe der Formel abnahm. Die Skizze scheint hier also als primäre Informationsquelle im Sinne einer Berechnungsgrundlage (siehe Abschnitt 7.4) genutzt worden zu sein, während die Textinformationen vernachlässigt wurden. Eine mögliche Erklärung ist, dass unzureichendes Wissen über Ähnlichkeit wie in Abschnitt 5.3.7 beschrieben die Integration von Text- und Bildinformationen verhinderte. In Folge könnten sich Lernende stärker an oberflächlich, visuell auffälligen Bildinformationen orientieren (Schnotz & Bannert, 2003). Ein weiterer Erklärungsansatz ist eine oberflächliche Bildverarbeitung mit Fokus auf die vertrauten Formen (Hegarty & Kozhevnikov, 1999). Verstärkt werden könnte dieser Fehler dadurch, dass die Skizze zuvor als eigenständiger Aufgabenteil aufwändig erstellt wurde. Lernende könnten daraus pragmatisch ableiten, dass die Nutzung der Skizze für die Lösung erwartet wird (Reusser, 1988).

Forschungsfrage 3

Forschungsfrage 3 fokussierte die Konsistenz, mit der Lernende lineare Übergeneralisierungen anwenden sowie einen möglichen Einfluss der Zeichenstrategie. Die Konsistenz betreffend deuten die Ergebnisse bezogen auf die ganze Stichprobe darauf hin, dass Lernende in allen Treatmentgruppen lineare Übergeneralisierungen in ähnlicher Häufigkeit entweder teilweise anwendeten – was als Hinweis auf eine Oberflächenstrategie oder das Fehlen alternativer Lösungsansätze interpretiert werden kann – oder konsistent über alle Aufgaben hinweg, was eher auf eine lineare Fehlvorstellung schließen lässt (siehe Abschnitt 2.4.4). Zwar zeigte sich nach Ausschluss fehlender Fälle eine Verschiebung des Verteilungsmusters in den Experimentalgruppen zugunsten konsistenter linearer Übergeneralisierungen. Ein signifikanter Einfluss der Art der Zeichenanweisung auf die Konsistenzvariable ließ sich jedoch weder für die Gesamtstichprobe noch für die Teilstichprobe vollständiger Testbearbeitungen nachweisen. Die Hypothese 3.1, wonach die Zeichen-Anweisung die Zahl konsistenter linearer Übergeneralisierungen erhöht, kann daher nicht bestätigt werden, wohingegen Hypothese 3.2 den fehlenden Einfluss der Zeichen-Markieren-Anweisung betreffend gestützt wurde. Die beobachtete Verschiebung bei Fokussierung auf vollständige Aufgabenbearbeitungen deutet zwar tendenziell in Richtung von H 3.1 und gegen H 3.2. Diese Tendenz ist über die fehlende Signifikanz jedoch aus einem weiteren Grund mit Vorsicht zu interpretieren: Grund für den Ausschluss unvollständiger Aufgabenbearbeitungen war der mögliche Zeitmangel insbesondere für Lernende der Experimentalgruppen durch den zeitlichen Aufwand des Zeichnens (und Markierens) der Skizze. Hier ist zu berücksichtigen, dass Lernende, die lineare Übergeneralisierungen als Fehlvorstellung anwenden, weniger Zeit für die Aufgabenbearbeitungen benötigen, da sie auf einen (falschen) Routineprozess zurückgreifen können (McNeil & Alibali, 2005; Rott, 2015; Siegler, 2005). Die dadurch höhere Präsenz dieser Lernenden in der Teilstichprobe könnte zu einer selektiven Überrepräsentation insbesondere in Experimentalgruppen betreffend geführt haben, sodass die beobachtete Zunahme konsistenter linearer Übergeneralisierungen auch Folge der Selektion sein könnte.

Forschungsfrage 4

Forschungsfrage 4 fokussierte Unterschiede zwischen auf Anweisung hin und spontan erstellten Skizzen hinsichtlich ihrer Qualität und ihrer Nutzung innerhalb der Bearbeitung nicht linearer Geometrieprobleme.

Die Skizzenqualität wurde über die Merkmale formale Korrektheit (entsprechend der Kodierung), funktionale Korrektheit (korrekte Visualisierung des Größenverhältnisses sowie Vollständigkeit (Beschriftung mit relevanten Größen) erfasst. Die Ergebnisse zeigen deutliche Qualitätsunterschiede: In den Experimentalgruppen wurden signifikant häufiger sowohl formal als auch funktional korrekte Skizzen angefertigt, während die spontan angefertigten Skizzen der Kontrollgruppe überwiegend formal und insbesondere funktional nicht korrekt waren. Dieser Unterschied lässt sich einerseits durch die experimentellen Bedingungen erklären, da die Experimentalgruppen explizit zum Anfertigen einer Maßstabsskizze aufgefordert wurden, und hier formale und funktionale Korrektheit zusammenfielen. Dennoch ist in Anbetracht der großen Zahl spontan erstellter Skizzen in der Kontrollgruppe der geringe Anteil formal und insbesondere lediglich einer funktional korrekten Skizze auffällig. Während die Anzahl der spontan erstellten Skizzen den von De Bock et al. (1998) berichteten Wert von 13 % deutlich übertraf, zeigt sich hinsichtlich ihrer geringen Qualität eine Übereinstimmung mit den dort berichteten Befunden (siehe Abschnitt 7.6). Zugleich waren in der Kontrollgruppe signifikant mehr Skizzen vollständig bzw. formal korrekt und vollständig als in den Experimentalgruppen, weil Lernende der Kontrollgruppe häufig relevante Größen des Skalierungsproblem an die Flächen notierten. Ein Effekt der spontan erstellten Skizzen auf die Leistung zeigte sich, wie im Treatmentcheck (siehe 9.4) festgestellt, nicht. Der in der Literatur für das Zeichnen einer Skizze allgemein berichtete positive Effekt (siehe Abschnitt 7.5.1) sowie der von De Bock et al. (1998) für spontan erstellte Skizzen im Kontext nicht linearer Geometrieprobleme berichtete positive Zusammenhang mit der Leistung blieb hier also aus. Eine mögliche Erklärung ist die fehlende funktionale Qualität der Skizzen. In Kombination mit der Editierung deutet sie darauf hin, dass die Lernenden der Kontrollgruppe die Skizzen überwiegend als Verstehens- und Aufzeichnungsinstrument verwendeten, um – möglicherweise ausgerichtet auf die Erinnerung an Berechnungsverfahren – die Form der Flächen und die gegebene und gesuchte Größe zu visualisieren (Presmeg, 1986; Stylianou, 2002). Auf diese Weise entstand im Rahmen des Zeichenprozesses gemäß des CMDC (siehe 5.3.6 und 5.3.7) ein berechnungsorientiertes Modell, das jedoch für eine explorative Funktion der Skizzen nicht tragfähig war und somit keine leistungsfördernde Wirkung hatte. Möglich ist zudem, dass den Lernenden das von Rellensmann et al. (2022) als wichtigen Leistungsprädiktor genannte strategische Skizzenwissen fehlte, also Wissen darüber, welche Merkmale eine qualitativ hochwertige und funktional nutzbare Skizze ausmachen.

In den Experimentalgruppen waren die Skizzen überwiegend formal und funktional korrekt, jedoch fast nie vollständig hinsichtlich des Skalierungsproblems. Die beobachteten Editierungsraten von 0 % (Gruppe Z) bzw. 1 % (Gruppe ZM) liegen sogar deutlich unter den Werten von 10 % bzw. 19 %, die nachträglich von De Bock et al. (2007) in der Gesamtanalyse der Studien für die Erhebungen von De Bock et al. (1998, 2002) für vorgegebene Skizzen berichtet wurden. Zwar kann die fehlende Editierung nicht wie von den Autoren vorgeschlagen mit einer fehlenden Nutzung gleichgesetzt werden, wie die unten diskutierten Ergebnisse zu Rasterung und Nutzung zeigen. Dennoch deuten sich zwei Erklärungen für die fehlende Editierung an, die beide auf der Vermutung beruhen, dass die Skizzen gemäß Instruktion vor und losgelöst von der Problembearbeitung erstellt wurden. Eine Möglichkeit ist, dass die Skizze im Sinne des Angebots-Nutzungs-Modells (Helmke, 2012) bei der Problembearbeitung nicht beachtet wurde. Eine andere Erklärung wäre, dass Lernende während der Problembearbeitung zwar auf die Skizzen zurückgriffen, die Integration der Text- und Bildinformationen im Sinne der CTML nach Mayer (2021) jedoch nicht erfolgreich war.

Die Nutzung betreffend wurde zwischen zwei Formen differenziert, nämlich der Anwendung von Rasterstrategien im explorativen sowie die Verwendung von Skizzenmaßen zur Berechnung im deskriptiven Sinne. Es wurden zwölf Fälle vollständiger oder teilweiser Rasterungen gefunden, davon elf in den Experimentalgruppen. Keine der Rasterungen der Experimentalgruppen führte jedoch (unmittelbar) zu einer korrekten Lösung. Warum die 11 Lernenden der Experimentalgruppe überhaupt eine Rasterung vornahmen, ist unklar. Eine Erklärung ist, dass sie sich an das Verfahren im Kontext der Herleitung quadratischer bzw. rechteckiger Flächeninhalte erinnert haben, das konzeptuelle Verständnis Flächeninhalte und Ähnlichkeit betreffend jedoch fehlte. Die beobachteten Rasterungen wären dann als oberflächlich erinnerte (prozedurale) Routinen zu sehen, die nicht in ein tragfähiges konzeptuelles Schema eingebettet waren (siehe Hiebert & Lefevre, 1986). Ob dieses Phänomen auch bei De Bock et al. (2003) auftrat, ist unklar, da sich die berichteten Werte nur auf korrekte Lösungen beziehen. Bezogen auf den in Forschungsfrage 1 berichteten fehlenden Interaktionseffekt zwischen Art der Zeichenanweisung und Form der Figur deutet die insgesamt geringe und zudem überwiegend erfolglose Nutzung von Rasterstrategien in den Experimentalgruppen darauf hin, dass dieser Effekt weniger durch eine Überlagerung mit anderen Faktoren, sondern vielmehr durch die begrenzte Anwendung der Rasterung und deren fehlende Wirksamkeit zu erklären ist. Die einzig zielführende Anwendung der Rasterstrategie fand sich bei einer Lösung des Würfelproblems durch eine Schülerin der Kontrollgruppe. Dieser Befund steht in Übereinstimmung mit den Ergebnissen von De Bock et al. (2003), die ebenfalls berichteten, dass erfolgreiche Anwendungen einer Rasterstrategie lediglich in der Kontrollgruppe bei spontan erstellten Skizzen auftraten. Die Schülerin, die beim Würfelproblem die Rasterung erfolgreich anwandte, hatte auch den Skalierungsfaktor beim Quadratproblem erfolgreich bestimmt, sie konnte ihre Erkenntnisse jedoch nicht erfolgreich auf andere Formen bzw. Dimensionen übertragen: Anstatt den bereits gefundenen Skalierungsfaktor form- und dimensionsunabhängig zu nutzen, leitete sie ihn beim Würfel erneut her, eine Übertragung auf krummlinige Objekte gelang ihr nicht. Die theoretische Einordnung dieser Beobachtung erfolgt weiter unten.

Eine Nutzung von Skizzenmaßen zur Berechnung trat (naturgemäß) in den Experimentalgruppen mit 16 % (Gruppe ZM) und 13 % (Gruppe Z) signifikant häufiger auf als in der Kontrollgruppe, bezog sich jedoch meist auf fehlerhafte Lösungen insbesondere im Sinne der bereits unter Forschungsfrage 2 beschriebenen und diskutierten Messlösung. Nur in Einzelfällen (bei insgesamt 8 Problembearbeitungen) wurden die Skizzenmaße korrekt im Rahmen von Verhältnisüberlegungen eingesetzt oder (beim Quadratproblem) das zugrundliegende Größenverhältnis ohne erkennbare Rasterstrategie erkannt. Die Anwendung des Skalierungsprinzips blieb jedoch, wie es bereits im Falle der einzig erfolgreichen Rasterung beobachtet wurde, meist auf das jeweilige Problem beschränkt; ein Transfer auf andere Problembearbeitungen erfolgte nicht. Insgesamt deuten diese Befunde darauf hin, dass zwar mit Hilfe der Skizzen situativ richtige Einsichten gewonnen werden konnten, diese jedoch nicht auf einem tragfähigen konzeptuellen Verständnis der Wachstumsprinzips skalierter geometrischer Objekte beruhten oder in ein solches überführt wurden. Wie in Abschnitt 3.2.2 dargestellt, setzt ein solches Verständnis das Zusammenspiel komplexer Wissenskomponenten voraus, nämlich das Verständnis von Flächen- und Volumeninhalten als maßzahlbezogene, form- und lageunabhängige Größen, das Verständnis der relationalen Zusammenhänge geometrischer Ähnlichkeit und Proportionalität sowie ein funktionales Verständnis des quadratischen bzw. kubischen Wachstums dieser Größen beim Skalieren. Ohne diese miteinander verknüpften Wissensbestände können Lernende zwar einzelne Relationen korrekt erkennen, diese aber nicht über Aufgaben hinweg verallgemeinern und nicht konsistent auf neue Situationen übertragen.

Insgesamt liefern die Ergebnisse zu Forschungsfrage 4 wichtige Erklärungsansätze für das Ausbleiben eines positiven Effekts sowohl spontan als auch auf Aufforderung hin erstellter Skizzen auf die Problemlöseleistung bei der Lösung nicht linearer Geometrieprobleme.

Der fehlende positive Effekt spontan gezeichneter Skizzen kann vor allem durch deren geringe funktionale Qualität erklärt werden, die eine Abschätzung des Größenverhältnisses nicht zulässt. Mögliche Ursachen für die mangelnde Qualität sind erstens eine Fokussierung auf Berechnungsverfahren, aber auch fehlendes strategisches Skizzenwissen.

Für den fehlenden positiven Effekt der auf Aufforderung hin erstellten Skizzen lassen sich mehrere Erklärungen finden: Erstens scheint ein fehlendes konzeptuelles Verständnis Flächeninhalte und Ähnlichkeit betreffend ursächlich zu sein: Eine erfolgte Rasterung konnte meist nicht funktional genutzt werden; Erkenntnisse zum Größenverhältnis der Flächeninhalte bzw. Volumina erfolgten nur selten und bezogen auf eines der Skalierungsprobleme; sie konnten nicht auf andere Formen und Dimensionen übertragen werden. Darüber hinaus ist denkbar, dass sowohl eine unzureichende Integration von Text- und Bildinformationen als auch ein Mangel an strategischem oder heuristischem Skizzenwissen zu den Befunden beigetragen haben. Da jedoch keine Prozessdaten vorliegen, bleiben diese Annahmen hypothetisch.

Zusammenfassung und Ausblick

Während die Analysen zu Forschungsfrage 4 verdeutlichen, weshalb Skizzen keinen förderlichen Einfluss auf die Problemlöseleistung hatten, erklären sie nicht den in den Experimentalgruppen auftretenden negativen Effekt. Auch eine integrierte Betrachtung aller vier Forschungsfragen bietet lediglich Teilaspekte einer Erklärung. Diese werden im Folgenden zusammenfassend beleuchtet, um die zentralen Mechanismen der Leistungsminderung herauszuarbeiten und zugleich

Ansatzpunkte für die in der zweiten Studie erfolgte vertiefte Untersuchung der zugrunde liegenden kognitiven Prozesse zu gewinnen.

Insgesamt zeigte sich neben linearen Übergeneralisierungen falsche Messlösungen als zweiter bedeutender Faktor für den negativen Effekt der Aufforderung, eine Skizze zu zeichnen. Mögliche Gründe für falsche Messlösungen sind wie oben diskutiert eine fehlende Text-Bild-Integration oder oberflächliche Bildverarbeitung. Welcher dieser Faktoren in welchem Ausmaß zum Fehler beiträgt, lässt sich aufgrund fehlender prozessbezogener Daten jedoch nicht bestimmen. Lineare Übergeneralisierungen betreffend konnte eine über die Vermutung De Bock et al. (2003) hinausgehende Begründung nicht gefunden werden: Weder Form noch Dimension des geometrischen Objekts scheinen eine Rolle zu spielen, auch für die Begründung durch die Fokussierung auf lineare Tätigkeiten ließ sich kein empirischer Beleg finden: Die Fokuslenkung durch die Markierung der Fläche als gesuchte Größe verminderte zwar die Zahl der linearen Übergeneralisierungen in der Gruppe ZM, jedoch nur in recht geringem Umfang verglichen mit der Gruppe Z; zudem bewirkte die Zeichenanweisung (Gruppe Z) keine Zunahme konsistenter linearer Übergeneralisierungen, wie sie bei einem Triggern linearer Übergeneralisierungen durch das Zeichnen zu erwarten gewesen wäre. Da die Skizzen nur bei einem geringen Teil der Aufgabenbearbeitungen der Experimentalgruppen (16 % in der Gruppe Z, 13 % in der Gruppe ZM) eine in den notierten Lösungen erkennbare Rolle gespielt haben, blieb die Rolle der Skizzen im Problemlöseprozess meist und insbesondere für auf linearen Übergeneralisierungen beruhende Lösungen unklar; aufgrund der fehlenden Editierung der Skizzen ließen sich insbesondere keine Rückschlüsse ziehen, ob sie überhaupt Beachtung fanden. Daher richtet die zweite Studie den Fokus auf die kognitiven Prozesse und die Skizzennutzung im Problemlöseverlauf.

Studie 2: Eye-Tracking-Studie 10

10.1 Fragestellungen

Die zweite Studie knüpft an die in Studie 1 gewonnenen Erkenntnisse und die offenen Fragen an und verfolgt das Ziel, ein vertieftes Verständnis darüber zu gewinnen, ob und wie Lernende auf Aufforderung hin erstellte Skizzen beim Bearbeiten nicht linearer Geometrieprobleme tatsächlich nutzen, welche Rolle diese bei der Entwicklung unterschiedlicher Lösungswege spielen und inwiefern Aufgabenmerkmale diese Nutzung beeinflussen. Grundlage bildet eine differenzierte Analyse prozessbezogener Daten. Dabei stehen insbesondere drei Aspekte im Fokus: Hinweise auf eine Nutzung der in Abschnitt 7.4 beschriebenen Potenziale der Skizzen in einzelnen Phasen des Problemlösens (siehe Abschnitt 7.4), Hinweise auf Faktoren, die eine solche Nutzung erschweren sowie auf Faktoren, durch die Skizzen hinderlich wirken.

Die Forschungsfragen folgen zwei verschiedenen analytischen Perspektiven: Forschungsfrage 5 zielt auf die Analyse einzelner individueller Lösungswege, während die Forschungsfragen 6 und 7 darauf aufbauend Zusammenhänge zwischen Skizzennutzung und anderen Variablen untersuchen.

Erkenntnisinteresse der fünften Forschungsfrage ist die differenzierte Beschreibung der Skizzennutzung im Verlauf individueller Lösungsprozesse. Anknüpfend an die erste Studie soll untersucht werden, wann Lernende die Skizzen nutzen, wozu und wie sie diese einsetzen und in welcher Qualität die

---

Ergänzende Information Die elektronische Version dieses Kapitels enthält Zusatzmaterial, auf das über folgenden Link zugegriffen werden kann https://doi.org/10.1007/978-3-658-52828-7_10.

G. Volbers, *Visualisierungen bei nicht linearen Geometrieproblemen*, Studien zur theoretischen und empirischen Forschung in der Mathematikdidaktik,
https://doi.org/10.1007/978-3-658-52828-7_10

(visuelle) Verarbeitung erfolgt. Der zeitliche Aspekt dient dazu zu klären, inwieweit die Zeichenanweisung mit dem Skalierungsproblem vernetzt ist, also ob die Skizze gezielt im Hinblick auf die Lösung des Problems erstellt wurde oder zu Beginn der Problembearbeitung als vorgegeben gelten kann. Zudem wird betrachtet, ob und in welchen Phasen des Problemlöseprozesses eine tatsächliche Nutzung der Skizze erkennbar ist. Der Zweck (wozu) orientiert sich an den Ausführungen in Abschnitt 7.4. Die Art und Weise (wie) bezieht sich auf die beobachteten Formen der Skizzennutzung; die Qualität adressiert die Tiefe der visuellen Verarbeitung von Skizzen im Sinne der Theorien des multimedialen Lernens (siehe Kapitel 5). Als theoretische Grundlage dienen Konzepte zur visuellen Informationsverarbeitung aus der Multimediaforschung (siehe Kapitel 6).

Insgesamt soll auf Grundlage der rekonstruierten Nutzungsmuster untersucht werden, welche Potenziale der Skizzen in einzelnen Phasen des Problemlöseprozesses genutzt wurden, welche Faktoren diese Nutzung erschwerten oder verhinderten (Abschnitt 7.5) und inwieweit sich die Skizzennutzung bezogen auf die Teilprozesse als lösungsförderlich, nicht förderlich oder leistungsmindernd erwies (Abschnitt 7.6). Daraus ergibt sich:

Forschungsfrage 5

Wann, wozu, wie und in welcher Qualität nutzen Lernende auf Aufforderung hin erstellte Skizzen im Problemlöseprozess nicht linearer Geometrieprobleme?

Die nächste Forschungsfrage zielt auf die Funktion der Skizzen bei der Entwicklung unterschiedlicher Lösungswege und insbesondere solcher mittels linearer Übergeneralisierungen. Für letztere ist ein vertieftes Verständnis wichtig, welche der in Abschnitt 2.4 diskutierten Gründe zu linearen Übergeneralisierungen beitragen. Dabei soll insbesondere geprüft werden, ob sich Hinweise dafür finden lassen, dass lineare Übergeneralisierungen durch Übertragung linearer Aktivitäten im Zusammenhang mit der Skizzenerstellung entstehen. Diese Frage konnte in der ersten Studie nicht zufriedenstellend beantwortet werden. Daraus ergibt sich:

Forschungsfrage 6

a) **Welche Gründe lassen sich für lineare Übergeneralisierungen identifizieren und welche Rolle spielen die Skizzen bei der Entwicklung von Lösungen unter Nutzung linearer Übergeneralisierungen?**
b) **Welche Rolle spielen die Skizzen bei der Entwicklung von Lösungen, die auf anderen Lösungsansätzen beruhen?**

Die letzte Forschungsfrage der Prozessstudie fokussiert offene Fragen der ersten Studie hinsichtlich der Effekte der Art der Zeichenanweisung (Zeichnen versus Zeichnen und Markieren) auf lineare Übergeneralisierungen und Problemlöseleistung sowie den ausgebliebenen Interaktionseffekt zwischen Art der Zeichenanweisung und Form des geometrischen Objekts (gradlinig versus krummlinig). Es soll qualitativ untersucht werden, inwiefern diese Aufgabenmerkmale im Zusammenhang mit der Skizzennutzung und dem Auftreten linearer Übergeneralisierungen stehen. Ziel ist es, Erklärungsansätze für bislang nicht geklärte oder fehlende Effekte zu gewinnen. Damit ergibt sich:

Forschungsfrage 7

Gibt es Zusammenhänge zwischen Skizzennutzung, dem Auftreten linearer Übergeneralisierungen, der Art der Zeichenanweisung und Form des geometrischen Objekts?

Insgesamt ist es das Ziel, auf Basis der qualitativen Prozess- und Zusammenhanganalysen ein vertieftes Verständnis dafür zu gewinnen, wie und unter welchen Bedingungen (einschließlich Art der Zeichenanweisung und Form der Skizze) auf Aufforderung hin erstellte Skizzen im Problemlöseprozess genutzt werden – und darauf aufbauend Hypothesen darüber zu formulieren, inwiefern diese Nutzung leistungsförderlich, wirkungslos oder leistungsmindernd verläuft.

10.2 Methode

In diesem Kapitel werden die methodischen Grundlagen der Untersuchung beschrieben. Ziel dieser Darstellung ist es, das Vorgehen transparent zu machen und die Entscheidungen bezüglich des Forschungszugangs und des Erhebungskontextes zu begründen. Hierzu werden zunächst der methodische Ansatz sowie zentrale Designentscheidungen begründet (10.2.1), bevor auf die Stichprobe (10.2.2.), die Messinstrumente (10.2.3), die Datenerhebung (10.2.4), die Datenaufbereitung (10.2.5) sowie die Auswertungsmethode (10.2.6) eingegangen wird.

10.2.1 Untersuchungsansatz und Überlegungen zum Design

Im Fokus der zweiten Studie steht die detaillierte Untersuchung individueller Lösungsprozesse bei der Bearbeitung nicht linearer Geometrieprobleme, insbesondere hinsichtlich der Nutzung auf Aufforderung hin erstellter Skizzen. Die Forschungsfragen (siehe Abschnitt 10.1) zielen darauf ab, die Skizzennutzung im zeitlichen Verlauf, in ihrer Qualität und Funktionalität zu beschreiben, ihre Rolle bei der Entwicklung verschiedener Lösungswege – insbesondere solcher auf Basis linearer Übergeneralisierungen – zu rekonstruieren und Zusammenhänge mit aufgabenbezogenen Merkmalen wie Figurenform und Zeichenanweisung zu identifizieren. Die Analyse zielt darüber hinaus auf die Entwicklung hypothesengenerierender Einsichten zu potenziell hinderlichen und förderlichen Faktoren der Skizzennutzung, zu Gründen für lineare Übergeneralisierungen, zur Rolle der Skizzen innerhalb bestimmter Lösungswege sowie zur Bedeutung aufgabenbezogener Merkmale für Skizzennutzung und linearen Übergeneralisierungen.

Der bisherige Forschungsstand zu den Forschungsfragen ist lückenhaft. Zwar existieren Untersuchungen, die den Einfluss gegebener oder selbst erstellter Skizzen auf die Problemlöseleistung untersuchen sowie zur Dauer und Qualität der Skizzennutzung während des Problemlösens (siehe Abschnitt 7.5). Allerdings gibt es bisher nur wenige Studien, die die Nutzung von Skizzen beim mathematischen Problemlösen detailliert prozessbezogen untersuchen, und noch seltener beziehen diese sich auf ein geometrisches Problem (beispielsweise Lin & Lin, 2014; Schindler & Lilienthal, 2019). Prozessbezogene Untersuchungen der Skizzennutzung bei der Lösung nicht linearer Geometrieprobleme sowie auch Studien zur prozessbezogenen Analyse der Rolle von Skizzen in den verschiedenen Phasen des Problemlöseprozesses existieren jedoch nach Kenntnis der Autorin noch nicht. Vor diesem Hintergrund wurde ein qualitativ-explorativer Forschungsansatz gewählt, der durch das hypothesengenerierende Forschungsinteresse, die detaillierte Beschreibung komplexer Phänomene und die prozessorientierte Forschungsperspektive gerechtfertigt ist (Döring, 2023; Mayring, 2022).

Forschungsfrage 7 richtet sich auf mögliche Zusammenhänge zwischen der Skizzennutzung bzw. dem Auftreten linearer Übergeneralisierungen und den aufgabenbezogenen Faktoren Art der Zeichenanweisung sowie Form des geometrischen Objekts. Auch wenn in der vorliegenden Studie keine quantitativen Gruppenvergleiche im Sinne statistischer Hypothesenprüfungen angestrebt werden, wurde das Untersuchungsdesign – in Anlehnung an Studie 1 – in Form eines Between-subject-Designs umgesetzt, bei dem die Art der Zeichenanweisung den Gruppenfaktor bildet. Auf die Einbindung einer Kontrollgruppe wurde zugunsten des qualitativen Erkenntnisinteresses bewusst verzichtet. Die Form des geometrischen Objekts wurde erneut als Within-Subject-Faktor realisiert. Da die Art und Weise der Aufgabenbearbeitung möglichst ähnlich zu der der Primärstudie (Krawitz & Schukajlow, 2020) gestaltet sein sollte, war es erforderlich, dass die Lernenden die Aufgaben in Einzelarbeit bearbeiten und die kognitiven Prozesse beim Problemlösen nicht durch äußere Eingriffe oder Methoden wie das laute Denken beeinflusst werden (Helle, 2017; Thomaneck et al., 2025). Kognitive Prozesse beim geometrischen Problemlösen laufen häufig schnell ab und können durch einfache Videoaufnahmen nur unzureichend erfasst werden (Epelboim & Suppes, 2001). Vor diesem Hintergrund fiel die Wahl auf den Einsatz von Eye-Tracking, da die Blickbewegungen als integraler Bestandteil des Problemlöseprozesses gelten (Epelboim & Suppes, 2001). Ihre Aufzeichnung beeinflusst den Problemlöseprozess nicht oder nur in geringem Maße und bietet, wie in Kapitel 6 erläutert, die Chance, verborgene kognitive Prozesse offenzulegen (Strohmaier et al., 2020). Da computergestützte Zeichenprozesse mit anderen kognitiven Prozessen verbunden sind (Van Meter & Garner, 2005), mussten die Lernenden mit Stift und Papier zeichnen. Dies schloss den Einsatz eines Remotetrackers, also eines Systems, das die Blickbewegung der Lernenden auf einem Computerbildschirm erfasst, aus. Zur Erfassung der Blickbewegung wurde daher ein headbasierter Eye-Tracker eingesetzt, der die Blickbewegungen gleichzeitig mit Handlungen und verbalen Äußerungen aufzeichnet. Zur Erhöhung der Aussagekraft wurden die Eye-Tracking-Daten durch ein Stimulated-Recall-Interview (SRI) ergänzt (siehe 10.2.3).

10.2.2 Stichprobe

Die Stichprobe umfasste insgesamt 23 Schülerinnen und Schüler der Sekundarstufe II aus zwei Gymnasien und einer Gesamtschule im Münsterland. Insgesamt 5 Fälle wurden aufgrund von in Abschnitt 11.3 aufgeführten Kriterien von der weiteren Analyse ausgeschlossen. Die verbleibende Stichprobe bestand aus 18 Schülerinnen und Schülern, von denen 55,6 % weiblich waren. Zum Zeitpunkt der Erhebung waren die Teilnehmenden zwischen 15 und 18 Jahren ($M = 16.18$, $SD = 1.02$). 55,6 % der Lernenden besuchten die Gesamtschule, die anderen ein Gymnasium. Ergänzend zu diesen Angaben wurden die letzten Zeugnisnoten im Fach Mathematik erhoben. Alle Schülerinnen und Schüler haben sich freiwillig für die Teilnahme an der Studie gemeldet, was eine mögliche Erklärung für die insgesamt hohe Leistung ist: Mit Ausnahme einer Schülerin, die die Note befriedigend angab, lagen alle weiteren Noten im sehr guten bis guten Bereich

(M = 1.61, SD = 0.61). Die Zuteilung zu den beiden Experimentalgruppen, die denen der ersten Studie entsprachen, erfolgte randomisiert. Gruppe Z (Zeichnen) wurde aufgefordert, vor der Bearbeitung des jeweiligen Skalierungsproblems eine Maßstabsskizze anzufertigen, die Gruppe ZM (Zeichnen und Markieren) sollte zusätzlich die gesuchte Fläche markieren. Ein Vergleich der beiden Gruppen hinsichtlich der personenbezogenen Variablen Schulform, Alter, Geschlecht und Zeugnisnote ergab eine gleichmäßige bzw. vergleichbare Verteilung. Dies kann als Indikator für die Wirksamkeit der Randomisierung angesehen werden.

10.2.3 Messinstrumente

Zur Beantwortung der Forschungsfragen kamen drei Messinstrumente zum Einsatz, die im Folgenden beschrieben werden:

Leistungstest
Die Aufgaben wurden aus der ersten Studie übernommen und nach folgenden inhaltlichen und methodischen Kriterien ausgewählt: Da die Ergebnisse der Primärstudie (Krawitz & Schukajlow, 2020) zeigten, dass das visuelle Monitoring die Problemlöseleistung nicht beeinflusst, wurden die Aufgaben mit kleinem Skalierungsfaktor (V + -Gruppen der ursprünglichen Studie) gewählt. Dies hat den Vorteil, dass die zu zeichnenden Skizzen eine ausreichende Größe zur Auswertbarkeit der Blickverläufe behielten. Weil das Forschungsinteresse dieses Teils der Studie auf die Form der geometrischen Figur gerichtet ist, wurden ausschließlich Aufgaben zur Skalierung von Flächen ausgewählt. Da sich für die Durchführung der Erhebung mit einer Eye-Tracking-Brille der Einsatz von Arbeitsblättern im DIN-A3-Format (Querformat) aufgrund des größeren horizontalen Sichtfelds der Brille als besonders praktikabel erwies, wurde die Gestaltung der Testmaterialien entsprechend angepasst (siehe Abbildung 10.1). Um die spätere Auswertung der Blickdaten anhand vordefinierter Areas of Interest (AOIs) zu erleichtern, wurden die Aufgabenblätter klar in fünf optisch abgegrenzte Bereiche für die Aufgabenstellungen zur Skizzenkonstruktion bzw. zum Skalierungsproblem, dem Skizzenbereich sowie Bereichen für Berechnungen und Antwort strukturiert. Die systembedingte Ungenauigkeit der verwendeten Brille wurde bei der Anordnung dieser Bereiche berücksichtigt, indem ausreichend große Abstände eingehalten wurden, sodass die Areas of Interest überscheidungsfrei definiert werden konnten (siehe Anhänge B2 bis B4).

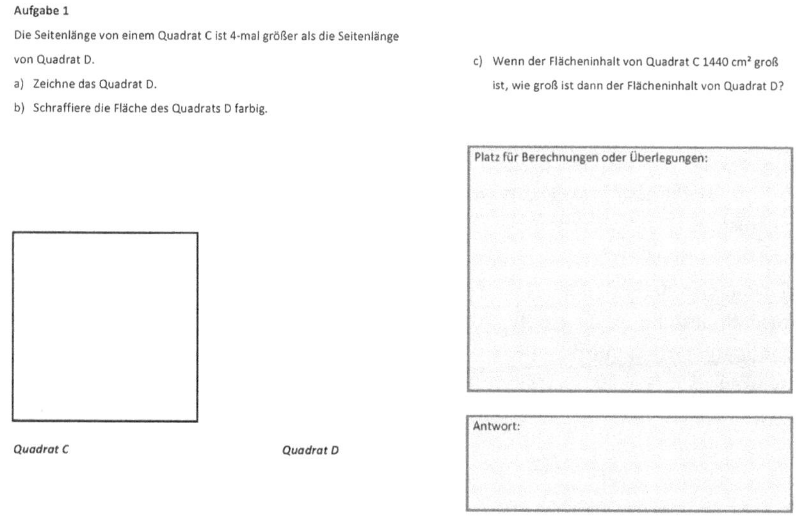

Abbildung 10.1 Gestaltung des Aufgabenblattes zur Unterstützung der Analyse von Blickverläufen

Eye-Tracking

Verwendet wurde das Modell Tobii Pro Glasses 3 mit einer Abtastrate von 50 Hertz, einer vom Hersteller angegebenen Blickgenauigkeit von bis zu 0,6° und einem Sichtfeld von 95° horizontal bzw. 63° vertikal (Holmqvist et al., 2011; Onkhar et al., 2024; Tobii Pro, 2025). In einer unabhängigen Validierungsstudie zeigten Onkhar et al. (2024), dass der mittlere Fehlerwinkel bei Verwendung ohne Kopfstütze 0.77° mit einer Standardabweichung von 0.82° betrug, was auf eine moderate Streuung der Messwerte zwischen den Versuchspersonen hinweist. Der niedrige Median von 0.45° lässt jedoch darauf schließen, dass die Mehrheit der Blickmessungen eine höhere Genauigkeit aufwies, als es der Mittelwert zunächst vermuten lässt (Onkhar et al., 2024). Die Entscheidung für einen headbasierten Tracker brachte trotz der geringeren Messgenauigkeit auch entscheidende Vorteile: Dank der integrierten Szenekamera können nicht nur Blickbewegungen, sondern auch Handlungen, Gesten und verbale Äußerungen im Kontext der Aufgabenbearbeitung zeitsynchronisiert aufgezeichnet werden. Diese Daten stehen somit ohne aufwändige Nachsynchronisation für die Analyse zur Verfügung; die gaze-overlaid

Videos können insbesondere als leistungsstarker Stimulus für die Stimulated-Recall-Interviews verwendet werden, die aus forschungspraktischer Sicht zeitnah zur Aufgabenbearbeitung durchgeführt werden müssen (siehe Abschnitt 10.2.4).

Stimulated-Recall-Interview
Aufgrund der in Kapitel 6 diskutierten Herausforderungen bei der Interpretation von Blickdaten wurde ein methodischer Triangulationsansatz gewählt: Die Eye-Tracking-Daten wurden durch ein Stimulated-Recall-Interviews ergänzt, bei denen die Lernenden ihre Aufgabenbearbeitungen anhand der gaze-overlaid Videos erklärten. Die SRIs ergänzen die Eye-Tracking-Daten insofern, dass sie nicht nur Informationen über die visuelle Aufmerksamkeit liefern, sondern auch detailliertere Aussagen zu kognitiven Prozessen ermöglichen, auf die die Augenbewegungen hinweisen (Scheiter & Van Gog, 2009; Thomaneck et al., 2025; Van Gog et al., 2005).

10.2.4 Datenerhebung

Die Datenerhebung erfolgte durch ein zweiphasiges Erhebungsdesign bestehend aus der Aufzeichnung der Blickbewegung bei der Aufgabenbearbeitung und einem Stimulated-Recall-Interview (SRI). Dieses Vorgehen hat sich in früheren Studien als gut geeignet für Erhebung von Eye-Tracking-Daten erwiesen, da es ihre Interpretation wie in Kapitel 6 beschrieben zuverlässiger macht (vgl. Holmqvist et al., 2011; Schindler & Lilienthal, 2019; Thomaneck et al., 2022, 2025).

Die Durchführung wurde von zwei zuvor geschulten Masterarbeitskandidatinnen der Universität Münster übernommen. Sie arbeiteten mit einem standardisierten, von der Autorin entworfenen Instruktionsmaterial, das eine kontrollierte und einheitliche Erhebungssituation gewährleisten sollte. Die Datenerhebung erfolgte arbeitsteilig mit wechselnden Rollen: Während eine Kandidatin die Rolle der Untersuchungsleiterin innehatte, übernahm die andere die technische Durchführung und Bedienung der Eye-Tracking-Software. Alle Schülerinnen und Schüler wurden freiwillig rekrutiert und für die Untersuchung, die in einem separaten Raum innerhalb der Schule stattfand, vom regulären Unterricht freigestellt. Die Datenerhebung unter quasilaborhaften Bedingungen bot für diese Studie zwei zentrale Vorteile: Erstens konnten gezielt notwendige Rahmenbedingungen für eine präzise Erfassung der Blickdaten wie günstige Lichtverhältnisse geschaffen werden. Zweitens konnten Ablenkungen durch externe Störquellen, insbesondere durch andere Personen, weitgehend ausgeschlossen werden (vgl.

auch Schindler & Lilienthal, 2019). Ein möglicher Nachteil einer solchen Erhebungsbedingung besteht darin, dass die ungewohnte Situation und insbesondere das Tragen der Eye-Tracking-Brille, das Wissen um die Aufzeichnung der Blickbewegungen und die Präsenz der Untersuchungsleitung das Bearbeitungsverhalten beeinflussen kann. Um eine mögliche Verzerrung von Ergebnissen zu minimieren, wurde die Untersuchung im gewohnten schulischen Umfeld durchgeführt. Die Untersuchungsleiterin hielt sich während der Aufgabenbearbeitung bewusst im Hintergrund, und es wurde vor Beginn der Datenerhebung eine Eingewöhnungsphase zum Tragen der Brille vorgesehen. Für eine hohe Datenqualität hat sich außerdem die Verwendung einer leicht geneigten (ca. 30°) und in der Höhe an die Größe der Testpersonen angepasste Arbeitsfläche als vorteilhaft erwiesen, da sie eine natürliche Kopfhaltung bei relativ wenig geneigtem Kopf und geradem Blick auf das Arbeitsblatt als Voraussetzung für eine gute Qualität der Blickdaten ermöglicht (Hellenbrand, 2018; Holmqvist et al., 2011, siehe auch Abschnitt 6.2). Aus diesem Grund wurde ein stabiler mit einer schwarzen Unterlage versehener höhenverstellbarer Holzständer als Arbeitsfläche genutzt.

Erste Phase: Aufgabenbearbeitung

Nach einer kurzen Begrüßung wurde den Lernenden der Ablauf der Untersuchung sowie der Umgang mit der Eye-Tracking-Brille erläutert. Anschließend wurden sie mit dem Kalibrierungsvorgang vertraut gemacht. Zur Gewöhnung trugen die Lernenden die Eye-Tracking-Brille bereits während des Ausfüllens der soziodemographischen Daten, ohne dass die Blickbewegung aufgezeichnet wurde. Diese Vorgehensweise hatte einen doppelten Vorteil: Zum einen wurde eine Beeinflussung der Aufgabenbearbeitung durch die ungewohnte recht schwere Brille reduziert, zum anderen konnte die Untersuchungsleiterin bereits die Blickbewegungen beobachten und bei Bedarf Sitzposition oder Höhe der Arbeitsfläche anpassen, um optimale Aufnahmebedingungen herzustellen. Nach randomisierter Zuweisung zu einer der Experimentalgruppen bearbeiteten die Lernenden nacheinander in identischer Reihenfolge und in selbstbestimmtem Arbeitstempo die beiden Probleme zur Skalierung eines Quadrats und eines Kreises. Für jede Aufgabe wurde eine eigene Eye-Tracking-Aufzeichnung angefertigt; vor jeder Aufnahme wurde eine Ein-Punkt-Kalibrierung der Blickdaten durchgeführt, die in allen Fällen bis auf einen erfolgreich war. Eine zusätzliche Überprüfung der Blickdatenqualität erfolgte anhand der gaze-Overlaid-Videos (siehe Abschnitt 10.2.5).

Zweite Phase: Stimulated-Recall-Interview

Die Interviews wurden mit Hilfe einer auf einen Computerbildschirm, der die Gaze-Replay-Videos zeigte, ausgerichteten Videokamera aufgenommen. Die Umsetzung der Stimulated-Recall Interviews orientierte sich an etablierten Qualitätskriterien für diese Interviewform, die die folgenden von Cook (2007) genannten zentralen Aspekte umfassen: Erstens die zeitliche Nähe zwischen Handlung und Interview, die durch die Durchführung des SRIs unmittelbar im Anschluss an die Aufgabenbearbeitung gewährleistet wurde. Die gaze-overlaid-Videos mit den erkennbaren Handlungen und Blickbewegung bilden einen starken und geeigneten Stimulus, womit der zweite Aspekt erfüllt ist. Eine angemessene Interviewführung als dritter Aspekt wurde durch die Schulung der Untersuchungsleiterinnen und das Anfertigen eines Interviewleitfadens gewährleistet. Während der SRIs konnte das Abspielen der Videoaufnahmen sowohl von der Schülerin oder dem Schüler als auch durch die Untersuchungsleiterin unterbrochen werden. Die Lernenden wurden vor Beginn des Interviews aufgefordert, die Aufnahme zu unterbrechen, wenn sie einen Gedankengang bei der Bearbeitung der Aufgaben oder ihren Lösungsweg näher erläutern wollten. Zusätzlich oder alternativ wurden von der Untersuchungsleiterin Fragen gestellt, wenn ihr weitere Erläuterungen für das Verständnis des Denkprozesses notwendig erschienen. Anlass für Nachfragen waren Blickbewegungen in den Skizzenbereich oder Handlungen in Bezug auf die Skizzen, aber auch längere Fixationen ohne erkennbare Handlungen oder schnelle Sakkaden. Die Nachfragen erfolgten zunächst in Form offener Fragen wie: „Beschreibe bitte, was du hier gedacht hast.“ oder „Erkläre mir bitte, warum du zur Skizze geschaut hast.“ Falls die Antworten zu allgemein gehalten waren (z. B.: „Ich habe überlegt, ob die Rechnung richtig ist.“) wurden gezieltere Fragen zu den Blickwechseln in den Skizzenbereich gestellt wie beispielsweise: „Welche Information wolltest du der Skizze entnehmen?“ oder „Inwiefern hat dir die Skizze bei deinen Überlegungen geholfen?“.

10.2.5 Datenaufbereitung

Das auszuwertende Datenmaterial umfasste pro teilnehmende Person die schriftlichen Lösungen sowie die gaze-Overlaid-Videos und die Aufnahmen der SRIs zu jeweils zwei Aufgabenbearbeitungen. Das gesamte Videomaterial hatte eine Länge von insgesamt 7 Stunden und 2 Minuten. Für die Auswertung mussten alle Video- und Audiodaten zunächst transkribiert werden.

Aufbereitung der Stimulated-Recall-Interviews

Die Verbaldaten der SRIs wurden vollständig transkribiert, um sie einerseits für die Triangulation mit den Blickdaten verfügbar und andererseits das Material in Form von Transkriptausschnitten in Schriftform zugänglich zu machen (Dresing & Pehl, 2018). Die Transkription erfolgte weitgehend gemäß des Regelsystems für eine inhaltlich-semantische Transkription nach Dresing und Pehl (2018, 20 ff.). Dieses System umfasst die wörtliche Transkription, bei der unter anderem Wortverschleifungen und Dialekte an das Hochdeutsche angenähert werden und emotionale nonverbale Äußerungen mitnotiert werden. Abweichend von den genannten Transkriptionsregeln wurden Pausen von 1 bis 3 Sekunden nicht mittranskribiert, für längere Pausen wurde ein neuer Zeitstempel gesetzt. Für jede der 46 Aufgabenbearbeitungen – auch die Interviews zu später ausgeschlossenen Fällen wurden transkribiert – wurde ein eigenes Transkript erstellt.

Aufbereitung der gaze-Overlaid-Videos

Da für die Analyse der Blickbewegungen zur Skizzennutzung auch Fixationsmetriken (siehe Abschnitt 6.4) benötigt wurden, erfolgte die Übertragung der Blickdaten auf die entsprechenden Referenzbilder mit Hilfe eines kombinierten assistierten und manuellen Mappings. Zum manuellen Mapping wurde der von der Analysesoftware bereitgestellte Attention-Filter eingesetzt, da die Nutzung von Rohdaten aufgrund des hohen Bearbeitungsaufwands nicht praktikabel gewesen wäre.[1] Bei diesem Filter handelt es sich um einen Velocity-Threshold Identification (I-VT) Gaze Filter, der Blickbewegungen anhand der Geschwindigkeit von Richtungsänderungen der Augen klassifiziert (Holmqvist et al., 2011). Liegt die gemessene Winkelgeschwindigkeit unterhalb von 100°/s, wird die Blickbewegung als Fixation eingestuft, sonst als Sakkade. Dadurch werden neben Fixationen auch glatte Verfolgungsbewegungen[2] und durch Kopfbewegungen bedingte Augenbewegungen als Aufmerksamkeitsphasen berücksichtigt (Tobii Pro, 2025). Die minimale Fixationsdauer wurde auf Basis der in Abschnitt 6.4 diskutierten Befunde bei der Tobii-Standardeinstellung von 60 Millisekunden belassen, da es sich bei den eingesetzten Skizzen um geometrische Grundformen handelt.

Weiter wurde in einem ersten Schritt durch das Setzen eines Zeitstempels der Zeitpunkt vermerkt, an dem die Probandin oder der Proband die Skizze fertig erstellt hatte. Diese Zeitstempelung erfolgte durch zwei Masterarbeitskandidatinnen und wurde anschließend von der Autorin überprüft. Zudem wurden in Absprache mit der Autorin und unter Berücksichtigung der Ungenauigkeit der Eye-Tracking-Brille für jedes Aufgabenblatt Areas of Interest (AOIs) für die Aufgabe zum Zeichnen (inklusive Angabe zum Seitenverhältnis und gegebenenfalls der Schraffierung), für

[1] Der Einsatz solcher Filter ist in der Eye-Tracking-Forschung üblich und zulässig, solange die Filterparameter dokumentiert und mit qualitativer Kontrolle kombiniert werden (Holmqvist et al., 2011).

[2] Glatte Verfolgungsbewegungen (smooth pursuit) sind langsame Augenbewegungen zur Verfolgung bewegter Objekte. Sie werden vom Attention-Filter berücksichtigt, standen in der vorliegenden Analyse jedoch nicht im Fokus.

das Skalierungsproblem, das Rechen- und Antwortfeld und für den Skizzenbereich definiert. Zwar wurde bei der qualitativen Analyse der Blickbewegung zwischen Blickbewegungen zur großen und kleinen Figur unterschieden. Da sich im Verlaufe der Analyse zeigte, dass die Position der von den Lernenden gezeichneten kleinen Skizze stark innerhalb des dafür vorgesehen Bereichs variierte, sich die Skizzen teils in der Größe unterschieden und zudem auch eine Informationsentnahme mit peripherem Sehen eine Rolle spielte, ließen sich getrennte AOIs für die beiden Skizzen nicht sinnvoll definieren und abgrenzen. Daher wurde für die Gewinnung der Fixationsmetriken nur ein Area of Interest für den gesamten Skizzenbereich gebildet.

Zur Vorbereitung der qualitativen Inhaltsanalyse in einer für Blickdaten adaptierten Form (siehe Mayring, 2022; Schindler & Lilienthal, 2019; Thomaneck et al., 2022) wurden die gaze-overlaid Videos transkribiert. Dabei wurden Blickbewegungen, Handlungen und verbale Äußerungen genau dokumentiert. In diesem Schritt wurde zudem die Qualität der Blickdaten anhand der Übereinstimmung von Fixationspunkten mit zugehörigen Handlungen wie Zeichnen, Messen oder Schreiben bewertet; eventuelle Abweichungen wurden vermerkt. Die Fixationen lagen in der Mehrheit der Fälle sehr nahe an den plausiblen visuellen Zielen und legten eine Genauigkeit nahe, die in ihrer Größenordnung der von Onkhar et al. (2024) berichteten Median-Genauigkeit von etwa 0,45° (dies entspricht etwa 4–5 mm bei typischen Arbeitsabständen) entspricht. In diesen Fällen wurde die Genauigkeit als sehr gut eingestuft.

Von den ursprünglich 46 Auswahleinheiten (bestehend aus den jeweils zwei Aufgabenbearbeitungen durch 23 Schülerinnen und Schüler sowie den SRIs) wurden 10 Einheiten (5 Lernende) im Verlaufe dieses Prozesses von der weiteren Analyse ausgeschlossen. Ausschlussgründe waren entweder Kalibrierungsprobleme, das Anfertigen einer stark vergrößerten Skizze, die über die vorgegebene Fläche hinausragte und damit keine valide Blickanalyse zuließ oder das Anfertigen fehlerhafter Skizzen zu beiden Skalierungsproblemen, da in diesem Fall die Analyse der Nutzung im Sinne des Erkenntnisinteresses nicht zielführend gewesen wäre. Jede dieser 36 Auswahleinheiten wurde zunächst in zwei Analyseeinheiten gegliedert, nämlich erstens die Phase der Skizzenerstellung (Zeichnen bzw. Zeichnen und Schraffieren) und zweitens die Phase der Bearbeitung des Skalierungsproblems. Die Phase des SRIs wurde dem Prinzip der Datentriangulation entsprechend nicht als eigene Analyseeinheit aufgefasst, sondern der jeweiligen Aufgabenbearbeitung zur Triangulation der Daten zugeordnet (Flick, 2021; Schindler & Lilienthal, 2019; Thomaneck et al., 2022). Da das Forschungsinteresse der Studie primär auf der Nutzung der Skizzen während der Problemlösung lag, wurde die erste Analyseeinheit (Phase der Skizzenerstellung) nur dann weiter untersucht, wenn vor oder während der Erstellung der Skizze eine Blickbewegung zur Aufgabenstellung des Skalierungsproblems festgestellt wurde. Nur in diesen Fällen wurde geprüft, ob die Blickbewegung einen Leseprozess dieser Aufgabenstellung erkennen ließ und ob eine inhaltliche Verknüpfung der beiden Teilaufgaben plausibel erschien. Für die zweite Analyseeinheit erfolgt eine Untergliederung in Kodiereinheiten durch eine thematische Sequenzierung in Sinnabschnitte (Kuckartz, 2018). Eine neue Sequenz wurde jeweils dann gesetzt, wenn eine neue Handlung begann oder Blickwechsel in einen anderen Bereich des Arbeitsblattes erkennbar waren. Eine Kodiereinheit umfasst mindestens eine Blickbewegung oder ein Wort; für die maximale Länge wurde kein Kriterium festgelegt. Die Gesprächsabschnitte des SRIs wurden den Sequenzen im Anschluss als separate Spalte der Tabelle zugeordnet (siehe Anhang B7 im elektronischen Zusatzmaterial).

10.2.6 Auswertungsmethode

Zur Beschreibung und zum Vergleich der individuellen Lösungsprozesse unter Einbeziehung der Blickbewegung, der Aussagen des Stimulated Recalls sowie der schriftlich fixierten Aufgabenlösungen, ist eine systematische Auswertungsmethode notwendig.

Die ausgefüllten Testhefte wurden zunächst deduktiv unter Verwendung des für die erste Studie entwickelten Kodiermanuals hinsichtlich der beiden folgenden Dimensionen kodiert:

Dimension Bearbeitungserfolg
Die Kodierung des Bearbeitungserfolges erfolgte hinsichtlich der Skizzenqualität (formale und funktionale Korrektheit und Vollständigkeit der Skizze) und der Lösungsqualität des Skalierungsproblems unter Verwendung der Kodierung von Studie 1.

Dimension Lösungsweg
Ebenfalls analog zum Vorgehen in der ersten Studie wurden die Testhefte gemäß dem final gewählten Lösungsweg kodiert. Die Kodierung von Bearbeitungserfolg und Lösungsweg diente erstens einer schnellen Übersicht über den Bearbeitungserfolg und ermöglicht zweitens den Anschluss zur ersten Studie und einen (qualitativen) Vergleich mit deren Ergebnissen.

Für die Analyse der Lösungsprozesse fiel die Wahl auf eine qualitative Inhaltsanalyse, die sich zur Analyse fixierter Kommunikation, aber in adaptierter Form auch für die Analyse von Blickdaten eignet (Mayring, 2022; Schindler & Lilienthal, 2019; Thomaneck et al., 2022). Die Auswertung erfolgte hinsichtlich der im Folgenden beschriebenen Dimensionen; die Kategorienbildung erfolgte für alle Kategorien entweder deduktiv, deduktiv-induktiv oder induktiv. Sie wird nun für die einzelnen Oberkategorien unter Angabe der jeweils zugrundliegenden Materialbasis detaillierter beschrieben.

Dimension Blickbewegung

Die Kategorienbildung für die Interpretation der Blickbewegungen erfolgte in einem deduktiv-induktiven Verfahren. Dabei wurde auf etablierte Kategorien der mathematikdidaktischen Eye-Tracking-Forschung (Schindler & Lilienthal, 2019; Thomaneck et al., 2022) zurückgegriffen. Die Kategorien von Schindler und Lilienthal (2019) und Thomaneck et al. (2022) beziehen sich auf die Interpretation von Blickbewegungen während des mathematischen Problemlösens und unterscheiden zwischen Situationen, in denen die Eye-Mind-Hypothese gilt, und solchen, in denen dies nicht der Fall ist. Der Forderung nach kontextspezifischer Prüfung der Gültigkeit der Eye-Mind-Hypothese entsprechend, wie sie beispielweise Schindler und Lilienthal (2019) stellen, wurde zunächst überprüft, ob die deduktiv hergeleiteten Kategorien (vgl. Schindler & Lilienthal, 2019; Thomaneck et al., 2022) auf das Material anwendbar sind. Zu diesem Zweck wurden die Daten der Aufgabenbearbeitungen von 6 Schülerinnen und Schülern – dies entspricht einem Drittel des Materials – unter Anwendung der deduktiv hergeleiteten Kategorien überprüft. Dabei zeigte sich, dass die bestehenden Kategorien weitgehend auf das Datenmaterial anwendbar waren, jedoch induktiv erweitert oder angepasst werden mussten. So zeigten sich beispielsweise Phasen des Nachdenkens oder Überlegens nicht nur durch Blicke nach oben, sondern häufig auch durch Fixationen auf nicht bedeutungstragende Stellen innerhalb des Rechenfeldes (siehe Abbildung 10.1). Auch die von Thomaneck et al. (2022) beschriebene Kategorie für peripheres Sehen wurde ergänzt. Ergebnis war das in Tabelle 10.1 dargestellte Kategoriensystem zur Interpretation der Blickbewegungen.[3] Dieses Kategoriensystem bezieht sich allgemein auf alle definierten Areas of Interest (AOIs) und wurde zur Beschreibung des vollständigen Lösungsprozesses herangezogen. Eine spezifische Ausdifferenzierung der Skizzenbereiche erfolgt weiter unten.

[3] Gemeint sind Blickbewegungen ohne erkennbare Handlung wie Zeichnen, Messen, Notieren von Lösungschritten, Taschenrechnereingaben und Notation der Antwort. Bei diesen wurde die Blickbewegung nicht kodiert, sofern sie mit der entsprechenden Tätigkeit übereinstimmt. Nur Abweichungen wie beispielsweise Blickbewegungen in einen anderen Bereich während der Notation von Rechenschritten oder Antworten wurden vermerkt.

Tabelle 10.1 Kategoriensystem zur Interpretation von Blickbewegungen

Blickbewegungsmuster	Interpretation
Blick entlang von Textzeilen Blickbewegung innerhalb des Bereichs Zeichenaufgabe bzw. des Bereichs Skalierungsproblem	○ (Erst)lesen gegebener Informationen ○ Erinnern, Verifizieren oder Abgleich von Informationen
Blickbewegungen entlang von Notationen in der Rechenbox	○ Verifizieren/Erinnern, Abgleich von Informationen
Blickwechsel zu einem vom vorhergehenden verschiedenen Interessensbereich	○ Beginn eines neuen Ansatzes ○ Suche nach einer Idee für einen neuen Ansatz ○ Abgleich, Erinnern, Verifizieren, Integration von Informationen
Blick nach oben (links) oder Fixieren einer nicht-bedeutungsvollen Stelle in der Rechenbox	○ Überlegungen zum weiteren Vorgehen ○ Versuch, sich an ein Verfahren zu erinnern ○ Mentales Rechnen ○ Nachdenken über einen neuen Ansatz zur Lösung des Problems ○ Verarbeitung von Informationen
Fixation einer nicht bedeutungsvollen Stelle zwischen den einzelnen Bereichen (Textbereiche, Skizzenbereiche, Rechenbox)	○ Schnelles Erfassen von Text oder Grafik mit peripherem Sehen ○ Integration der Informationen zwischen Text und Graphik oder Text und Text mit peripherem Sehen
Schnelle sakkadische Augenbewegung (oben, seitlich oder über Teile des Arbeitsblattes)	○ Affektive Unruhe ○ Unsicherheit bezüglich eines mathematischen Aspekts ○ Schwierigkeit, die Aufgabe zu beenden ○ Bemerken eines Fehlers

Wie deutlich wird, lassen die Blickbewegungsmuster der Lernenden teils mehrere Interpretationen zu. Eine eindeutige Zuordnung kognitiver Prozesse auf Basis von Blickdaten allein ist oftmals erst durch die Triangulation mit verbalen Äußerungen aus dem SRI möglich. Die Mehrdeutigkeit der Blickbewegungen kann, wie Thomaneck et al. (2022) vorschlagen, reduziert werden, wenn sie im Kontext des jeweiligen Problemlöseschrittes betrachtet werden wie beispielweise an den Interpretationsmöglichkeiten des Blickes entlang einer Textzeile unmittelbar deutlich wird. Auch Hyönä (2010) betont, dass Blickbewegungen vor allem durch eine phasenbezogene Analyse im Ablauf von Lern- und Problemlöseprozessen an Aussagekraft gewinnen. Die im Folgenden erläuterte Dimension der Problemlöseaktivität soll daher nicht nur eine phasenbezogene Interpretation der Blickbewegungen zur Skizze ermöglichen, sondern auch helfen, die Ambiguität der Blickdaten zu vermindern und ihre Aussagekraft zu steigern.

Dimension Problemlöseaktivität

Die in Tabelle 10.2 aufgeführte Kategorienbildung der Problemlöseaktivität erfolgte deduktiv-induktiv. Die Kategorien Lesen und Verstehen, Schemaaktivierung, Planen, Plan ausführen, Validieren und Dokumentieren wurden deduktiv aus dem in Kapitel 3 entwickelten Problemlösemodell gewonnen. Jedoch zeigte sich, dass in Fällen, in denen mehr als ein Lösungsplan entwickelt wurde, eine eindeutige Abgrenzung der Validierung des ersten bzw. vorangehenden und der Planung des nächsten Lösungsansatzes häufig nicht möglich war, sodass hierfür eine eigene Kategorie gebildet wurde. Zudem waren in einigen Fällen Validierungsprozesse auch in der Phase der Planausführung zu erkennen

Tabelle 10.2 Kategoriensystem zur Problemlöseaktivität

Kode	Problemlöseaktivität	Beschreibung
P_L	Lesen und Verstehen	Zeitspanne zwischen Beginn und Ende des Erstlesen der Aufgabenstellung zur Skalierungsaufgabe
P_P	Planen	Zeitspanne zwischen dem Ende des Erstlesens der Skalierungsaufgabe und dem Beginn der Notation der ersten Rechnung
P_S	Schemaaktivierung	Zeitspanne zwischen dem Ende des Erstlesens der Skalierungsaufgabe und dem Beginn der Notation der ersten Rechnung beträgt weniger als eine Sekunde
P_A	Plan ausführen	Zeit zwischen Beginn und Ende der Notation einer Berechnung
P_V	Validieren	Zeit zwischen Ende der Notation der letzten Berechnung und Beginn der Notation der Antwort Zeit zwischen Beendigung der Notation der Antwort und Beenden der Arbeit
P_PV	Validieren oder Planen	Zeit zwischen Beendigung der Notation einer Berechnung und Beginn der Notation einer neuen Berechnung
P_D	Dokumentieren	Zeit zwischen Beginn und Ende der Notation einer Antwort

Die Problemlöseaktivität wurde einerseits als Spalte der Tabelle mit den Transkriptionen dokumentiert und zweitens in Form von Zeitstempeln in den Videos hinterlegt. Zur Überprüfung der Validität dieser Entscheidung wurde diese Dimension für 8 der 36 Aufgabenbearbeitungen durch einen Bachelorarbeitskandidaten doppelkodiert.

Dimension Skizzennutzung

Die Analyse der gaze-Overlaid-Videos für die Lösung der Skalierungsprobleme legte zunächst die Bildung der drei in Tabelle 10.3 beschriebenen Kategorien für die Skizzennutzung nahe.

Wie in Kapitel 8 angedeutet wird der Begriff *Skizzennutzung* im Rahmen der vorliegenden Prozessstudie in einem erweiterten Sinn verwendet. Er bezeichnet sämtliche Arten des Umgangs mit Skizzen während der Problemlösung und dient als übergeordnete Dimension der Analyse. Neben beobachtbaren Handlungen umfasst dieser Begriff auch anhand der Prozessdaten (z. B. Blickbewegungen zur Skizze) nachvollziehbare Formen der Auseinandersetzung mit Skizzen. Diese Bildung der Kategorien erfolgte induktiv, da hier auf keine theoretischen Erkenntnisse zurückgegriffen werden konnte.

Tabelle 10.3 Kategoriensystem zur Skizzennutzung

Kode	Art der Skizzennutzung	Beschreibung
S_V	Rein visuelle Skizzennutzung	Fixationen im Skizzenbereich ohne entsprechende Handlung
S_H	Visuell handelnde Skizzennutzung	Fixationen im Skizzenbereich mit entsprechender Handlung (z. B. Zeichnen, Messen)
S_N	Nicht visuelle Skizzennutzung	Verwendung von Skizzeninformationen ohne Fixationen im Skizzenbereich

Die Kategorie S_V wurde anschließend deduktiv unter Verwendung etablierter Kategorien der multimedialen Eye-Tracking-Forschung (vgl. z. B. Alemdag & Cagiltay, 2018 sowie Abschnitt 6.4) wie in Tabelle 10.4 dargestellt weiter ausdifferenziert.

Tabelle 10.4 Kategoriensystem zur rein visuellen Skizzennutzung

Kode	Art der Skizzennutzung	Beschreibung
S_V_F	Fixationen im Skizzenbereich	Fixationen im Bereich einer der Skizzen oder im peripheren Bereich (ohne Blickwechsel in einen anderen Skizzenbereich)
S_V_TS	Transition Skizze-Skizze	Blickwechsel von einer Skizze zur anderen
S_V_TTS	Transition Text-Skizze	Blickwechsel von einer deskriptionalen Information (Aufgabentexte, handschriftliche Notationen beispielsweise im Rechen- oder Antwortfeld, Taschenrechnerdisplay) zu einer Skizze oder in den peripheren Skizzenbereich

Dimension Qualität der Skizzennutzung

Die Qualität der (rein visuellen) Skizzennutzung wurde anhand der folgenden etablierten Kategorien der Multimediaforschung beurteilt (vgl. Alemdag & Cagiltay, 2018). Dabei lag der Fokus auf Blickbewegungsmustern, die Rückschlüsse auf visuelle Organisations- und Integrationsprozesse zulassen (Tabelle 10.5).

Tabelle 10.5 Kategoriensystem zur Qualität der (rein visuellen) Skizzennutzung

Kode	Blickbewegungsmuster	Interpretation
SQ1	Anzahl und Gesamtdauer der Fixationen auf einem Skizzenbereich in Relation zur Gesamtdauer der Phase	○ Intensität der visuellen Organisation bildlicher Informationen zu einem kohärenten bildlichen Modell
SQ2	Anzahl der Transitionen zwischen den beiden Skizzen	○ Intensität der visuellen Integration beider Skizzeninformationen zu einem kohärenten bildlichen Modell
SQ3	Anzahl der Transitionen zwischen Text und einem Skizzenbereich	○ Intensität der visuellen Integration von Text- und Bildinformationen zu einem kohärenten Modell

Dimension Gründe für lineare Übergeneralisierungen

Die Kategorienbildung erfolgte deduktiv-induktiv aufgrund theoretischer Annahmen (De Bock et al., 2007; Greer, 2010) sowie verbaler Äußerungen während der Aufgabenbearbeitung und der Stimulated-Recall-Interviews, die durch Analyse der Lösungsverlaufs ergänzt wurden. Vor allem zur Identifikation von Schemaaktivierungen wurden zeitliche Kriterien (spontane Lösungsausführung) genutzt. Deduktiv aus der Literatur wurden die Kategorien *Lineare Fehlvorstellung*, also die Anwendung linearer Übergeneralisierungen als Schema sowie die Kategorien *Lineare Übergeneralisierungen als Oberflächenstrategie* und *Lineare Übergeneralisierungen mangels Alternative* zur Erfassung der grundlegenden kognitiven Ursachen für ihr Auftreten definiert (siehe Abschnitt 2.4.4). Speziell bezogen auf den Wirkmechanismus von Skizzen wurde als weitere deduktive Kategorie *Lineare Übergeneralisierungen durch Übertragung linearer Tätigkeiten beim Erstellen der Skizze* gebildet. Diese Kategorie verweist nicht auf eine eigenständige Ursache, sondern beschreibt eine spezifische Ausprägung, die innerhalb der oben beschriebenen kognitiven Ursachen auftreten kann, etwa als getriggerte Fehlvorstellung, als Oberflächenstrategie oder auch mangels Alternative. Sie wurde als eigenständige Hauptkategorie kodiert, da sie für das Erkenntnisinteresse zentral ist. Sie erlaubt die gezielte Untersuchung, ob und wie das Zeichnen der Skizze lineare Übergeneralisierungen triggert. Zur Erfassung verschiedener Erscheinungsformen oberflächlicher Lösungsstrategien wurde die Kategorie *Lineare Übergeneralisierungen als Oberflächenstrategie* in zwei Subkategorien (a) *aufgrund oberflächlicher Aufgabenmerkmale* und (b) *in Erinnerung an leichte Rechenverfahren* ausdifferenziert. Darüber hinaus wurde induktiv und speziell für das Kreisproblem die Kategorie *Lineare Übergeneralisierungen durch Verfahrenstransfer* gewonnen. Sie erfasst die Fälle, in denen die lineare Übergeneralisierungen vom Quadratproblem auf das Kreisproblem übertragen wurde. Diese Kategorie wurde auf Basis des Zeitkriteriums weiter ausdifferenziert in (a)*Transfer als übertragenes Schema* und (b)*Transfer nach Überlegung*. In einzelnen Fällen traten mehrere kognitive Erklärungsansätze konkurrierend auf. In diesen Fällen wurden mehr als eine Kategorie vergeben, um dem Zusammenspiel mehrerer kognitiver Mechanismen im Sinne einer theoriegeleiteten, aber empirisch offenen Analyse Rechnung zu tragen (vgl. auch Kuckartz, 2018, S. 136).

10.3 Gütekriterien

Anders als für die quantitative existieren für die qualitative Forschung keine einheitlich standardisierten Gütekriterien. Die Frage, ob und anhand welcher Kriterien die Güte qualitativer Forschung festgemacht werden kann, wird seit den 1980er Jahren kontrovers diskutiert (siehe zum Beispiel Döring, 2023; Flick, 2020; Kuckartz, 2018; Mayring, 2022; Steinke, 2022).

Kuckartz (2018, S. 202) benennt in diesem Zusammenhang drei verschiedene Positionen: Die erste hebt die Universalität wissenschaftlicher Gütekriterien hervor und plädiert für die Übertragung klassischer (quantitativer) Gütekriterien auf die qualitative Forschung. Die zweite betont die spezifischen Anforderungen qualitativer Forschung und schlägt die Neudefinition oder Anpassung klassischer Kriterien vor. Die dritte Position lehnt verbindliche Gütekriterien ab, da die Subjektivität zentrales Merkmal qualitativer Forschung sei, die einer Standardisierung widersprechen. Diese Arbeit folgt der zweiten Position, die für eine Anwendung neu formulierter Kriterien plädiert. Aus der Vielzahl existierender Kriterienkataloge – Döring (2023) führt mehr als 100 auf – wird zur Einordnung des gesamten Forschungsprozesses aus zwei Gründen der Kriterienkatalog von Lincoln und Guba (1985) gewählt: Erstens ist dieser Kriterienkatalog international etabliert und wird in der qualitativen Methodendiskussion am häufigsten zitiert (Döring, 2023). Zweitens basiert der Katalog auf einer logischen Entsprechung der quantitativen Gütekriterien, was eine konzeptionelle Anschlussfähigkeit an die in Kapitel 9 dargestellt quantitative Studie auch hinsichtlich der Gütekriterien ermöglicht.

Oberkriterium für die Güte qualitativer Forschung ist nach Lincoln und Guba (1985) die Glaubwürdigkeit, die anhand der Kriterien Vertrauenswürdigkeit, Übertragbarkeit, Zuverlässigkeit und Bestätigbarkeit beurteilt wird. Für alle vier Kriterien werden sowohl konkrete Techniken der Qualitätssicherung als auch die logischen Entsprechungen der quantitativen Forschung genannt (Döring, 2023) (Tabelle 10.6).

Tabelle 10.6 Übersicht über die Gütekriterien mit Techniken zur Qualitätssicherung und quantitativem Pendant

Kriterium qualitativer Forschung	Verwendete Technik zur Qualitätssicherung	Gütekriterienpendant quantitativer Forschung
Vertrauenswürdigkeit	○ Umfassende Datenerhebung mit Datentriangulation ○ Überprüfung anhand der Rohdaten ○ Kommunikative Validierung in Form von Peer Debriefing	Validität
Übertragbarkeit	○ Detaillierte Beschreibung der Untersuchungsbedingungen	
Zuverlässigkeit	○ Sorgfältige Dokumentation des Forschungsprozesses ○ Intersubjektivität (Intercoderreliabilität	Reliabilität
Überprüfbarkeit	○ Verfahrensdokumentation ○ Regelgeleitetheit ○ Peer Debriefings ○ Überprüfung anhand der Rohdaten	Objektivität

Die Vertrauenswürdigkeit entspricht der internen Validität der quantitativen Forschung. Sie basiert auf der Nachvollziehbarkeit der gewählten Methode, des Kategoriensystems und der darauf aufbauenden Interpretationen. Zur Vertrauenswürdigkeit der Methode trägt die Triangulation der Blickdaten mit den Verbaldaten des SRIs bei, da hierdurch Interpretationsfehler vermieden werden können. Das Kategoriensystem wurde auf Basis bereits erprobter Kategorien entwickelt, wobei die Gültigkeit der Kategorien zur Interpretation der Blickbewegung sowie die der EMH zunächst anhand eines Teils des Datenmaterials überprüft wurde. Darüber hinaus wurde das Kategoriensystem im Rahmen von Peer Debriefings diskutiert, sowohl im Projektteam durch Vorträge, Diskussionen und Rückmeldungen als auch durch Präsentationen auf zwei nationalen (GDM-Tagungen) und zwei internationalen Konferenzen (Diagram Conference, CERME). Die Übertragbarkeit, das qualitative Pendant der externen Validität, wird durch eine detaillierte Beschreibung der Untersuchungsbedingungen gewährleistet. Zur Einschätzung der Zuverlässigkeit, deren Pendant der quantitativen Forschung die Reliabilität ist, dient die detaillierte Dokumentation des gesamten Forschungsprozesses. Die Stabilität der Messung wurde exemplarisch für die Dimension der Problemlöseaktivität für acht Aufgabenbearbeitungen (22 % des

Materials) überprüft. Da insbesondere die erste Planungsphase zeitlich schwer von der Phase des Lesens und Verstehens abzugrenzen war und der Zweitkodierer eine eher grob orientierte Strukturierung der Problemlöseprozesse vornahm, wurde die Überprüfung gezielt auf diesen Abschnitt fokussiert. Die Interrater-Übereinstimmung wurde mittels Time-Based Agreement (TBA) bestimmt, einem für zeitbasierte Kodierungen etablierten Maß (Bakeman et al., 2009). Dabei wird die Dauer der zeitlichen Überlappung beider Kodierungen ins Verhältnis zur vom Hauptkodierenden markierten Phasendauer gesetzt:

$$TBA = \frac{\min(HK_{Ende}, ZK_{Ende}) - \max(HK_{Beginn}, ZK_{Beginn})}{HK_{Ende} - HK_{Beginn}}$$

(HK: Hauptkodiererin, ZK: Zweitkodierer)

Über alle acht Fälle hinweg ergab sich ein mittleres TBA von 0.96, was auf eine sehr hohe zeitliche Übereinstimmung in der Abgrenzung der ersten Planungsphase hinweist.

Das Kriterium der Überprüfbarkeit, dem Pendant der Objektivität quantitativer Forschung, zielt nicht auf Eliminierung von Subjektivität, die vielmehr ein Wesensmerkmal qualitativer Forschung ist, sondern auf deren methodisch kontrollierte Reflexion. Zentrales Kriterium ist die Transparenz der Vorgehensweise (Flick, 2020; Mayring, 2022). Sie wird durch die bereits genannte Verfahrensdokumentation, durch Peer Debriefings, durch ein regelgeleitetes und systematisches Vorgehen sowie die Offenheit der Fragestellung gewährleistet. Letztere zielt nicht ausschließlich auf das Aufdecken negativer Wirkmechanismen, sondern schließt auch potenziell positive Effekt mit ein.

10.4 Ergebnisse

Das Kapitel berichtet die Ergebnisse der qualitativen Analyse. Zu Beginn wird ein Überblick über zentrale Ergebnisse hinsichtlich der Dimensionen Bearbeitungserfolg, Lösungsweg sowie der Bearbeitungszeiten gegeben, um eine Anbindung an die erste Studie herzustellen und eine Einordnung der folgenden Fallbeschreibungen zu erleichtern (10.4.1). Für diese Fallbeschreibungen wurden fünf typische und kontrastierende Bearbeitungen der Quadrat- und zur Kreis-Aufgabe ausgewählt (10.4.2). Sie dienen der Illustration des methodischen Vorgehens bei der Analyse der Lösungsprozesse unter der Berücksichtigung der Dimensionen Blickbewegung, Problemlöseaktivität, Art, Zweck und Qualität der Skizzennutzung und gegebenenfalls Gründen für lineare Übergeneralisierungen sowie als Grundlage für die Beantwortung von Forschungsfrage 5, für die die anderen Fälle vergleichend herangezogen werden (10.4.3). Es folgen Ergebnisse zu den Zusammenhangsanalysen der Forschungsfragen 6 und 7 (10.4.4). Die forschungsfragenübergreifende Diskussion (10.5) richtet sich im Sinne des Erkenntnisinteresses auf genutzte Potenziale der Skizzennutzung, Faktoren, die deren Nutzung verhindern, sowie auf negative Auswirkungen der Skizzennutzung unter Berücksichtigung der Art der Zeichenanweisung und der Form der Figur. Auf dieser Grundlage werden Hypothesen dazu abgeleitet, wie Maßstabsskizzen das Lösen nicht linearer Geometrieprobleme unterstützen, warum sie ungenutzt bleiben oder leistungsmindernd wirken können.

10.4.1 Übersicht über Leistung, Lösungswege und Bearbeitungszeiten

In 17 von 18 (94,4 %) Fällen wurde die Skizze des Quadrats korrekt erstellt; lediglich eine Schülerin wählte eine zu große Seitenlänge. Die Aufforderung zum Schraffieren der Fläche wurde durch alle 9 Lernenden der Gruppe ZM korrekt umgesetzt. Größere Schwierigkeiten zeigten sich beim Zeichnen der Skizze zum Kreisproblem. Nur 13 der 18 Skizzen (72,2 %) wurden korrekt erstellt; in fünf Fällen kam es zu einer Verwechslung von Radius und Durchmesser, wodurch die Skizze zu groß ausfiel. Verglichen mit der ersten Studie zeigt sich ein sehr ähnliches Muster. Eingeschränkt auf die beiden für Studie 2 ausgewählten Probleme lagen die Anteile korrekter Skizzen in Studie 1 bei 87,3 % (Quadrate) und 72,2 % (Kreis).

Wie auch in der ersten Studie war die Problemlöseleistung insgesamt gering. Von den insgesamt 36 Lösungen waren lediglich 9 (25 %) korrekt; dies ist ein nahezu identischer Wert zur ersten Studie, in der bezogen auf die beiden Flächenprobleme in den Zeichnen-Gruppen 24 % korrekte Lösungen erzielt wurden.

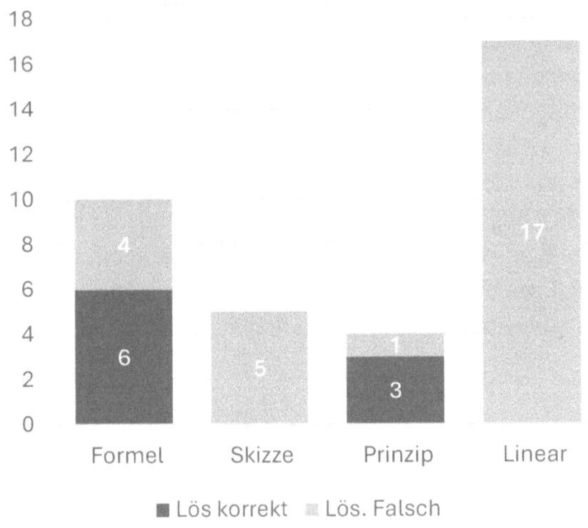

Abbildung 10.2 Übersicht über richtige und falsche Lösungen nach Lösungsweg

Von den 9 korrekten Lösungen wurden drei durch Lernende der Gruppe Z und mit 6 doppelt so viele durch Lernende der Gruppe ZM angefertigt. Aufgrund der geringen Zahl an korrekten Lösungen lassen sich hieraus jedoch keine Schlüsse ableiten. Auch die Verteilung der Lösungswege war ähnlich zu der in Studie 1: Am häufigsten wurden lineare Übergeneralisierungen als Lösungsweg gewählt (17 von 36 Fällen; 47,2 %), gefolgt von einer Formellösung (10 Fälle; 27,8 %). Fünf Lösungen (13,9 %) basierten auf einer Messlösung mit Hilfe der Skizze, vier weitere (11,1 %) orientierten sich am korrekten Skalierungsprinzip (siehe Abbildung 10.2).

Alle korrekten Lösungen wurden mit Hilfe der Formel (sechs Fälle) oder des Skalierungsprinzips (drei Fälle) erzielt; alle mit Hilfe der Skizze erzeugten Lösungen erwiesen sich als falsch, da sie – wie in Kapitel 6 beschrieben – der fehlerhaften „Messlösung" entsprachen. Insgesamt lassen sich 81,5 % der inkorrekten Lösungen auf lineare Übergeneralisierungen oder eine falsche „Messlösung" zurückführen – ein Muster, das bereits in Studie 1 deutlich wurde. Nur eine Schülerin wandte eine Rasterstrategie zur Herleitung des Wachstumsfaktors an, und zwar bei der Lösung des Quadratproblems. Wie bereits in der ersten Studie wurden die Skizzen nicht mit Zahlenangaben zu den Skalierungsproblemen versehen und waren daher auch hier nicht vollständig im Hinblick auf das jeweilige Skalierungsproblem. Sowohl anhand der schriftlich fixierten

Lösungen als auch durch die Prozessanalyse wurde deutlich, dass insgesamt acht Lernende bei der Quadrataufgabe mindestens zwei Lösungsansätze entwickelten; beim Kreisproblem waren es zwei Lernende.

Die Bearbeitungszeiten variierten deutlich und lagen zwischen 1:52 Minuten und 9:15 Minuten. Die durchschnittliche Bearbeitungsdauer betrug 4:31 Minuten ($SD = 1{:}52$). Davon entfielen durchschnittlich 1:43 Minuten ($SD = 0{:}39$) auf das Zeichnen bzw. Zeichnen und Schraffieren der Skizze und 2:47 Minuten ($SD = 0{:}43$) auf die eigentliche Problemlösung.

10.4.2 Fallbeschreibungen der Aufgabenbearbeitungen

Die Fallbeschreibungen folgen einem einheitlichen Schema. Nach einer kurzen Einleitung mit soziodemographischen Angaben sowie Informationen zur Qualität der Blickdaten werden die Bearbeitungsprozesse zur Quadrat-Aufgabe und zur Kreis-Aufgabe dargestellt. Diese Bezeichnungen beziehen sich auf die gesamte Aufgabenstellung, unterteilt in eine *Konstruktionsaufgabe* (Aufforderung zum Zeichnen und Schraffieren inklusive des eigentlich einleitenden Aufgabentextes) und das jeweilige *Skalierungsproblem* (*Quadrat*problem bzw. Kreisproblem). Zu Beginn jeder Fallbeschreibung werden der Bearbeitungserfolg, der gewählte Lösungsweg und die zeitliche Struktur des Lösungsprozesses überblickartig dargestellt. Es folgt eine detaillierte Analyse des Lösungsprozesses, bei der Blickbewegungen – wo sinnvoll – mit Hilfe von Scanpaths visualisiert werden. Zentrale Elemente der Individuallösungen wie Skizzen oder Rechenschritte werden kontextbezogen eingeblendet; der Taschenrechner wird aus Darstellungsgründen einheitlich rechts unten durch ein Symbol repräsentiert. Abschließend wird – sofern zutreffend – auf mögliche Ursachen linearer Übergeneralisierungen eingegangen sowie die Art, der Zweck und die Qualität der Skizzennutzung analysiert. Erste exemplarische Bewertungen erfolgen bereits an dieser Stelle mit Blick auf genutzte Potenziale, der Faktoren, die deren Nutzung erschweren, sowie der Einordnung der Skizzennutzung als lösungsförderlich, nicht förderlich oder sogar lösungshinderlich. Diese Einordnungen beziehen sich jeweils auf konkrete Teilprozesse des Problemlösens und dienen der Vorbereitung der fallübergreifenden Diskussion und Hypothesenbildung in Abschnitt 10.5.

10.4.2.1 Paul

Paul ist 16 Jahre alt und Schüler einer Gesamtschule; er hat Testheft Z bearbeitet.

Die Genauigkeit der Blickdaten wurde bei beiden Aufgabenbearbeitungen als sehr gut eingestuft.

Beschreibung des Bearbeitungsprozesses der Quadrat-Aufgabe

Paul bearbeitet die Quadrat-Aufgabe in 2:18 Minuten. Etwa die Hälfte der Zeit entfällt auf die korrekt gelöste Konstruktionsaufgabe (1:10 Minuten), die restliche Zeit auf das Skalierungsproblem (1:08 Minuten). Während der Konstruktionsphase sind keine Blickbewegungen zum Skalierungsproblem erkennbar, sodass die Skizze aus analytischer Sicht als gegeben hinsichtlich der Problembearbeitung gewertet wird. Paul löst das Quadratproblem mit linearer Übergeneralisierung (Abbildung 10.3, links). Abbildung 10.3 (rechts) zeigt die rekonstruierten Phasen des Problemlöseprozesses mit Zeitangaben (gerundet auf volle Sekunden) und deren relative Anteile an der Gesamtbearbeitungsdauer. Der Lösungsprozess folgt einem linearen Verlauf entsprechend dem Analysemodell (siehe Abbildung 3.4).

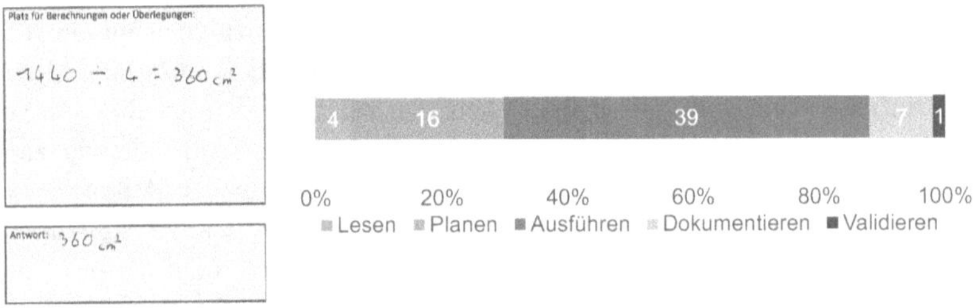

Abbildung 10.3 Lösung Pauls zum Quadratproblem (links) und Prozessverlauf (rechts)

Während des Lesens der Aufgabenstellung erfolgt keine Blickbewegung zur Skizze. Zu Beginn der Planung versucht Paul, Informationen beider Aufgabenstellungen mit denen der Skizzen beider Quadrate zu integrieren (Abbildung 10.4):

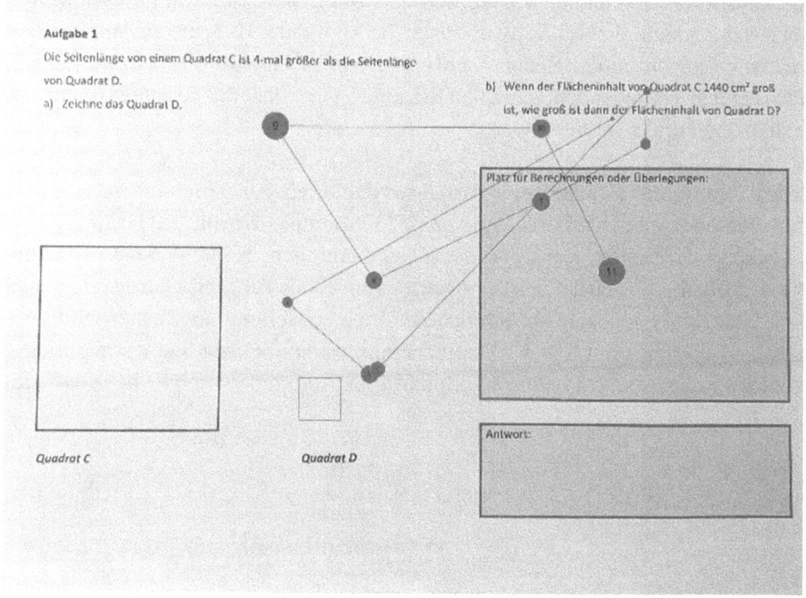

Abbildung 10.4 Blickbewegung Pauls in der Planungsphase zum Quadratproblem (Ausschnitt)

Dabei erfolgt ein Blickwechsel von der Konstruktionsaufgabe zu einer Stelle zwischen den beiden Quadratskizzen (Fixationszeit 160 ms), von dort zu einem peripheren Bereich der Skizze von Quadrat D (Fixationszeit 260 ms) und zurück zur Skalierungsaufgabe. Nach sehr kurzem Nachdenken (Fixieren nicht bedeutungsvoller Stellen für insgesamt 420 ms) erfolgt auf der Suche nach einem Ansatz ein erneuter Integrationsversuch der Skizzeninformationen mit den Informationen der beiden Aufgabenstellungen. Paul blickt zunächst in einen peripheren Bereich zwischen den Skizzen (Fixationsdauer: 240 ms), anschließend in Richtung der Konstruktionsaufgabe (441 ms) sowie in den Bereich unterhalb der Skalierungsaufgabe. Im Anschluss denkt Paul etwa 11 Sekunden nach. Dabei zeigt er Anzeichen von Unsicherheit (schnelle sakkadischer Augenbewegungen über den rechten Bereich des Arbeitsblattes). Anschließend beginnt er mit der Ausführung der Lösungsplans: Er greift er zum Taschenrechner, löscht die Anzeige und berechnet, begleitet von Blickwechseln zur Skalierungs- sowie der Konstruktionsaufgabe, den Quotienten 1440 : 4. Auf seine Frage nach einem Antwortsatz verweist die Interviewerin auf eine schriftliche Rechnung. Paul notiert daraufhin 1440 : 4 = 360 im Rechenfeld sowie das Ergebnis 360 im Antwortfeld (siehe Abbildung 10.3, links). Anschließend ergänzt er sowohl in der Rechnung als auch in der Antwort die korrekte Einheit. Nach einer abschließenden, schnellen Blickbewegung über das gesamte Arbeitsblatt beendet Paul die Bearbeitung.

Beschreibung des Bearbeitungsprozesses der Kreis-Aufgabe

Paul bearbeitet die Kreis-Aufgabe in 2:33 Minuten, wovon 1:25 Minuten auf die korrekt bearbeitete Konstruktionsaufgabe entfallen. Während der Bearbeitung dieser Aufgabe erfolgt kein Blickwechsel zum Skalierungsproblem, sodass auch diese Skizze als gegeben hinsichtlich der Problemstellung angesehen wird, welches Paul ebenfalls mit linearer Übergeneralisierung in einem linear strukturierten Problemlöseprozess löst (siehe Abbildung 10.5).

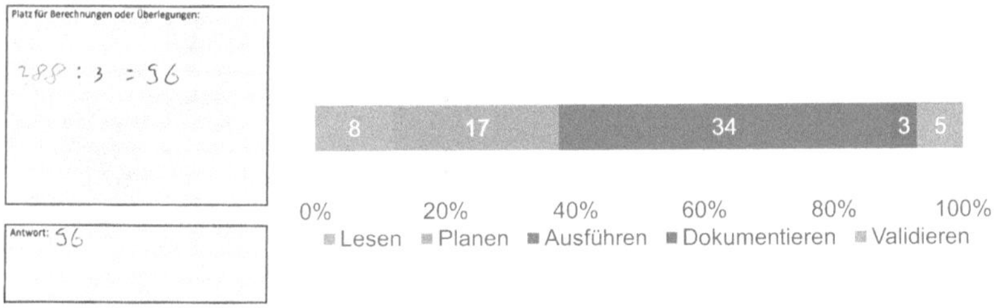

Abbildung 10.5 Lösung Pauls zum Kreisproblem (links) und Prozessverlauf (rechts)

Beim Lesen der Skalierungsaufgabe erfolgt keine Blickbewegung in den Skizzenbereich. In der Planungsphase versucht Paul, sich an das korrekte Berechnungsverfahren zu erinnern. Er denkt nach (Fixation nicht bedeutungsvoller Stellen in der Rechenbox) und zeigt deutliche Anzeichen von Unsicherheit, erkennbar an schnellen sakkadischen Augenbewegungen sowie in einer verbalen Äußerung:

P: „Ich weiß nicht, wie man den berechnet. Na ja." [Paul-Q-B, Seq. 4, 1:51:00]

Anschließend nimmt der Schüler den Bleistift und erklärt:

P: „Dann mache ich." [Paul-Q-B, Seq. 5, 1:45:50]

Daraufhin beginnt der Schüler mit der Ausführung des Plans. Er notiert 288 : 3 im Rechenfeld, berechnet den Quotienten mit dem Taschenrechner und trägt das Ergebnis 96 nach erneuten schnellen sakkadischen Blickbewegungen sowohl im Rechen- als auch im Antwortfeld ein. Abschließend validiert er, begleitet vom Hantieren mit den Utensilien und schnellen Blickbewegungen über das Arbeitsblatt das Ergebnis:

> P: „Ich habe das Gefühl, dass dieser Rechenweg falsch ist, aber ich weiß nicht, wie es richtig geht. Deshalb bin ich fertig.“ [Paul-K-B, Seq. 9, 2:28:00]

Analyse der Gründe für die lineare Übergeneralisierungen

Paul wendet beim Quadratproblem die lineare Übergeneralisierung als Oberflächenstrategie an. Dies geschieht einerseits aufgrund der Erinnerung an ein als einfach wahrgenommenes Berechnungsverfahren, wie aus dem SRI hervorgeht:

> P: „Und weil das da einfacher ist als beim Kreis, habe ich das einfach nur durch genommen.“ [Paul-Q-SRI, Seq. 5, 1:43:00]

Die Blickbewegung in Richtung Konstruktionsaufgabe während der Planungsphase (siehe Abbildung 10.4) deutet zudem darauf hin, dass auch oberflächliche Aufgabenmerkmale zur Entscheidung beigetragen haben. Beim Kreisproblem erfolgt die lineare Übergeneralisierung trotz deutlicher Zweifel und mangels alternativer Strategien, da Paul sich nicht an die korrekte Formel zur Flächenberechnung erinnern konnte. Dies zeigt sich sowohl in den Blickbewegungen während der Bearbeitung als auch in der retrospektiven Erläuterung im SRI:

> P: „Genau. Aber weil ich nicht wusste, was der richtige Weg ist, habe ich das aufgeschrieben“.

Auf die Nachfrage der Untersuchungsleiterin erläutert er weiter:

> P: „Ja, ich wusste, dass man irgendetwas mit Pi oder mit dem Ra/ Ich habe es lange nicht mehr gemacht – mit dem Durchmesser errechnen musste, aber weil ich es wie gesagt lange nicht gemacht habe, hatte ich keine Ahnung.“ [Paul-K-SRI, Seq. 5, 1:51:00]

Die von ihm hinsichtlich der Korrektheit der linearen Übergeneralisierung das Kreisproblem betreffend geäußerten Zweifel begründet er mit der geometrischen Beschaffenheit der Figuren:

P: „Weil beim Kreis du ja sozusagen unendlich Ecken hast.“ [Paul-Q-SRI, Seq. 5, 1:43:00]

Analyse der Skizzennutzung während der Aufgabenbearbeitungen
Pauls Skizzennutzung beschränkt sich auf das Quadratproblem und erfolgt dort ausschließlich rein visuell in der Planungsphase. Er unternimmt zwei kurze, oberflächliche Integrationsversuche zwischen Aufgabenstellung und Skizzen, überwiegend mit peripherem Sehen. Die Gesamtfixationsdauer im Skizzenbereich beträgt 882 Millisekunden und ist absolut und relativ gesehen (5,5 % der Planungsphase) als gering zu bewerten. Eine vertiefte visuelle Organisation oder Integration im Sinne der Qualitätsdimensionen findet nicht statt. Da Paul im SRI zur Kreis-Aufgabe explizit auf die unterschiedliche Komplexität der Berechnungsverfahren verweist, liegt nahe, dass er auch beim Quadratproblem ein Berechnungsverfahren rekonstruieren wollte. Die stark deskriptive Skizzennutzung mit Fokus auf erinnerte Berechnungsverfahren überlagert eventuell eine Auseinandersetzung mit der Skizze. Die fehlerhafte Modellbildung als Ergebnis der Integration zwischen Text- und Bildinformationen erscheint Paul offensichtlich plausibel, was ein Grund für eine fehlende Validierung der Ergebnisse sein könnte.

Zusammenfassend scheint Paul grundsätzlich über heuristisches Skizzenwissen zu verfügen, er schöpft dieses jedoch nicht aus. Ob die fehlende Validierung der fehlerhaften Lösung auf Mängel im heuristischen Skizzenwissen oder auf fehlendes konzeptuelles Wissen zurückzuführen ist, bleibt offen. Als zentrale Hinderungsfaktoren für eine Ausschöpfung des Potenzials zeigen sich eine starke Fokussierung auf algorithmische Verfahren verbunden mit fehlendem konzeptuellen Wissen Flächeninhalte und Ähnlichkeit betreffend sowie ein Mangel an metakognitiver Steuerung. Der Zweck der Skizzennutzung bleibt rein deskriptiv, die Art und Weise oberflächlich. Sie ist nicht leistungsförderlich, da sie keinen tragfähigen Lösungsansatz unterstützt. Hinweise auf eine leistungsmindernde Wirkung lassen sich nicht ableiten: Pauls Anwendung der linearen Übergeneralisierung als Oberflächenstrategie wird wie oben beschrieben nicht durch die Skizzennutzung initiiert – allerdings durch sie auch nicht verhindert.

10.4.2.2 Ben

Ben ist 15 Jahre alt und besucht die Einführungsphase einer Gesamtschule. Er hat Testheft ZM bearbeitet. Die letzte Zeugnisnote war nach eigenen Angaben „sehr gut“. Die Genauigkeit der Blickdaten wurde bei beiden Aufgabenbearbeitungen als sehr gut eingestuft.

Beschreibung des Bearbeitungsprozesses der Quadrat-Aufgabe

Ben löst die Quadrat-Aufgabe in 4:07 Minuten, wovon deutlich mehr als die Hälfte (2:25 Minuten) auf die korrekt bearbeitete Konstruktionsaufgabe entfallen. Etwa 30 Sekunden nach Bearbeitungsbeginn der Konstruktionsaufgabe liest der Schüler für etwas weniger als 4 Sekunden die Aufgabenstellung zum Skalierungsproblem, bevor er mit dem Messen der Seitenlängen von Quadrat C beginnt. Die Dauer liegt damit knapp unter der angenommenen Mindestdauer für sinnentnehmendes Lesen, die 4 bis 5 Sekunden bei 19 Wörtern beträgt (Rayner, 1998; Reichle et al., 2003), zudem erklärt der Schüler im SRI, dass er lediglich einen Überblick gewinnen wollte:

> I: „Hast du dir erst alle Aufgaben angeguckt oder nur die erste?“
>
> B: „Ich habe mir nur die erste angeguckt.“
>
> I: „Okay. Weil gerade die Blickbewegung auch auf die zweite gegangen ist.“
>
> B: „Ach so. Ja. Ich habe grob geguckt, wieviel die zweite Aufgabe noch ist.“
>
> [Ben-Q-SRI, Seq. Z3, 0:28:00]

Da Ben die inhaltliche Verbindung zwischen den beiden Aufgabenteilen nicht hergestellt hat, werden die Skizzen als gegeben hinsichtlich des Skalierungsproblems angenommen. Letzteres löst Ben mit linearer Übergeneralisierung (siehe Abbildung 10.6, links).

Ben durchläuft den Problemlöseprozess im Wesentlichen linear, allerdings wurde innerhalb der Phase des Plan Ausführens ein Validierungsprozess identifiziert (siehe Abbildung 10.6, rechts).

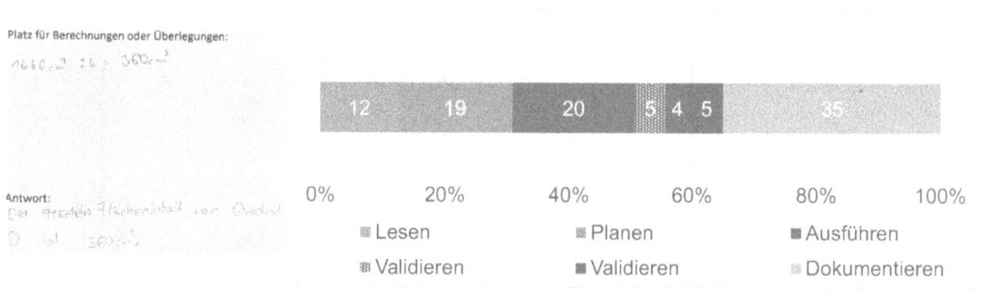

Abbildung 10.6 Lösung Bens zum Quadratproblem (links) und Prozessverlauf (rechts)

Während des Lesens des Skalierungsproblems erfolgt keine Blickbewegung in den Skizzenbereich. In der anschließenden Planungsphase erfolgen drei gleichmäßig über die ersten 9 Sekunden der Phase verteilte Integrationsversuche zwischen Text- und Skizzeninformationen (siehe Abbildung 10.7). Der erste Blickwechsel erfolgt zu Beginn der Planungsphase vom Skalierungsproblem (Wort Flächeninhalt) zu einer Stelle knapp unterhalb der Skizze von Quadrat D (Fixationszeit 641 ms). Anschließend denkt Ben nach, gefolgt von schnellen sakkadischen Blickbewegungen über den rechten Teil des Arbeitsblattes, und greift nach einem Stift.

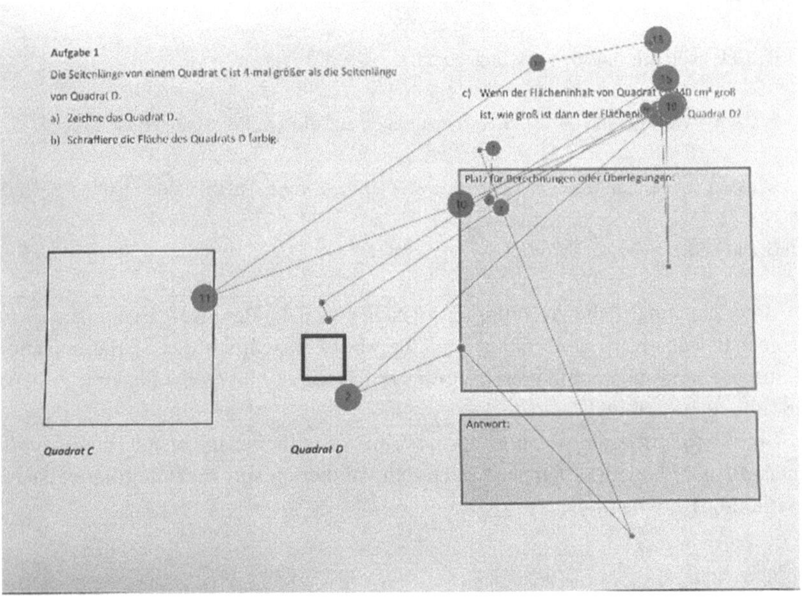

Abbildung 10.7 Blickbewegung Bens während der Planungsphase zum Quadratproblem (Ausschnitt)

Ein zweiter Integrationsversuch erfolgt etwa 3 Sekunden später, indem Ben zunächst die Zahl 1440 fixiert (922 ms), den Stift im Rechenfeld ansetzt und zur

Skizze von Quadrat C blickt (520 ms)[4]. Nach weiterem Nachdenken mit Fixationen der Zahl 1440 legt Ben den Stift weg und klopft mit dem Finger auf die Arbeitsfläche. Der dritte Integrationsversuch zeigt sich in einem Blickwechsel zwischen Skalierungsproblem (1440) zu einem Bereich peripher oberhalb der Skizze zu Quadrat D. Im Anschluss denkt Ben noch etwa 9 Sekunden nach, wobei erneut Anzeichen von Unsicherheit auftreten, verdeutlicht durch schnelle sakkadische Augenbewegungen und eine verbale Äußerung:

> B: „Wie war das nochmal? Flächeninhalt?“ [Ben-Q-B, Seq. 2, 2:51:00]

Es folgt ein kurzer Blickwechsel in den Bereich der Konstruktionsaufgabe (Fixation im Bereich des Textes „als die Seitenlänge“). Ben setzt daraufhin den Stift erneut im Rechenfeld an, zögert jedoch nochmals etwa 2 Sekunden. Dann beginnt er mit Ausführung seines Lösungsplans, notiert den Term 1400 cm^2:4 im Rechenfeld und berechnet das Ergebnis mit dem Taschenrechner. Noch bevor er das Ergebnis notiert, lässt sich eine erste, in die Planausführung integrierte Validierungsphase erkennen: Ben versucht, Informationen des notierten Ansatzes – insbesondere des Divisors 4 – und der Skizze zu integrieren, wobei der Integrationsversuch mit peripherem Sehen und einer Fixationsdauer von 300 Millisekunden im Skizzenbereich erfolgt (siehe Abbildung 10.8, links).

Es folgt ein weiterer Integrationsversuch zwischen der Anzeige des Taschenrechnerdisplays, der im Rechenfeld notierten Zahl 360 und der Zahl 1440 der Skalierungsaufgabe (siehe Abbildung 10.8, rechts)

[4] Das Ansetzen des Stiftes ist von einer entsprechenden Fixation begleitet, die daher vernachlässigt wird, sodass die Blickbewegung im Sinne des Kodierschemas als Integrationsversuch zwischen Text und Skizzeninformationen gewertet wird.

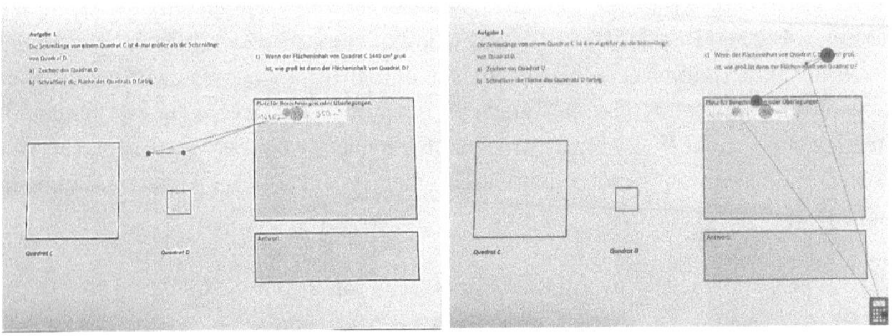

Abbildung 10.8 Blickbewegung Bens während des Validierungsprozesses zum Quadratproblem

Zu dieser Blickbewegung erklärt Ben im Stimulted Recall:

> B: „Also die Quadratzahlen, die haben ja nicht gepasst zu den gezeichneten Quadraten, aber ich wollte gucken, ob die Zahl ungefähr stimmen könnte. Also, wenn das dann diese Zahl ist, dann könnte das die Zahl sein so in der Relation.“ [Ben-Q-SRI, Seq. 9, 3:26:00]

Dieses Zitat zeigt einerseits, dass Ben an dieser Stelle die fehlende Maßstabspassung zwischen Skizze(n) und Zahlenwert bewusst ist. Zweitens wird deutlich, dass er mit den beschriebenen Blickbewegung das Größenverhältnis der Skizzen abschätzt und die Passung zur Relation der beiden Zahlenangaben prüft. Erst nach dieser Validierung notiert der Schüler das Ergebnis 360 cm^2 im Rechenfeld und schließt die Planausführung ab. Anschließend hantiert er mit dem Taschenrechner und scheint dabei das Ergebnis noch einmal durch die Integration der Textinformationen der Aufgabenstellung (insbesondere der Zahl 1440) und der Skizzeninformationen zu validieren, wobei der Blickwechsel einmal in einen Bereich zwischen den Skizzen (Fixationszeit 281 ms) und einmal zu Quadrat C (2 Fixationen, Fixationszeit 340 ms) erfolgt. Danach notiert er den Antwortsatz im Antwortfeld und beendet die Bearbeitung mit einer letzten, schnellen Blickbewegung über den linken Teil des Arbeitsblattes.

Beschreibung des Bearbeitungsprozesses der Kreis-Aufgabe

Die Kreisaufgabe bearbeitet Ben deutlich schneller in insgesamt 2:26 Minuten, von denen 1:23 Minuten auf die Bearbeitung der Konstruktionsaufgabe entfallen. In dieser Phase erfolgt keine Blickbewegung zum Kreisproblem, sodass die Skizze als gegeben hinsichtlich der Problemstellung gewertet wird. Bei der Lösung des Kreisproblems – auch hier verwendet Ben die lineare Übergeneralisierung – durchläuft er den Problemlöseprozess linear, allerdings ist nach der Dokumentation der Antwort ein zweiter kurzer Validierungsprozess erkennbar (siehe Abbildung 10.9, rechts):

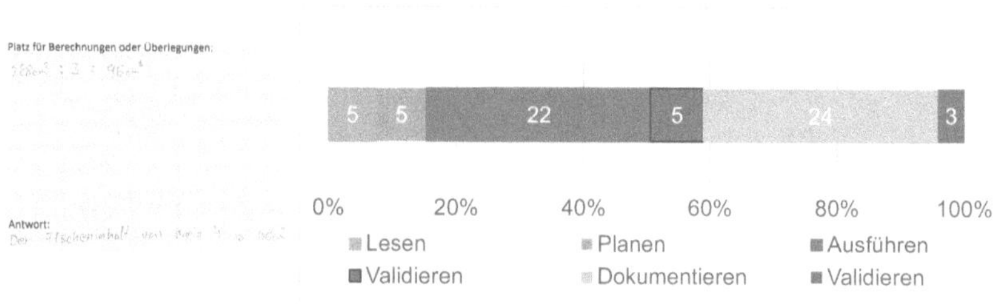

Abbildung 10.9 Lösung Bens zum Kreisproblem (links) und Prozessverlauf (rechts)

Im Vergleich zum Bearbeitungsprozess des Quadratproblems fallen insbesondere die Phasen des Lesens und Verstehens sowie der Planung hier deutlich kürzer aus. Auch hier erfolgt während des Lesens kein Blickwechsel in den Skizzenbereich. Zu Beginn der Planungsphase, die mit einer Dauer von lediglich fünf Sekunden sehr kurz ausfällt, zeigt sich ein Integrationsversuch zwischen den Informationen der Skalierungsaufgabe und denen der Skizze zu Kreis F mit einer Fixationsdauer von 220 Millisekunden und eher peripherem Sehen (siehe Abbildung 10.10, links); dieser ähnelt dem ersten der in Abbildung 10.7 dargestellten Integrationsversuche. Ben denkt daraufhin 5 Sekunden nach und beginnt anschließend mit der Ausführung seines Plans, indem er den Quotienten 288:3 mit Hilfe des Taschenrechners berechnet. Anschließend notiert er sowohl den Quotienten als auch Quotientenwert sowie die korrekte Einheit im Rechenfeld (siehe Abbildung 10.9, links). Es folgt eine Phase der Validierung, in der Ben nochmals fünf Sekunden überlegt (sichtbar durch Fixationen auf nicht bedeutungsvollem Stellen innerhalb des Rechenfeldes) und den Taschenrechner zur Seite legt. Daraufhin dokumentiert er den Antwortsatz im Antwortfeld. Erst danach erfolgt im Rahmen einer zweiten Validierungsphase der in Abbildung 10.10 (rechts) dargestellte Integrationsversuch des Ergebnisses mit den Informationen beider Skizzen. Dabei richtet Ben seinen Blick zunächst auf das notierte Ergebnis (96 cm2), anschließend in den Bereich von Kreis E und danach erneut kurz in einen Bereich unterhalb von Kreis F. Auch in diesem Fall erfolgt die Integration der Skizzeninformationen überwiegend durch peripheres Sehen und mit eher kurzen Fixationen (Fixationsdauern zwischen 60 ms und 260 ms mit einer Gesamtfixationsdauer von 862 Millisekunden).

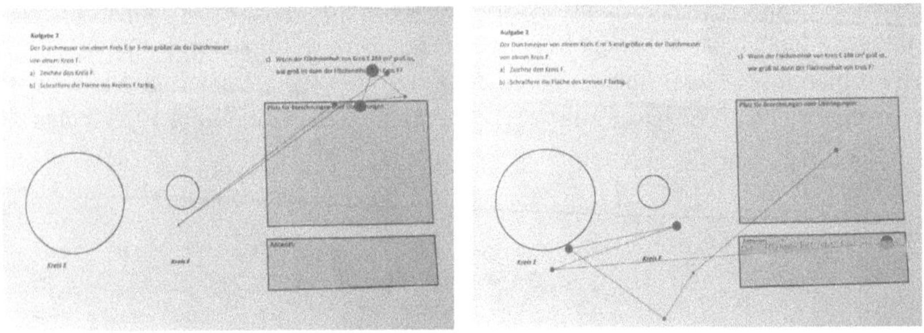

Abbildung 10.10 Blickbewegung Bens während der Planung (links) und Validierung zum Kreisproblem

Im Stimulated Recall erklärt der Schüler zu dieser Blickbewegung:

> B: „Das hat ja ungefähr funktioniert. Das eine ist größer, und zwar DEUTLICH größer. Das andere ist kleiner. Das hat ungefähr funktioniert, glaube ich." [Ben-K-SRI, Seq. 8, 2:24:00]

Nach einem kurzen Blick über die Notationen im Antwort- sowie im Rechenfeld, die Aufgabenstellungen und zwei kurzen Fixationen im Skizzenbereich beendet Ben die Bearbeitung.

Analyse der Gründe für lineare Übergeneralisierungen

In beiden Teilaufgaben lässt sich bei Ben die Anwendung der linearen Übergeneralisierung als Oberflächenstrategie beobachten. Diese zeigt sich jedoch in jeweils unterschiedlich motivierter Weise. Im Folgenden wird diese Einordnung differenziert begründet.

Im Fall der Quadrataufgabe ist eine recht lange Planungsphase erkennbar, in der Ben, wie bereits in der Prozessbeschreibung deutlich wird, zunächst unsicher hinsichtlich eines möglichen Lösungsweges ist. Diese Unsicherheit spricht gegen das Vorliegen einer tatsächlichen linearen Fehlvorstellung. Auf Grundlage der Analyse des Lösungsverlaufs sowie der Aussagen im SRI lässt sich die Entscheidung zur Anwendung der linearen Übergeneralisierung vielmehr der Kategorie *Anwendung als Oberflächenstrategie* und gleichzeitig der Kategorie *Lineare Übergeneralisierungen durch Übertragung linearer Tätigkeiten beim Erstellen der Skizze* zuordnen. Wie Ben im SRI erklärt, überträgt er den linearen Rechenweg zur Ermittlung der Seitenlänge des gezeichneten Quadrats D auf die Berechnung des Flächeninhalts:

B: Da war ich mir relativ unsicher, wie ich das mache. Aber dann habe ich mich dafür entschieden, einfach den Flächeninhalt durch vier zu rechnen, weil ja auch die Seitenlänge durch vier genommen wurde. [Ben-Q-SRI, Seq. 2, 2:39:00]

Diese Übertragung folgt zunächst ohne Prüfung der Angemessenheit, jedoch hält das mit linearer Übergeneralisierung erzielte Ergebnis den (oberflächlichen) Validierungsversuchen des Schülers stand. Daher ist auch in diesem Fall nicht von einer Übergeneralisierung mangels vorhandener Alternativen auszugehen.

Auch beim Kreisproblem lässt sich eine (deutlich kürzere) Planungsphase identifizieren. Ben trifft zügig die Entscheidung, die zuvor als zielführend erlebte lineare Übergeneralisierung erneut anzuwenden. Er begründet dies wie folgt:

B: Ach so. Ja. Da habe ich es probiert, wie vorher zu machen, weil ich nicht mehr ganz die Formel weiß und ob das stimmt. [Ben-K-SRI, Seq. 4, 1:32:00]

Diese Äußerung lässt zwar einen möglichen Bezug auf fehlende Formelkenntnisse erkennen, was zunächst auf eine Übergeneralisierung mangels verfügbarer Alternativen hinweisen könnte. Da jedoch auch in diesem Fall der anschließende Validierungsprozess keinen kognitiven Widerspruch erzeugt, ist die Anwendung der linearen Strategie auch hier als Oberflächenstrategie zu interpretieren. Im Gegensatz zur Quadrataufgabe scheint sie jedoch primär durch die Übertragung des zuvor genutzten Rechenwegs motiviert (*Lineare Übergeneralisierungen als Verfahrenstransfer*) zu sein.

Analyse der Skizzennutzung während der Aufgabenbearbeitung

Ben nutzt die Skizzen bei der Lösung beider Skalierungsproblemstellungen rein visuell, und zwar jeweils während der Planungsphase und im Rahmen von Validierungsprozessen.

Beim Quadratproblem erfolgen insgesamt drei Transitionen in Skizzenbereich; die Gesamtdauer der Fixationen (1383 ms) ist absolut und relativ (7,4 %) gesehen höher als bei Paul. Die beiden ersten Blickbewegungen hängen vermutlich zusammen. Eine schlüssige Erklärung ist, dass Ben zunächst die visualisierte Fläche von Quadrat D als gesuchte Größe (Fixationszeit 641 ms) identifizierte und dann die fehlende Maßstabspassung der Skizze von Quadrat C zum Zahlenwert des Skalierungsproblems erkannte (Fixationszeit 521 ms)[5]. Im Vergleich zu Paul scheint Ben das Potenzial der Skizze in der Planung also stärker bewusst zu sein:

[5] Dass Ben in diesem Moment die fehlende Maßstabspassung erkannt hat, wird wie im Rahmen der Analyse der Lösungsprozesses erläutert und durch seine spätere Aussage im Stimulated Recall Interview zur Erklärung des Valisierungsprozesses gestützt.

Er prüft bewusst, ob Zahlenwert und Skizzengröße zueinander passen. Allerdings verhindert auch bei Ben die starke Fokussierung auf erinnerte Berechnungsverfahren eine tiefere kognitive Auseinandersetzung mit den visuellen Informationen; die weitere Nutzung der Skizzen bleibt oberflächlich und erfolgt peripher (1 Transition, Fixationszeit 120 Millisekunden, siehe Abbildung 10.7); eine Integration der bildlichen Informationen beider Skizzen zu einem kohärenten Modell erfolgt während der Planung nicht. Für das Kreisproblem beträgt die gesamte Fixationsdauer in der Planungsphase lediglich 220 Millisekunden (entsprechend 4,4 % der Planungszeit). Die beobachtete Blickbewegung ähnelt dem ersten Integrationsversuch beim Quadratproblem. Der Hinweis im SRI auf die vergessene Flächeninhaltsformel legt nahe, dass Ben auch hier versuchte, entsprechendes Vorwissen zu reaktivieren; es erfolgte jedoch keine Integration der Information beider Skizzen. Anders verhält es sich im Falle der Validierungsprozesse. Bei beiden Aufgabenstellungen nutzt der Schüler die Informationen beider Skizzen, um durch einen Größenvergleich der Flächen die Plausibilität der durch lineare Übergeneralisierung gewonnenen Ergebnisse zu überprüfen. Im Falle des Quadratproblems erscheint der Validierungsprozess hinsichtlich der Auswahl relevanter Textinformationen grundsätzlich zielgerichtet. Dennoch bleibt die Integration der Informationen beider Skizzen mit peripherem Sehen und kurzen Fixationsdauern oberflächlich, sodass Ben sein Irrtum nicht bewusst wird. Ähnliches gilt für den Validierungsprozess des Kreisproblems. Bei diesem Prozess sind die Fixationszeiten zwar insgesamt etwas länger und es erfolgt auch eine Transition zwischen beiden Skizzen. Beides könnte jedoch auf die erhöhte kognitive Schwierigkeit bei der visuellen Abschätzung von Kreisflächen zurückzuführen sein.

Zusammenfassend zeigt sich bei Ben ein stärkeres heuristisches Skizzenwissen als bei Paul – der Schüler scheint sich der Potenziale der Skizzen sowohl für die Planung als auch für eine Validierung im Sinne einer Plausibilitätsprüfung – hier im Sinne eines Größenvergleichs – grundsätzlich bewusst zu sein; er erkennt zumindest die fehlende Maßstabspassung zum Zahlenwert des Skalierungsproblems sowie die wichtige Möglichkeit des Größenvergleichs der beiden visualisierten Flächen. Allerdings gelingt es ihm nicht, diese Potenziale wirklich zu nutzen. In der Planungsphase bleibt die Nutzung deskriptiv und abgesehen von der Prüfung der Maßstabspassung beim Quadratproblem oberflächlich im Sinne der Qualitätsdimensionen. Auch die Validierung erfolgt nur sehr oberflächlich und bleibt innerhalb eines fehlerhaften mentalen Modells, das durch diesen oberflächlichen Vergleich plausibel erscheint und daher unkritisch akzeptiert wird. Hinderungsgründe für die Ausschöpfung des Potenzials scheinen wie bei Paul die Fokussierung auf algorithmische Verfahren in Kombination mit fehlendem konzeptuellem Wissen zu Flächeninhalten und Ähnlichkeit sowie eine fehlende metakognitive Steuerung zu sein. Insgesamt ist Bens

Skizzennutzung in den Planungsphasen nicht leistungsförderlich, da sie nicht zu einem tragfähigen Lösungsansatz beiträgt. Im Falle des Quadratproblems ist sie sogar als hinderlich zu bewerten, da die Übertragung des linearen Rechenweges zur Ermittlung der Seitenlängen auf die Flächenberechnung direkt zur linearen Übergeneralisierung beiträgt. Auch für die Validierungsphasen zeigt sich keine leistungsfördernde Wirkung der Skizzen, da Ben nicht erkennt, dass seine Lösung falsch ist.

10.4.2.3 Sophia

Die sechzehnjährige Sophia besucht die Einführungsphase einer Gesamtschule und hat Testheft ZM bearbeitet; ihre letzte Zeugnisnote war nach eigenen Angaben eine eins. Die Genauigkeit der Blickdaten wurde bei beiden Aufgabenbearbeitungen als sehr gut eingestuft.

Beschreibung des Bearbeitungsprozesses der Quadrat-Aufgabe

Sophia bearbeitet die Aufgabe in 4:15 Minuten, von denen 1:56 Minuten auf die korrekte Bearbeitung der Konstruktionsaufgabe entfallen. In dieser Phase ist ein sehr kurzer Blickwechsel zum Skalierungsproblem zu erkennen; die Schülerin fixiert jedoch lediglich für 160 Millisekunden, also deutlich unterhalb der Mindestdauer für sinnentnehmendes Lesen, eine Stelle zu Beginn der Aufgabenstellung. Die Skizze wird somit als gegeben hinsichtlich des Skalierungsproblems als bewertet.

Sophia hat für das Quadratproblem zwei Lösungswege notiert, nämlich erstens die Berechnung der Fläche der Skizze zu Quadrat D und zweitens eine Lösung mit linearer Übergeneralisierung, für die sie sich durch Notation des Ergebnisses im Antwortfeld entschieden hat (siehe Abbildung 10.11, links). Entsprechend durchläuft die Schülerin den Problemlöseprozess nicht linear (siehe Abbildung 10.11, rechts).

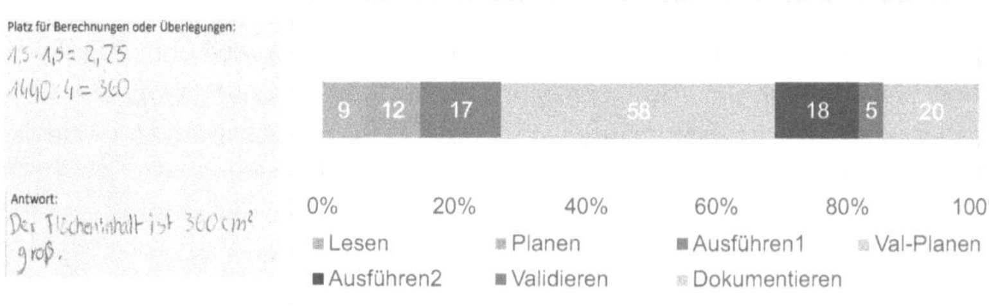

Abbildung 10.11 Lösung Sophias zum Quadratproblem (links) und Prozessverlauf (rechts)

An die Ausführung des ersten Lösungsplans schließt sich eine mit 52 Sekunden sehr lange Phase an, in der Sophia ihre erste Rechnung validiert und den zweiten Lösungsplan entwickelt.

Während des Lesens der Skalierungsaufgabe zeigt sich ein kurzer Integrationsversuch zwischen Aufgabentext (Wort: größer) und der Skizze zu Quadrat C (Fixation 180 ms). Während der ersten Planungsphase erfolgt der in Abbildung 10.12 (links) dargestellte Blickwechsel in den Bereich der Skizze von Quadrat D (Fixation von 521 Millisekunden auf die Fläche, 180 Millisekunden auf das Label, erneut 942 Millisekunden auf Fläche). Nach einem kurzen Blick zur Seitenlinie von Quadrat C (Fixationszeit 140 ms) beginnt Sophia mit der Ausführung des Lösungsplans. Sie notiert den Term *1,5* · *1,5*, berechnet das das Produkt mit dem Taschenrechner und ergänzt = *2,25* im Rechenfeld.[6]

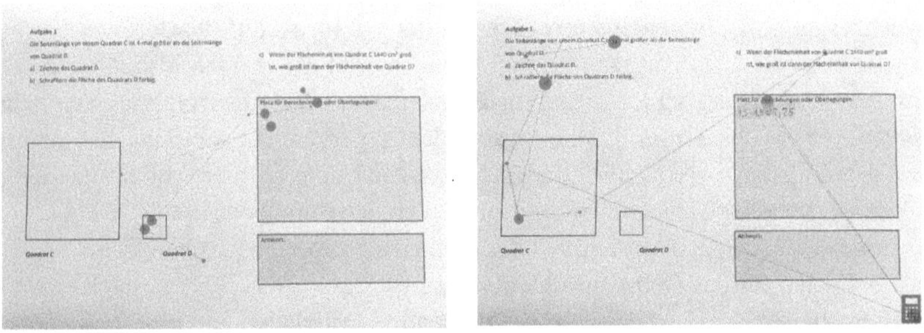

Abbildung 10.12 Blickbewegung Sophias während der ersten Planungsphase und der Phase Val-Planen (Teil 1)

Es folgt eine 58 Sekunden dauernde Phase der Validierung und erneuten Planung (Phase Val-Planen) in der die Schülerin versucht, Taschenrechneranzeige, Notationen, Aufgabenstellung und Skizze zu integrieren: Sie blickt wie in Abbildung 10.12 (rechts) dargestellt abwechselnd auf das Ergebnis im Display, den notierten Term, das Wort „Quadrat" in der Aufgabenstellung sowie die Skizze von Quadrat C (2 Blickwechsel mit einer Gesamtfixationszeit von 641 ms). Danach berechnet sie das

[6] Die Schülerin wechselt vor der Notation des Ansatzes auf Bitte der Untersuchungsleiterin den Stift. Währenddessen fixiert noch einmal für 521 Millisekunden die Skizze von Quadrat D. Diese Blickbewegung wird jedoch als irrelevant für die Erstellung des Lösungsplans eingestuft, da dieser bereits feststand.

Produkte $6 \cdot 6$, notiert dieses Ergebnis jedoch nicht, vermutlich, weil sie die Unstimmigkeit zur Zahlangabe 1440 erkennt. Dies legt ein kurzer Blickwechsel zwischen Aufgabenstellung und Skizzen nahe. Im SRI erklärt sie hierzu:

> S: „Ich habe für beide Quadrate den Flächeninhalt ausgerechnet. Und das macht gar keinen Sinn, weil 1,5 mal 1,5 ist ja glaube ich 2,25 und das wird nicht übereinstimmen, denn ich habe den Flächeninhalt ja da gegeben. Er ist in der Aufgabe." [Sophia-Q-SRI, Seq. 8, 2:14:00]

Eine klare Abgrenzung zwischen dieser Validierung des ersten Ansatzes und Entwicklung des zweiten Lösungsplans ist nicht möglich. Wahrscheinlich ist jedoch, dass die Schülerin in den

folgenden 25 Sekunden der Phase Val-Planen den zweiten Lösungsansatz entwickelt, dabei aber auch noch einmal den ersten Ansatz validiert. Nach kurzem Nachdenken liest Sophia erneut die Skalierungsaufgabe. Es folgen drei kurze Integrationsversuche zwischen Text- und Skizzeninformationen beider Skizzen (siehe Abbildung 10.13, links): Zunächst erfolgt ein Blickwechsel vom Text in den peripheren Bereich von der Skizze zu Quadrat D (360 ms) und zurück zum Wort „groß". Nach kurzem Nachdenken schließt sich ein Blickwechsel zur Skizze von Quadrat C (140 ms), in den Textbereich „Fläche des Quadrats D" (insgesamt ca. 2 s), zurück in den peripheren Bereich der Skizze von Quadrat D (180 ms) und wieder zum Wort „groß" an. Schließlich folgt ein Blickwechsel vom Text („Quadrat D") zur Skizze von Quadrat C (140 ms), in den rechten peripheren Bereich der Skizze von Quadrat D (432 ms), ins Rechenfeld und zurück zum Text.

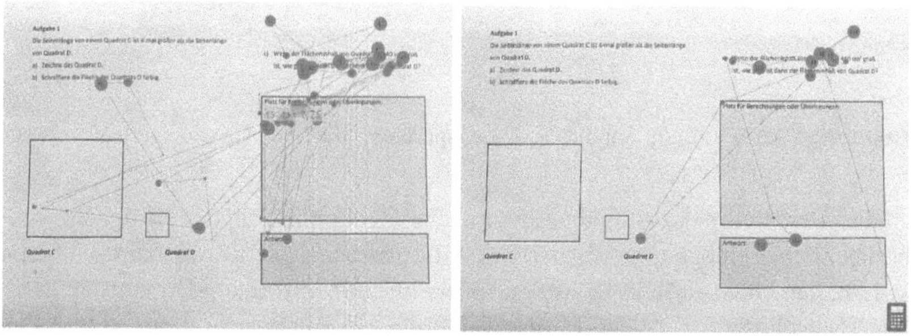

Abbildung 10.13 Blickbewegung Sophias während der Phase Val-Planen (Teil 2)

Die danach beobachteten Blickwechsel zwischen Aufgaben- und Rechenfeld deuten an, dass Sophia die fehlende Plausibilität der Wertes 2,25 noch einmal prüft;

sie notiert dann Der Flächeninhalt: im Antwortfeld. Erst nach einem erneuten, etwa zehnsekündigen Lesen des Skalierungsproblems (inkl. Fixation im Bereich von Quadrat D, 321 ms; siehe Abbildung 10.13, rechts) beginnt Sophia mit der Ausführung ihres zweiten Lösungsplans, der linearen Übergeneralisierung. Sie berechnet den Quotienten 360:4 mit dem Taschenrechner, notiert *1440:4 = 360* im Rechenfeld (Abbildung 10.11, links) und ergänzt nach einer kurzen Validierungsphase von 5 s die Angabe *360 cm²* im Antwortfeld.

Beschreibung des Bearbeitungsprozesses der Kreis-Aufgabe

Diese Aufgabe löst Sophia schneller, nämlich innerhalb von 2:41 Minuten, von denen 1:42 Sekunden auf die Konstruktionsaufgabe entfallen. Die Skizze zu Kreis F zeichnet die Schülerin wegen der Verwechslung von Radius und Durchmesser falsch. Während der Bearbeitung der Konstruktionsaufgabe schaut Sophia für etwa 1 Sekunde, also wieder deutlich unter der angenommenen Mindestdauer für sinnentnehmendes Lesen, zum Skalierungsproblem. Daher wird auch diese Skizze als gegeben hinsichtlich des Skalierungsproblems gewertet Auch das Kreisproblem hat Sophia mit linearer Übergeneralisierung (siehe Abbildung 10.14, links) und in einem mit etwa 1 Minute sehr schnellen linearen Problemlöseprozess (siehe Abbildung 10.14, rechts) gelöst.

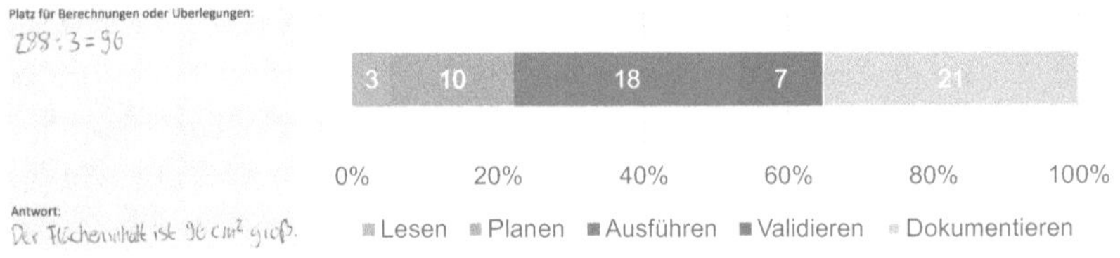

Abbildung 10.14 Lösung Sophias zum Kreisproblem (links) und Prozessverlauf (rechts)

Nach dem Lesen der Aufgabenstellung überlegt Sophia kurz, es erfolgt ein recht oberflächlicher Integrationsversuch der Informationen der Konstruktionsaufgabe sowie beider Skizzen: Die Schülerin fixiert für 200 Millisekunden eine Stelle in Aufgabenstellung der Zeichenaufgabe; es folgt ein Blickwechsel zur Skizze von Kreis F (Fixationszeit 361 ms), von dort aus zu der von Kreis E (Fixationszeit 240 ms) und zurück zu einer Stelle Kreis F (Fixationszeit 140 ms). Anschließend legt die Schülerin den Taschenrechner zurecht, löscht die Displayanzeige, und liest noch einmal für etwa 4,5 Sekunden die Skalierungsaufgabe. Daraufhin beginnt sie mit der Ausführung des Plans, indem sie in der Rechenbox den Term 288 : 3 = notiert. Anschließend berechnet sie das Ergebnis mit dem Taschenrechner und ergänzt die Zahl 90 im Rechenfeld. Es folgt eine Validierungsphase von 7 Sekunden, in der Sophia zunächst noch einmal die Zeichenaufgabe, die notierte Rechnung, die Skalierungsaufgabe und die notierte Rechnung liest. Erst dann notiert die Schülerin die Antwort in der Antwortbox.

Analyse der Gründe für die Wahl des linearen Lösungsweges

Sophia wählt die lineare Übergeneralisierung bei der Aufgabe Quadrat mangels Alternative nach Verwerfen ihrer Lösung durch Berechnung der Skizzenmaße, obwohl ihr eigentlich klar ist, dass auch dieser lineare Ansatz falsch ist. Dies zeigt sich erstens darin, dass Sophia im Rahmen der Phase Val-Planen lange zögert, den auf linearer Übergeneralisierung beruhenden Ansatz zu notieren. Zweitens verdeutlicht die Schülerin dies im Stimulated Recall. Im Anschluss an die bereits oben zitierten Äußerungen die Flächeninhalte der Skizzen betreffend erklärt die Schülerin:

> S: „.... habe ich dann geteilt durch vier genommen, weil der müsste dann ja viermal größer sein halt auch weil (unv.)" [Sophia-Q-SRI, Seq. 8, 2:14:00]

Auf Nachfrage der Untersuchungsleiterin, warum sie sich für die lineare Übergeneralisierung und nicht für die erste – im Übrigen nicht von ihr gestrichene – Lösungsvariante entschieden hat, erklärt wie weiter:

> S: „Weil/ Weiß ich nicht. Es macht doch keinen Sinn, dass DAS also das von dem Quadrat C wären ja auch nicht tausendirgendetwas Quadrat beim Flächeninhalt gewesen und da beides dann unlogisch irgendwie war/" [Sophia-Q-SRI, Seq. 8, 2:14:00]

Die Gründe für die Zweifel an der Korrektheit der linearen Lösung werden im Stimulated-Recall-Interview deutlich. Hier erklärt Sophia überraschenderweise, dass sie den Lösungsansatz mit Hilfe des Skalierungsprinzips eigentlich kannte:

> S: „[Dass] die Seitenlänge viermal größer ist heißt ja nicht, dass der Flächeninhalt auch viermal größer ist."

Auf Nachfrage der Interviewerin ergänzt sie:

> S: „Viermal. Ne. Achtmal. Achtmal? Nein. Ist ja zum Quadrat".

I: „Genau. 4 zum Quadrat sind?“

S: „Vier mal vier sind 16 und/“

[Sophia-Q-SRI, Seq. 8, 2:14:00]

Auch an späterer Stelle verweist sie noch einmal darauf, dass ihr der richtige Skalierungsfaktor eigentlich bekannt war [Sophia-Q-SRI, Seq. 28, 3:53:00]. Im Falle des Kreisproblems wählt Sophia die lineare Übergeneralisierung wie Ben als übertragenen Ansatz im Sinne einer Oberflächenstrategie, wie in der Beschreibung des – sehr kurzen – Lösungsprozesses, aber auch im anschließenden SRI erkennbar ist [Sophia-K-SRI, Seq. 7, 2:12:00]

Analyse der Skizzennutzung während der Aufgabenbearbeitung
Sophia nutzt die Skizzen rein visuell und auch nicht visuell, und zwar sehr kurz während des Lesens und Verstehens des Quadratproblems, in allen Planungsphasen, zur Ausführung des ersten Lösungsplans und im Rahmen von Validierungsprozessen das Quadratproblem betreffend. Die rein visuelle Skizzennutzung bei der Lösung des Kreisproblems blieb oberflächlich und kurz (743 ms, 7,3 %). Im SRI deutete Sophia an, sich vor der (schnellen) Entscheidung für die lineare Übergeneralisierung die fehlende Maßstabspassung zwischen Skizzen und Zahlenwert der Skalierungsaufgabe bewusst gemacht zu haben. Die Skizzennutzung bei der Lösung des Quadratproblems ist vielschichtiger und wird im Folgenden genauer analysiert. Zur Blickbewegung während des Lesens und der (ersten) Planungsphase äußert sich Sophia im SRI nicht; eine plausible Erklärung auf Grundlage der Blickdaten ist jedoch, dass Sophia sich zunächst verdeutlichte, dass das Quadrat C das größere der beiden Figuren ist. In der anschließenden ersten Planungsphase, die in der Entscheidung zur Berechnung der kleinen Skizzenfläche mündet, nutzt Sophia die Skizzen rein visuell; die in Abbildung 10.12 dargestellten Fixationen haben mit 1806 Millisekunden eine absolut und relativ gesehen (27,4 %) hohe Gesamtdauer; sie beziehen sich jedoch überwiegend auf die Fläche von Quadrat D (1483 ms).[7] Die Blickbewegung legt nahe, dass Sophia den Flächeninhalt der visualisierten Fläche als zu berechnende Größe identifiziert und die Skizzeninformationen zu einem für sie an dieser Stelle schlüssigen Lösungsansatz integriert hat. Eine vollständige

[7] Die Angaben beziehen sich auf die Zeit der Entwicklung des Lösungsplans. Die 5 Sekunden, die das Wechseln des Stiftes erforderte (siehe Beschreibung des Lösungsprozesses) sowie die als irrelevant eingestufte Blickbewegung zu Quadrat C wurden nicht mit eingerechnet.

Integration der Skizzeninformationen mit den Textinformationen der Skalierungsaufgabe unter Berücksichtigung des gegebenen Zahlenwertes erfolgt nicht. In der folgenden Phase der Planausführung nutzt Sophia die Skizzen nicht visuell dem aufgestellten Lösungsplan entsprechend und innerhalb des Modells folgerichtig als Berechnungsgrundlage. Die Skizzennutzung in der anschließenden Phase Val-Planen ist insgesamt als oberflächlich und wenig zielgerichtet zu bewerten. Die Gesamtdauer ist mit 2284 Millisekunden zwar recht hoch, jedoch relativ zur Dauer der Phase gesehen mit 4 % eher gering. Die Planung betreffend gelingt es Sophia in dieser Phase nicht, Text- und Bildinformationen zu einem zumindest für sie selbst schlüssigen, geschweige denn korrekten Lösungsansatz zu entwickeln. Die entsprechenden Blickbewegungen (siehe Abbildung 10.13) wirken wenig zielgerichtet und bleiben oberflächlich mit meist sehr kurzen Fixationen und unter Nutzung von peripherem Sehen. Die Validierung betreffend erkennt Sophia die fehlende Maßstabspassung nicht mit Hilfe der visualisierten Flächen, sondern über den Vergleich des berechneten Flächeninhalts mit dem Zahlenwert des Skalierungsproblems (2,25 versus 1400). Zwar folgt ein kurzer visueller Abgleich mit der Skizze zu Quadrat C, bei der die Blickbewegung innerhalb von Quadrat C eine Abschätzung der Flächengröße andeutet (siehe Abbildung 10.12, rechts), die Bestätigung der fehlenden Maßstabspassung erfolgt jedoch durch Erkennen der Inkongruenz der Zahlenwerte 36 und 1440.

Zusammenfassend scheint Sophia über heuristisches Skizzenwissen zu verfügen, kann aber das Potenzial der Skizzen nicht ausschöpfen. In der ersten Planungsphase fokussiert Sophia stark auf die Skizze zu Quadrat D; die Nutzung bleibt deskriptiv und führt unmittelbar zur Entwicklung eines fehlerhaften Lösungsmodells mit folgerichtiger Nutzung der Skizze als Berechnungsgrundlage. Während der Validierung der ersten Lösung orientiert sich Sophia überwiegend an Zahlenangaben und nutzt die Skizze lediglich unterstützend. Die intensivere ziellos-handelnde Skizzennutzung zur Entwicklung des zweiten Lösungsplans scheitert wiederum und mündet in linearer Übergeneralisierung. Dies ist besonders bemerkenswert ist, da Sophia nach eigener Angabe den quadratischen Skalierungsfaktor eigentlich kannte, ihn aber nicht mit Hilfe der Skizzen aktivieren konnte. Zwar zeigt sich beim dritten Integrationsversuch während der Phase PlanVal ein Blickwechsel zwischen den Quadratskizzen, dieser bleibt jedoch oberflächlich (peripher) und führt nicht zu einem konsistenten Modell des Größenverhältnisses.

Dies lässt sich durch mehrere Faktoren erklären. Erstens fokussiert Sophia ähnlich wie Paul und Ben stark auf algorithmische Rechenverfahren. Zweitens verfügt sie scheinbar nur über Faktenwissen zum quadratischen Skalierungsfaktor, nicht über das entsprechende konzeptuelle Verständnis des quadratischen Zusammenhangs. Gemeint ist der funktionale Aspekt des konzeptuellen Verständnisses geometrischer Ähnlichkeit (siehe 3.2.2). Dass ihr diese Einsicht fehlt, zeigt sich auch im SRI zur Aufgabe *Kreis*, wo sie ihre auf linearer Übergeneralisierung beruhende Lösung nur mit Unterstützung korrigieren konnte. Dort möchte sie ihre auf linearer Übergeneralisierung beruhende Lösung korrigieren, was ihr trotz des bereits im ersten Interview diskutierten Wachstumsfaktors nur mit Hilfe gelang. Drittens fehlt Sophia konzeptuelles Wissen zur Proportionalität (Invarianz, Relationalität), sodass sich die (erkannte) fehlende Maßstabspassung als zentrales Hindernis für die weitere Skizzennutzung erweist. Hierzu erklärt die Schülerin im SRI:

> S.: „Das wäre glaube ich nicht so verwirrend, hätte man dann die richtigen Angaben gehabt. Und dann hätte die Skizze dann wahrscheinlich auch geholfen. ... Aber mit falschen Angaben nicht." [Sophia-K-SRI, Seq. 7, 2:12:00]

Insgesamt zeigt sich Sophias Skizzennutzung differenziert hinsichtlich ihrer Wirkung: In der ersten Phase wirkt sich leistungshinderlich, da die Skizze unmittelbar zum Aufbau eines fehlerhaften Lösungsplans beiträgt. Während der ersten Planausführung wirkt sie bezogen auf den Teilprozess leistungsförderlich, da die Skizze korrekt als Berechungsgrundlage innerhalb des (falschen) Modells genutzt wird. Im Kontext der Validierung wirkt sie grundsätzlich leistungsförderlich, da die Skizze zu Quadrat C zumindest unterstützend hinzugezogen wird. Die zweite Planung betreffend ist die Skizzennutzung als leistungshinderlich zu bewerten: Die eher ziellosen Integrationsversuche scheitern an der fehlenden Maßstabspassung und münden in linearer Übergeneralisierung. Im Unterschied zu Paul, dessen oberflächliche Skizzennutzung die fehlerhafte Strategie lediglich nicht verhindert, trägt Sophias intensivere, aber erfolglose Integration aktiv zur Entstehung der Fehlstrategie bei.

10.4.2.4 Franka

Die 17jährige Franka besucht die Qualifikationsphase einer Gesamtschule. Ihre letzte Zeugnisnote war nach eigenen Angaben eine zwei. Sie hat Testheft Z bearbeitet. Die Genauigkeit der Blickdaten wurde bei beiden Aufgabenbearbeitungen als sehr gut eingestuft.

Beschreibung des Bearbeitungsprozesses zur Quadrat-Aufgabe

Die Bearbeitungszeit der Quadrat-Aufgabe beträgt 4:33 Minuten, von der 2:25 Minuten auf die korrekt gelöste Konstruktionsaufgabe entfallen. Ein Blickwechsel zum Skalierungsproblem erfolgt in dieser Zeit nicht, sodass die Skizze als gegeben hinsichtlich des Quadratproblems gewertet wird. Franka löst das Quadratproblem wie in Abbildung 10.15 (links) ersichtlich falsch durch Berechnung des Flächeninhalts der Skizze zu Quadrat D in einem linear durchlaufenen Problemlöseprozess (siehe Abbildung 10.15, rechts).

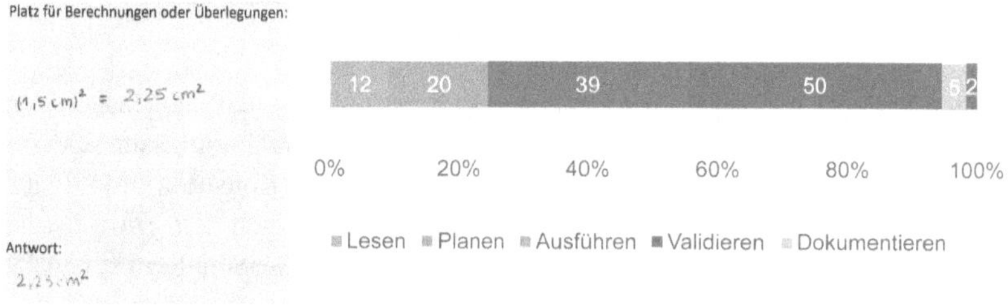

Abbildung 10.15 Lösung Frankas zum Quadratproblem (links) und Prozessverlauf(rechts)

Nach dem ersten Lesen der Skalierungsaufgabe (etwa 3 Sekunden) stellt Franka eine organisatorische Frage; während dieser Frage und der Antwort zeigen sich zwei Integrationsversuche zwischen Textinformationen beider Aufgabenstellungen und den Skizzeninformationen zu beiden Skizzen (siehe Abbildung 10.16, links). Daraufhin folgt ein erneutes Lesen der Aufgabenstellung der Skalierungsaufgabe.

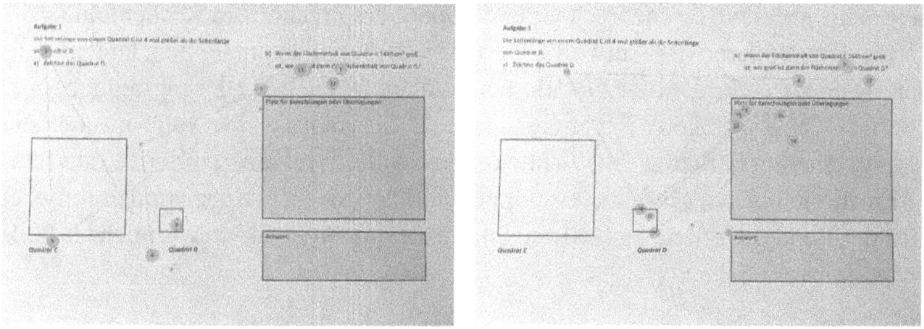

Abbildung 10.16 Blickbewegung Frankas während des Lesens (links) und der Planung (rechts)

Zu Beginn der Planungsphase liest Franka den Hinweis im Rechenfeld und denkt einige Sekunden nach. Es folgen zwei Integrationsversuche zwischen Textinformationen und Skizzeninformationen zu Quadrat D (siehe Abbildung 10.16, rechts):

Zunächst erfolgt ein Blickwechsel von der Aufgabenstellung der Skalierungsaufgabe (Bereich Flächeninhalt) zur Skizze von Quadrat D (Fixationszeit 321 ms) und zurück. Daraufhin fragt die Schülerin:

> F: „Muss ich mir das LOGISCH erschließen oder soll ich das ausrechnen?" [Franka-Q-B, Seq. 4, 2:46:00]

Während sie spricht, zeigt Franka mit der Kugelschreiberspitze zunächst in den Bereich der Zahlangabe und blickt anschließend von der Skalierungsaufgabe zur Skizze von Quadrat D (Fixationszeit 341 ms), von dort aus zur Konstruktionsaufgabe (Bereich Quadrat D) und zurück zur Skalierungsaufgabe. Nach dem Hinweis der Untersuchungsleiterin, dass sie beides machen könne, denkt die Schülerin kurz nach und erklärt dann:

> F: „Ich rechne einfach." [Franka-Q-B, Seq. 4, 2:46:00]

Während dieser Aussage erfolgt beim Nachdenken über den zu wählenden Ansatz ein Blickwechsel vom Rechenfeld (Fixation nicht bedeutungsvoller Stellen) zur Skizze von Quadrat D (Fixationszeit 281 ms) und zurück zum Rechenfeld (siehe Abbildung 10.16, rechts).

Unmittelbar danach beginnt Franka mit der Ausführung ihres Plans und notiert im Rechenfeld den Ansatz $(1,5)^2$, wobei sie noch einmal vor Notation der Nachkommastelle kurz zur Skizze von Quadrat D schaut (Fixationszeit 361 ms). Sie berechnet die Potenz mit dem Taschenrechner und notiert das Ergebnis im Rechenfeld.

Vor dem Notieren der Antwort zögert sie jedoch und beginnt einen langen Validierungsprozess, in dem sie Notationen, Zahlangabe der Skalierungsaufgabe und Taschenrechneranzeige zu integrieren versucht. Sie zeigt Zeichen von Unsicherheit, es folgt der in Abbildung 10.17 (links) dargestellte Integrationsversuch der Textinformationen beider Aufgabenstellungen und der Skizzeninformationen mit eher geringen Fixationszeiten von 140 und 80 Millisekunden im Skizzenbereich und teils mir peripherem Sehen.

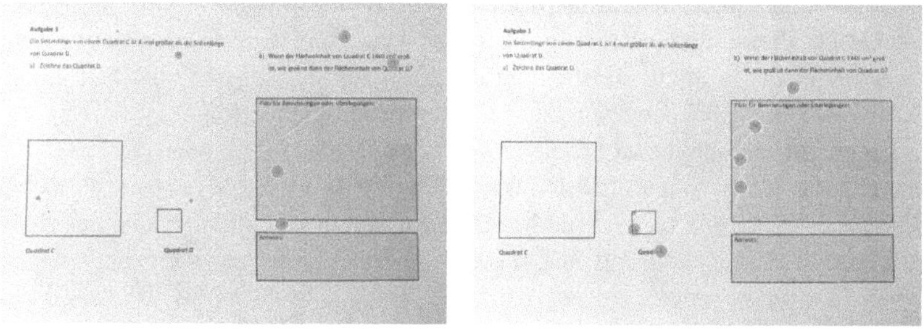

Abbildung 10.17 Blickbewegung Frankas während der Validierungsphasen

Die Schülerin setzt den Stift erneut zur Notation einer Antwort, zögert jedoch wieder. Bei dem folgenden Dialog ist der in Abbildung 10.17 (rechts) dargestellte Blickwechsel zu beobachten.

> F: „Bezieht sich das dann auf den Zusammenhang zwischen denen (zeigt auf eine Stelle rechts zwischen den Zeilen im Bereich der Aufgabenstellung zur Skalierungsaufgabe) oder soll ich einfach nur aufschreiben, wie groß das (zeigt auf Rechnung im Rechenfeld) ist?"

> I: „Also die Aufgaben gehören schon zusammen. Also du solltest den neuen Flächeninhalt ausrechen"

> F: „Nein, ich meine, die Frage, wie groß DANN der Flächeninhalt von Quadrat D, also bezieht sich das auf den Zusammenhang zwischen DEM (zeigt auf den Bereich von Quadrat C in der Aufgabenstellung der Skalierungsaufgabe) und DEM (S. zeigt auf den Bereich von Quadrat D in der Skalierungsaufgabe), oder soll einfach nur das Ergebnis (S. blickt zur Skizze von Quadrat D, zeigt auf die notierte Rechnung und blickt anschließend auf den Schriftzug zu Quadrat D) nochmal hinschreiben?"

Nach einer nicht verständlichen Aussage der Untersuchungsleiterin entscheidet die Schülerin:

> F: „Okay. Dann schreib ich das so einfach hin." [Franka-Q-B, Seq. 12, 3:53:00]

Daraufhin notiert die Schülerin das durch die falsche Messlösung ermittelte Ergebnis im Antwortfeld (siehe Abbildung 10.15, links) und erklärt ihre Arbeit nach einem schnellen Blick über das Arbeitsblatt für beendet.

Beschreibung des Bearbeitungsprozesses zur Kreis-Aufgabe
Franka löst die Aufgabe Kreis in einer Zeit von 3:27 Minuten, von denen 1:41 Minuten auf die korrekte Bearbeitung der Konstruktionsaufgabe entfallen. Da in dieser Zeit keine Blickbewegung zum Skalierungsproblem erfolgt, wird die Skizze als gegen hinsichtlich dieses Problems gewertet.

Auch das Kreisproblem löst Franka falsch mit Hilfe der „Messlösung“, wobei sie den Lösungsprozess im Wesentlichen linear durchläuft; allerdings ist innerhalb der Phase der Planausführung eine kurze Validierungsphase zu erkennen:

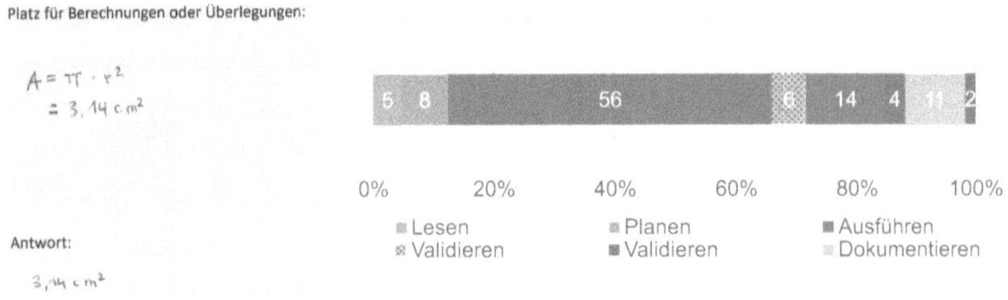

Abbildung 10.18 Lösung Frankas zum Kreisproblem (links) und Prozessverlauf (rechts)

Nach dem Lesen des Skalierungsproblems – hier erfolgt keine Blickbewegung in den Skizzenbereich – überlegt die Schülerin kurz. Auf der Suche nach einem Ansatz blickt die Schülerin kurz zur Skizze von Kreis F (Fixationszeit: 180 ms) und sagt: „Ach ja, Flächeninhalt eines Kreises“, lacht und zeigt Anzeichen von Unsicherheit. Hierzu erklärt sie später im SRI, dass sie sich nicht an die Flächeninhaltsformel erinnern konnte. Sie notiert $A =$ im Rechenfeld (siehe Abbildung 10.18, links), zögert und fragt:

F: „Darf man da nach der Formel fragen?“ [Franka-K-B, Seq. 4, 1:55:00]

Nach der Antwort der Untersuchungsleiterin, dass sie diese so notieren soll, wie sie sie im Kopf hat, fährt die Schülerin fort:

F: „Ja, ich denke mir auf jeden Fall Pi. Der Radius ist das wahrscheinlich bestimmt auch.“ [Franka-K-B, Seq. 5, 2:11:00]

Passend zu diesen Aussagen notiert ergänzt sie im Rechenfeld $\pi \cdot r^2$

Sie fragt, ob diese Formel korrekt ist, wozu die Untersuchungsleiterin sich vereinbarungsgemäß nicht äußert. Die Schülerin meint daraufhin:

F: „Ich rechne das einfach so aus. Ist egal.“ [Franka-K-B, Seq. 5, 2:11:00]

Daraufhin nimmt die Schülerin den Taschenrechner und gibt nach längerer Suche nach der passenden Taste zunächst $\pi \cdot$. Währendessen erklärt sie:

F: „Das Traurige ist, ich habe momentan sogar Physik und genau das haben wir da durchgenommen.“ [Franka-K-B, Seq. 5, 2:11:00]

Bevor die Schülerin die Zahl 1 eingibt, folgt der in Abbildung 10.19 (links)dargestellte Blickwechsel zur vermutlich zur Erinnerung an den Radius der Skizze zu Kreis F: Die Schülerin blickt vom Taschenrechnerdisplay zunächst zu einem Bereich zwischen den Skizzen (Fixationszeit 120 ms), von dort aus zur Skizze von Kreis E (Fixationszeit 100 ms), zu einem Bereich zwischen der Skizze zu Kreis F und der zugehörigen Beschriftung (Fixationszeit 120 ms) und auf eine Stelle innerhalb der Skizze von Kreis F (Fixationszeit 220 ms).

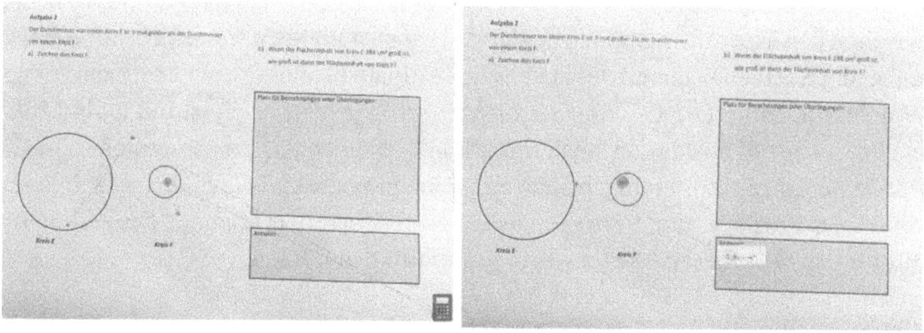

Abbildung 10.19 Blickbewegung Frankas während der Planausführung (links) und der Validierung (rechts) zum Kreisproblem

Die Taschenrechneranzeige $\pi \cdot 1$ scheint Franka zu erstaunen, sie sagt: „Wow“ und denkt einige Sekunden nach, wobei sie einmal für 321 Millisekunden auf die Beschriftung Kreis E unterhalb der Skizze schaut, die Skizzen jedoch ansonsten nicht beachtet. Anschließend berechnet sie das Ergebnis (ohne die Zahl 1 zu quadrieren), denkt auch über die Ergebniszahl kurz nach und notiert dann in der zweiten Zeile des Rechenfeldes $= 3{,}14$. Dabei meint sie:

F: „Es ist aber auch nicht schlimm, wenn das falsch ist? Weil es täte mir sonst leid für Ihre Ergebnisse.“ [Franka-K-B, Seq. 7, 3:01:00]

Im Rahmen der darauffolgenden Validierungsphase gleicht die Schülerin die Angaben des Taschenrechnerdisplays mit dem notierten Ergebnis ab, bevor sie als Antwort die Ergebniszahl im Antwortfeld notiert und sowohl hier als auch im Rechenfeld die Einheit cm^2 ergänzt. Nach einer abschließenden Validierung des Ergebnisses, in der Franka die Information der im Antwortfeld notierten Ergebniszahl und die Skizzeninformationen zu Kreis E (Fixationszeit 120 ms) und Kreis F (Fixationszeit 1603 ms) zu integrieren versucht (siehe Abbildung 10.19, rechts), beendet die Schülerin die Arbeit.

Analyse der Skizzennutzung im Problemlöseprozess
Franka nutzt die Skizzen bei der Bearbeitung beider Skalierungsprobleme sowohl rein visuell als auch nicht visuell. Die visuelle Nutzung erfolgt in den Planungsphasen, während der Validierungsprozesse sowie während des Lesens und Verstehens der Aufgabenstellung zum Quadratproblem. Während der jeweiligen Ausführung des Lösungsplans nutzt die Schülerin die Skizzen nicht visuell (Berechnung der Fläche der Skizze zur kleinen Figur), aber auch rein visuell.

Die Bedeutung des in Abbildung 10.16 (links) dargestellten Integrationsversuchs zwischen den Textinformationen beider Aufgabenstellungen sowie den Informationen beider Skizzen während des Lesens der Aufgabenstellung des Quadratproblems ist nicht eindeutig. Die Gesamtfixationszeit im Skizzenbereich ist mit 2444 Millisekunden sowohl absolut als auch mit 20,8 % bezogen auf die Gesamtphase recht hoch. Allerdings stellt Franka gleichzeitig eine Frage, sodass über die tatsächlichen kognitiven Prozesse nur Vermutungen angestellt werden können. Die Schülerin selbst erklärt zur dieser Blickbewegung im Stimulated Recall:

> F: „.... Ich weiß nicht, ich habe da irgendetwas gefragt, deswegen habe ich da so rumgeguckt." [Franka-Q-SRI, Seq. 2, 2:29:00]

Die Blickbewegung könnte also einerseits in der Tat ziellos sein, möglicherweise hat Franka aber auch bereits an dieser Stelle eine Verbindung zwischen den Aufgabenstellungen und den Skizzen hergestellt.

In der Planungsphase zum Quadratproblem fixiert Franka ausschließlich die Skizze zu Quadrate D (Gesamtfixationszeit 1162 ms, Anteil 5,9 %). Sie identifiziert die dargestellte Fläche offensichtlich als zu berechnende Größe (siehe Abbildung 10.16, rechts). Ihre parallele Frage, ob sie die Lösung „logisch erschließen oder ausrechnen" soll, weist auf zwei konkurrierende (und beide fehlerhafte) Lösungsmodelle hin. Im SRI erläutert sich, dass sie mit dem „logischen Erschließen" die lineare Übergeneralisierung verband:

F: „… Ich habe mich nicht mehr erinnert, ob das auch gilt, weil der Flächeninhalt viermal größer als/. Das wollte ich später auch nochmal ausrechnen, aber das habe ich dann doch nicht gemacht." [Franka-Q-SRI, Seq. 4, 2:46:00]

Sie entscheidet sich, begleitet von einer erneuten Blickbewegung zur Skizze von Quadrat D, für den Ansatz, die Skizzenfläche zu berechnen.

Bei der folgenden Ausführung des Plans ist neben der nicht visuellen Skizzennutzung auch eine kurze visuelle Skizzennutzung der Skizze von Quadrat D zu beobachten, die vermutlich der Erinnerung oder Verifizierung der Seitenlänge diente. Die lange Validierungsphase deutet darauf hin, dass sie den Konflikt zwischen den konkurrierenden Lösungsmodellen reflektierte. Die Blickbewegungen zu Quadrat D sprechen erneut für die Identifikation der visualisierten Fläche als gesuchte Größe. Ob Franka die fehlende Maßstabspassung zwischen Skizzen und Zahlenangabe erkannte, bleibt unklar; jedenfalls gelang es ihr nicht, den Modellkonflikt zu lösen.

Das Kreisproblem betreffend nutzt Franka während der Planung die Skizze zu Kreis F kurz (Gesamtfixation 180 ms, Anteil 2,2 %) und wie im SRI deutlich wird zur Erinnerung an die Flächeninhaltsformel. Bei der Ausführung des Plans dienen die Skizzen als Berechnungsgrundlage auf Basis eines fehlerhaften Modells. Im Sinne einer nicht visuellen Skizzennutzung berechnet die Schülerin den Flächeninhalt der kleinen Figur, zusätzlich nutzt sie die Skizzen visuell zur strukturierten Ableitung wichtiger Größen: Sie scheint die Skizzen zur Erinnerung an das Längenmaß des Radius heranzuziehen (siehe Abbildung 10.19)[8]. Die drei während der Lösung des Kreisproblems erkennbaren Validierungsprozesse betreffend nutzt die Schülerin nur im letzten die Skizze zu Kreis F. Der Integrationsversuch zwischen Ergebniszahl und Skizzeninformation zu Kreis F legt nahe, dass sie die Sinnhaftigkeit des ermittelten rechnerischen Ergebnisses mit Hilfe der Flächengröße überprüft hat.

Insgesamt gesehen scheint Franka über heuristisches Skizzenwissen zu verfügen, die Wirkung der Nutzung ist jedoch differenziert zu betrachten. Die deskriptive Nutzung während der Planung beim Quadratproblem mündet wie bei Sophia direkt in ein falsches Lösungsmodell mit folgerichtiger Nutzung der Skizzen als Berechnungsgrundlage. Auch hier wirkt die Skizzennutzung daher leistungshinderlich.[9] Die

[8] Die Bedeutung des beobachteten kurzen Blickwechsels zu Quadrat C ist nicht ganz klar. Wegen der Kürze der Fixation im Vergleich zu der auf Quadrat D wird davon ausgegangen, dass die Schülerin Kreis C lediglich auf der Suche nach der korrekten Information betrachtet.

[9] Die Bewertung als *leistungshinderlich* bezieht sich vor allem auf das Quadratproblem, bei dem die fokussierte Skizzennutzung unmittelbar in ein fehlerhaftes Modell und eine lineare Übergeneralisierung mündet. Beim Kreisproblem ist eher davon auszugehen, dass der zuvor

teilprozessbezogene Nutzung als Berechnungsgrundlage ist jeweils leistungsförderlich, Der Validierungsprozess zum Quadratproblem ist als nicht leistungsfördernd zu bewerten, da es der Schülerin nicht gelingt, den selbst wahrgenommenen Widerspruch zwischen ihren konkurrierenden Lösungsmodellen aufzulösen; vermutlich hat sie auch die fehlende Maßstabspassung der Skizzen zum Zahlenwert des Skalierungsproblems nicht erkannt. Beim Kreisproblem ist die Validierung dagegen als lösungsförderlich zu sehen, da Franka ihr auf Basis eines falschen Lösungsmodells ermitteltes Ergebnis erfolgreich bestätigt.

10.4.2.5 Elisa

Elisa ist 15 Jahre alt und besucht die Einführungsphase eines Gymnasiums. Ihre letzte Zeugnisnote war nach eigenen Angaben eine zwei plus. Sie hat Testheft ZM bearbeitet. Die Genauigkeit der Blickdaten wurde bei beiden Aufgabenbearbeitungen als sehr gut eingestuft.

Beschreibung des Bearbeitungsprozesses zum Quadrat-Aufgabe

Für die Bearbeitung der Aufgabe benötigt die Schülerin 3:12 Minuten, von denen 1:15 Minuten auf die korrekte Bearbeitung des Konstruktionsproblems entfallen. Ein Blickwechsel zum Skalierungsproblem erfolgt in dieser Phase nicht. Die Skizze wird daher als gegeben hinsichtlich des Quadratproblems gewertet. Elisa hat für das Quadratproblem einen später gestrichenen Lösungsansatz notiert; die Lösung des Problems erfolgt korrekt durch Division mit dem quadratischen Skalierungsfaktor, den sie mit Hilfe einer geeigneten Rasterstrategie entwickelt (siehe Abbildung 10.20). Die Skizze zu Quadrat C rastert sie dabei falsch, die korrekte Unterteilung erfolgt bei einer in der Rechenbox von der Schülerin gezeichneten Skizze.

---

entwickelte Lösungsweg übertragen wurde; eine direkte hinderliche Wirkung der Skizze lässt sich hier daher nicht nachweisen.

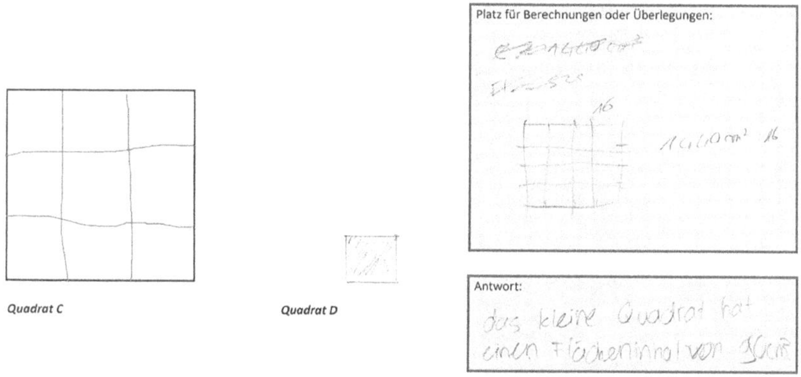

Abbildung 10.20 Lösung Elisas zum Quadratproblem

Entsprechend durchläuft Elisa den Problemlöseprozess nicht linear: An eine erste Phase des Planens und der Ausführung des Plans schließt sich wie auch bei Sophia eine Phase an, in der die Schülerin den ersten Lösungsansatz validiert und einen zweiten Plan entwickelt (Phase Val-Planen) und ausführt (siehe Abbildung 10.21).

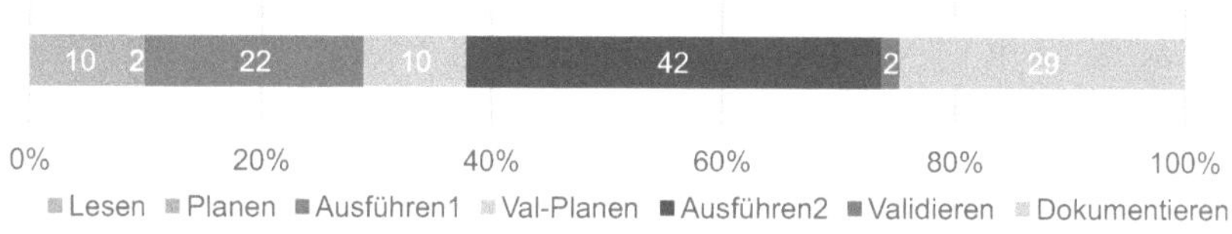

Abbildung 10.21 Elisa, Prozessverlauf zum Quadratproblem

Während des Lesens des Skalierungsproblem erfolgt keine Blickbewegung in den Skizzenbereich. Nach einer sehr kurzen Planungsphase, ebenfalls ohne Blickwechsel zu den Skizzen, beginnt die Schülerin mit der Ausführung des ersten Lösungsplans. Sie notiert $C : 1440cm^2$ im Rechenfeld. Anschließend überlegt sie kurz, liest die von ihr notierte Zeile und ergänzt darunter $FL = 5$. Wie im SRI deutlich wird, wollte sie mit den Maßen der Skizze zu Quadrat C arbeiten, hat jedoch eine falsche Zahl gewählt. Anschließend zögert sie und liest erneut die Aufgabenstellung. Daraufhin streicht sie – weiterhin ohne Blickbewegung in den Skizzenbereich – das bisher Notierte und beendet somit die Ausführung ihres ersten Plans. Es schließt sich die Phase Val-Planen an, in der Elisa die Aufgabenstellungen beider Aufgaben und der Skizzeninformationen zu integrieren versucht (siehe Abbildung 10.22).

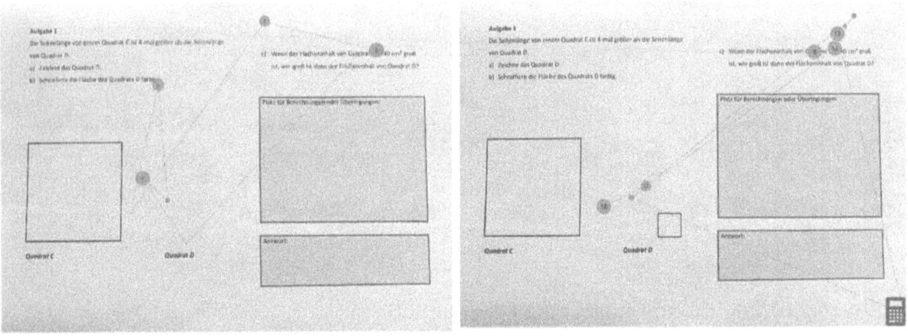

Abbildung 10.22 Blickbewegung Elisas während der Phase Val-Planen

Zunächst erfolgt ein Blickwechsel von der Zahl 1440 der Aufgabenstellung in einen Bereich neben Quadrat C (60 ms), dann in Richtung der Aufgabenstellung der Konstruktionsaufgabe und zu einer Stelle peripher zwischen den Skizzen, die die Schülerin für 621 ms fixiert. Diese Skizzennutzung (siehe Abbildung 10.22, links), an die sich eine Blickbewegung in den Bereich von Quadrat D (Fixationszeit 120 ms) und zurück zur Aufgabenstellung anschließt, ist nicht rein visuell, sondern visuell handelnd. Noch während der Fixation im Bereich der Aufgabenstellung zur Konstruktionsaufgabe deutet die Schülerin mit dem Bleistift eine Bewegung entlang der rechten Seite des Quadrates C an, wobei sie etwa nach 1,5 cm – also der Seitenlänge von Quadrat D kaum merklich innehält. Nach dieser etwa 3,5 Sekunden dauernden Sequenz fixiert Elisa erneut die Textbereiche von Quadrat C und 1440 in der Skalierungsaufgabe. Es folgt ein kurzer Blickwechsel in einen Bereich zwischen den Skizzen (Fixation 120 ms) und zum Taschenrechner (siehe Abbildung 10.22, rechts). Die gleichzeitig erkennbare Handbewegung (ein Finger „schwebt" über der Taschenrechnertaste) deutet an, dass die Schülerin eine Taschenrechnereingabe plant. Daraufhin folgt erneut ein Blickwechsel in den Skizzenbereich zwischen den beiden Zeichnungen (siehe Abbildung 10.22, rechts) mit zwei längeren Fixationen von 281 und 964 Millisekunden. Direkt im Anschluss beginnt Elisa mit der Ausführung des zweiten Plans, indem sie im Sinne einer visuell handelnden Skizzennutzung Quadrat C rastert (siehe Abbildung 10.20). Laut Aussage Elisas im SRI hat sie in dieser zweiten Planungsphase nicht nur die Idee der Rasterung entwickelt, sondern auch das Verwerfen ihres ersten Ansatzes nachträglich validiert:

> E: Weil ich mir halt so angeschaut habe, wie groß ist eben das eine Quadrat und wie groß ist das andere und, weil dann ist mir halt aufgefallen, so der Flächeninhalt, der da angegeben war, dann ist das ja im Grunde nicht im richtigen Maßstab. Deswegen kann man das ja nicht einfach ablesen und ausrechnen. Und dann habe ich mir halt überlegt, wie ich das anders ausrechnen kann. [Elisa-Q-SRI, Seq. 8, 1:51:00]

Es ist nicht eindeutig, im Kontext welcher der beiden in Abbildung 10.22 dargestellten Blickbewegungen welcher der von der Schülerin beschriebene Prozesse stattgefunden hat. Ziemlich sicher ist, wie auch die Handbewegung der Schülerin andeutet, die Abschätzung des Größenverhältnisses sowie die Validierung im Rahmen der ersten Blickbewegung erfolgt (Abbildung 10.22 (links). Die Rasteridee könnte ebenfalls bereits während dieser Blickbewegung entstanden sein. Der letzte Satz des obigen Zitats lässt jedoch eher vermuten, dass Elisa diese im Rahmen der zweiten Blickbewegung (Abbildung 10.22, rechts) entwickelte.

Für die Rasterung der Skizze von Quadrat C unterteilt die Schülerin diese im Sinne einer visuell handelnden Skizzennutzung in 9 Quadrate. Nach einem kurzen Blickwechsel in den Zwischenbereich der Skizzen und zu Quadrat D fährt Elisa mit dem Bleistift die rechte Seite von der Skizze von Quadrat C ab und deutet dabei eine Viererunterteilung an. Da die Schülerin den Irrtum schnell erkennt und zudem bereits zuvor eine Viererteilung einer Seite angedeutet hat, beruht die falsche Einteilung wahrscheinlich auf einem Zeichenfehler.

Anschließend fertigt sie im Rechenfeld eine eigene Skizze mit korrekter Rasterung an. Zur Begründung der Anfertigung einer eigenen Skizze sagt sie im SRI:

> E: „Weiß ich nicht, aber ich glaube dann fiel es mir einfach leichter, mir das aufzuschreiben, wie das in das andere reinpasst. Da ist ja sozusagen ein so ein kleines Kästchen das kleine Quadrat, das ist dann 16 so Kästchen waren das.“ [Elisa-Q-SRI, Seq. 20, 2:07:00]

Nach der Erstellung der eigenen Skizze zählt sie sechs Quadrate (die der unteren Reihe und zwei Quadrate der Reihe darüber) ab. Anschließend beginnt sie mit der Notation der Rechnung rechts neben dem Quadrat (siehe Abbildung 10.20), hält jedoch noch einmal inne und ergänzt die Zahl 16 über der Skizze. Anschließend vervollständigt sie die Notation 1440 : 16 und berechnet das Ergebnis mit dem Taschenrechner. Bevor sie dieses Ergebnis in der Antwortbox notiert, scheint Elisa den Inhalt des Taschenrechnerdisplays (1440 : 16 = 90) für etwa 2 Sekunden mit Hilfe der selbsterstellten Skizze sowie der Skizze zu Quadrat D zu validieren, wie zwei kurze Blickwechsel zu den jeweiligen Bereichen andeuten, allerdings äußert sich die Schülerin hierzu nicht im SRI. Anschließend notiert sie die korrekte Antwort im Antwortfeld (siehe Abbildung 10.20).

Beschreibung des Bearbeitungsprozesses zur Kreis-Aufgabe

Für die Bearbeitung der Aufgabe benötigt Elisa 4:34 Minuten, von denen der deutlich größere Teil (3:03 Minuten) auf die Lösung des Skalierungsproblems entfällt. Die Konstruktionsaufgabe löst die Schülerin korrekt; eine Blickbewegung zur Skalierungsaufgabe erfolgt in der Phase nicht, sodass die Skizze als gegeben hinsichtlich des Kreisproblems betrachtet wird. Anders als das Quadratproblem löst die Schülerin dieses Problem mit Hilfe der Flächeninhaltsformel (siehe Abbildung 10.23, links), wobei ihr ein weiter unten erläuterter Ablesefehler für den Radius (r = 5,7) unterläuft. Gemäß dem Kodiermanual wird die Lösung dennoch als korrekt gewertet.

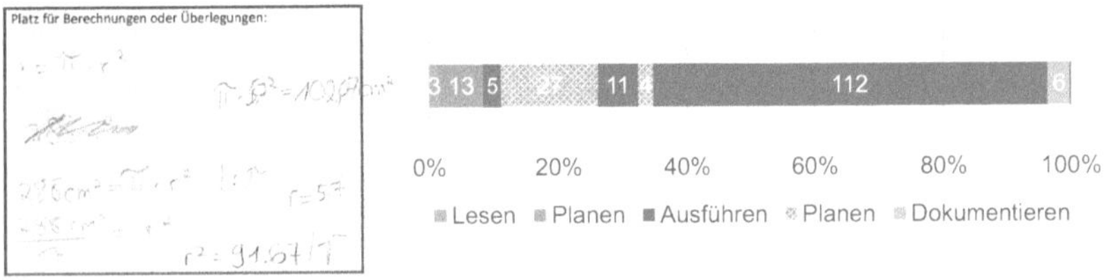

Abbildung 10.23 Lösung Elisas zum Kreisproblem (links) und Prozessverlauf (rechts)

Bei der Lösung des Kreisproblems durchläuft Elisa die Phasen des Problemlöseprozesses nicht vollständig linear: Sie hat ihren Lösungsplan zu Beginn der Planausführung noch nicht vollständig entwickelt, sodass innerhalb der sehr langen Phase der Planausführung zwei weitere Planungsphasen zu erkennen sind (siehe Abbildung 10.23, rechts).

Während des sehr kurzen Lesens der Aufgabenstellung erfolgt keine Blickbewegung in den Skizzenbereich. In der anschließenden Phase lässt sich der Übergang zwischen dem Verstehen der Aufgabe und der Planung der Lösung nicht ganz trennscharf abgrenzen. Zunächst blickt Elisa wie in Abbildung 10.24 (links) dargestellt nacheinander von der Aufgabenstellung der Skalierungsaufgabe zur Skizze von Kreis E (2 Fixationen, Gesamtzeit 240 ms) und in einen Bereich zwischen beiden Skizzen (Fixationszeit 220 ms).

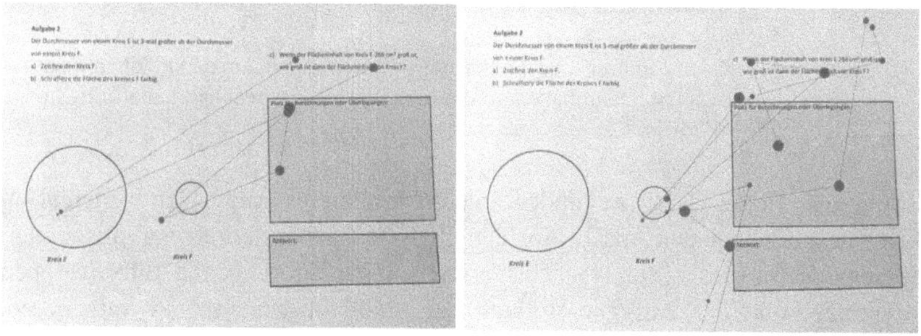

Abbildung 10.24 Blickbewegung Elisas während der Planung zum Kreisproblem (Teil 1)

Ihren Aussagen im Stimulated Recall gemäß hat Elisa sich hier noch einmal die Aufgabenstellung verdeutlicht. Auf Nachfrage erklärt sie:

> E: „Einfach weil in der Aufgabe c geht es wieder um die Kreise wie in der anderen Aufgabe davor auch und dass man sich danach noch einmal die Kreise angeschaut hat, damit man dann auch die Aufgabe nochmal besser versteht." [Elisa-K-SRI, Seq. 2, 1:35:00]

Daraufhin denkt die Schülerin 9 Sekunden über einen Lösungsansatz nach, wie die Fixationen nicht bedeutungsvoller Stellen im Rechenfeld sowie die mehrfachen Blickwechsel zum Aufgabentext und insbesondere zur Skizze von Kreis F zeigen (siehe Abbildung 10.24, rechts). Eine Transition zwischen der Skizze von Kreis F und dem Aufgabentext der Skalierungsaufgabe – ausgehend vom Wort Flächeninhalt – erfolgt dabei nur einmal. Wie zu Beginn der Planausführung deutlich wird, hat die Schülerin sich hier entschieden, mit Hilfe der Flächeninhaltsformel zu arbeiten, allerdings noch keinen genauen Lösungsplan entwickelt. Sie beginnt mit der Ausführung des Lösungsplans, indem sie in der Rechenbox den Ansatz $A = \pi r^2$ notiert. Diesen Ansatz hat sie, wie sowohl die Blickbewegungen (siehe Abbildung 10.24, rechts) als auch die Äußerungen im Stimulated Recall andeuten, gezielt für die Berechnung des Ansatzes für Kreis F aufgestellt. Allerdings ist sie sich zu diesem Zeitpunkt noch unsicher, wie sie diese Formel für die Lösung der Skalierungsaufgabe nutzen soll:

> E: „Ich glaube, ich habe erstmal nur die Formel aufgeschrieben, um den Flächeninhalt vom Kreis zu berechnen. Dann habe ich überlegt, wie ich das rechnen kann." [Elisa-K-SRI, Seq. 8, 1:47:50]

Es folgt eine Phase von 27 Sekunden, in der Elisa ihren Lösungsplan weiterentwickelt und schließlich den Ansatz hinsichtlich der Aufgabenstellung vervollständigt. Sie versucht in dieser Zeit zunächst etwa 2 Sekunden lang, die Informationen der Formel und der Aufgabenstellung der Skalierungsaufgabe zu integrieren. Anschließend folgt der in Abbildung 10.25 (links) dargestellte Integrationsversuch zwischen den Informationen der im Rechenfeld notierten Formel und den Informationen der Skizze zu Kreis E (2 Fixationen, Gesamtzeit 1022 ms). Nach einem kurzen Nachdenken folgen Blickwechsel in den Skizzenbereich von Kreis F (Fixationsdauer 140 ms), von dort aus Richtung Aufgabenstellung der Skalierungsaufgabe (Fixation unterhalb des Schriftzugs Kreis F) und vom Wort Flächeninhalt der Aufgabenstellung in den Skizzenbereich von Kreis E (Fixationsdauer 401 ms). Diese Skizzennutzung ist nicht rein visuell; die im Video erkennbare Stiftbewegung von Kreis E zur Aufgabenstellung lässt vermuten, dass die Schülerin versucht, eine Verbindung zwischen dieser Skizze und den Informationen der Aufgabe herzustellen.

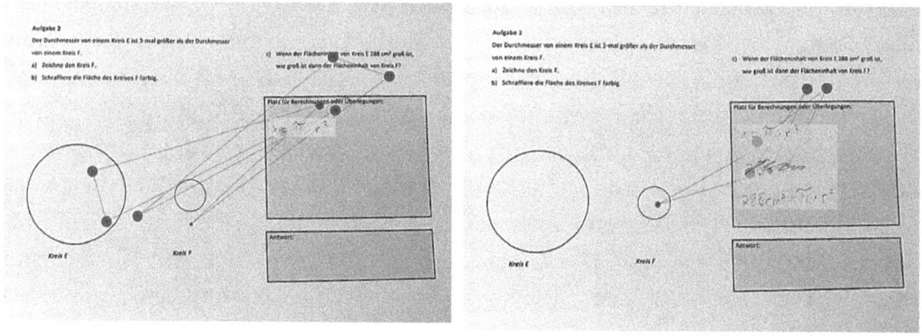

Abbildung 10.25 Blickbewegung Elisas während der Planung (Teil 2)

In den folgenden 20 Sekunden denkt Elisa nach, bevor sie schließlich die nächste Zeile der Rechnung: $288 = \pi r^2$ ergänzt, jedoch nach kurzem Nachdenken wieder durchstreicht. Sie überlegt noch einmal etwa 4 Sekunden, wobei sie erneut versucht, die Informationen von Formel und Text zu integrieren. Anschließend notiert sie erneut: $288 = \pi r2$. Vermutlich hat Elisa zu diesem Zeitpunkt bereits den weiteren Lösungsprozess geplant, denn noch während der Notation erfolgt ein Blickwechsel zur Aufgabenstellung der Zeichenaufgabe, mit dem Elisa den Skalierungsfaktor 3 in Erinnerung ruft. Im Anschluss führt die Schülerin ohne weitere Blickwechsel in den Skizzenbereich alle Schritte zur Lösung mit Hilfe der Formel und mit Nutzung des Taschenrechners korrekt aus und notiert diese (siehe Abbildung 10.23, links). Allerdings unterläuft ihr beim Ablesen des Taschenrechnerergebnisses zum Radius ein Ablesefehler, sodass sie $r = 5{,}7$ (statt $r = 9{,}57$) notiert, was zu einem falschen Endergebnis führt. Anschließend überträgt die Schülerin ohne Validierung des Ergebnisses die ermittelte Lösung mit korrekter Einheit in der Antwortbox und erklärt ihre Arbeit für beendet.

Analyse der Skizzennutzung im Problemlöseprozess

Elisa benutzt die Skizzen zur Lösung beider Skalierungsprobleme. Bei der Lösung des Quadratproblems erfolgt die Nutzung sowohl nicht visuell als auch visuell und visuell handelnd, und zwar in beiden Planungsphasen, zur Ausführung des zweiten Lösungsplans und wahrscheinlich zum Validieren, wobei ein Validierungsprozess integriert in der zweiten Planungsphase erfolgt. Bei der Lösung des Kreisproblems nutzt die Schülerin die Skizzen rein visuell (mit angedeuteten Handlungen) zur Entwicklung des Lösungsplans. Das Quadratproblem betreffend besteht Elisas erster (falscher) Plan wie bereits beschrieben darin mit den Skizzenmaßen zu arbeiten (nicht visuelle Skizzennutzung), den (falschen) Wert hatte sie offensichtlich im Arbeitsgedächtnis, sodass auch bei der ersten Planungsphase von einer nicht visuellen Skizzennutzung gesprochen werden kann. Da die Schülerin die Rechnung ohne einen Blick in den Skizzenbereich verwirft, hat sie die fehlende Maßstabspassung vermutlich anhand der Zahlenwerte erkannt, validiert diese Entscheidung jedoch wie dargestellt noch einmal während der Phase Val-Plan. Hier nutzt Elisa die Skizzen visuell und visuell handelnd zur Validierung des ersten Ansatzes, zur Herleitung des Größenverhältnisses der Figuren und zur Entwicklung der Rasteridee. Elisa erkennt und nutzt vollumfänglich das Potenzial der Skizzen insbesondere zur Exploration und nutzt diese zielgerichtet. Im Rahmen der Validierung überprüft die Schülerin die fehlende Maßstabspassung offensichtlich durch eine Abschätzung der Größen der Skizzenflächen. Für die Planung des zweiten Lösungsansatzes kann Elisa die Informationen beider Skizzen zu einem kohärenten bildlichen Modell hinsichtlich der Textinformationen integrieren, indem sie die Größenverhältnisse der beiden Flächen abschätzt. Die Blickbewegungen in den Skizzenbereich sind zielgerichtet mit einer Gesamtfixationszeit von 2384 Millisekunden (23,1 % der Gesamtphase). Bemerkenswert ist, dass die Integrationsprozesse zwischen den Informationen beider Skizzen offensichtlich mit peripherem Sehen bei längeren Fixationszeiten stattgefunden haben.

Die Ausführung des Plans besteht zu einem großen Teil aus einer visuell handelnden Skizzennutzung in Form der Rasterung von Quadrat C, der Erstellung der eigenen Skizze mit geeigneter Rasterung sowie dem Abzählen der Rasterquadrate. Interpretiert man die Verwendung der Zahl 16 als nicht visuelle Skizzennutzung, basiert die Ausführung des Plans sogar vollständig auf der Nutzung einer Skizze im Sinne der Ableitung der gesuchten Größe; die Skizzennutzung ist hier ebenfalls als erfolgreich zu bewerten.

Bei der Bearbeitung des Kreisproblems erfolgt die Skizzennutzung rein visuell, und zwar zunächst zielgerichtet im Rahmen eines Verstehensprozesses zur Vertiefung des Verständnisses der Aufgabenstellung zu Beginn der Planungsphase. Die weitere Nutzung der Skizzen erfolgt ebenfalls zielgerichtet hinsichtlich der

Nutzung der Flächeninhaltsformel: Die Skizze zu Kreis F hilft der Schülerin vermutlich, sich an die Formel zu erinnern. Auf alle Fälle ist sie für die Schülerin eine Visualisierung der gesuchten Größen, denn sie stellt die Formel gezielt zur Berechnung der Fläche von Kreis F auf. Anschließend gelingt es Elisa wie beschrieben, durch Integration der Informationen von Kreis E, der Flächeninhaltsformel und der Aufgabenstellung der Skalierungsaufgabe den Lösungsplan zu vervollständigen. Betrachtet man den gesamten Zeitraum der Planungsphase (siehe Abbildung 10.24), ist die Gesamtfixationsdauer im Skizzenbereich mit 3125 Millisekunden absolut gesehen länger verglichen mit der Planungsphase zum Quadratproblem, relativ zur Gesamtplanungszeit gesehen mit 7,1 % jedoch deutlich geringer. Wie bei der Lösung des Quadratproblems gelingt es Elisa auch hier, die Informationen beider Skizzen und der Aufgabenstellung der Skalierungsaufgabe zu einem kohärenten Modell zu integrieren, das jedoch hier nicht auf einem Größenvergleich der Skizzenflächen, sondern auf einer sinnvollen Integration hinsichtlich eines algorithmischen Lösungsplans beruht.

Insgesamt zeigt sich, dass Elisa über heuristisches Skizzenwissen verfügt und die Skizzen gezielt und erfolgreich nutzt. Bei beiden Problembearbeitungen gelingt es ihr, mit Hilfe der Skizzen einen tragfähigen Lösungsansatz zu entwickeln, die Skizzen bei der Planausführung zur Ableitung der gesuchten Größe bzw. als Berechnungsgrundlage zu verwenden und (im Falle des Quadratproblems) die Fehlerhaftigkeit des ersten Ansatzes erfolgreich zu validieren. Der Einsatz der Skizzen ist somit bei beiden Problembearbeitungen sowohl insgesamt als auch teilprozessbezogen als lösungsfördernd zu werten. Dennoch zeigen sich deutliche Unterschiede in der Nutzung insbesondere die Entwicklung eines Lösungsplans betreffend: Beim Quadratproblem nutzt die Schülerin die Skizzen explorativ zum Erkennen des Größenverhältnisses der beiden Skizzen sowie zur Entwicklung der Rasterung. Beim Kreisproblem dagegen beschränkt sich die Nutzung auf eine deskriptive Funktion zur Herleitung des algorithmischen Rechenverfahrens. Die Schülerin kann weder die explorative Nutzung noch die daraus erzielte Erkenntnis vom Quadratproblem auf das Kreisproblem übertragen. Ersteres ist wegen der Schwierigkeit, eine geeignete Rasterstrategie für krummlinig begrenzte Flächen zu finden, weniger überraschend. Elisa formuliert dies im SRI und begründet so die Verschiedenartigkeit der Skizzennutzung bei beiden Aufgaben:

> E: „Weil mir die Skizze nicht wirklich viel gebracht hat. Ich kann in einen Kreis nicht den so aufteilen, dass da ein anderer Kreis rauskommt so wie bei dem Quadrat. Das kann man ja/ Einen Flächeninhalt bei einem Kreis, den muss man ja so berechnen.“ [Franka-K-SRI, Seq. 35, 4:34:50]

Die Tatsache, dass sie auch das durch die Rasterung ermittelte Wachstumsprinzip skalierter Flächeninhalte nicht auf die Lösung des Kreisproblems übertragen kann, lässt zwei Erklärungen zu: Erstens bleibt unklar, ob sie den Zusammenhang zwischen dem Skalierungsfaktor und der resultierenden Verkleinerung um den Faktor 16 erkannt und inhaltlich verstanden hat. Zweite Erklärung ist die fehlende Fähigkeit, den beim Quadratproblem erkannten Skalierungsfaktor auf das Kreisproblem zu übertragen. Beide Erklärungen deuten auf Defizite im konzeptuellen Wissen Flächeninhalte und ähnliche Figuren betreffend hin. Flächeninhalte betreffend scheint bei Elisa zwar der Maßzahl-, nicht jedoch der Kongruenzaspekt (siehe 3.2.2) ausgeprägt zu sein, wovon auch das konzeptuelle Verständnis von geometrischer Ähnlichkeit (Verständnis von Flächeninhalten als formunabhängige Größe) betroffen ist. Ebenso fehlt bei Elisa die Evidenz für ein Verständnis des (quadratischen) funktionalen Zusammenhangs.[10]

10.4.3 Fallübergreifende Ergebnisse zur Nutzung auf Aufforderung hin erstellter Skizzen im Problemlöseprozess

Die fünfte Forschungsfrage – wann, wozu, wie und in welcher Qualität nutzen Lernende auf Aufforderung hin erstellte Skizzen im Problemlöseprozess nicht linearer Geometrieprobleme – zielt auf eine umfassende Analyse der Skizzennutzung im Verlauf der Problembearbeitungen. Einbezogen wird dabei auch die Frage, ob und in welcher Weise die Konstruktionsaufgabe mit dem nachfolgenden Skalierungsproblem vernetzt wurde. Dieser Aspekt wird zunächst aufgegriffen, bevor im Anschluss auf die weiteren Dimensionen der Forschungsfrage eingegangen wird.

Mögliche Vernetzung von Konstruktionsaufgabe und Skalierungsproblem
Eine inhaltliche Vernetzung trat in keinem Fall auf; alle Skizzen wurden als gegeben hinsichtlich des Skalierungsproblems gewertet. Bei 22 der 36 Aufgabenbearbeitungen (61,1 %) erfolgte während der Bearbeitung der Konstruktionsaufgabe keine Blickbewegung zum Skalierungsproblem. In 10 Fällen – viermal bei der Aufgabe zum Quadrat und sechsmal bei der Aufgabe zum Kreis – waren wie bei Sophia (siehe Abschnitt 10.4.2.3) kurze Blickbewegungen zur Skalierungsaufgabe mit einer

[10] Elisas Ausführungen zur von ihr selbst erstellten Skizze verdeutlichen die Bedeutung einer zielgerichteten Erstellung als potenziellen Vorteil spontan erstellter Skizzen. Dies kann jedoch im Rahmen der vorliegenden Arbeit nicht vertiefend behandelt werden.

Fixationsdauer zu erkennen, die die Verarbeitungsdauer von etwa 4 bis 5 Sekunden für 19 Wörter (Rayner, 1998; Reichle et al., 2003) deutlich unterschritt. Ein Leseprozess des Skalierungsproblems ließ sich bei vier Schülerinnen und Schülern, nämlich bei Ben (siehe 10.4.2.2), Anna sowie Mona während der Bearbeitung der Konstruktionsaufgabe zum Quadrat und bei Deborah während der zum Kreis beobachten. In allen Fällen lag die Fixationsdauer (teils deutlich) unterhalb der für die sinnentnehmende Verarbeitung nötigen Minimalzeit; auch die Erklärungen im SRI sprechen gegen eine Vernetzung der Aufgabenstellungen. Mona erklärt beispielsweise, die Aufgabenstellung zum Skalierungsproblem lediglich überflogen zu haben, Deborah hatte Schwierigkeiten bei der Erstellung der Skizze zum Kreis und suchte gezielt nach entsprechenden Informationen. Sie erklärt zu ihrem etwa zwei Sekunden langen Leseprozess der Skalierungsaufgabe, nach dem sie $= \pi r^2$ unterhalb der Aufgabenstellungen der Konstruktionsaufgabe notiert:

> D: Ich habe kurz erst überlegt, was ich alles vom Kreis weiß und dann ist mir nur glaube ich der Flächeninhalt eingefallen und ich habe links geguckt, eigentlich gab es dazu keine Aufgaben. … und dann habe ich es rechts das gesehen, dass es da um den Flächeninhalt handelt. Deswegen habe ich die Formel schonmal aufgeschrieben. [Deborah-K-SRI, Seq. Sk4, 0:53:00]

Diese Äußerung und die kurze Fixationszeit sprechen für eine oberflächliche Signalwortsuche.

Skizzennutzung im Kontext des Angebots- Nutzungsmodells

Obwohl alle Skizzen als gegeben hinsichtlich des Skalierungsproblems zu sehen sind und daher im Sinne des Angebots-Nutzungsmodells (Helmke, 2012) nicht zwingend genutzt werden mussten, nutzen alle Lernenden eine oder beide Skizzen in mindestens einer Phase des Problemlöseprozesses bei mindestens einem der beiden Skalierungsprobleme. Die Spanne reichte dabei von einer sehr kurzen und oberflächlichen rein visuellen Skizzennutzung im Rahmen eines Validierungsprozesses im Falle von Carlotta bis hin zu einer umfangreichen Nutzung in mehreren Phasen des Problemlöseprozesses, wie beispielsweise bei Elisa und Sophia.

Problemlöseprozessbezogene Skizzennutzung

Die Skizzen wurden insgesamt gesehen in jeder Phase des Problemlöseprozesses genutzt. Da sich die Skizzennutzung in der Phase des Dokumentierens jedoch lediglich auf das Übertragen bereits gefundener Lösungen beschränkte und damit nicht zum Erkenntnisinteresse beiträgt, wird die Frage nach Art und Zweck der

Skizzennutzung im Folgenden nur für die übrigen Phasen des Problemlöseprozesses betrachtet. Die beschriebenen Formen der Skizzennutzung umfassen sowohl allgemeine prozessbezogene als auch inhaltlich spezifische Ausprägungen, die unmittelbar auf das Skalierungsproblem bezogen sind.

Lesen und Verstehen

Bei 8 Aufgabenbearbeitungen durch 6 Schülerinnen und Schüler zeigten sich während der Phase des Lesens und Verstehens einer oder beider Skalierungsprobleme Blickbewegungen in den Skizzenbereich. Diese ließen sich insgesamt drei Mustern zuordnen:

1. Ein kurzer Integrationsversuch zwischen Text der Skalierungsaufgabe und einer der beiden Skizzen mit einer Fixationsdauer zwischen 150 und 281 Millisekunden im Skizzenbereich (Anteil 1,5 % bis 2,3 %). Dieses Muster war bei Sophia (siehe Abschnitt 10.4.2.3) und in drei weiteren Fällen zu beobachten und diente vermutlich einer (oberflächlichen) Text-Bild-Verknüpfung.
2. Integrationsversuche zwischen Konstruktionsaufgabe, Skalierungsproblem und einer der beiden Skizzen. Diese erfolgten in zwei Fällen mit jeweils recht kurzen Fixationszeiten im Skizzenbereich von 381 Millisekunden (2,2 %) bzw. 220 Millisekunden (2,2 %). Die Aussagen der Lernenden im Stimulated-Recall-Interview legen nahe, dass diese dem besseren Verständnis der gesamten Aufgabenstellung inklusive der durch das Seitenverhältnis gegebenen Beziehung zwischen den Quadraten diente. So erklärt Niklas:

   > N: „Ich glaube da war ja der Flächeninhalt gegeben und dann stand da ja ich soll gucken, dann sagen, wievielmal größer dieser Flächeninhalt ist als der vom kleinen Quadrat. Da musste ich mir das so ein bisschen vor Augen führen …“ [Niklas-Q-SRI, Seq. 2, 1:14:30]

   Da jedoch nicht beide Skizzen beachtet wurden, verdeutlichten sich die Lernenden nicht das nicht lineare Größenverhältnis.[11]
3. Integrationsversuche zwischen Konstruktionsaufgabe, Skalierungsproblem und beiden Skizzen. Diese waren bei Franka (siehe 10.4.2.4) und Henrica zu beobachten. Bei Franka war die Blickbewegung wie berichtet nicht eindeutig zu interpretieren. Henrica erklärt zu ihrer Blickbewegung:

[11] Dieser Vergleich erfolgt jedoch später während der Planungsphase.

> H: Und bin dann zur nächsten Aufgabe. Die habe ich mir halt auch durchgelesen und die hatte ja genau das gleiche Prinzip wie die andere Aufgabe. [Henrica-Q-SRI, Seq. 1, 1:52:00]

Henrica hat also die Analogie zwischen Quadrat- und Kreisproblem erkannt. Die Interpretation der Blickdaten[12] legt nahe, dass sie jeweils die Verbindung zwischen den Textinformationen Quadrat C bzw. Quadrat D zur jeweiligen Visualisierung hergestellt hat. Auch sie nutzte die Skizzen nicht zum Verstehen des nicht linearen Größenverhältnisses.

Planung

Zur Planung wurden die Skizzen sehr häufig benutzt, nämlich bei insgesamt 31 der 36 Problembearbeitungen. Nur eine Schülerin ignorierte die Skizzen vollständig während aller Planungsphasen. Die Skizzennutzung war meist rein visuell, in einigen Fällen auch visuell-handelnd. Der zeitliche Anteil der Skizzennutzung reicht von einer sehr kurzen rein visuellen Skizzennutzung mit lediglich einer Transition und einer sowohl absolut als auch relativen gesehen sehr geringen Gesamtfixationsdauer (80 ms, 0,7 %) bis hin zu einer mit 30,1 Sekunden sehr umfassenden visuell-handelnden Skizzennutzung, die einen Anteil von 47,2 % an der Gesamtphase hatte. Der Zweck der Skizzennutzung war fast immer deskriptiv mit der Intention, bekannte Formeln abzurufen oder ein (bekanntes) algorithmisches Rechenverfahren zu erinnern (siehe Abschnitt 7.4). Die explorative Nutzung blieb die Ausnahme. Im Folgenden werden die beobachteten Zwecke der Skizzennutzung, systematisch dargestellt.

1. Erinnerung an die Flächeninhaltsformel (deskriptiv)
   Drei Schülerinnen und Schüler zeigten bei einer oder beiden Problembearbeitung sicheres prozedurales Wissen über das korrekte algorithmische Verfahren. Typisch war entweder eine fehlende oder kurze Skizzennutzung (1 Blickwechsel mit kurzer Fixationszeit) zur Erinnerung an den Aufbau der Flächeninhaltsformel. Eine Ausnahme bildete das Vorgehen von Hannes, der die Skizzen beim Kreisproblem visuell-handelnd durch mehrfaches Messen beider Durchmesser nutzte, um, wie er im SRI erläuterte, auf der Suche nach der Flächeninhaltsformel „Gemeinsamkeiten“ der beiden Figuren herauszufinden.

[12] Die Qualität der Blickdaten ist wegen eines Offsetfehlers nicht so gut wie in den bisher beschriebenen Fällen. Die Interpretation der Blickdaten erfolgte auf Basis der korrigierten Offsets.

2. Falsche Identifikation der gesuchten Größe und Rückgriff auf die Flächeninhaltsformel (deskriptiv)
Wie Anna und Sophia identifizierten auch andere Lernende die (visualisierte) Fläche der kleinen Figur als gesuchte Größe. Typisch war eine rein visuelle Skizzennutzung mit einem Integrationsversuch zwischen Textinformationen der Skalierungsaufgabe und den Skizzeninformationen der kleinen Skizze wie bei Sophia (siehe Abbildung 10.12, links), die möglicherweise gleichzeitig der Erinnerung der Flächeninhaltsformel diente.
3. Nicht zielgerichtete Erinnerung an Berechnungsverfahren (deskriptiv)
Mehrere Lernende nutzten die Skizzen wenig zielgerichtet und überwiegend rein visuell, um sich eher unspezifisch an ein bekanntes Berechnungsverfahren zu erinnern, wobei sich zwei Varianten unterscheiden ließen. Die erste zeigte sich bei Paul und Ben (siehe 10.4.2.1 und 10.4.2.2) sowie einer weiteren Schülerin (Anna) mit nur oberflächlichen Organisations- und Integrationsversuchen mit geringen absoluten und relativen Fixationszeiten, teils unter Nutzung von peripherem Sehen, sehr wenigen Text-Bild-Transitionen und ohne Transition zwischen den Skizzen. Die zweite Variante zeigte sich bei insgesamt 4 Schülerinnen. Typisch waren intensivere Organisations- und Integrationsprozesse – mit hohen absoluten und relativen Fixationszeiten (zwischen 5470 ms und 7514 ms; 17,5 % bis 30,8 %) sowie häufigeren Transitionen zwischen Text- und Bildbereichen. Die Schülerinnen versuchten zwar, die Informationen beider Skizzen für die Entwicklung eines Lösungsansatzes zu nutzen, konnten jedoch entscheidende Informationen wie das Größenverhältnis nicht erkennen und für einen tragfähigen Lösungsansatz nutzen. Theresas visuell- handelnde Skizzennutzung in Form des Nachmessens der Seitenlängen der beiden Quadrate verdeutlicht exemplarisch die fehlende Sinnhaftigkeit der fokussierten Informationen. Die Skizzennutzung Sophias (siehe Abschnitt 10.4.2.3) im zweiten Teil der Phase Plan Val (siehe Abbildung 10.13, links) ist trotz der sowohl absolut und relativ gesehen geringeren Fixationszeiten ebenfalls dieser Variante zuzuordnen: Intention der Nutzung und Transitionen sind sehr ähnlich; die geringeren Fixationszeiten lassen sich schlüssig durch die bereits in vorhergehenden Phasen erfolgte Skizzennutzung erklären.
4. Integrative deskriptive Nutzung
Elisa konnte bei der Lösung des Kreisproblems, wie in Abschnitt 10.4.2.5 beschrieben, die Skizzeninformationen zu einem kohärenten Modell hinsichtlich des Lösungsplans integrieren und so das korrekte algorithmische Verfahren

herleiten. Auch eine weitere Schülerin, Deborah, konnte Text- und Skizzeninformationen erfolgreich zu einem Lösungsmodell integrieren (Abbildung 10.26, links). Die Visualisierung half vermutlich beim Erinnern der Flächeninhaltsformel; zudem erkannte sie den Modellcharakter und schätzte – ähnlich wie Elisa – auch das Größenverhältnis der Skizzen ab.

5. Explorative Skizzennutzung
   Nur Elisa (siehe Abschnitt 10.4.2.5, Quadratproblem) sowie Niklas nutzten die Skizzen während der Planung explorativ zur Entwicklung eines auf einer Rasterstrategie beruhenden Lösungsplans. Im Gegensatz zu Elisa führte Niklas diese Rasterstrategie jedoch nicht aus. Die Blickbewegung des Schülers in der dritten seiner Planungsphasen (siehe Abbildung 10.26, rechts) zeigt neben Integrationsversuchen von Text- und Bildinformationen eine Transition von der Skizze von Quadrat C zu der von Quadrat D und zurück mit vergleichsweise langen Fixationen (361, 721 und 240 ms). Insgesamt betrug die Fixationszeit im Skizzenbereich 2284 Millisekunden (Anteil 6,5%), davon entfielen 1322 Millisekunden (3,8) auf die Transition. Seine Äußerungen im SRI legen nahe, dass er mit der beobachteten Blickbewegung die Idee der Rasterung entwickelte, obwohl er sich im Anschluss für die (eigentlich bereits als falsch validierte) lineare Übergeneralisierung entschied. Warum er die Rasterstrategie nicht ausführte, bleibt unklar.

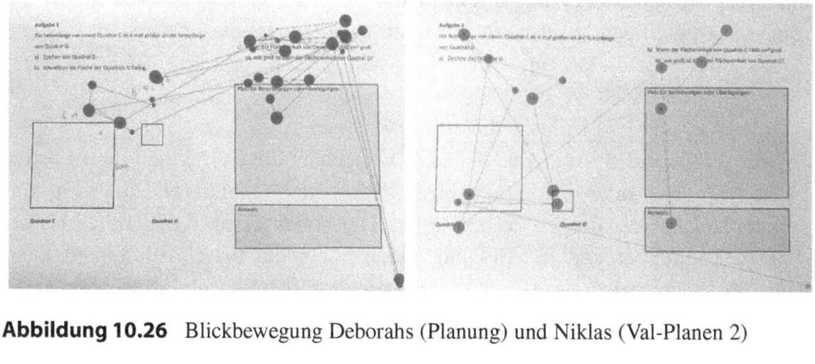

Abbildung 10.26 Blickbewegung Deborahs (Planung) und Niklas (Val-Planen 2)

Plan ausführen

Die Skizzen wurden bei insgesamt 14 der 36 Problembearbeitungen durch 8 Schülerinnen und Schüler nicht visuell für die Ausführung eines (eventuell abgebrochenen oder später verworfenen) Lösungsplans genutzt.

In der Hälfte dieser Fälle erfolgte die direkte Berechnung des Flächeninhalts der kleinen Figur im Sinne der falschen Messlösung; in fünf weiteren Fällen (Berechnung des Flächeninhalts der großen Figur, anderer Lösungsansatz) wurde die Ausführung des Plans abgebrochen. Ein Schüler – Simon – wendete den korrekten Skalierungsfaktor an, jedoch fälschlicherweise zur Berechnung des Flächeninhalts der Skizze. Lediglich zwei Bearbeitungen zeigten eine insgesamt sinnvolle Nutzung der Skizze als Berechnungsgrundlage im Sinne einer inhaltlich angemessenen Herangehensweise: Eine Schülerin wählt einen Verhältnisansatz, der dem mathematischen Skalierungsprinzip grundsätzlich entsprach, konnte ihn jedoch nicht vollständig durchführen. Ein Schüler leitete den quadratischen Zusammenhang prinzipiell korrekt her, jedoch war der verwendete Skalierungsfaktor falsch, zudem unterlief ihm ein Übertragungsfehler beim Ablesen des Taschenrechnerdisplays. Die teils in dieser Phase zusätzlich visuelle Skizzennutzung diente vorwiegend der Erinnerung an für die Rechnungen benötigte Skizzenmaße und wird hier nicht näher beleuchtet.

Validieren

Wie bereits deutlich wurde, fanden Validierungsprozesse teils auch integriert in andere Phasen statt; zudem war eine Abgrenzung von Validierungs- und Planungsprozessen in der Phase Val-Plan teils schwierig. Aussagen über relative Anteile der Skizzennutzung erscheinen daher wenig belastbar. Aus diesem Grund werden an dieser Stelle einheitlich (und sofern noch nicht bei den Fallbeschreibungen aufgeführt) lediglich absolute Fixationszeiten berichtet. Insgesamt waren bei zahlreichen Problembearbeitungen Validierungsprozesse zu erkennen, die sich in verschiedene Formen differenzieren lassen:

1. <u>Ziellose visuell-handelnde Validierung</u>
   Zwei Schülerinnen, Anna und Theresa, versuchten die Korrektheit ihrer Lösungen bei einer oder beiden Problembearbeitungen durch Nachmessen von Seitenlängen oder Radien zu bestätigen. Die hohen Fixationszeiten (zwischen ca. 17,5 Sekunden und 36,5 Sekunden) zeigen eine intensive visuell-handelnde, aber nicht zielgerichtete Auseinandersetzung mit den Skizzeninformationen.
2. <u>Abschätzung des Größenverhältnisses der Skizzen</u>
   Eine Reihe Schülerinnen und Schüler versuchte, ihr Ergebnis oder die Sinnhaftigkeit ihrer Berechnung durch eine Abschätzung des Größenverhältnisses der beiden Skizzen zu bestätigen. Diese Validierung war in einigen Fällen wie bei Ben (siehe Abschnitt 10.4.2.2) sehr bzw. zu oberflächlich mit kurzen Fixationen im Skizzenbereich und mit Hilfe peripheren Sehens (siehe Abbildung 10.8, links). Andere Schülerinnen und Schüler dagegen erkannten wie Niklas, dass

der Größenunterschied zwischen den beiden Skizzenflächen für einen linearen Zusammenhang zu groß ist.

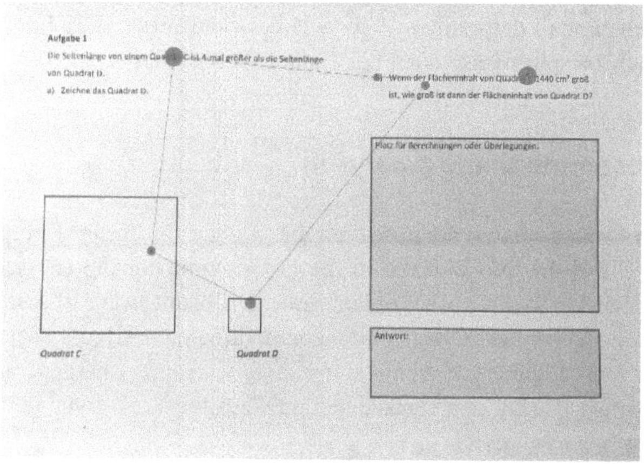

Abbildung 10.27 Blickbewegung Niklas während der Validierung

Zur in Abbildung 10.27 dargestellten Blickbewegung von der Zahl 1440 des Skalierungsproblems zur Zeichenaufgabe, zur Skizze von Quadrat C (Fixationszeit 180 ms) und zu Quadrat D (Fixationszeit 240 ms) und zurück zur Aufgabenstellung der Skalierungsaufgabe sagt der Schüler:

> N: Da habe ich auch bemerkt, dass es [Anm: das lineare Verhältnis zwischen den Flächen] an sich auch nicht sein kann irgendwie, weil das ja- der Größenunterschied ist ja doch relativ groß. [Niklas-Q-SRI, Seq. 4, 1:28:00]

3. <u>Erkennen der fehlenden Maßstabspassung</u>
   Ein zweiter grundsätzlich sinnvoller Validierungsansatz bezog sich auf die Maßstabspassung zwischen den Skizzen und Zahlangabe des Skalierungsproblems. Wie Ben (siehe Abbildung 10.7) erkannten auch andere Schülerinnen und Schüler die fehlende Übereinstimmung mit Hilfe der visualisierten Flächeninhalte. Andere dagegen wie Sophia (siehe Abschnitt 10.4.2.3) bemerkten

sie erst durch den Vergleich des oder der errechneten Zahlwerte mit der Zahlangabe des Skalierungsproblems.

4. Validierung der Messlösung
   Ein vierter, nur im Rahmen der falschen Messlösung sinnvoller, Validierungsprozess bezog sich auf einen Vergleich der berechneten Flächenmaßzahl mit dem Flächeninhalt der kleinen Figur wie bei Franka (siehe Abbildung 10.19), der ähnlich beispielsweise auch bei Hannes beobachtet wurde.

10.4.4 Zusammenhangsanalysen

Die Zusammenhangsanalysen adressieren die Gründe für lineare Übergeneralisierungen und die Rolle von Skizzen in diesem Zusammenhang (Forschungsfrage 6 a), die Rolle der Skizzen im Kontext anderer Lösungswege (Forschungsfrage 6b) sowie Zusammenhänge von Aufgabenmerkmalen (Art der Zeichenanweisung, Form der Figur), Skizzennutzung und linearen Übergeneralisierungen (Forschungsfrage 7). Die Ergebnisdarstellung erfolgt strukturiert entlang dieser thematischen Schwerpunkte.

10.4.4.1 Gründe für lineare Übergeneralisierungen und Rolle der Skizzen

17 der 36 Skalierungsprobleme wurden mittels linearer Übergeneralisierungen gelöst (siehe Abschnitt 10.4.1). Diese 17 Lösungen stammen von 10 Schülerinnen und Schülern; einzelne Lernende haben diese Fehlstrategie also nicht konsistent verwendet. Die Entscheidung zu linearen Übergeneralisierungen beim Quadratproblem ließ sich in allen Fällen einer Planungsphase zuordnen, es zeigte sich also keine Schemaaktivierung aufgrund einer linearen Fehlvorstellung oder einer direkten Übertragung linearer Tätigkeiten der Konstruktionsaufgabe. Beim Kreisproblem konnte in einem Fall eine lineare Übergeneralisierung als übertragenes Schema identifiziert werden. Da die Bearbeitungen der beiden Probleme nicht unabhängig voneinander betrachtet werden können, wird im Folgenden zunächst die Prozessanalyse des Quadratproblems dargestellt, eine Abgrenzung zum Kreisproblem erfolgt im Kontext der entsprechenden Zusammenhangsanalyse.

Bezüglich des Quadratproblems ließen sich zwei Typen linearer Übergeneralisierungen identifizieren, denen sich jeweils fünf der zehn Schülerinnen und Schüler zuordnen ließen.

- Typ 1 (*LÜ-P*: **L**ineare **Ü**bergeneralisierungen als **P**rimärstrategie) nutzten lineare Übergeneralisierungen als primäre und einzige Lösungsstrategie. Zu diesem Typ gehören neben Paul und Ben (siehe Abschnitt 10.4.2.1 und 10.4.2.2) auch Anna, Carlotta und Viktoria. Alle fünf wendeten lineare Übergeneralisierungen als Oberflächenstrategie an, die entweder durch die Erinnerung an ein vermeintlich leichtes Berechnungsverfahren oder durch oberflächliche Aufgabenhinweise initiiert wurde. Lediglich bei Ben trug der vermutete Zusammenhang mit linearen Tätigkeiten rund um das Zeichnen der Skizze zur Anwendung dieser Oberflächenstrategie bei. Die Lernenden nutzten die Skizzen in der (einzigen) Planungsphase entweder gar nicht oder nur oberflächlich mit kurzen absoluten und relativen Fixationszeiten im Kontext einer nicht zielgerichteten Erinnerung an Berechnungsverfahren (siehe Abschnitt 10.4.3). Die durchschnittliche absolute Fixationszeit im Skizzenbereich pro Person in der Planung betrug 746 Millisekunden (relativ:3,9 %).
- Typ 2 (*LÜ_F:* **L**ineare **Ü**bergeneralisierungen als **F**olgestrategie) wendete die lineare Übergeneralisierungen nach dem Scheitern eines skizzenbasierten Lösungsansatzes und eventuell weiterer Lösungsansätze an. Zu diesem Typ gehörten neben Sophia (siehe 10.4.2.3) auch Theresa, Niklas, Mona und Simon. Wie bei Sophia fiel die Entscheidung für lineare Übergeneralisierungen bei Theresa, Mona und Simon mangels verfügbarer Alternativen. Bei Sophia, Theresa und Mona ging ihr eine intensivere Skizzennutzung im Kontext einer nicht zielgerichteten Erinnerung an Berechnungsverfahren (siehe Abschnitt 10.4.3) voraus; Simon nutzte die Skizzenmaße dagegen fast ausschließlich nicht visuell. Niklas stellt insofern einen Sonderfall dar, als er wie in Abschnitt 10.4.2 dargestellt vor Anwendung der linearen Übergeneralisierung vermutlich die Rasteridee entwickelte (siehe Abbildung 10.26) und die Fehlerhaftigkeit der linearen Übergeneralisierung bereits in einem früheren Validierungsschritt erkannt hatte. Vermutlich wendete auch er die lineare Übergeneralisierung mangels Alternative an, weil er die Rasterung nicht durchführen konnte oder sie ihm nicht legitim erschien. Es ist jedoch nicht ausgeschlossen, dass er sie im Sinne einer Oberflächenstrategie verwendete, da ihm die Rasterung zu aufwändig war. Die durchschnittliche Fixationszeit pro Person bezogen auf die Planungsphasen betrug 4612 Millisekunden (relativ 6,4 %). Drei der Lernenden – Sophia, Theresa und Mona – nutzten die Skizzen nach Verwerfen des Lösungsansatzes in einer erneuten Planungsphase intensiver im Sinne einer unspezifischen Erinnerung an Berechnungsverfahren (siehe 10.4.3).

Von den zehn Schülerinnen und Schülern versuchten fünf (Theresa, Carlotta, Ben, Viktoria und Niklas), das – falsche – Ergebnis zu validieren. Theresas Validierung war wie geschildert ziellos, die anderen vier Schülerinnen und Schüler verglichen wie im vorangegangenen Kapitel dargestellt die Größenverhältnisse der Figuren. Wie Ben erkannte auch Carlotta aufgrund eines sehr oberflächlichen Vergleichs ihren Fehler nicht. Niklas (siehe Abbildung 10.27) und Viktorias Validierung war dagegen insofern erfolgreich, als dass sie den nicht linearen Zusammenhang der Größenverhältnisse erkannten. Beide konnten oder wollten ihren Fehler jedoch nicht korrigieren.

10.4.4.2 Rolle der Skizzen im Kontext anderer Lösungsstrategien

Im Folgenden wird die Rolle der Skizzen exemplarisch für drei weitere zentrale Lösungswege betrachtet: der Lösung unter Verwendung von Skizzenmaßen (insbesondere der falschen Messlösung), der algorithmischen Formellösung und der Anwendung des Skalierungsprinzips.

Skizzenbasierte Lösungen

Acht Lernende nutzten in elf Problembearbeitungen Skizzenmaße zur Berechnung, meistens für die falsche Messlösung. Überwiegend identifizierten die Schülerinnen und Schüler in der vorangegangenen Planungsphase wie Sophia die kleine Fläche als gesuchte Größe. In einigen Fällen zeigten sich andere Formen der planungsbezogenen Skizzennutzung (siehe Abschnitt 10.4.3): Henrica und Mona versuchten, die Informationen beider Skizzen mit dem Text zu einem kohärenten Lösungsmodell zu integrieren – Mona entwickelte daraus den unvollständigen Verhältnisansatz. Hannes intensive visuell-handelnde Skizzennutzung auf der Suche nach der Kreisformel ließ die eigentliche Problemstellung in den Hintergrund treten. Simon nutzte die Skizzen während der Planung gar nicht.

Sechs Lernende erkannten im Rahmen eines Validierungsprozesses die fehlende Maßstabspassung entweder durch den Vergleich der Skizzenflächen oder der berechneten Werte, und entwickelten daraufhin eine alternative Lösung. In fünf Fällen handelte es sich dabei um lineare Übergeneralisierungen des Typs LÜ-F; Hannes griff beim Quadratproblem auf eine Formellösung zurück. Drei Lernende validierten die Sinnhaftigkeit der Messlösung durch Abschätzung der kleinen Skizzenfläche und behielten sie anschließend bei.

Formellösungen

Im Kontext von algorithmischen Lösungen (zehn Problembearbeitungen durch sechs Lernende) nutzten nur Elisa (Kreisproblem) und Deborah (Quadratproblem) die Skizzen umfassender und im Sinne einer zielgerichteten deskriptiven Nutzung. Deborah übertrug nach eigenen Aussagen ihre beim Quadratproblem entwickelten Lösungsansätze auch auf das Kreisproblem. In den übrigen sieben Fällen blieb die Skizzennutzung aus oder beschränkte sich auf kurze visuelle Erinnerungen an die Flächeninhaltsformel; eine systematische Validierung fand kaum statt.

Lösungen mit Hilfe des Skalierungsprinzips

Vier Lösungen beruhten auf Anwendung des Skalierungsprinzips. Nur Elisa leitete den quadratischen Zusammenhang mit Hilfe visueller und visuell-handelnder Skizzennutzung her. Gerrit gelang dies algebraisch ohne Nutzung der Skizzen; Niklas nutzte selbstgewählte Skizzenmaße. Simon wandte den Faktor intuitiv an: Er verwendete zunächst einen leicht abgewandelten linearen Ansatz ($288\ cm^2 : 3\pi$), vergaß jedoch bei der Taschenrechnereingabe die Klammer um den Divisor, sodass das Ergebnis größer statt kleiner wurde. Er korrigierte den Ansatz daraufhin in $288\,cm^2\ :\ 3^2$, konnte den quadratischen Faktor jedoch im SRI inhaltlich nicht begründen. Seine Äußerungen deuten auf eine situative, nicht tragfähige Anwendung des Skalierungsprinzips hin.

10.4.4.3 Zusammenhang von Skizzennutzung, linearer Übergeneralisierungen und Aufgabenmerkmalen

Bei der Analyse möglicher Zusammenhänge zwischen Skizzennutzung, linearen Übergeneralisierungen und Aufgabenmerkmalen wurden Unterschiede sowohl Skizzennutzung und lineare Übergeneralisierungen betreffend in Abhängigkeit von Aufgabenmerkmalen beobachtet, die im Folgenden zunächst deskriptiv und ohne Anspruch auf Verallgemeinerbarkeit im Sinne des hypothesengenerierenden Erkenntnisinteresses beschrieben werden.

Die Phasen, Zweck und die Art der Skizzennutzung waren in beiden Experimentalgruppen grundsätzlich vergleichbar. Zwar gehörte Elisa, die die Rasterstrategie herleitete, der Gruppe ZM an, dies lässt jedoch keine belastbaren Rückschlüsse auf gruppenspezifische Unterschiede in der Skizzennutzung zu, zumal Niklas (Gruppe Z) die Rasteridee vermutlich zumindest entwickelte. Ein Vergleich der durchschnittlichen absoluten und relativen Fixationszeiten pro Person im Skizzenbereich während der Planungsphasen deutet dennoch qualitative Unterschiede der Skizzennutzung an. Beide Werte waren in der Gruppe ZM höher; die Differenz verringerte sich zwar, blieb aber bestehen, wenn die Planungsphase von Hannes zum Kreisproblem wegen der außergewöhnlich hohen Fixationszeiten (30114 Millisekunden, Anteil 47,2 %) aus der Berechnung der Durchschnittswerte exkludiert wurde (Tabelle 10.7).

Tabelle 10.7 Durchschnittliche Fixationszeiten pro Person in den Planungsphasen nach Gruppen

Gruppe	Gesamtfixationszeit	Anteil
Z	1239	3,4 %
ZM	3934	13,1 %
ZM ohne Hannes	2352	8,5 %

Die erhöhten Fixationszeiten der Gruppe ZM lassen sich teils durch die Verteilung linearer Übergeneralisierungen auf die Zeichengruppen erklären. Zwölf der 17 linearen Übergeneralisierungen stammenden von Lernenden der Gruppe Z (siehe Abbildung 10.28, links). Betrachtet man die Differenzierung nach den Typen LÜ-P und LÜ-F beim Quadratproblem, gehören vier der fünf Lernenden des Typs LÜ-P der Gruppe Z an; die des Typs LÜ-F verteilen sich etwa gleichmäßig auf beide Experimentalgruppen (siehe Abbildung 10.28, rechts). Die durchschnittlichen absoluten und relativen Fixationszeiten im Skizzenbereich pro Person sind bei den Lernenden des Typs LÜ-F nicht nur beim Quadratproblem, sondern auch bezogen auf die gesamte Bearbeitungszeit höher als bei den Lernenden der Gruppe LÜ-P (2989 ms – 57,% versus 746 ms – 3,9 %).

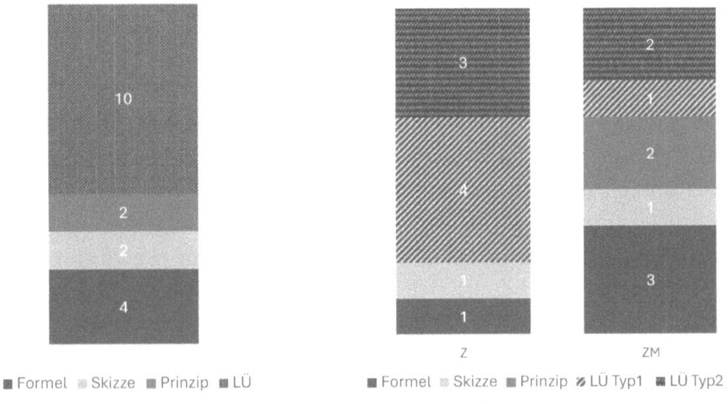

Abbildung 10.28 Verteilung der linearen Übergeneralisierungen auf die Zeichengruppen

Zusammenhang von Skizzennutzung, linearen Übergeneralisierungen und Form der Figur

Bei der Analyse ist einzuschränken, dass in einigen Fällen die Reihenfolge der Problembearbeitung die Skizzennutzung und das Auftreten linearer Übergeneralisierungen beeinflusst hat, etwa durch Übertragung vom Quadrat- auf das Kreisproblem.

Hinsichtlich Phasen, Zweck und Art der Nutzung ergaben sich keine grundlegenden Unterschiede zwischen den Zeichengruppen. Die durchschnittlichen Fixationszeiten unterschieden sich – ohne Hannes' Kreislösung – nur in absoluten, nicht in relativen Werten, wobei nicht klar ist, ob die geringeren Fixationszeiten im Zusammenhang mit der Aufgabenreihenfolge stehen (Tabelle 10.8).

Tabelle 10.8 Durchschnittliche Fixationszeiten pro Person in den Planungsphasen nach Aufgabe

Form	Gesamtfixationszeit	Anteil
Quadrat	2458	5,7 %
Kreis	2715	11,6 %
Kreis, ohne Hannes	1133	5,3 %

Ein Unterschied betrifft jedoch den Zweck der Skizzennutzung in der Planungsphase: Beim Kreisproblem trat lediglich eine deskriptive Nutzung (siehe Abschnitt 10.4.3) auf. Elisa, die die Skizzen im Falle des Quadratproblems explorativ zur Entwicklung der Rasterstrategie nutzte, hielt diese Strategie im Falle des Kreisproblems wegen der Form der Figur für ungeeignet (siehe Abschnitt 10.4.2.5). Auch andere Lernende äußerten die Idee der Rasterung zur Lösung des Quadratproblems retrospektiv im SRI, hielten sie jedoch für nicht geeignet zur Lösung des Kreisproblems.

Lineare Übergeneralisierungen betreffend nutzten alle Lernenden des Typs LÜ-P und zwei des Typs LÜ-F diese auch beim Kreisproblem. Bei Carlotta (LÜ-P) geschah dies als Schemaübertragung, bei Ben (LÜ-F), Sophia und Anna (beide LÜ-F) als oberflächlich übernommener Rechenweg. Paul, Viktoria (beide LÜ-P) und Theresa (LÜ-F) nutzten die Strategie mangels Alternative. Die drei anderen Lernenden des Typs LÜ-F griffen auf andere Verfahren zurück. Insgesamt wurde lineare Übergeneralisierungen beim Kreisproblem seltener angewendet und häufiger kritisch hinterfragt – meist mit Verweis auf die höhere Komplexität oder die Kreisform. In keinem Fall erfolgten lineare Übergeneralisierungen ausschließlich beim Kreisproblem.

10.5 Leistungsförderlich oder hinderlich? Skizzennutzung beim Lösen nicht linearer Geometrieprobleme

Die qualitative Analyse der Lösung der individuellen Lösungsprozesse sowie die Zusammenhangsanalysen bieten einen differenzierten Einblick, welche der in Abschnitt 7.4 beschriebenen Potenziale der Skizzen von den Lernenden aufgegriffen wurden, unter welchen Bedingungen sie bei der Lösung nicht linearer Geometrieprobleme wirksam werden konnten und in welchen Fällen die Skizzennutzung wirkungslos oder sogar hinderlich blieb. Die Diskussion folgt nicht streng der Reihenfolge der Forschungsfragen, sondern ist entlang der beobachteten Muster der Skizzennutzung und der Phasen des Problemlöseprozesses strukturiert. Auf diese Weise lassen sich die Befunde besser in *explorative Hypothesen* (EH), die über einzelne Forschungsfragen hinausreichen, überführen. Mit diesem Begriff wird deutlich gemacht, dass es sich um theoriebasierte Annahmen handelt, die sich von den in den beiden quantitativen Studien überprüften Hypothesen unterscheiden. Die explorativen Hypothesen fassen die zuvor beschriebenen, teils allgemeinen, teils inhaltlich spezifischen Ausprägungen der Skizzennutzung zusammen und beziehen sich jeweils auf deren Wirkung (förderlich, wirkungslos, hinderlich) im jeweiligen Teilprozess des Problemlösens sowie auf potenzielle zugrundeliegende kognitive Ursachen. Die Wirkung der Skizzennutzung wird also nicht nur deskriptiv beschrieben, sondern zugleich in den Rahmen der für eine erfolgreiche Skizzennutzung (Art und Qualität der Skizze, konzeptuelles Wissen, strategisches und heuristisches Skizzenwissen sowie die metakognitive Steuerung, siehe Abschnitt 7.5) eingeordnet. Die Einschätzung der Gesamtwirkung erfolgt erst im Fazit, da einzelne Nutzungen zwar innerhalb eines Teilprozesses förderlich sein konnten, sie dies jedoch nicht zwangsläufig im Gesamtergebnis zeigte.

Die Qualität der Skizzen wurde anhand der Lösungshefte bewertet, wobei die Analysen zeigten, dass die angefertigten Skizzen ähnlich wie bei der ersten Studie überwiegend funktional korrekt, jedoch immer unvollständig hinsichtlich der Beschriftung waren. Jede der 18 Schülerinnen und Schüler hatte mindestens eine korrekte Skizze angefertigt. Da die Skizzenqualität – verstanden als funktionale Korrektheit und Vollständigkeit (siehe Abschnitt 9.1) – in allen Fällen vergleichbar war, können Unterschiede in der Wirksamkeit der Skizzennutzung nicht darauf zurückgeführt werden und werden daher im Folgenden nicht weiter berücksichtigt.

Die Befunde zu Forschungsfrage 5 (Wann, wozu, wie und in welcher Qualität nutzen Lernende auf Aufforderung hin erstellte Skizzen im Problemlöseprozess nicht linearer Geometrieprobleme?) zeigen zunächst, dass die Skizzen in allen Fällen bereits vor dem sinnentnehmenden Lesen des Skalierungsproblems fertig vorlagen. Sie sind daher nicht im Sinne des CMDC nach Van Meter und Firetto (2013) als während des Problemlösens generiertes Produkt, sondern als externes Visualisierungsangebot gemäß der CTML nach Mayer (2021) zu sehen. Entscheidend ist somit nicht der Konstruktionsprozess, sondern die Frage, ob und wie die Lernenden die Skizzen im Sinne einer erfolgreichen Text-Bild-Integration in ihre Lösungsstrategien einbinden konnten. Es ergibt sich als erste explorative Hypothese:

EH 1: Bei sequentieller Aufgabenstellung (erst Konstruktionsanweisung, dann Problemstellung) erfolgt eine sequentielle Verarbeitung, bei der die Skizze als externes Angebot und nicht als generatives Werkzeug genutzt wird.
Diese Hypothese ist in doppelter Hinsicht relevant: Sie ist erstens zentrale Grundlage für die Interpretation weiterer Ergebnisse. Andererseits verweist sie auf die Bedeutung des Aufgabendesigns im schulischen Kontext: Die Skizzen wurden nicht, wie von De Bock et al. (2003) ursprünglich intendiert, automatisch integraler Bestandteil des Problemlöseprozesses. Zur Verdeutlichung wird in der Formulierung der Hypothesen im Folgenden von *vorgefertigten Skizzen* gesprochen; im übrigen Text wird aus Gründen der Lesbarkeit weiterhin verkürzt von Skizzen gesprochen.

Im Sinne des Angebots-Nutzungs-Modells (Helmke, 2012) war die Nutzung der vorgefertigten Skizzen während des Problemlöseprozesses nicht zwingend erforderlich. Anders als es Studien zur Nutzung vorgegebener Visualisierungen (siehe Abschnitt 7.5) belegen, zeigte sich in der vorliegenden Studie jedoch, dass alle Lernenden die Skizzen mindestens einmal bei mindestens einer der Skalierungsaufgaben einbezogen haben. Eine mögliche Erklärung ist, dass die Skizzen durch die zuvor erfolgte aufwändige Erstellung für die Lernenden einen anderen Status als rein vorgegebene Abbildungen erhielten, was zu einer verstärkten Nutzung führte (Fiorella & Zhang, 2018; Van Meter & Garner, 2005). Es traten unterschiedliche Formen der Skizzennutzung auf: visuell (reine Blickbewegungen zu den Skizzen), visuell-handelnd (beispielsweise Nachmessen von Seitenlängen) und nicht visuell (Rückgriff auf Skizzenmaße aus dem Gedächtnis). Damit geht die hier beobachtete Nutzung über die häufig in der Multimediaforschung betrachtete rein visuelle Skizzennutzung hinaus. Die Spanne der Skizzennutzung reichte von einer sehr kurzen, oberflächlichen, rein visuellen Nutzung im Rahmen eines Validierungsprozesses bis zu einer umfangreichen intensiven, alle genannten Arten umfassende Nutzung in mehreren Phasen des Problemlöseprozesses. Insbesondere die visuelle Skizzennutzung erfolgte häufig sehr kurz; die Fixationsmetriken zeigen jedoch, dass die für eine kognitive Verarbeitung angenommene Mindestdauer von 100 Millisekunden, vielfach auch die von Dewolf et al. (2013; 2015) genannte von 150 Millisekunden, meist überschritten wurden. Aufgrund der einfachen geometrischen Formen der Skizzen, mit der sich die Lernenden zudem vor dem Skalierungsproblem bereits intensiv auseinandergesetzt haben, lässt sich auch für kürzere Fixationen sowie auch für peripheres Sehen eine kognitive Verarbeitung annehmen (siehe Abschnitt 6.4). Insgesamt ergibt sich:

EH 2: Vorgefertigte Skizzen wurden von allen Lernenden mindestens einmal genutzt. Ihre Nutzung zeigt sich in unterschiedlichen Arten (visuell, visuell-handelnd, nicht-visuell) und überschreitet überwiegend die für kognitive Verarbeitung angenommene Mindestschwelle.

Betrachtet man die Ergebnisse zu Forschungsfrage 6 zu Zusammenhängen von Skizzennutzung und Lösungswegen, so liegt nahe, dass Skizzen insbesondere dann zum Einsatz kommen, wenn Lernende im Bearbeitungsprozess auf Schwierigkeiten stoßen oder Unsicherheiten auftreten, während sie bei (subjektiv) sicherem Vorgehen meist nur eine untergeordnete Rolle spielen.

EH 3: Vorgefertigte Skizzen werden vor allem bei Schwierigkeiten oder Unsicherheiten im Lösungsprozess genutzt und seltener bei subjektiv sicherem Vorgehen.

EH 2 und EH 3 deuten an, dass alle Schülerinnen und Schüler die Skizzen phasenbezogen in ihren Problemlöseprozess einbezogen haben, und zwar insbesondere dann, wenn im Bearbeitungsprozess Unsicherheiten oder Schwierigkeiten auftraten. Damit wird deutlich, dass die Lernenden im Allgemeinen über das nötige heuristische Skizzenwissen verfügen und bei Bedarf auf sie zurückgreifen. Da das heuristische Wissen somit grundsätzlich vorhanden scheint und die Skizzenqualität als Faktor bereits ausgeschlossen wurde, richtet sich die folgende Detailanalyse auf die weiteren, für eine produktive Skizzennutzung zentralen Faktoren: konzeptuelles Wissen, strategisches Skizzenwissen und metakognitive Steuerung.

Betrachtet man die Nutzung der Skizzen für jede der Phasen des zur Analyse verwendeten Problemlösemodells, so ließ sich die Nutzung von Skizzen für jede Phase nachweisen. In der Phase des Lesens und Verstehens erfolgte sie eher selten und immer rein visuell mit kurzen Fixationen, wenigen Transitionen und häufig nur unter Beachtung einer Skizze. Zweck war vermutlich vor allem die Identifikation der größeren bzw. kleineren Figur. Eine vertiefte Auseinandersetzung mit dem nicht linearen Flächenwachstum (siehe Abschnitt 7.4) fand in dieser Phase nicht statt. Die Modellbildung erfolgte lediglich im Rahmen einer oberflächlichen Text-Bild-Integration (z. B. Text von Quadrat C mit der Visualisierung des Quadrats). Solche oberflächlichen Integrationen waren zwar nicht gänzlich sinnlos, da sie zumindest ein grundlegendes Textverständnis fördern können. Hinsichtlich der eigentlichen Problemstruktur sind sie jedoch als wirkungslos zu beurteilen

EH 4: Die Nutzung vorgefertigter Skizzen beim Lesen und Verstehen bleibt auf oberflächliche Text-Bild-Integrationen beschränkt; eine tragfähige Modellbildung im Problemkontext findet nicht statt und die Nutzung bleibt eher wirkungslos.
Dieser Befund deutet am ehesten auf eine mangelnde metakognitive Steuerung hin: Den Lernenden fehlte offenbar die bewusste Regulation, die Skizze über die bloße Identifikation hinaus gezielt für ein tieferes Verständnis einzusetzen. Darüber hinaus könnte ein Defizit im strategischen Skizzenwissen eine Rolle gespielt haben, insbesondere im Hinblick auf das Wissen, welche Eigenschaften an dieser Stelle des Lösungsprozesses relevant sein könnten.

In den Planungsphasen wurden Skizzen sehr häufig genutzt, jedoch überwiegend deskriptiv. Der Zweck war es meist, bekannte Formeln oder rechnerische Verfahren in Erinnerung zu rufen.

EH 5: In der Planungsphase dominiert eine deskriptive Nutzung vorgefertigter Skizzen mit Fokus auf algorithmische Verfahren; eine explorative Nutzung bleibt die Ausnahme.
Dieser Befund steht in Übereinstimmung zur im Theorieteil (siehe Abschnitt 3.2.5) beschriebenen algorithmischen Fokussierung vieler Lernender. Explorative Nutzungen beispielsweise zur Entwicklung der Rasteridee blieben die Ausnahme.

Die Wirksamkeit der Skizzennutzung in der Planungsphase lässt sich anhand des gewählten Lösungsmodells beurteilen. Die Ergebnisse zu Forschungsfrage 6 zeigen, dass bestimmte Muster der Skizzennutzung mit spezifischen Lösungswegen verbunden sind, worauf nun genauer eingegangen wird. Die deskriptive Nutzung erwies sich nicht per se als wirkungslos. Wenn sie zielgerichtet erfolgte und Text- und Bildinformationen zu einem kohärenten Modell integriert wurden, konnte sie die Entwicklung eines tragfähigen algorithmisch orientierten Lösungsmodells unterstützten. Besonders deutlich wurde dies bei der integrativen Nutzung durch Deborah und Elisa, die Textinformationen, Skizzen und Rechenschritte konsistent miteinander verknüpften. Auch kurze, gezielte Erinnerungen an bekannte Verfahren – etwa an die Flächeninhaltsformel – lassen sich in diesem Sinne als eine Form zielgerichteter deskriptiver Nutzung verstehen, sofern sie korrekt in das algorithmische Verfahren eingebunden wurden. Es ergibt sich:

EH 6a: Die deskriptive Nutzung vorgefertigter Skizzen in der Planungsphase kann leistungsförderlich sein, wenn sie zielgerichtet erfolgt und textliche und bildliche Informationen zu einem kohärenten algorithmisch orientierten Lösungsmodell integriert werden können.
In diesen Fällen verfügen die Lernenden mindestens über faktenbasiertes Formelwissen verbunden mit prozeduraler Flexibilität (siehe Abschnitt 3.2), die es erlauben, Skizze, Text und Rechenschritte kohärent zu verbinden. Ob sie zusätzlich über konzeptuelles Wissen über Flächeninhalte verfügen, bleibt offen; ein gesichertes konzeptuelles Verständnis der weiteren Komponenten des Ähnlichkeitskonzepts (Proportionalität, funktionaler Zusammenhang) ist eher nicht anzunehmen. Ergänzend greifen strategisches Skizzenwissen (Selektion relevanter Elemente) und metakognitive Steuerung (Überwachung der Konsistenz).

Eine deskriptive Nutzung in Form einer einseitigen Fokussierung auf die Skizzen oder genauer eine der beiden Figuren unter Vernachlässigung der Textinformationen – wie im Fall der falschen Messlösung oder bei Hannes' visuell-handelndem Versuch, sich an die Flächeninhaltsformel zu erinnern – erwies sich dagegen als leistungshinderlich, da sie unmittelbar zur falschen Messlösung als skizzenbasiertem Ansatz führte:

EH 6b: Eine einseitige Fokussierung auf die vorgefertigten Skizzen im Planungsprozess wirkt leistungshinderlich, da sie unmittelbar zur Entwicklung eines falschen skizzenbasierten Lösungsmodells führt.
Die einseitige Fokussierung auf Skizzeninformationen deutet darauf hin, dass den Lernenden entweder konzeptuelles Wissen fehlt, ihre metakognitive Steuerung unzureichend ist oder beide Faktoren zusammenwirken. Das Nicht-Erkennen der Unstimmigkeit zwischen Skizzengröße bzw. dem errechnetem Wert und Zahlangabe des Skalierungsproblems lässt sich sowohl durch fehlendes Verständnis von Flächeninhalten sowie der Relationalität der Maßstabsskizze (siehe Abschnitt 3.2.2 und 5.3.7) als auch durch eine unzureichende metakognitive Steuerung erklären, die zu einer oberflächlichen Bildverarbeitung führt, bei der oberflächliche und vertraute Formen dominieren, während die relevanten Informationen unbeachtet bleiben (Hegarty & Kozhevnikov, 1999; Schnotz & Bannert, 2003).

Wurden die Skizzen deskriptiv zur nicht zielgerichteten Erinnerung an Berechnungsverfahren genutzt, ließen sich zwei Muster unterscheiden. Nicht zielgerichtete visuelle, teils auch visuell handelnde Nutzung mit langen Fixationszeiten und vielen Transitionen führte zu einem fehlerhaften skizzenbasierten Ansatz und in einigen Fällen zu linearen Übergeneralisierungen des Typs LÜ-F mangels Alternativ. Somit wirkte auch sie sich leistungshinderlich aus:

EH 6 c: Eine ziellos umfangreiche Nutzung vorgefertigter Skizzen im Planungsprozess wirkt hinderlich, da sie unmittelbar zur Entwicklung eines falschen Lösungsmodells führt.

Anders als bei EH 6b versuchten diese Lernenden, die Informationen beider Skizzen und des Textes zu einem Lösungsmodell zu integrieren, was jedoch misslingt. Grund scheinen Defizite im konzeptuellen Wissen geometrische Ähnlichkeit und insbesondere die Maßstabsvorstellung betreffend zu sein. Gleichzeitig deutet sich bei einigen Lernenden insbesondere durch eine visuell-handelnde Skizzennutzung auch ein fehlendes strategisches Skizzenwissen an, das wiederum in Verbindung mit fehlendem konzeptuellen Wissen Flächeninhalte betreffend stehen könnte.

Eine nicht zielgerichtete oberflächliche Nutzung mit kurzen Fixationszeiten und wenigen Transitionen dagegen half nicht bei der Entwicklung eines tragfähigen Lösungsmodells, wirkte sich aber auch nicht direkt leistungshinderlich aus. Lernende des Typs LÜ-P wählten, wie die Analysen zeigten, lineare Übergeneralisierungen als Oberflächenstrategie, die meist durch die Erinnerung an leichte Rechenverfahren oder oberflächliche Aufgabenmerkmale ausgelöst wurde. Die teils beobachtete oberflächliche Nutzung der Skizzen während der Planung hat lineare Übergeneralisierungen dieses Typs zwar nicht verhindert, sie jedoch auch nicht gefördert. Das gilt insbesondere für den einen Fall (Ben), in dem die Oberflächenstrategie auf der Übertragung des linearen Rechenweges zur Ermittlung der Seitenlänge auf die Berechnung des Flächeninhaltes beruhte:

EH 6 d: Eine ziellose oberflächliche Nutzung vorgefertigter Skizzen bleibt im Planungsprozess wirkungslos.

Hier zeigen sich vor allem Defizite in der metakognitiven Steuerung: Die Bearbeitung bleibt oberflächlich, ohne tiefergehendes Planen oder Monitoring. Zudem zeigen sich konzeptuelle Lücken in den Grundvorstellungen zu Flächeninhalten, da die Lernenden auf die Erinnerung vermeintlich einfacher und unverstandener Formeln bzw. Berechnungsverfahren fokussieren.

Eine explorative Skizzennutzung war umgekehrt nicht zwingend mit einer leistungsförderlichen Wirkung verbunden. So führte die Rasterstrategie bei Elisa zum Erfolg, während sie bei Niklas mangels Umsetzung ohne Wirkung blieb.

EH 7: Eine explorative Nutzung vorgefertigter Skizzen ist leistungsförderlich, wenn ihr Potenzial konsequent genutzt wird; ansonsten bleibt die Wirkung aus.

Auch in der Phase der Planausführung wurden die Skizzen regelmäßig genutzt, überwiegend als nicht-visuelle, manchmal aber auch als visuelle Berechnungsgrundlage (siehe Abschnitt 7.4). Elisa nutzte als einzige die Skizzen zur strukturierten Ableitung der gesuchten Größen. Alle Nutzungen erwiesen sich bezogen auf den jeweiligen Teilschritt meist als leistungsförderlich, auch wenn sie nicht zwangsläufig zu einer korrekten Gesamtlösung führten.

EH 8: Während der Planausführung werden vorgefertigte Skizzen mehrheitlich als Berechnungsgrundlage, in Einzelfällen auch explorativ zur Ableitung gesuchter Größen genutzt und wirken leistungsförderlich.

Diese Nutzung als Berechnungsgrundlage zeigte in der Regel vorhandenes Formelwissen, wobei offenblieb, ob es sich lediglich um faktenbasiertes Erinnern oder um konzeptuell eingebettetes Wissen handelte. Sie setzt zudem strategisches Skizzenwissen (Fokussierung relevanter Maße) und metakognitive Steuerung (Überwachung der Konsistenz zwischen Skizze und Berechnung) voraus. Die Nutzung zur explorativen Ableitung gesuchter Größen dagegen setzt konzeptuelles Wissen zumindest über Flächeninhalte (Zerlegungsaspekt) voraus.

Im Rahmen von Validierungsprozessen wurden die Skizzen überwiegend zielgerichtet genutzt; nur in zwei Fällen traten ziellose visuell-handelnde Versuche auf. Zielgerichtete Validierungen erwiesen sich meist als leistungsförderlich bezogen auf den Teilprozess: Dies galt sowohl für die Überprüfung der Maßstabspassung, für Validierungen im Rahmen der Messlösung als auch für Abschätzungen des Größenverhältnisses, sofern diese nicht nur oberflächlich blieben und tatsächlich zum Erkennen des nicht linearen Zusammenhangs beitrugen. Oberflächliche Abschätzungen erwiesen sich dagegen ebenso wenig leistungsförderlich wie ziellose visuell-handelnde Skizzennutzungen.

EH 9a: Zielgerichtete Validierungen mit Hilfe vorgefertigter Skizzen sind leistungsförderlich, wenn sie mit der nötigen kognitiven Tiefe erfolgen.

In diesen Fällen liegen sowohl konzeptuelles Wissen (z. B. über Relationen und Maßstäbe) als auch strategisches Skizzenwissen (gezielte Fokussierung relevanter Elemente) vor und werden metakognitiv gesteuert eingesetzt (Überprüfung, Abgleich, Plausibilitätskontrolle).

EH 9b: Zielgerichtete Validierungen mit Hilfe vorgefertigter Skizzen bleiben wirkungslos, wenn sie nur oberflächlich erfolgen.

Hierfür verantwortlich ist eine fehlende metakognitive Steuerung, eventuell in Kombination mit fehlendem konzeptuellem Wissen.

EH 9c: Ziellos-visuell handelnde Validierungen bleiben wirkungslos.
Diese ziellos-handelnden Skizzennutzungen zeigen einerseits fehlendes strategisches Skizzenwissen, anderseits auch fehlendes konzeptuelles Wissen.

Da zum Verständnis der Wirkung von Skizzen auch die Gründe für lineare Übergeneralisierungen von Bedeutung sind, wurden diese in der vorliegenden Studie genauer analysiert (Forschungsfrage 6a). Die Ergebnisse deuten darauf hin, dass lineare Übergeneralisierungen in Übereinstimmung mit bisherigen Forschungsannahmen als Oberflächenstrategie (Typ LÜ-P) oder mangels tragfähiger Alternativen auftreten, nicht jedoch im Sinne stabiler linearer Fehlvorstellungen, wie es ebenfalls in der Theorie diskutiert wird (siehe Abschnitt 2.4.4). Die von De Bock et al. (2003) vermutete Übertragung linearer Tätigkeiten im Zuge der Skizzenerstellung konnte lediglich in einem Einzelfall beobachtet werden, bleibt jedoch als Hinweis auf die prinzipielle Möglichkeit eines solchen Zusammenhangs relevant.

Neu erscheint dagegen der Befund, dass lineare Übergeneralisierungen in mehreren Fällen mangels Alternative nach einem erfolglosen skizzenbasierten Ansatz eingesetzt wurden (Typ LÜ-F). Dieses Muster liefert eine neue und zentrale Erklärung für den von De Bock et al. (2003) und durch die Primäranalyse von Krawitz & Schukajlow (2020) berichteten negativen Effekt der Zeichenanweisung: Wenn die erstellten Skizzen zwar genutzt, ihre Informationen jedoch nicht in ein stimmiges Lösungsmodell überführt werden können, begünstigt die Zeichenanweisung fehlerhafte statt tragfähiger Lösungsansätze.

EH 10: Lineare Übergeneralisierungen entstehen entweder als oberflächliche Strategien (LÜ-P) oder als Folgestrategie nach einem gescheiterten Ansatz auf Basis der Skizzenmaße mangels alternativer Strategien (LÜ-F).
Lineare Übergeneralisierungen des Typs LÜ-P gehen auf eine unzureichend metakognitive Steuerung sowie auf fehlendes konzeptuelles Wissen zu Ähnlichkeit und Flächeninhalten zurück. Lineare Übergeneralisierungen des Typs LÜ-F, die mit der durch EH 6c beschriebenen Nutzung vorgefertigter Skizzen assoziiert sind, beruhen ebenfalls auf Defiziten im konzeptuellen Wissen, werden jedoch zusätzlich durch fehlendes strategisches Skizzenwissen begünstigt.

Ein letzter Fokus lag schließlich auf Zusammenhängen zwischen Aufgabenmerkmalen (Art der Zeichenanweisung, Form der Figur), linearen Übergeneralisierungen und Skizzennutzung (Forschungsfrage 7). Die Art der Zeichenanweisung betreffend zeigten sich keine Unterschiede in den Phasen, dem Zweck und den Arten der Skizzennutzung zwischen den beiden Experimentalgruppen, dennoch ließen sich qualitative Differenzen erkennen. Die Gruppe ZM mit kombinierter Zeichen- und Markierungsanweisung wies im Mittel höhere Fixationszeiten auf, was auf eine intensivere Auseinandersetzung mit den Skizzen hindeutet. Diese Tendenz lässt sich zumindest teilweise dadurch erklären, dass lineare Übergeneralisierungen vom Typ LÜ-P (Primärstrategie), die beim Quadratproblem als Oberflächenstrategie auftrat, überwiegend in der reinen Zeichengruppe auftraten, während LÜ-F (Folgestrategie) in beiden Gruppen in ähnlicher Häufigkeit zu beobachten war. Dies deutet darauf hin, dass durch die Fokuslenkung auf die Fläche als gesuchte Größe die Anwendung linearer Übergeneralisierungen als Oberflächenstrategie vermindert wird und die Schraffierung in dieser Hinsicht die von Krawitz und Schukajlow (2020) beabsichtigte Wirkung zeigt.

EH 11: Eine Fokussierung auf den Flächeninhalt als gesuchte Größe verhindert die Anwendung linearer Übergeneralisierungen als Oberflächenstrategie, nicht jedoch solche mangels Alternative.
Die tieferliegenden Ursachen scheinen, wie gerade ausgeführt, primär in Mängeln des konzeptuellen Wissens zu liegen; Defizite im strategischen Skizzenwissen können ergänzend hinzukommen: Da eine Schraffierung keine weiterführenden Hinweise zur korrekten Lösung bietet, werden lineare Übergeneralisierungen nicht verhindert, wenn alternative Vorgehensweisen fehlen.

Bezüglich der Form ist zu berücksichtigen, dass Reihenfolgeeffekte die Aufgabenbearbeitung beeinflusst haben könnten. Auffällig ist, dass in den Planungsphasen des Kreisproblems lediglich eine deskriptive, jedoch keine explorative Skizzennutzung (z. B. durch Rasterung) erfolgte. Es ergibt sich:

EH 12: Eine explorative Nutzung vorgefertigter Skizzen scheint formabhängig zu sein – sie erfolgt nur bei gradlinigen, nicht bei krummlinigen Figuren.
Auch dies ist ein Beleg für fehlendes konzeptuelles Wissen insbesondere zum Zerlegungsaspekt sowie zu strategischem Skizzenwissen, wobei eine Zerlegung bei krummlinigen Figuren deutlich anspruchsvoller ist als bei geradlinigen.

Zudem traten beim Kreisproblem weniger lineare Übergeneralisierungen auf; die Lernenden begründeten dies mit der Form der Figur oder mit der komplexeren Flächeninhaltsformel. Ein direkter Zusammenhang mit der Skizzennutzung ließ sich nicht erkennen. Ein Abgleich mit den quantitativen Ergebnissen aus Studie 1 zeigte jedoch, dass sich diese Tendenz statistisch nicht in einer geringeren Zahl linearer Übergeneralisierungen widerspiegelte. Zusammenfassend ergibt sich:

EH 13: Beim Kreisproblem werden lineare Übergeneralisierungen häufiger kritisch hinterfragt. Die Form der Figur wirkt hemmend auf lineare Übergeneralisierungen als Oberflächenstrategie, mindert jedoch nicht ihre Gesamtzahl.
Dies weist auf Defizite im konzeptuellen Verständnis hin – insbesondere hinsichtlich der Formunabhängigkeit von Flächeninhalten und der mathematischen Ähnlichkeit.

Damit ist die Herleitung der empirischen Hypothesen abgeschlossen. Im Folgenden werden die Befunde übergreifend zusammengeführt und hinsichtlich der Forschungsfragen interpretiert.

Insgesamt ergibt sich ein differenziertes Bild der Nutzung vorgefertigter Skizzen bei der Lösung nicht linearer Geometrieprobleme. Bezogen auf die Teilprozesse zeigte sich, dass sie teils leistungsförderlich wirkte (☑), teils wirkungslos (O) war oder sogar hinderlich (☒) wirkte (siehe Abbildung 10.29)

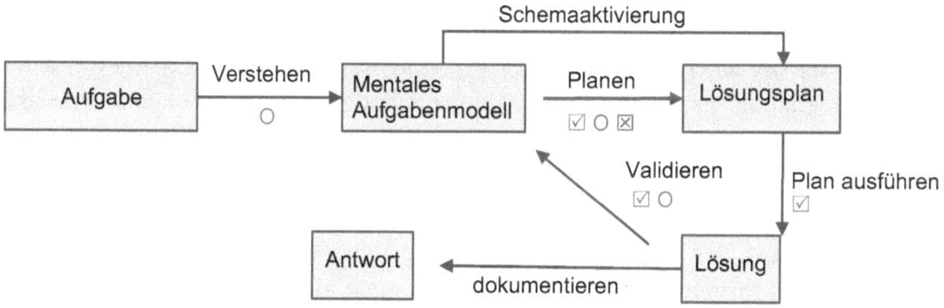

Abbildung 10.29 Prozessmodell mit phasenbezogener Einordnung der Skizzennutzung. (Eigene Darstellung)

Um die Forschungslücke der ersten Studie zu schließen und den negativen bzw. fehlenden positiven Effekt auf die Gesamtleistung zu erklären, ist eine Betrachtung der teilprozessbezogenen Wirkung in ihrem Zusammenspiel und vor dem Hintergrund der CTML nach Mayer (2021) sowie der Skizzenqualität, dem konzeptuellen Wissen, dem strategischen und heuristischen Skizzenwissen sowie der metakognitiven Steuerung nötig. Wie für die Teilprozesse erscheinen auch für die Gesamtwirkung weder Skizzenqualität noch heuristisches Skizzenwissen ursächlich für den negativen bzw. fehlenden positiven Effekt vorgefertigter Skizzen zu sein. Mehrfach zeigten sich jedoch Defizite in der metakognitiven Steuerung, insbesondere durch eine oberflächliche Skizzennutzung. Den Lernenden fehlte oft die bewusste Regulation, die Nutzung der Skizzen kritisch zu überwachen, die Angemessenheit zu reflektieren und fehlerhafte Ansätze zu korrigieren. Beispiele sind die oberflächliche visuelle Nutzung in der Phase des Lesens und Verstehens (EH 4), die ziellos-oberflächliche Nutzung in der Planungsphase (EH 6c) oder zur oberflächlichen Validierung (EH 9b). Auch fehlendes strategisches Skizzenwissen trug in mehreren Fällen zu einer nicht leistungsförderlichen oder sogar leistungshinderlichen Wirkung bei (EH 4, EH 6b, EH 9c). Ein sehr klares Bild ergab sich jedoch das konzeptuelle Wissen betreffend. In keinem einzigen Fall zeigte sich, dass die Schülerin oder der Schüler über ein stabiles konzeptuelles Wissen Flächeninhalte und Ähnlichkeit betreffend verfügte. Bei vielen Lernenden waren bereits die Grundvorstellungen zu Flächeninhalten unzureichend entwickelt; die zugrundeliegenden Flächeninhaltsformeln waren inhaltlich nicht verstanden. Auch im Bereich der Proportionalität zeigten sich die Relationalität sowie die Invarianz betreffend Schwächen, wie die Schwierigkeiten im Umgang mit den Maßstabsskizzen zeigten. Gravierende Defizite zeigten sich auch im Verständnis des funktionalen Zusammenhangs bei Skalierungsprozessen. Dieser schien den Lernenden häufig nicht bewusst zu sein: Auch korrekte Lösungen erfolgten meist rein formelbasiert-prozedural, ohne dass die zugrundeliegende Beziehung zwischen den Größen reflektiert wurde. Bei linearen Übergeneralisierungen des Typs LÜ-P zeigte sich dies besonders deutlich: Die Lernenden arbeiteten auf Basis unverstandenen Formelwissens, ohne sich wirklich klarzumachen, dass sie einen linearen Zusammenhang zwischen den Flächen annahmen. Andere Lernende erkannten zwar, dass der Zusammenhang nicht linear war, verfügten jedoch nicht über die Kenntnis des korrekten quadratischen Zusammenhangs. Die vereinzelte Anwendung des korrekten Skalierungsfaktors erfolgte jeweils für nur eines der Probleme, beruhte also nicht auf einem konzeptuellen Verständnis, sondern auf isoliertem Faktenwissen wie im Fall von Sophia. Besonders deutlich wird dies im Fall von Elisa, die als einzige Schülerin das Quadratproblem mittels einer explorativen Rasterstrategie erfolgreich löste. Sie konnte weder die Strategie noch die damit verbundene Erkenntnis auf das Kreisproblem übertragen, weil ihr weder die Formunabhängigkeit von Flächeninhalten noch die Invarianz der Verhältnisse sowie das spezifische Wissen um den quadratischen Skalierungsfaktor bewusst war.

Über alle explorativen Hypothesen zu hinderlichen oder fehlenden förderlichen Wirkungen der Skizzennutzung hinweg zeigte sich, dass fehlendes konzeptuelles Wissen in jedem Teilprozess entweder unmittelbar verantwortlich oder zumindest mitverantwortlich für die ausbleibende oder sogar hinderliche Wirkung der Skizzennutzung war.

Insbesondere war dieses fehlende konzeptuelle Wissen hauptverantwortlich für den negativen Effekt der Zeichenanweisung, der durch die hinderliche Wirkung der vorgefertigten Skizzen in der Planungsphase erklärt werden kann (EH 6b und EH 6c). Ursächlich war die fehlende Maßstabspassung der Maßstabsskizze zum

Zahlenwert des Skalierungsproblems, die ein erhebliches Hindernis für eine erfolgreiche Integration von Skizzen- und Textinformationen darstellte. Ein beachtlicher Teil der fehlerhaften Lösungen – insbesondere die Messlösungen und alle linearen Übergeneralisierungen des Typs LÜ-F – ließ sich auf dieses Hindernis zurückführen. Verstärkt wurde die Wirkung durch fehlendes strategisches Skizzenwissen oder eine fehlende metakognitive Steuerung, während die von De Bock et al. (2003) vermutete Fokuslenkung auf lineare Tätigkeiten nur eine untergeordnete Rolle zu spielen schien.

Der durch De Bock et al. (2003) belegte und durch die Primäranalyse (Krawitz & Schukajlow, 2020) bestätigte und in der ersten Studie näher untersuchte überraschende negative Effekt der Zeichenaufforderung auf die Leistung bei der Lösung nicht linearer Geometrieprobleme sowie der fehlende Effekt einer Fokuslenkung auf die Fläche als gesuchte Größe ließen sich somit durch die spezifischen experimentellen Bedingungen erklären: Die Anfertigung einer Maßstabsskizze mit vorgegebenen Maßen vor Kenntnis der eigentlichen Problemstellung verhinderte eine inhaltlich stimmige Verknüpfung zwischen Skizze und Aufgabe und führte so zu den beobachteten Leistungseinbußen.

Gleichzeitig verhinderten diese Lücken im konzeptuellen Wissen im Zusammenspiel mit einer Fokussierung auf algorithmische Verfahren, fehlender metakognitiver Steuerung und in einigen Fällen auch fehlendem strategischen Skizzenwissen eine Nutzung der Potenziale der Skizzen trotz vorhandenem heuristischen Skizzenwissen: Erstens bremste die Fokussierung auf algorithmische Verfahren eine explorative Nutzung der Skizzen während der Planung, auch wenn diese aufgrund fehlenden konzeptuellen Wissens (oder zumindest Faktenwissen) beispielsweise zu Flächeninhaltsformeln oder korrekter Skalierung nötig gewesen wäre (EH 6, EH 6a). Zweitens verhinderte fehlendes konzeptuelles Wissen, dass sich die bezogen auf Teilprozesse erkennbare förderliche Wirkung der Skizzennutzung positiv auf die Gesamtleistung auswirkte. Eine erfolgreiche Validierung (Erkennen der fehlenden Maßstabspassung oder Erkennen der Nichtlinearität des Größenverhältnisses, siehe EH 9a, EH 9b) führte nicht zu einem korrekten Lösungsansatz. Auch die an sich leistungsförderliche Nutzung der Skizzen während der Berechnung erfolgte stets innerhalb des jeweils gewählten und häufig fehlerhaften Lösungsmodells. Insbesondere für krummlinige (und auch irregulär) begrenzte Figuren (oder Körper) scheint der Faktor des fehlenden konzeptuellen Wissens zentral für die fehlende Nutzung der Potenziale zu sein. Zwar ermöglichen Maßstabsskizzen bei entsprechendem strategischen Skizzenwissen recht leicht die Erkenntnis des nicht linearen Zusammenhangs. Die Erschließung des tatsächlichen Skalierungsfaktors ist jedoch nur bei gradlinigen Figuren und Körpern relativ leicht (auch bei Mängeln im Konzeptwissen) visuell über eine Rasterung herzuleiten, nicht jedoch bei krummlinig oder irregulär begrenzten. Eine Fokuslenkung auf die gesuchte Fläche kann zwar lineare Übergeneralisierungen vom Typ LÜ-P verhindern, trägt jedoch nicht dazu bei, eine korrekte Lösung zu entwickeln, wenn konzeptuelles Wissen fehlt. Eine leistungsförderliche Wirkung auch qualitativ hochwertiger Skizzen erscheint daher im Kontext nicht linearer Geometrieprobleme unabhängig von den konkreten experimentellen Bedingungen ohne hinreichendes konzeptuelles Wissen nur in begrenztem Maße möglich. Vor diesem Hintergrund untersucht die dritte Studie, in welchem Umfang sich Skizzen oder allgemeiner Visualisierungen zur Unterstützung des Aufbaus konzeptuellen Wissens zu geometrischen Skalierungen eignen könnten.

Studie 3: Interventionsstudie

11

Aufbauend auf den Ergebnissen der ersten zwei Studien richtet die dritte Studie den Fokus auf die lernförderliche Funktion von Visualisierungen im Kontext nicht linearer Geometrieprobleme. Im Fokus steht die Frage, inwieweit Visualisierungen gezielt eingesetzt werden können, um ein tragfähiges Verständnis des Wachstumsprinzips skalierter Flächen und Körper zu fördern. Im Gegensatz zu den vorhergehenden Studien, in denen die Skizzennutzung beim Problemlösen durch die Lernenden selbst erfolgte, steht hier die instruktionsseitige Gestaltung und Wirkung unterschiedlicher Visualisierungen im Vordergrund. Die Untersuchung ist als Interventionsstudie angelegt: Es wird überprüft, ob die gezielte Kombination statischer und dynamischer Visualisierungen unter lernförderlichen Bedingungen zu einem besseren Verständnis des Wachstumsprinzips skalierter Flächen bzw. Körper führt. Theoretische Grundlage bilden Modelle des multimedialen Lernens (siehe Kapitel 5) sowie Befunde zum Multimediaeffekt und zur Rolle statischer und dynamischer Visualisierungen beim Wissenserwerb (siehe Abschnitt 7.2 und 7.3). Aufgrund des hohen methodischen Aufwands der zweiten Studie, deren differenzierte Auswertung eine ausführliche Darstellung erforderlich machte, wird die dritte Untersuchung in dieser Arbeit bewusst in kompakter Form präsentiert. Die Darstellung zentraler Entscheidungen und Ergebnisse beschränkt sich auf die wesentlichen Aspekte, um den formalen Rahmen der Arbeit zu wahren. Die Untersuchung kann – wie im weiteren Verlauf noch näher erläutert wird – dennoch als Ausgangspunkt für vertiefende Forschung zur Thematik dienen.

Der Kapitelaufbau orientiert sich wie auch bei Studie 1 an der klassischen Struktur empirischer Forschung. Nach der Darstellung der Forschungsfragen (11.1) folgen die Beschreibung der methodischen Entscheidungen (11.2) mit Ausführungen zum Untersuchungsansatz (11.2.1), zur Stichprobe

G. Volbers, *Visualisierungen bei nicht linearen Geometrieproblemen*, Studien zur theoretischen und empirischen Forschung in der Mathematikdidaktik,
https://doi.org/10.1007/978-3-658-52828-7_11

(11.2.2), zum Untersuchungsdesign (11.2.3), den verwendeten Messinstrumenten (11.2.4), der Datenaufbereitung (11.2.5) und den geplanten Auswertungsmethoden (Abschnitt 11.2.6). Es schließen eine Reflexion der Gütekriterien (11.3) sowie Ausführungen zur Treatmentkontrolle (11.4) an. Die Ergebnisse zur Beantwortung der Forschungsfragen und zur Überprüfung der Hypothesen werden in Abschnitt 11.5 dargestellt und abschließend kurz diskutiert (11.6).

11.1 Forschungsfragen

Lineare Übergeneralisierungen lassen sich, wie in Abschnitt 2.4.4 ausgeführt, letztlich auf tief verankerte Denk- und Erfahrungsmuster zurückführen. Diese bilden sowohl die Grundlage linearer Fehlvorstellungen als auch linearer Übergeneralisierungen, die als Oberflächenstrategie oder mangels Alternative angewendet werden. Lineare Übergeneralisierungen haben sich daher insbesondere im Kontext nicht linearer Geometrieprobleme als hartnäckig gegenüber Interventionen erwiesen (siehe Abschnitt 2.4.3). Es scheint also wichtig, im Sinne der Conceptual Change Theory (siehe Abschnitt 2.4.5) die tief verankerten linearen Denkmuster gezielt zu adressieren und zu einem tragfähigen Verständnis der zugrundeliegenden quadratischen bzw. kubischen Skalierungszusammenhänge zu erweitern. Im Rahmen der dritten Studie soll das lernförderliche Potenzial visueller Repräsentationen gezielt ausgeschöpft werden, um diese kognitiven Umstrukturierungen bei Lernenden anzustoßen. Sowohl statische als auch dynamische Visualisierungen bieten wie in Abschnitt 7.3. dargestellt jeweils spezifische lernförderliche Potenziale. Durch ihre gezielte Kombination soll ein Lernen unterstützt werden, das die angestrebten konzeptuellen Veränderungen unterstützt. Die Gestaltung der Lernumgebung erfolgte dabei unter Berücksichtigung zentraler lernförderlicher Bedingungen, insbesondere der Möglichkeit zur interaktiven Steuerung und gezielten Auseinandersetzung mit den dargestellten Inhalten. Die dynamischen Visualisierungen wurden mit Hilfe interaktiver GeoGebra-Applets umgesetzt und die Visualisierungen insgesamt in einen digitalen Lernpfad integriert. Auf diese Weise soll einer oberflächlichen Rezeption entgegengewirkt und eine aktive Verarbeitung angeregt werden. Die zugrunde liegenden methodischen Entscheidungen sowie die konkrete Ausgestaltung des Materials werden im weiteren Verlauf genauer erläutert.

Auch wenn aus theoretischer Perspektive ableitbar ist, dass die Kombination statischer und dynamischer Visualisierungen lernförderlich sein kann (siehe Abschnitt 7.3), ist die spezifische Wirkweise dieser Kombination insbesondere im Kontext nicht linearer Geometrieprobleme bislang nicht systematisch untersucht worden. Vor diesem Hintergrund soll untersucht werden, inwiefern ein digitaler Lernpfad mit interaktiven dynamischen und statischen Visualisierungen das Verständnis des Wachstumsprinzips skalierter Flächen und Körper fördert.

Dieser Lernpfad mit interaktiven dynamischen und statischen Visualisierungen wird im Folgenden kurz als *visualisierungszentrierte Lernumgebung* bezeichnet. Die Förderung eines tragfähigen Verständnisses wird dabei über die Problemlöseleistung in einem anschließenden Leistungstest zu linearen und nicht linearen Geometrieproblemen erfasst. Die vorliegende Interventionsstudie prüft also, ob die Arbeit mit einer visualisierungszentrierten Lernumgebung die anschließende Leistung bei der Lösung linearer und nicht linearer Geometrieprobleme beeinflusst:

Forschungsfrage 8

Welchen Einfluss hat das Arbeiten mit der visualisierungszentrierten Lernumgebung auf die Leistung bei der Lösung linearer und nicht linearer Geometrieprobleme?
Unter Berücksichtigung theoretischer Überlegungen und empirischer Befunde (siehe Abschnitte 2.4.3 und 2.4.5) lassen sich insgesamt 5 Hypothesen formulieren. Diese beziehen sich erstens auf eine mögliche verbesserte Leistung bei der Lösung nicht linearer Probleme (Hypothesen 8.1 und 8.2), zweitens auf die Stabilität bei der Leistung linearer Probleme (Hypothesen 8.3 und 8.4) und drittens auf die Gesamtleistung (Hypothese 8.5). Die Hypothesen werden entlang dieser Logik dargestellt und theoretisch begründet.

H 8.1:
Lernende, die mit der visualisierungszentrierten Lernumgebung arbeiten, erzielen bei der Lösung nicht linearer Geometrieprobleme eine höhere Leistung als Lernende einer Kontrollgruppe.

H 8.2:
Lernende, die mit der visualisierungszentrierten Lernumgebung arbeiten, wenden bei der Lösung nicht linearer Geometrieprobleme seltener lineare Übergeneralisierungen an als Lernende einer Kontrollgruppe.

Diese Annahmen basieren auf den in Abschnitt 7.3 dargestellten theoretischen Überlegungen zu den Wirkmechanismen statischer und dynamischer Visualisierungen sowie auf der Conceptual Change Theory. Durch die Kombination beider Visualisierungsarten sowie ihre Einbindung in den Lernpfad können komplexe

Veränderungen abgestuft und zugleich kognitiv entlastend dargestellt werden (enabling effect und facilitating effect), ohne dass die Nachteile rein dynamischer Animationen, etwa eine oberflächliche Verarbeitung (underwhelming effect) überwiegen (Berney & Bétrancourt, 2016; Bétrancourt & Tversky, 2000; Schnotz & Rasch, 2005). Die aktive Auseinandersetzung mit den nicht linearen Skalierungszusammenhängen bietet Lernenden im Sinne der Conceptual Change Theory die Möglichkeit, ein tragfähiges Verständnis des Wachstumsprinzips von Flächen und Körpern zu entwickeln, und regt gleichzeitig den Konflikt sowohl mit linearen Fehlvorstellungen als auch oberflächlichen linearen Übergeneralisierungen an (Vosniadou, 2007). Damit werden alle theoretisch angenommenen Gründe linearer Übergeneralisierungen adressiert.

Empirisch werden diese Annahmen durch die in Abschnitt 7.6 beschriebenen Studien zum Einsatz metakognitiver Scaffolds von De Bock et al. (2002), Theodoulou et al. (2005) und Pavlin-Bernardić und Mateša (2012) sowie durch die Ergebnisse des in Abschnitt 2.4.4 ausführlich beschriebenen Unterrichtsexperiments von Van Dooren et al. (2004 a) gestützt, die übereinstimmend Leistungszuwächse bei der Lösung nicht linearer Geometrieprobleme zeigten.

Vor diesem Hintergrund wird angenommen, dass Lernende nach der Arbeit mit der visualisierungszentrierten Lernumgebung eine höhere Leistung bei der Lösung nicht linearer Geometrieprobleme zeigen als eine Kontrollgruppe (H 8.1) und seltener lineare Übergeneralisierungen anwenden (H 8.2).

Im Vergleich zu nicht linearen Geometrieproblemen erzielen Lernende bei der Lösung linearer Geometrieprobleme (Längenverhältnisse beim Skalieren betreffend) in der Regel eine signifikant bessere Leistung (De Bock et al., 2002b; De Bock et al., 1998; De Bock et al., 2003; Svanteson & Kullberg, 2020). Wie in Abschnitt 2.4.3 erläutert, zeigte sich in Studien mit erfolgreichen Interventionen zur Verminderung linearer Übergeneralisierungen jedoch ein negativer Transfereffekt auf die Leistung linearer Geometrieprobleme: Lernende fingen an, auch diese mit nicht linearen Lösungsstrategien zu lösen. Dieses Phänomen, im Folgenden auch als *nicht lineare Übergeneralisierungen* bezeichnet, wurde durch ein nicht gefestigtes konzeptuelles Verständnis geometrischer Skalierungen erklärt (siehe Abschnitt 2.4.5). Die vorliegende Intervention betreffend lassen sich hierzu folgende Hypothesen formulieren, bei denen es sich um sogenannte Stabilitätshypothesen handelt.[1]

[1] Der Begriff „Stabilitätshypothese" wird hier im Sinne der Interventionsforschung verwendet, um Hypothesen zu beschreiben, bei denen von der Erhaltung einer Leistung oder Kompetenz ausgegangen wird – insbesondere unter der Annahme, dass eine gezielte Förderung in einem Bereich nicht zu Nebenwirkungen in angrenzenden Kompetenzfeldern führt (Helmke, 2012; Weinert, 2001).

H 8.3:
Lernende, die mit der visualisierungszentrierten Lernumgebung arbeiten, erzielen bei der Lösung linearer Geometrieprobleme eine vergleichbare Leistung wie Lernende einer Kontrollgruppe.

H 8.4:
Lernende, die mit der visualisierungszentrierten Lernumgebung arbeiten, wenden bei linearen Geometrieproblemen nicht häufiger nicht lineare Lösungsstrategien an als Lernende einer Kontrollgruppe.

Auch diese Annahmen lassen sich theoretisch mit der Conceptual Change Theory in Kombination mit dem von Modestou und Gagatsis (2010) vorgeschlagenen Modell des proportionalen Denkens sowie den Wirkmechanismen statischer und dynamischer Visualisierungen begründen. Konzeptueller Wandel bedeutet wie in Abschnitt 2.4.5 erläutert nicht die Ersetzung bestehender Vorstellungen, sondern ihre Erweiterung und Differenzierung. Im Kontext linearer und nicht linearer Geometrieprobleme schließt dies nicht nur das Verständnis nicht linearer Zusammenhänge beim Skalieren von Flächen und Körpern ein, sondern auch das explizite Verstehen linearer Zusammenhänge beim Skalieren von Längen und die Fähigkeit, zwischen linearen und nicht linearen Beziehungen zu unterscheiden (Modestou & Gagatsis, 2010). Diese Differenzierungsfähigkeit wird in der visualisierungszentrierten Lernumgebung adressiert, indem unter Nutzung statischer und dynamischer Visualisierungen lineare, quadratische und kubische Skalierungsprozesse unmittelbar gegenübergestellt werden. Damit soll der Übertragung linearer Übergeneralisierungen vorgebeugt werden, die Van Dooren et al. (2004 a) mit einer fehlenden expliziten Unterscheidung zwischen linearen und nicht linearen Relationen in Verbindung brachten. Wenn auch empirische Belege bisher fehlen, wird daher angenommen, dass Lernende, die mit der visualisierungszentrierten Lernumgebung arbeiten, bei linearen Geometrieproblemen eine vergleichbare Leistung erzielen wie Lernende der Kontrollgruppe (H 8.3) und nicht häufiger nicht lineare Lösungsstrategien anwenden (H 8.4).

Während die bisherigen Hypothesen 8.1 bis 8.4 differenziert die Leistung bei der Lösung nicht linearer bzw. linearer Geometrieprobleme adressieren, fokussiert die letzte Hypothese die Gesamtleistung.

H 8.5:
Lernende, die mit der visualisierungszentrierten Lernumgebung arbeiten, erzielen insgesamt eine höhere Leistung bei der Lösung linearer und nicht linearer Geometrieprobleme als Lernende der Kontrollgruppe.

Damit wird geprüft, ob sich durch die Arbeit mit dem visualisierungszentrierten Lernpfad eine verbesserte Gesamtleistung verglichen mit der Kontrollgruppe zeigt. Eine zusammenfassende Betrachtung der Gesamtleistung erlaubt es, zu beurteilen, ob sich eventuelle positive und negative Wirkungen gegenseitig aufheben oder verstärken. Zugleich knüpft eine solche Gesamtbetrachtung an frühere Studien an (vgl. z. B. De Bock et al., 2007; Van Dooren et al., 2004 a) Die Hypothese zur Gesamtleistung ergibt sich aus der Verbindung der in den Hypothesen 8.1 bis 8.4 formulierten Annahmen. Eine insgesamt höhere Gesamtleistung erscheint dabei theoretisch plausibel, weil die visualisierungszentrierte Lernumgebung durch die gezielte Kombination statischer und dynamischer Visualisierungen sowie die gezielte Gegenüberstellung linearer und nicht linearer Relationen ein integriertes Verständnis geometrischer Skalierungszusammenhänge fördert.

11.2 Methode

11.2.1 Untersuchungsansatz

Die Studie wurde als experimentelle Interventionsstudie im Feldsetting mit posttest-only Kontrollgruppendesign durchgeführt (Döring, 2023). Die Randomisierung erfolgte auf Individualebene innerhalb der Klassen. Ziel war es, die in Abschnitt 11.1 formulierten Hypothesen zur Wirkung einer visualisierungszentrierten Lernumgebung zur Vermittlung des Wachstumsprinzips bei geometrischen Skalierungen auf die Problemlöseleistung empirisch zu überprüfen. Zur Kontrolle potenzieller Ausgangsunterschiede zwischen den Gruppen wurden vor der Intervention lern- und motivationsbezogene Merkmale erhoben; die Leistungserhebung erfolgte jedoch ausschließlich im Posttest, um Testungseffekte zu vermeiden (Richland et al., 2009; Schnell et al., 2011).

11.2.2 Stichprobe

An der Studie nahmen ursprünglich $N = 340$ Schülerinnen und Schüler der Jahrgangsstufen 9 und 10 aus insgesamt fünf weiterführenden Schulen in Nordrhein-Westfalen (Münsterland und Ruhrgebiet) teil. Bei den Schulen handelte es sich um zwei Gymnasien, zwei Sekundarschulen und eine Gesamtschule. Die Rekrutierung der Schulen erfolgte durch fünf Masterarbeitskandidatinnen im

Rahmen ihrer Abschlussarbeiten. Die Lernenden stammen aus insgesamt 14 Klassen bzw. Kursen; fünf aus der Jahrgangsstufe 9 und neun aus der Jahrgangsstufe 10. Die Kurse der Sekundarschulen und der Gesamtschule waren jeweils sogenannte Erweiterungskurse (E-Kurse), die in Nordrhein-Westfalen dem höheren Anforderungsniveau zugeordnet sind. Im Rahmen der Datenaufbereitung wurden $N = 34$ Fälle ausgeschlossen, da keine Teilnahme am Abschlusstest vorlag oder – im Fall der Experimentalgruppe – keine Teilnahme an der geplanten Intervention erfolgte. Die resultierende Stichprobe umfasst $N = 306$ Schülerinnen und Schüler, von denen 154 (50,3 %) der Experimentalgruppe und 152 (49,7 %) der Kontrollgruppe zugeordnet waren. 135 (44,1 %) der Schülerinnen und Schüler besuchten ein Gymnasium, 83 (27,1 %) eine Gesamtschule und 84 (27,5 %) eine Sekundarschule. 4 Lernende (1,3 %) machten keine Angabe zur Schulform. Bezogen auf die Jahrgangsstufen entfielen $n = 108$ (35,3 %) auf die 9. Klasse und $n = 194$ (62,4 %) auf die 10. Klasse. 4 Schülerinnen und Schüler (1,3 %) machten keine Angabe zur Jahrgangsstufe. Das durchschnittliche Alter der Lernenden betrug $M = 15{,}37$ Jahre ($SD = 0{,}76$ Jahre). Die Geschlechterverteilung zeigte sich mit 159 (52,0 %) Mädchen, 138 (45,1 %) Jungen sowie 3 (1,0 %) diversen Personen bei 6 (1,9 %) fehlenden Angaben weitgehend ausgewogen. Die durchschnittliche letzte Zeugnisnote in Mathematik betrug $M = 2{,}74$ ($SD = 1{,}08$).

11.2.3 Untersuchungsdesign

Im Folgenden wird die konkrete Durchführung der Intervention sowie der Ablauf der Datenerhebung beschrieben.

11.2.3.1 Intervention (EG) und Kontrollbedingung (KG)

Die Intervention basierte auf einer visualisierungszentrierten digitalen Lernumgebung, die im Rahmen dieser Arbeit entwickelt wurde, um das Verständnis linearer, quadratischer und kubischer Skalierungszusammenhänge, also des Wachstumsprinzips von Längen, Flächen und Körper beim Skalieren zu fördern. Zur Beschreibung dieser Intervention ist es notwendig, zunächst die Bestandteile dieses zentralen Begriffs zu klären. Weit gefasst sind Lernumgebungen „im Prinzip alles, was den Lernenden von außen instruiert“ (Barzel, 2005, S. 30). Digitale Lernumgebungen bezeichnen in diesem Sinne den medial unterstützten Teil einer didaktisch aufbereiteten Lernumgebung. Konkret wurde diese Lernumgebung durch einen sogenannten Lernpfad realisiert, also eine internetbasierte Lernumgebung, die mit einer Sequenz von aufeinander abgestimmten Arbeitsaufträgen strukturierte Pfade durch interaktive Materialien wie beispielsweise Applets anbietet, auf denen Lernende handlungsorientiert, selbtständig, eigenverantwortlich und zielorientiert arbeiten (Roth, 2015). Durch individuell abrufbare Hilfen, Ergebniskontrollen und Aufforderungen zum Formulieren von Vermutungen, Experimentieren, Argumentieren sowie Reflektieren wird die eigenverantwortliche Auseinandersetzung mit den Inhalten gefördert (Roth, 2015). Für die vorliegende Untersuchung wurde ein wiki-basierter Lernpfad entwickelt, um die Vorteile dieser Form zu nutzen: eine hohe Anpassbarkeit an Lerngruppen, eine einfache technische Umsetzung im Lehralltag und vor allem die Möglichkeit der Integration interaktiver Elemente wie GeoGebra-Applets (Roth, 2015). Visualisierungszentriert bedeutet wie bereits in Abschnitt 11.1 angedeutet, dass die Erarbeitung der zentralen Inhalte maßgeblich durch Visualisierungen unterstützt wird – hier konkret durch eine Kombination aus statischen und dynamischen (interaktiven) Darstellungen. Die dynamischen Elemente wurden mit Hilfe interaktiver GeoGebra-Applets umgesetzt. Diese Applets ermöglichen nicht nur die dynamische Visualisierung mathematischer Zusammenhänge wie des Längen-, Flächen- und Volumenwachstums, sondern auch die gezielte Variation zentraler Parameter und eine individuelle Steuerung des Arbeitstempos durch die Lernenden, die zur aktiven Auseinandersetzung mit den Inhalten angeregt werden (Greefrath, 2024). Damit werden zentrale Bedingungen für das Lernen mit dynamischen Visualisierungen adressiert (siehe Abschnitt 7.2).

Der Lernpfad der Experimentalgruppe umfasste vier linear zu bearbeitende thematische Kapitel mit einer Gesamtbearbeitungsdauer von etwa drei Unterrichtsstunden à 45 Minuten.

1. Eigenschaften ähnlicher Figuren (Längen, Winkel, Seitenverhältnisse) und Skalierung von Längen,
2. Flächenwachstum beim Skalieren,
3. Volumenwachstum beim Skalieren und
4. Sprinteraufgaben zur vertieften Anwendung.

Die ersten drei Kapitel dienten der Erarbeitung der zentralen Inhalte, mit dem vierten Kapitel sollten unterschiedliche Bearbeitungsgeschwindigkeiten aufgefangen werden. Die Inhalte wurden auf Basis fachdidaktischer Literatur, der in Kapitel 7 dargestellten empirischen Befunde zum multimedialen Lernen sowie der Kernlehrpläne des Landes NRW und dem Lehrwerk *Mathewerkstatt* (Barzel et al., 2016) konzipiert. Aus diesem Lehrwerk wurden vor allem die anschaulich aktivierende Einführung zentraler Begriffe und die enge Verknüpfung von Materialerfahrung und Visualisierung übernommen. Inhaltlich orientierte sich die Konzeption zudem an der Interventionsstudie von Van Dooren et al.

(2004 a), insbesondere an der systematischen, spiralförmigen Erarbeitung der Eigenschaften ähnlicher Figuren und Körper sowie von Längen-, Flächen- und Volumenwachstum.

Jedes der drei ersten Kapitel begann mit einer kontextbezogenen Einführung (Filmkulissen); die Erarbeitung der zentralen Inhalte erfolgte im Rahmen farblich als solche gekennzeichneten Erarbeitungsaufgaben mit Hilfe von statischen und dynamischen Visualisierungen; die dynamischen Visualisierungen wurden mit Hilfe interaktiver GeoGebra-Applets umgesetzt, die skalierungsbedingte Veränderungen geometrischer Objekte in Länge, Fläche und Volumen schrittweise und nutzergesteuert veranschaulichten (siehe Abbildung 11.1). Die Gestaltung dieser multimedialen Erarbeitungsaufgaben erfolgte unter Berücksichtigung der in Abschnitt 7.3 dargestellten empirischen Befunde zum Lernen mit statischen und dynamischen Visualisierungen. Dynamische, interaktive Visualisierungen wurden gezielt eingesetzt, um kognitive Entlastung zu ermöglichen und explorative Entdeckungsprozesse zu unterstützen, während statische Darstellungen die mentale Animation und den Transfer auf andere Formen und Dimensionen fördern sollten.

Dabei wurde das Wachstumsprinzip von Flächen und Körpern beim Skalieren systematisch aufgebaut: Ausgehend vom Quadrat wurden die Zusammenhänge zunächst durch das Auslegen mit Einheitsquadraten, anschließend durch die Rasterung beliebiger Quadrate sowie die Übertragung auf Rechtecke und krummlinige Flächen verallgemeinert. Kapitel 3 übertrug dieses Vorgehen analog in den dreidimensionalen Raum. Diese Erarbeitungsaufgaben wurden im Sinne der Conceptual-Change-Theory durch einführende Texte, Merksätze, Übungsaufgaben und Reflexionsphasen ergänzt. Für alle Erarbeitungs- und Übungsaufgaben standen einblendbare Tipps und Lösungen zur Verfügung.[2] Die Intervention umfasste zudem ein analoges Begleitheft, das die Arbeit im Lernpfad zusätzlich strukturierte und die schriftliche Dokumentation zentraler Inhalte verpflichtend vorsah. Hierdurch sollte der Gefahr vorgebeugt werden, dass Lernende in digitalen Lernumgebungen die angebotenen Inhalte und insbesondere die dynamischen Visualisierungen zu oberflächlich und zu wenig zielgerichtet verarbeiten (vgl. De Vries, 2021; Gerjets & Kirschner, 2009; Roth, 2015).

[2] Der Lernpfad der Experimentalgruppe ist unter Jule Volbers/Studie – ZUM Projektwiki abrufbar.

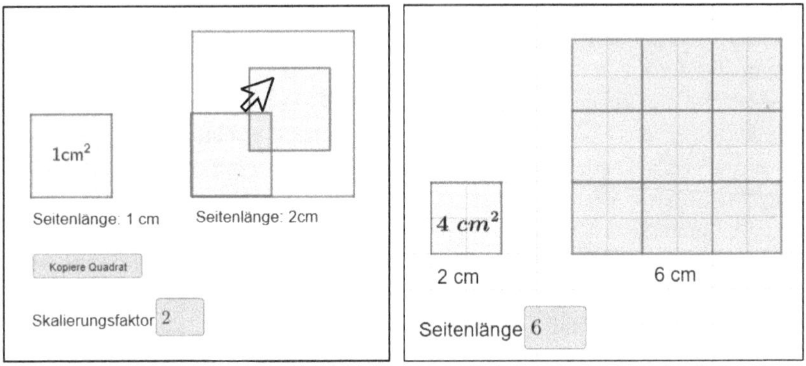

Abbildung 11.1 Beispiele für interaktive GeoGebra-Applets des Lernpfads. (Eigene Darstellung, erstellt mit GeoGebra Classic)

Kontrollgruppe

Die Kontrollgruppe bearbeitete einen thematisch unabhängigen Lernpfad zum Thema „Terme und Variablen". Dieser Lernpfad war hinsichtlich des Aufbaus und Umfangs identisch mit dem der Experimentalgruppe. Er umfasste vier Kapitel mit einer Gesamtbearbeitungszeit von etwa drei Unterrichtsstunden à 45 Minuten, enthielt vergleichbare Aufgabenformate sowie ein analoges Begleitheft zur Dokumentation der Arbeitsschritte.[3] Der Lernpfad der Kontrollgruppe hatte keine Bezüge zu geometrischen Skalierungszusammenhängen und enthielt keine dynamischen Skalierungen; grafische Elemente beschränkten sich auf einfache statische Darstellungen zur Verdeutlichung algebraischer Strukturen (z. B. bei Termumformungen), dienten jedoch nicht der Visualisierung räumlich-geometrischer Prozesse. Durch diese Gestaltung war sichergestellt, dass Umfang, Arbeitsweise und mediale Einbettung der Kontrollbedingung der Experimentalgruppe entsprachen, während das zentrale Interventionsmerkmal, die Vermittlung geometrischer Skalierungszusammenhänge durch statische und dynamische Visualisierungen, in der Kontrollgruppe nicht adressiert wurde. Damit können beobachtete Unterschiede zwischen den Gruppen eindeutig auf die Intervention zurückgeführt werden.

[3] Der Lernpfad der Kontrollgruppe ist unter Jule Volbers/Studie2–ZUM Projektwiki abrufbar.

11.2.3.2 Ablauf der Erhebung

Vor der Haupterhebung wurde im Juni 2022 im Rahmen einer Masterarbeit eine Pilotstudie mit 44 Schülerinnen und Schülern einer zehnten Klasse einer Oberschule in Niedersachsen durchgeführt, um die Eignung des Lernpfads und des analogen Begleitheftes der Experimentalgruppe sowie den Ablauf der Intervention und die Eignung der Instruktion der Untersuchungsleitung zu prüfen. Dies führte zu kleineren Anpassungen an den Aufgabenformulierungen des Lernpfads und dem Design des Begleitheftes.

Die eigentliche Datenerhebung fand im Zeitraum von Mai 2023 bis Juni 2024 statt. Die Durchführung der Erhebungen wurde durch insgesamt fünf Masterarbeitskandidatinnen übernommen, die im Vorfeld detailliert eingewiesen und in der standardisierten Durchführung geschult wurden. Die Durchführung gliederte sich in drei aufeinanderfolgende Phasen.

1. Prätest (ca. 30 Minuten):
   Einige Tage vor der Intervention füllten die Teilnehmenden einen Fragebogen zur Erfassung soziodemografischer Daten sowie zu Kompetenzen des selbstgesteuerten Lernens, des Interesses und der Selbstwirksamkeitserwartung aus.
2. Intervention (Bearbeitung der Lernpfade):
   Die Bearbeitung der Lernpfade erfolgte über zwei Einheiten mit einer Gesamtzeit von 120 Minuten. Je nach schulischen Gegebenheiten wurden diese im Rahmen eines Projekttages oder an zwei kurz aufeinanderfolgenden Tagen organisiert. Die Bearbeitungszeit wurde an die schulischen Rahmenbedingungen angepasst und die Einheiten entweder im Rahmen von zwei Doppelstunden (90 Minuten), einer Kombination aus Einzel- und Doppelstunde (60/120 Minuten) oder als Projekttag organisiert. Es wurde auf größtmögliche Vergleichbarkeit der Bedingungen im Rahmen einer standardisierten Durchführung geachtet. Nach zufälliger Zuweisung zur Experimental- oder Kontrollgruppe bearbeiteten die Lernenden nach einer kurzen Einführung einen der beiden digital über das Portal www.projekte.zum.de/wiki bereitgestellten Lernpfade. Parallel führten die Teilnehmenden ein analoges Begleitheft zur Dokumentation zentraler Inhalte und füllten am Ende jeder Einheit eine Kurzbefragung aus.
3. Posttest (Abschlusstest):
   Im Anschluss an die Arbeit mit dem Lernpfad bearbeiteten die Lernenden den Abschlusstest mit insgesamt neun Geometrieproblemen, von denen drei lineare

und sechs nicht lineare Zusammenhänge adressierten. Die Probleme unterschieden sich hinsichtlich Form (z. B. quadratisch, kreisförmig, unregelmäßig) und Dimension (Längen-, Flächen- und Volumeninhalte).

11.2.4 Messinstrumente

Zur Beantwortung der Forschungsfrage sowie zur Überprüfung der Hypothesen kamen drei Instrumente zum Einsatz: ein Prätest zur Randomisierungskontrolle, der Bearbeitungsgrad der Begleithefte (nur Experimentalgruppe) zur Treatmentkontrolle und der Posttest als Leistungstest.[4]

Fragebogen zur Randomisierungskontrolle (Prätest)
Der vor Beginn der Intervention eingesetzte Fragebogen umfasste 45 Items, die Kompetenzen des selbstgesteuerten Lernens, des mathematischen Interesses und der Selbstwirksamkeitserwartung erfassten. Die Skalen wurden dem Handbuch des MulTiMa-Projekts (MULTIMA-Team, Unveröffentlichtes Manuskript/2011) entnommen. Dieses basiert auf validierten Skalen etablierter Instrumente der empirischen Bildungsforschung (u. a. Pekrun et al., 2003; Rakoczy et al., 2005; Wild & Schiefele, 1994). Berücksichtigt wurden zunächst kognitive, metakognitive und ressourcenbezogene Lernstrategien als zentrale Komponenten selbstgesteuerten Lernens (Roth, 2015; Zimmerman, 2000). Die kognitiven Lernstrategien setzen sich aus den Subskalen Wiederholungsstrategien, Elaborationsstrategien und Organisationsstrategien zusammen. Sie beschreiben Strategien der Informationsverarbeitung, die dem Einprägen, der Verknüpfung und der Strukturierung von Lerninhalten dienen (Pekrun et al., 2003; Rakoczy et al., 2005; Wild & Schiefele, 1994). Die metakognitiven Lernstrategien umfassen die Subskalen Kontrolle/Regulation und Planen. Sie beschreiben die Fähigkeit, den eigenen Lernprozess zu planen, zu überwachen und zu regulieren (Rakoczy et al., 2005). Die ressourcenbezogenen Lernstrategien wurden mit Hilfe der Skala Anstrengung Mathematik erhoben, die die Bereitschaft beschreibt, den eigenen Arbeitseinsatz auch bei anspruchsvollen Aufgaben und auftretenden Schwierigkeiten aufrechtzuerhalten und Leistungsziele beharrlich zu verfolgen (Pekrun et al., 2003). Darüber hinaus wurden Interesse und Selbstwirksamkeit als motivationale Einflussfaktoren erfasst, die nach gängigen Modellen selbstregulierten Lernens eine wichtige Rolle für die Initiierung und

[4] Weitere im Rahmen der Erhebung einsetzte Instrumente, insbesondere die Kurzbefragungen im Anschluss an die Lernpfadeinheiten, sind für vertiefende Auswertungen vorgesehen und fließen nicht in die hier berichteten Analysen ein.

Aufrechterhaltung selbstgesteuerter Lernprozesse spielen (Bandura, 1997; Krapp, 1992; Zimmerman, 2000). Das Interesse an Mathematik wurde durch die Subskalen Sachinteresse, also das langfristige Interesse an mathematischen Inhalten und Konzepten, und Fachinteresse, also das Interesse am Unterrichtsfach Mathematik, erfasst (Krapp, 2002; Pekrun et al., 2003). Die Skala Selbstwirksamkeit Mathematik (Bandura, 1997; Pekrun et al., 2003) beschreibt die Überzeugung, mathematische Aufgaben auch bei Schwierigkeiten erfolgreich bearbeiten zu können. Sie spiegelt das Vertrauen in die eigene Fähigkeit wider, mathematische Lernanforderungen erfolgreich bewältigen zu können. Insgesamt können die Variablen als wesentliche Voraussetzungen für erfolgreiches Lernen mit Lernpfaden gesehen werden, da diese eine aktive Steuerung des Lernprozesses, den reflektierten Einsatz geeigneter Lernstrategien sowie eine hohe Eigenverantwortung und Selbstmotivation erfordern (Roth, 2015).

Die Beantwortung der Prätest-Fragen erfolgte auf einer fünfstufigen Likert-Skala von 1 (= „Stimmt gar nicht") bis 5 (= „Stimmt genau"). Die internen Konsistenzen der Skalen (Cronbachs α) werden in Abschnitt 11.3 berichtet. Zusätzlich wurden soziodemographische Angaben (Alter, Geschlecht, letzte Zeugnisnote in Mathematik) erhoben. Für die Auswertung wurden die Mittelwerte über die einzelnen Skalen gebildet: *kognitiv_m* (kognitive Lernstrategien), *metakognitiv_m* (metakognitive Lernstrategien), r*essourcen_m* (ressourcenbezogene Lernstrategien), *interesse_m* (Interesse) und *selbstwirksamkeit_m* (Selbstwirksamkeit). Diese Skalenmittelwerte sowie die letzte Zeugnisnote Mathematik dienten der Überprüfung potenzieller Ausgangsunterschiede zwischen Experimental- und Kontrollgruppe.

Bearbeitungsgrad der Begleithefte

Für die Experimentalgruppe wurde zusätzlich der Bearbeitungsgrad der analogen Begleithefte als grober Indikator für die aktive Auseinandersetzung mit der digitalen Lernumgebung erhoben. Für jede Aufgabe wurde der Bearbeitungsstand auf Basis der Informationen der Begleithefte dichotom erfasst (1 = bearbeitet, 0 = nicht bearbeitet). In Einzelfällen wurde der Wert 99 (fehlend) vergeben, wenn aufgrund anderer Eintragungen im Begleitheft (z. B. subjektive Schwierigkeitseinschätzung) plausibel war, dass die Aufgabe bearbeitet wurde, das Bearbeitungskreuz jedoch fehlte. Der Umgang mit diesen Fällen wird in Abschnitt 11.2.5 erläutert.

Zur Auswertung wurde die Mittelwertvariablen *be_k* und *be_p* gebildet, die den durchschnittlichen Bearbeitungsgrad über alle Aufgaben bzw. über die minimal zu bearbeitenden Aufgaben (siehe Abschnitt 11.2.3.1 zur Konzeption des Lernpfades) abbildet. Beide Kennwerte dienten als Maß für die Treatmentkontrolle (siehe 11.2.6).

Posttest
Die Leistungsüberprüfung erfolgte durch einen Abschlusstest, der auf etablierten Aufgabenformaten von De Bock et al. (2003) basiert (siehe Tabelle 7.1), jedoch für die vorliegende Untersuchung erweitert und angepasst wurde. Der Test umfasst neun skalierungsbezogene Geometrieprobleme, davon drei zu Längen (lineare Probleme) sowie je drei zu Flächen und Körpern (nicht lineare Probleme). Innerhalb jeder Problemkategorie (Längen-, Flächen- und Volumenprobleme) wurde je ein gradliniges, ein krummliniges und ein unregelmäßiges geometrisches Objekt verwendet. Die in der Studie von De Bock et al. (2003) verwendeten Probleme wurden im Kontext des Museums „Gullivers Welt"[5] so umformuliert, dass die Lernenden jeweils Länge, Flächeninhalt oder Volumen eines vergrößerten geometrischen Objekts bestimmen mussten anstelle der ursprünglich geforderten Verkleinerung. Damit sollte eine bessere Anschlussfähigkeit an die Lernmaterialien der Intervention erreicht werden. Der Posttest wurde als Papierformat ausgegeben und unmittelbar nach Abschluss der Lernpfade bearbeitet.

Die Kodierung der Posttestlösungen erfolgte analog zu Studie 1 auf Basis des dort deduktiv-induktiv entwickelten Kategoriensystems, das Korrektheit und Lösungsweg differenziert erfasste. Für die Korrektheit der Lösungen wurde die Kodierung von Studie 1 unverändert übernommen. Das Kategoriensystem zur Erfassung der Lösungswege wurde inhaltlich den im Posttest verwendeten Problemtypen angepasst. Für lineare Aufgaben (Proportionalitätsprobleme) wurden deduktiv vier Kategorien unterschieden: Erstens Anwendung des (linearen) Skalierungsfaktors, zweitens Multiplikation mit einem nicht linearen (quadratischen oder kubischen) Skalierungsfaktor, drittens sonstige Lösungswege und viertens fehlender Lösungsweg. Bei Flächen- und Volumenproblemen (nicht lineare Probleme) wurde analog zwischen erstens der Anwendung des Skalierungsfaktors (quadratisch oder kubisch), zweitens linearen Übergeneralisierungen, drittens sonstigen Lösungswegen sowie viertens einem fehlenden Lösungsweg unterschieden; bei gradlinigen und krummlinigen Flächen bzw. Körpern wurde zusätzlich die Anwendung der Formel kodiert. Induktiv erfolgte eine Erweiterung für den Fall, dass Lernende statt der Multiplikation die Division anwendeten. Hier wurde kontextabhängig zwischen ansonsten korrekter Strategie (Division durch den linearen Faktor bei linearen Problemen bzw. durch den quadratischen oder kubischen Faktor bei nicht linearen Problemen) sowie entsprechenden Übergeneralisierungen unterschieden.

Zwar wurden die Lösungswege für künftige vertiefende Untersuchungen detailliert erfasst; in die inferenzstatistischen Analysen der vorliegenden Arbeit flossen

[5] Dieses Museum ist ein real existierendes Ausstellungsmuseum in Pudagla auf der Insel Usedom.

jedoch nur die Variablen ein, die für die Beantwortung der Forschungsfrage und zur Überprüfung der Hypothesen relevant waren: Diese umfassten die Leistung (lineare Probleme, nicht lineare Probleme und die Gesamtleistung) sowie lineare und nicht lineare Übergeneralisierungen. Für die Leistungsvariablen wurde wie in Studie 1 eine dichotome Variable gebildet (1 = richtig, 0 = falsch/fehlend); daraus wurden Mittelwerte berechnet für die Gesamtleistung (mw_ges) sowie für lineare Probleme (*mw_lin*) und nicht lineare Probleme (*mw_nlin*). Für die linearen und die nicht linearen Übergeneralisierungen wurden ebenfalls dichotome Variable kodiert (1 = lineare bzw. nichtlineare Übergeneralisierung, 0 = keine Übergeneralisierung), wobei nicht berücksichtigt wurde, ob diese im Rahmen einer Multiplikation oder Division erfolgte. Weiter wurden entsprechende Mittelwerte gebildet für die Zahl linearer Übergeneralisierungen bei nicht linearen Problemen (*mw_linug*) sowie für nicht lineare Übergeneralisierungen bei linearen Problemen (*mw_nlinug*).

11.2.5 Datenaufbereitung

Die im Rahmen der Erhebung gewonnenen Daten aus Prätest, Begleitheft und Posttest wurden vollständig in IBM SPSS Statistics (Version 29.0) erfasst. Den drei Erhebungszeiträumen entsprechend lagen zunächst drei separate Datendateien vor, die im Anschluss zu einem Gesamtdatensatz zusammengeführt wurden. Da die Variablennamen sowie die Bezeichnungen der Schulformen und Schulen einheitlich vergeben waren, mussten vor der Zusammenführung lediglich die Kurs- bzw. Klassenbezeichnungen harmonisiert werden. Nach dem Zusammenführen wurden doppelte Fälle identischer Codes (zur Zuordnung von Prätest-, Begleitheft- und Posttestdaten), die aufgrund der Zusammenführung auftraten, manuell überprüft und korrigiert; zudem wurde der Datensatz auf Vollständigkeit geprüft.

Anschließend erfolgte die Bereinigung der Stichprobe anhand der definierten Ausschlusskriterien: Die Datensätze von Lernenden wurden von der weiteren Analyse ausgeschlossen, wenn der Posttest fehlte oder im Falle der Zugehörigkeit zur Experimentalgruppe keine Teilnahme an der Intervention erfolgt war. Da der Prätest ausschließlich der Kontrolle der Randomisierung diente, wurden auch Lernende berücksichtigt, die am Prätest nicht teilgenommen oder einzelne Items ausgelassen hatten, sofern sie an der Intervention (Experimentalgruppe) und am Abschlusstest teilgenommen hatten.

Aufgrund der Ausschlusskriterien und der Kodierregeln traten fehlende Werte nur im Prätest sowie im analogen Begleitheft der Experimentalgruppe auf. Im Folgenden wird der Umgang mit diesen fehlenden Werten erläutert.

Im Prätest lagen fehlende Werte im eigentlichen Sinne vor, das heißt, dass einzelne Items nicht beantwortet wurden. Eine Überprüfung der fehlenden Werte zeigte, dass der Anteil itembezogen zwischen 1,3 % und 3,9 % lag und kein systematisches Fehlmuster erkennbar war. Somit können die Werte als zufällig fehlend (MCAR) eingestuft werden (Bortz & Schuster, 2010). Für die Analysen zur Kontrolle der Randomisierung wurde daher ein listenweiser Fallausschluss vorgenommen. Dieses Vorgehen ist bei geringem Fehlumfang und zufälligem Fehlen der Daten methodisch vertretbar und führt nicht zu systematischen Verzerrungen (Bortz & Schuster, 2010; Döring, 2023).

In den analogen Begleitheften der Experimentalgruppe hingegen wurde der Wert 99 für eine fehlende Angabe vergeben, wenn aufgrund anderer Eintragungen im Begleitheft – etwa ausgefüllter Aufgabenbestandteile oder einer subjektiven Schwierigkeitseinschätzung – plausibel war, dass eine Aufgabe bearbeitet worden war, das entsprechende Bearbeitungskreuz jedoch fehlte[6]. Da diese Fälle vermutlich als formale Unvollständigkeit zu interpretieren sind, wurden sie gesondert behandelt: Für den Bearbeitungsindex wurden zwei Varianten berechnet: Erstens eine strikte Variante, in der 99 als fehlend behandelt wurde, sowie zweitens eine großzügige Variante, in der 99 als bearbeitet (1) kodiert wurde.

Anschließend erfolgte die Berechnung aller in Abschnitt Messinstrumente beschriebenen Variablen zu Skalen-, Bearbeitungs- und Leistungskennwerten. Diese Kennwerte bildeten unter Berücksichtigung des jeweils gewählten Umgangs mit den fehlenden bzw. formal unvollständigen Angaben die Grundlage für die nachfolgenden Analysen.

11.2.6 Auswertungsmethoden

Die Auswertung erfolgte erstens zur Untersuchung auf potenzielle Ausgangsunterschiede (Prätest), zweitens zur quantitativen Erfassung des Bearbeitungsgrads des Begleithefts zur weiteren Treatmentkontrolle und drittens zur Beantwortung der Forschungsfrage 8 sowie der zugehörigen Hypothesen zur Wirksamkeit der Intervention.

Auswertung des Fragebogens zur Randomisierungskontrolle

Zur Überprüfung potenzieller Ausgangsunterschiede wurden die Mittelwerte über die jeweiligen Skalen (kognitive Lernstrategien, metakognitive Lernstrategien,

[6] Lag hingegen weder eine Markierung noch ein anderer Hinweis auf eine Bearbeitung vor, wurde die Aufgabe als nicht bearbeitet und entsprechend mit 0 kodiert.

ressourcenbezogene Lernstrategien, Interesse und Selbstwirksamkeit) gebildet. Zusätzlich wurde die letzte Zeugnisnote im Fach Mathematik als Indikator für die fachliche Vorleistung berücksichtigt. Die internen Konsistenzen der Skalen wurden gesondert geprüft (11.3). Der Gruppenvergleich der Skalen erfolgte mit Hilfe einer multivariaten Varianzanalyse (MANOVA), wobei die Skalenmittelwerte als abhängige und die Gruppen (EG, KG) als unabhängige Variable berücksichtigt wurden. Die Mathematiknote wurde in die multivariate Analyse nicht einbezogen, da sie als schulische Leistungsbewertung eine andere Skalenebene und Verteilungsstruktur aufweist als die Fragebogenskalen. Stattdessen wurde sie ergänzend mit einem t-Test für unabhängige Stichproben auf Gruppenunterschiede überprüft, da bei der in Deutschland üblichen Notenskala trotz ihrer formalen Ordinalität in der Forschung häufig von einer annähernden Intervallskalierung ausgegangen wird, die die Anwendung parametrischer Verfahren rechtfertigt (Bortz & Schuster, 2010; Döring, 2023). Effektstärken wurden in Form des partiellen Eta-Quadrats ($\eta^2{}_p$) berichtet. Die statistischen Voraussetzungen und der Umgang mit eventuellen Verletzungen wurden analog zum Vorgehen bei Forschungsfrage 2 (Studie 1, Abschnitt 9.2.6) überprüft und dokumentiert.

Bearbeitungsgrad der Aufgaben im Begleitheft zur Treatmentkontrolle

Zur Auswertung wurden wie in Abschnitt 11.2.4 beschrieben die Mittelwertvariablen be_k und be_p gebildet. Der Umgang mit formalen Fehlangaben (99) folgte den im Abschnitt zur Datenaufbereitung beschriebenen Kodierregeln; entsprechend wurden sowohl eine strikte (99 = fehlend) als auch eine großzügige Variante (99 = 1) des Bearbeitungsindexes berechnet und berücksichtigt.

Auswertung zur Beantwortung der Forschungsfrage und Überprüfung der Hypothesen Hypothese

Zur Analyse der Wirksamkeit der Intervention wurde analog zu Studie 1 eine multivariate Varianzanalyse (MANOVA) mit der Gruppenzugehörigkeit (EG und KG) als unabhängige Variable durchgeführt. Als abhängige Variablen gingen die fünf in Abschnitt 11.2.4 beschriebenen Variablen, nämlich die Mittelwerte über die Gesamtleistung, die Leistung bei der Lösung linearer sowie nicht linearer Probleme und die Zahl linearer sowie nicht linearer Übergeneralisierungen ein. Zur Interpretation signifikanter multivariater Effekte wurden univariate ANOVAs und gegebenenfalls Games-Howell-Tests als Post-hoc-Verfahren herangezogen. Das Signifikanzniveau wurde wieder auf $\alpha = .05$ festgelegt (siehe 9.2.6), die Effektstärken in Form des partiellen Eta-Quadrats ($\eta^2{}_p$) berichtet. Die Prüfung statistischer Voraussetzungen

(z. B. Normalverteilung, Varianzgleichheit, Homogenität der Varianz-Kovarianz-Matrizen) und der Umgang mit etwaigen Verletzungen erfolgten analog zur zweiten Studie (siehe Abschnitt 9.2.6). Dies wird aus Gründen der Redundanz hier nicht erneut ausführlich dargestellt.

11.3 Gütekriterien

Wie bereits in Kapitel 9 ausgeführt, erfolgt auch für Studie 3 die Bewertung von Objektivität, Reliabilität und Validität als klassische Gütekriterien quantitativer Forschung in Anlehnung an etablierte Kriterien der empirischen Bildungsforschung (Bortz & Schuster, 2010; Döring, 2023).

Objektivität
Die Durchführungsobjektivität war durch die standardisierten Abläufe und die Schulung der Masterarbeitskandidatinnen gewährleistet. Die Instruktionen zur Bearbeitung der Lernpfade und der Tests erfolgten einheitlich, ebenso waren die Rahmenbedingungen so weit wie möglich identisch (120 Minuten Bearbeitung, identische Materialien und Nutzung von Tablets). Die Auswertungsobjektivität wurde durch ein deduktiv entwickeltes Kodiermanual, eine dreifache Kodierung sowie eine sorgfältige Prüfung der Übereinstimmungen sichergestellt.

Reliabilität
Die Reliabilität der eingesetzten Erhebungsinstrumente wurde auf mehreren Ebenen geprüft.

Für die fünf über den Prätest erfassten Skalen zu kognitiven, metakognitiven und ressourcenbedingten Lernstrategien sowie Interesse und Selbstwirksamkeit wurden die internen Konsistenzen mittels Cronbachs Alpha berechnet. Die Werte lagen zwischen $\alpha = .768$ und $\alpha = .891$ und sind nach Döring (2023) als akzeptabel bis gut einzustufen.

Für den Leistungstest wurde die Reliabilität sowohl theoretisch als auch empirisch abgesichert. Die für den Leistungstest verwendeten Aufgaben orientierten sich – wie in Abschnitt 11.2.4 dargestellt – an bewährten und empirisch validierten Aufgabenformaten aus früheren Studien und wurden lediglich leicht angepasst. Zusätzlich wurde die interne Konsistenz des Tests für die vorliegende Stichprobe berechnet. Die Reliabilitätskoeffizienten nach Cronbachs lagen bei $\alpha = .92$ für den Gesamttest, $\alpha = .80$ für die linearen Probleme und $\alpha = .99$ für die nicht linearen

Probleme. Diese Werte weisen auf eine sehr hohe interne Konsistenz und damit auf eine hohe Zuverlässigkeit des Leistungstests hin.[7]

Neben der internen Konsistenz des Leistungstests wurde auch die Reliabilität des Kodierverfahrens überprüft. Die Kodierung der Leistungstests erfolgte anhand deduktiv entwickelter Kategorien (s. Abschnitt 11.3); sie wurde vollständig durch die Masterarbeitskandidatinnen durchgeführt und durch eine unabhängige Raterin geprüft. Die finale Kodierung und eine systematische Nachprüfung aller Fälle übernahm die Autorin nach dem Hinweis auf eine nachträglich erkannte Fehlstrategie. Die Interrater-Reliabilität wurde mit der Fleiss-Kappa-Statistik berechnet und lag zwischen $\kappa = .767$ und $\kappa = .982$, was gemäß Landis und Koch (1977) auf eine substanzielle bis fast perfekte Übereinstimmung hinweist.

Insgesamt belegen die berechneten Reliabilitätskennwerte sowie die hohe Interrater-Übereinstimmung eine sehr gute Zuverlässigkeit der eingesetzten Messinstrumente.

Validität

Die Konstruktvalidität des Prätests ergibt sich aus der theoretischen Fundierung der verwendeten Skalen, die aus validierten Fragebögen übernommen wurden und zentrale theoretische Dimensionen selbstgesteuerten Lernens abdecken (siehe 11.2.3). Sie wird durch die hohe interne Konsistenz der Subskalen auch in der vorliegenden Studie gestützt.

Hinsichtlich des Posttests ist von einer hohen Inhaltsvalidität auszugehen, da die Aufgabentheoriegeleitet konzipiert wurden und sich an empirisch bewährten Aufgabenformaten früherer Studien orientieren (siehe 11.2.3). Die Aufgaben fokussieren zentrale Aspekte des konzeptuellen Verständnisses geometrischer Skalierungen und berücksichtigen systematisch verschiedene Formen und Dimensionen.

Eine Überprüfung der Kriteriumsvalidität war im Rahmen der Feldstudie nicht möglich, da kein unabhängiges Außenkriterium (z. B. standardisierter Vergleichstest) erhoben wurde (vgl. Bortz & Schuster, 2017). Aufgrund der theoretischen Fundierung, der empirischen Bewährung der verwendeten Instrumente und der hohen Reliabilitätskennwerte kann jedoch von einer insgesamt hohen Validität der eingesetzten Messinstrumente ausgegangen werden.

[7] Cronbachs α wurde nur für die Leistungsvariablen berechnet, da Fehlstrategien keine homogene Itembasis bilden und nicht unabhängig von der Leistung sind.

11.4 Treatmentkontrolle

Die Sicherstellung einer möglichst hohen Treatmenttreue ist insbesondere in Feldstudien von zentraler Bedeutung, um die interne Validität der Ergebnisse zu gewährleisten (Döring, 2023). Im Rahmen der vorliegenden Studie erfolgte die Kontrolle der Umsetzung auf mehreren Ebenen, um sowohl die Einhaltung der vorgesehenen Abläufe als auch die inhaltliche Bearbeitung der Lernpfade zu überprüfen. Die Randomisierungskontrolle gewährleistete die Vergleichbarkeit der Gruppen zu Beginn der Studie (siehe Abschnitt 11.2.6), und die standardisierte Instruktion der Erhebenden sowie einheitliche Abläufe während der Durchführung sicherten die Konsistenz des Untersuchungssettings. Darüber hinaus wurde die tatsächliche Umsetzung der Intervention über mehrere Maßnahmen überprüft. Ursprünglich war eine engmaschigere Beobachtung der Lernenden zur genaueren Treatmentkontrolle über Bildschirmaufnahmen oder begleitende Beobachtung einzelner Lernender geplant. Von der Umsetzung der Bildschirmaufnahmen wurde für jede Schule bereits im Vorfeld abgesehen, da die Arbeit an den Lernpfaden ausschließlich auf Tablets erfolgte und eine kontinuierliche Aufzeichnung auf diesen Geräten technisch nicht zuverlässig realisierbar war. Die kontinuierliche Beobachtung einzelner Lernender wurde zu Beginn erprobt, jedoch nach dem ersten Erhebungszeitpunkt eingestellt, da sie sich als störend erwies. Stattdessen erfolgte die Treatmentkontrolle mittelsmehrerer indirekter und praxisnaher Maßnahmen: Erste Maßnahme war eine (allgemeine) Beobachtung der Lerngruppen: Während der Lernphasen kontrollierten die erhebenden Personen – teilweise unterstützt durch weitere Studierende – stichprobenartig den Arbeitsfortschritt der Lernenden und überprüften, ob mit den vorgesehenen digitalen bzw. analogen Materialien gearbeitet wurde. Auffälligkeiten oder Abweichungen vom geplanten Ablauf wurden stichpunktartig dokumentiert. Zweitens wurde für die Experimentalgruppe die aktive Auseinandersetzung zusätzlich über den Bearbeitungsgrad der analogen Begleithefte erfasst, in denen die Lernenden ihre Arbeitsschritte dokumentierten (siehe Abschnitt 11.2.4). Drittens hielten die Erhebenden besondere Beobachtungen, technische Schwierigkeiten oder sonstige Auffälligkeiten in Kurzprotokollen fest. Die Ergebnisse dieser Überprüfungen zeigen, dass die Intervention planmäßig umgesetzt wurde: Die deskriptiven Statistiken zum Bearbeitungsgrad für die Begleithefte der Experimentalgruppe zeigen, dass die Lernenden im Durchschnitt 87 % aller Aufgaben bearbeitet haben (be_k: $M = 0.87$, $n = 152$). Bezogen auf die ersten drei Kapitel des Lernpfads, die der inhaltlichen Erarbeitung der Skalierungszusammenhänge dienten, lag der Bearbeitungsgrad bei 91 % (be_p: $M = 0.91$, $n = 145$). Unter Verwendung der rekodierten Variante (99 = 1) ergab sich ein Bearbeitungsgrad von

83 % (be_k_rec: M = 0.83, n = 148) für alle Aufgaben und von 90 % (be_p_rec: M = 0.90, n = 145) für die minimal zu bearbeitenden Aufgaben. Insgesamt zeigt sich damit ein hoher Bearbeitungsgrad, insbesondere für die Aufgaben der zentralen ersten drei Kapitel.[8] Insgesamt sprechen die Befunde für eine hohe Umsetzungstreue der Intervention; einzelne Beobachtungen aus der Durchführung werden in der Diskussion im Sinne einer Kontextualisierung der Ergebnisse berücksichtigt.

11.5 Ergebnisse

11.5.1 Ergebnisse der Randomisierungskontrolle

Die Überprüfung potenzieller Ausgangsunterschiede zwischen Experimental- und Kontrollgruppe erfolgte mittels multivariater Varianzanalyse (MANOVA) mit dem Faktor Gruppe (EG versus KG) als unabhängige sowie den Mittelwerten über die fünf Skalen (kognitive, metakognitive und ressourcenbezogene Lernstrategien, Interesse und Selbstwirksamkeit) als abhängige Variablen. Die MANOVA ergab keinen signifikanten Gesamteffekt der Gruppenzugehörigkeit (Pillai-Spur = .033, $F(5{,}296) = 1.92$, $p = .092$, $\eta^2_p = .03$), so dass von keiner systematischen Ausgangsdifferenz zwischen den Gruppen auszugehen ist. In den deskriptiven Statistiken zeigten sich sehr ähnliche Mittelwerte in allen Skalen. Die schulische Vorleistung im Fach Mathematik wurde wie in Abschnitt 11.2.6 erklärt gesondert mittels t-Test für unabhängige Stichproben überprüft. Auch hier zeigte sich kein signifikanter Gruppenunterschied ($t(293) = -1.12$, $p = .263$). Die durchschnittliche Zeugnisnote lag in der Experimentalgruppe bei M = 2,70 (SD = 0,79) und in der Kontrollgruppe bei M = 2,83 (SD = 0,83). Insgesamt deuten die Ergebnisse somit auf weitgehende Ausgangsähnlichkeit der Gruppen hin.

11.5.2 Ergebnisse zur Wirkung der visualisierungszentrierten Lernumgebung

Forschungsfrage 8 zielt darauf ab, zu klären, welchen Einfluss das Arbeiten mit der visualisierungszentrierten Lernumgebung auf die Leistung bei der Lösung linearer und nicht linearer Geometrieprobleme hat. Es sollten die folgenden noch einmal überblicksartig dargestellten Hypothesen überprüft werden.

[8] Für die Kontrollgruppe erfolgte keine gesonderte Erfassung des Arbeitsstands, da sie eine thematisch neutrale Vergleichsbedingung darstellte.

- H 8.1: Lernende, die mit der visualisierungszentrierten Lernumgebung arbeiten, erzielen bei der Lösung nicht linearer Geometrieprobleme eine höhere Leistung als Lernende einer Kontrollgruppe.
- H 8.2: Lernende, die mit der visualisierungszentrierten Lernumgebung arbeiten, wenden bei der Lösung nicht linearer Geometrieprobleme seltener lineare Übergeneralisierungen an als Lernende einer Kontrollgruppe.
- H 8.3: Lernende, die mit der visualisierungszentrierten Lernumgebung arbeiten, erzielen bei der Lösung linearer Geometrieprobleme eine vergleichbare Leistung wie Lernende einer Kontrollgruppe.
- H 8.4: Lernende, die mit der visualisierungszentrierten Lernumgebung arbeiten, wenden bei linearen Geometrieproblemen nicht häufiger nicht lineare Lösungsstrategien an als Lernende einer Kontrollgruppe.
- H 8.5: Lernende, die mit der visualisierungszentrierten Lernumgebung arbeiten, erzielen insgesamt eine höhere Leistung bei der Lösung linearer und nicht linearer Geometrieprobleme als Lernende der Kontrollgruppe.

Eine erste Orientierung über die Ergebnisse zeigt Tabelle 11.1, in der die Mittelwerte und Standardabweichungen der zentralen Leistungs- und Fehlstrategiemaße für Experimental- und Kontrollgruppe dargestellt sind: Berücksichtigt werden neben der Gesamtleistung (mw_ges) die Leistung bei der Lösung linearer (*mw_lin*) bzw. nicht linearer (*mw_nlin*) Probleme sowie die Anteile nicht linearer (*mw_nlinug*) und linearer (*mw_linug*) Übergeneralisierungen.

Tabelle 11.1 Mittelwerte (Standardabweichung) zu Leistung und Fehlstrategien

	mw_ges	mw_lin	mw_nlin	mw_nlinug	mw_linug
EG	0,61 (0,35)	0,87 (0,29)	0,48 (0,48)	0,02 (0,10)	0,41 (0,46)
KG	0,37 (0,26)	0,86 (0,29)	0,13 (0,33)	0,002 (0,03)	0,67 (0,42)
Gesamt	0,49 (0,33)	0,86 (0,29)	0,31 (0,45)	0,01 (0,07)	0,54 (0,46)

Die Experimentalgruppe erzielte im Durchschnitt deutlich höhere Leistungen bei den nicht linearen Problemen und beim Gesamttest, während sich bei linearen Problemen kein Unterschied zwischen den Gruppen zeigte. Zugleich war der Anteil linearer Übergeneralisierungen in der Experimentalgruppe geringer als in der Kontrollgruppe, während der Anteil nicht linearer Übergeneralisierungen etwas höher war. Die Standardabweichungen zeigen, dass in der Experimentalgruppe die Leistungen bei nicht linearen Problemen und die Häufigkeit linearer Übergeneralisierungen eine höhere Streuung aufweisen als in der Kontrollgruppe.

Dies weist auf größere Unterschiede innerhalb der Gruppe bei diesen Merkmalen hin. Bei der Leistung hinsichtlich linearer Probleme sowie den nicht linearen Übergeneralisierungen sind die Streuungen beider Gruppen hingegen vergleichbar. Die deskriptiven Befunde deuten insgesamt auf positive Effekte der Intervention bei nicht linearen Problemen sowie auf eine stabile Leistung bei linearen Aufgaben hin.

Die Gruppenvergleiche und die Prüfung der Hypothesen erfolgten wie in Abschnitt 11.2.6 dargestellt mittels multivariater Varianzanalyse mit dem Faktor Gruppe (EG versus KG) und den fünf Leistungsindikatoren (Gesamtleistung, Leistung bei linearen bzw. nicht linearen Problemen, Zahl nicht linearer bzw. linearer Übergeneralisierungen).

Die MANOVA zeigte einen signifikanten Haupteffekt der Gruppe (Pillai´s Trace = 0.16, $F(4,301) = 14.380$, $p < .001$, $\eta^2_p = .16$), was auf substanzielle Unterschiede zwischen Experimental- und Kontrollgruppe im Gesamtmuster der abhängigen Variablen hindeutet. Der Effekt ist nach Cohen (1988) als groß einzustufen. Die für jede abhängige Variable separat durchgeführten ANOVAS ergaben hinsichtlich Hypothesen 8.1 bis 8.5 folgende Ergebnisse.

- Für die Hypothesen 8.1 und 8.2, die die Leistung und die Zahl linearer Übergeneralisierungen bei nicht linearen Geometrieproblemen betreffen, zeigte sich ein signifikanter großer Effekt der Gruppenzugehörigkeit auf die Leistung ($F(1,304) = 54.560$, $p < .001$, $\eta^2_p = .152$) sowie ein signifikanter Effekt mittlerer Stärke auf die Zahl der linearen Übergeneralisierungen ($F(1,304) = 26.859$, $p < .001$, $\eta^2_p = .081$). Die Leistung der Experimentalgruppe war signifikant besser als die der Kontrollgruppe (48 % versus 13 %); die Zahl der linearen Übergeneralisierungen in der Experimentalgruppe signifikant niedriger als in der Kontrollgruppe (41 % versus 67 %). Die Hypothesen H 8.1 und H 8.2 können somit als bestätigt angesehen werden.
- Die Hypothesen H 8.3 und H 8.4 bezogen sich auf mögliche Nebenwirkungen bei der Intervention bei linearen Aufgaben. Es zeigte sich weder ein signifikanter Unterschied die Leistung ($F(1,304) = 0.147$, $p = .702$, $\eta^2_p < .001$, $M = 0.87$ in der EG, $M = 0.86$ in der KG) noch die Zahl nicht linearer Übergeneralisierungen ($F(1,304) = 3.284$, $p = .071$, $\eta^2_p = .010$, $M = 0.02$ in der EG, $M = 0,002$ in der KG) betreffend. Die Hypothesen 8.3 und 8.4 werden somit gestützt, nach denen die Leistung sowie die Häufigkeit nicht linearer Übergeneralisierungen in beiden Gruppen vergleichbar sind.
- Bezüglich Hypothese 8.5, die die Gesamtleistung über alle Aufgaben hinweg adressiert, zeigte sich ein signifikanter Effekt mittlerer Stärke der Gruppenzugehörigkeit ($F(1,304) = 44.286$, $p < .001$, $\eta^2_p = .127$). Die Leistung

der Experimentalgruppe (61 %) erwies sich als signifikant höher als die der Kontrollgruppe (37 %). Damit kann H 8.5 als bestätigt angesehen werden.

11.6 Diskussion

Die Ergebnisse der Interventionsstudie belegen insgesamt ein klares und konsistentes Befundmuster Forschungsfrage 8 (Welchen Einfluss hat das Arbeiten mit der visualisierungszentrierten Lernumgebung auf die Leistung bei der Lösung linearer und nicht linearer Geometrieprobleme?) betreffend. Zunächst zeigte die MANOVA einen klaren Gesamteffekt der Gruppenzugehörigkeit, der auf substanzielle Unterschiede im Gesamtmuster der Leistungsindikatoren zwischen Experimental- und Kontrollgruppe hinweist.[9] In den univariaten Analysen zeigte sich, dass Lernende, die mit der visualisierungszentrierten Lernumgebung gearbeitet hatten, verglichen mit der Kontrollgruppe signifikant höhere Ergebnisse bei der Lösung nicht linearer Geometrieprobleme zeigten (48 % versus 13 %) und zugleich signifikant seltener lineare Übergeneralisierungen anwendeten (41 % versus 67 %). Die Leistung bei linearen Problemen war dagegen in beiden Gruppen annähernd gleich (87 % versus 86 %) und Lernende der Experimentalgruppe wendeten nicht häufiger nicht lineare Übergeneralisierungen bei der Lösung linearer Probleme an. Auch die Gesamtleistung über alle Probleme hinweg fiel in der Experimentalgruppe signifikant höher aus als in der Kontrollgruppe (61 % versus 37 %). Zusammenfassend wurden also alle Hypothesen bestätigt bzw. gestützt: Die Arbeit mit der visualisierungszentrierten Lernumgebung führte verglichen mit der Kontrollgruppe zu einer signifikant besseren Leistung bei der Lösung nicht linearer Probleme, einer Reduktion linearer Übergeneralisierungen sowie einer besseren Gesamtleistung; die Leistung bei der Lösung linearer Probleme und die Zahl nicht linearer Übergeneralisierungen dagegen waren in beiden Gruppen vergleichbar. Die Ergebnisse sind als klar und robust zu bewerten, da die Unterschiede nicht nur hochsignifikant ausfielen, sondern auch Effektstärken im mittleren bis großen Bereich aufwiesen. Somit kann von einer sowohl statistisch als auch praktisch bedeutsamen Wirksamkeit der Intervention gesprochen werden. Insbesondere die Befunde zu den Hypothesen H 8.3 bis H 8.5 verdeutlichen das Potenzial der Intervention. Anders als in früheren Studien (siehe Abschnitt 2.4.3)

[9] Auf eine detaillierte Wiederholung der Kennwerte wird hier aus Gründen der Lesbarkeit verzichtet; sie sind im unmittelbar vorangegangenen sehr kurzen Ergebnisteil (Abschnitt 11.5) vollständig dargestellt.

und insbesondere der umfangreichen in Abschnitt 2.4.5 beschriebenen Intervention von Van Dooren et al. (2004 a) gelang es hier, lineare Übergeneralisierungen bei nicht linearen Problemen signifikant zu reduzieren, ohne dass sich Hinweise auf eine verstärkte Anwendung nicht linearer Übergeneralisierungen bei linearen Problemen fanden. Aufgrund des unterschiedlichen Studiendesigns ist ein direkter Vergleich der Ergebnisse mit denen von Van Dooren et al. (2004 a) nur eingeschränkt möglich[10]. Wegen der inhaltlichen Zielgleichheit beider Ansätze – der Förderung des Verständnisses nicht linearer Skalierungszusammenhänge im Sinne der Conceptual Change Theory – bietet sich jedoch ein vorsichtiger inhaltlicher Vergleich der Befunde an. In der Studie von Van Dooren et al. (2004 a) zeigte die Experimentalgruppe im Posttest eine deutliche Steigerung der Leistung für nicht lineare Probleme von 29 % auf 61 %, während die Leistung der Kontrollgruppe nahezu unverändert blieb (13 % bzw. 16 %). Gleichzeitig sank die Leistung bei linearen Problemen von 83 % auf 58 %, was wie häufiger beobachtet auf einen negativen Transfereffekt hinweist. In der vorliegenden Studie zeigte sich ein ähnliches Muster in der Ergebnisrelation zwischen Experimental- und Kontrollgruppe für die nicht linearen Probleme (48 % versus 13 %), jedoch ohne, dass sich gleichzeitig die Leistung bei linearen Aufgaben verschlechterte. Da aufgrund der Randomisierung von vergleichbaren Ausgangsbedingungen ausgegangen werden kann, können die beobachteten Leistungsunterschiede als erwartbare Effekte der Intervention interpretiert werden.

Damit deutet sich an, dass die hier eingesetzte, in ihrem Umfang mit drei Unterrichtsstunden deutlich kürzere Intervention mit der gezielten Kombination statischer und dynamischer Visualisierungen eine vergleichbare Wirkung im Hinblick auf die Reduktion linearer Übergeneralisierungen erreicht haben könnte wie das zehnstündige Unterrichtsprogramm, jedoch ohne den dort dokumentierten Transfereffekt.

Gleichzeitig verdeutlichen die Ergebnisse aber auch Grenzen des gewählten Ansatzes: Die Leistung der Experimentalgruppe war zwar signifikant besser als die der Kontrollgruppe, jedoch lösten auch die Lernenden der Experimentalgruppe weniger als die Hälfte (48 %) der nicht linearen Probleme korrekt und lineare Übergeneralisierungen traten weiterhin in erheblichem Umfang auf (41 %). Auch durch die vorliegende Studie wird somit die Persistenz linearer Übergeneralisierungen, wie sie in der Forschung (siehe Abschnitt 2.4) betont

[10] Die Autoren verwendeten ein Prä-Post-Retention-Test-Design mit deutlich kleineren Stichproben (n = 17 bzw. n = 18). Zudem umfassten die dort verwendeten Tests nur zwei lineare und vier nicht lineare Geometrieprobleme, wobei der Anteil der Probleme zu irregulären Figuren nicht eindeutig dokumentiert ist. Auch Effektstärken wurde nicht berichtet.

wird, bestätigt. Offenbar konnte auch durch die visualisierungszentrierte Lernumgebung der konzeptuelle Umstrukturierungsprozess nicht bei allen Lernenden angestoßen werden. Die verglichen mit der Kontrollgruppe höheren Standardabweichungen die Leistung und die Zahl linearer Übergeneralisierungen bei der Lösung nicht linearer Probleme deuten zudem an, dass nicht alle Lernenden gleichermaßen von der Intervention profitieren konnten. Unterschiede in den individuellen Lernvoraussetzungen und im Umgang mit der digitalen Lernumgebung bieten damit einen Ansatzpunkt für die folgende theoretische Einordnung.

Ein erster möglicher Erklärungsansatz lässt sich in der in Abschnitt 3.2 beschriebenen Komplexität des konzeptuellen Wissens zur Ähnlichkeit erkennen, das tragfähige Vorstellungen zu Flächeninhalten und Volumen voraussetzt. Wenn diese Vorstellungen nicht ausgebaut sind, schränkt dies die Wirksamkeit der visualisierungszentrierten Lernumgebung, die erst auf Ebene der Ähnlichkeitsbeziehungen ansetzt, ein. Eine genauere Betrachtung der Lösungswege lieferte in diesem Zusammenhang qualitative Hinweise auf eine durch die Kodierung nicht explizit erfasste Lösungsstrategie, bei der die Lernenden zwar mit Potenzen arbeiteten, diese jedoch nicht auf den Skalierungsfaktor, sondern auf die Ausgangsgröße anwandten (z. B. $4^3 \cdot 12$ statt $4 \cdot 12^3$ im Falle von Aufgabe 3 des Abschlusstests). Diese Fälle wurden im Kodierprozess als lineare Übergeneralisierunge n erfasst, da die Lösung durch Multiplikation mit dem linearen Skalierungsfaktor ermittelt wurde. Diese Beobachtung legt nahe, dass einige Lernende das Prinzip der Potenzierung beim Skalieren zwar ansatzweise verstanden haben, der erforderliche konzeptuelle Wandel jedoch aufgrund von Lücken im Verständnis grundlegender Flächen- und Körperbeziehungen nicht vollständig vollzogen wurde.

Darüber hinaus ergeben sich Erklärungen aus der im Theorieteil dargestellten Cognitive Load Theory (siehe Abschnitt 5.3.3) sowie den Bedingungen für das Eintreten des Multimediaeffekts und insbesondere der spezifischen Wirkung dynamischer und statischer Visualisierungen (siehe Abschnitt 7.2). Visualisierungen können lernförderlich wirken, erzeugen aber zugleich eine zusätzliche kognitive Belastung. Dies gilt insbesondere für dynamische Visualisierungen, deren flüchtige Darstellungsform eine simultane Verarbeitung mehrerer Informationsaspekte im Arbeitsgedächtnis erfordert (Ainsworth & Van Labeke, 2004). Insbesondere bei Lernenden mit geringem Vorwissen besteht die Gefahr einer oberflächlichen Verarbeitung in Sinne der Verstehensillusion (Lowe, 2003). Bei der Bearbeitung des Lernpfads könnten Lernende die Animationen eher konsumierend genutzt und bereitgestellte Hilfen und Lösungen übernommen haben, ohne die zugrunde liegenden Beziehungen gedanklich nachzuvollziehen. Dadurch sinkt die Verarbeitungstiefe, und wesentliche Konzepte werden zwar gesehen, aber nicht verstanden.

Zudem erfordert der Lernpfad ein hohes Maß an Kompetenzen zum selbstgesteuerten Lernen. Fehlen metakognitive Kompetenzen zur Planung, Überwachung und Steuerung des eigenen Lernens, können die Anforderungen des selbstständigen Arbeitens zusätzliche Belastungen hervorrufen und den Lernerfolg begrenzen. Zwar wurden die entsprechenden Kompetenzen zur Randomisierungskontrolle erfasst und belegten die grundsätzliche Vergleichbarkeit zwischen Experimental- und Kontrollgruppe, doch könnten unterschiedliche Ausprägungen der Kompetenzen im selbstgesteuerten Lernen – sowohl zwischen einzelnen Lernenden als auch zwischen Schulformen – die beobachteten Effekte mitbedingt haben.

Die allgemeine Beobachtung der Lernenden (siehe Abschnitt 11.4) ergab vereinzelt Hinweise darauf, dass Schülerinnen und Schüler die Animationen eher passiv oder ziellos nutzten sowie generell frühzeitig auf Hilfen und Lösungen zurückgriffen. Dieses Verhalten deutet auf eine Überforderung oder auf unzureichende Kompetenzen im selbstgesteuerten Lernen – oder auf ein Zusammenwirken beider Faktoren – hin.

Insgesamt machen die Ergebnisse deutlich, dass die visualisierungszentrierte Lernumgebung mit der Kombination statischer und dynamischer Visualisierungen einen vielversprechenden Ansatz zur Förderung des konzeptuellen Verständnisses mathematischer Skalierungen ist. Die sich daraus ergebenden Potenziale für die Weiterentwicklung und Einsatzmöglichkeiten sowie die zu berücksichtigenden Limitationen werden im folgenden Kapitel im Rahmen der Abschlussdiskussion erörtert.

Teil III
Synthese und Schlussfolgerungen

12 Gesamtdiskussion

In diesem Kapitel werden die Ergebnisse der drei empirischen Studien gebündelt und mit den theoretischen Grundlagen verknüpft. Ziel ist es, die Rolle von Skizzen bei der Bearbeitung nicht linearer Geometrieprobleme und insbesondere im Zusammenhang mit linearen Übergeneralisierungen integrativ zu diskutieren, ihre Bedeutung für Theorie und Praxis zu reflektieren sowie Limitationen und Forschungsdesiderate aufzuzeigen. Dazu erfolgt zunächst eine integrierte Betrachtung aller drei Studien, in der die Ergebnisse systematisch zusammengeführt und anhand der theoretischen Modelle gedeutet werden, um Gemeinsamkeiten, Unterschiede sowie mögliche Erklärungsmuster herauszuarbeiten (12.1). Darauf aufbauend werden die Stärken und Limitationen der Arbeit insgesamt erörtert, wobei auch theoretische Anschlussfragen aufgezeigt werden (12.2). In Abschnitt 12.3 werden die theoretischen Implikationen explizit herausgestellt, indem die Befunde in den Kontext bestehender Modelle und Konzepte eingeordnet werden. Abschnitt 12.4 leitet daraus praktische Konsequenzen für Unterricht und Förderung ab. Es folgt eine Erörterung der Perspektiven für weiterführende Forschungen (12.5).

12.1 Integrierte Diskussion der drei Studien

Die integrierte Betrachtung der drei Studien verdeutlicht die ambivalente Rolle der Skizzen im Kontext nicht linearer Geometrieprobleme. Einerseits besitzen diese das Potenzial, das Wachstumsprinzip skalierter Flächen bzw. Körper zu veranschaulichen und zum Aufbau konzeptuellen Wissens beizutragen. Andererseits

G. Volbers, *Visualisierungen bei nicht linearen Geometrieproblemen*, Studien zur theoretischen und empirischen Forschung in der Mathematikdidaktik,
https://doi.org/10.1007/978-3-658-52828-7_12

erweisen sie sich als heuristische Strategie zur Lösung nicht linearer Geometrieprobleme oft als nicht oder nur begrenzt leistungsförderlich und unter bestimmten Bedingungen sogar als leistungshinderlich.

Zur Erklärung dieser Ambivalenz ist es zunächst wichtig, zwischen verschiedenen Formen lernergenerierter Skizzen zu nicht linearen Geometrieproblemen zu unterscheiden, nämlich spontan erstellten Skizzen, auf Aufforderung hin gezeichneten Skizzen (zum Beispiel De Bock et al., 1998) und auf Aufforderung hin erstellten Maßstabsskizzen wie bei De Bock et al. (2003) und in der vorliegenden Studie einschließlich der Primäranalyse von Krawitz und Schukajlow (2020).

Studie 1 (Forschungsfrage 4) zeigte zunächst, dass spontane, im Sinne dem CMDC nach Van Meter und Firetto (2013) erstellte Skizzen meist eine geringe Qualität aufwiesen. Da eine hohe Skizzenqualität wie bereits theoretisch dargelegt als entscheidender Prädiktor für einen leistungsförderlichen Effekt lernergenerierter Skizzen gilt, lässt sich der im Rahmen der Treatmentkontrolle von Studie 1 festgestellte ausbleibende positive Effekt spontan erstellter Skizzen durch deren geringe Qualität erklären (Hembree, 1992; Krawitz & Schukajlow, 2020; Rellensmann et al., 2022; Schwamborn et al., 2010). Gemäß des CMDC nach Van Meter und Firetto (2013) und dem in Abschnitt 5.3.7 dargestellten Prozess der Modellbildung hängt die Qualität einer Skizze eng damit zusammen, wie erfolgreich Lernende beim Lesen der Problemstellung relevante Informationen selektieren, diese zu einer propositionalen Struktur organisieren und zu einem bildhaften mentalen Modell integrieren. Entscheidend für das Gelingen dieses Prozesses ist das verfügbare inhaltliche Vorwissen, das bestimmt, welche Informationen als relevant erkannt und wie sie strukturiert werden (Fiorella & Zhang, 2018). Die Ergebnisse dieser Arbeit deuten darauf hin, dass diese Prozesse im Kontext nicht linearer Geometrieprobleme häufig unvollständig bleiben. Lernende verknüpfen die Textinformationen nicht zu einem kohärenten Modell hinsichtlich des Skalierungsverhältnisses. Die Skizzen deuten oft berechnungsorientierte, in Einzelfällen sogar auf linearen Übergeneralisierungen beruhende Vorstellungen an. Eine wahrscheinliche Erklärung liegt im unzureichenden konzeptuellen Wissen über geometrische Ähnlichkeit, möglicherweise verbunden mit fehlendem strategischen Skizzenwissen. Diese Befunde knüpfen an frühere Arbeiten an und erweitern sie gleichzeitig. So erwähnen De Bock et al. (1998) die geringe Qualität sowohl spontan gezeichneter als auch auf Aufforderung hin erstellter Skizzen, ohne genauer zwischen den Entstehungsformen zu differenzieren oder die Qualitätskriterien genauer zu diskutieren. Gleichzeitig berichten die Autoren zwar wie in Abschnitt 7.6 berichtet von einem positiven Zusammenhang zwischen spontan angefertigten Skizzen und der Leistung in der Kontrollgruppe, jedoch traten diese nur in etwa 13 % der Fälle auf und die Zusammenhangsanalysen basierten auf einer nicht näher bezeichneten Teilauswahl nicht proportionaler Probleme. Entsprechend ist der Befund vorsichtig zu interpretieren. Neu an Befunden der vorliegenden Arbeit ist, dass der theoretisch und empirisch gut belegte Zusammenhang zwischen der Qualität lernergenerierter Skizzen und der Problemlöseleistung erstmals für den Bereich nicht linearer Geometrieprobleme und im Hinblick auf spontan gezeichnete Skizzen genauer betrachtet wurde. Die Beobachtung, dass spontan erstellte Skizzen in diesem Problemkontext nur selten eine hohe Qualität aufweisen und keinen positiven Effekt auf die Leistung haben, steht nicht im Widerspruch zu früheren Arbeiten zu lernergenerierten Skizzen, in denen für andere Bereiche positive Leistungseffekte nachgewiesen wurden (zum Beispiel Rellensmann et al., 2022), sondern lassen sich vielmehr durch die Komplexität des konzeptuellen Wissens zur geometrischen Ähnlichkeit erklären.

Demgegenüber hatten auf Aufforderung hin Maßstabsskizzen (naturgemäß) überwiegend eine hohe Qualität im Sinne funktionaler Korrektheit. Wie die Ergebnisse der Primäranalyse (Krawitz & Schukajlow, 2020) zeigen, erwiesen sie sich dennoch nicht als leistungsförderlich, vielmehr zeigte sich sogar ein negativer Effekt auf die Leistung. Damit replizierte die Primäranalyse die Befunde von De Bock et al. (2003), die ebenfalls einen negativen Effekt von auf Aufforderung hin erstellter Maßstabsskizzen berichteten. Zur Erklärung dieser scheinbar widersprüchlichen Wirkung lieferten die beiden ersten Studien unterschiedliche, sich ergänzende Perspektiven: Studie 1 war quantitativ angelegt und zeigte Effekte statistisch belastbar, stützte sich jedoch ausschließlich auf die notierten Lösungen. Studie 2 verfolgte dagegen einen qualitativen Ansatz und bot mit Prozessdaten unter Einbeziehung der Blickbewegungsdaten in zwei Punkten einen entscheidenden Mehrwert. Erstens ermöglichte sie eine teilprozessbezogene Analyse des Problemlöseprozesses und lieferte detaillierte Informationen hinsichtlich verschiedener Arten der Skizzennutzung (visuell, visuell-handelnd, nicht visuell). Angesichts der Ähnlichkeit in Leistungen und Lösungswegen (siehe Abschnitt 10.4.1) liegt es nahe, dass in Studie 1 ähnliche Prozesse abliefen. Insgesamt quantifizierte Studie 1 somit das Ausmaß der Effekte, während Studie 2 Hinweise auf die zugrunde liegenden Mechanismen lieferte, die in weiteren Studien überprüft werden sollten. Auf dieser Basis werden die Befunde im Folgenden getrennt nach negativem Effekt, fehlendem positivem Effekt und Auftreten linearer Übergeneralisierungen diskutiert.

Studie 1 (Forschungsfrage 2) vertiefte die Befunde der Primäranalyse (Krawitz & Schukajlow, 2020) zur leistungsmindernden Wirkung der Zeichenanweisungen und ergänzte diese um eine detaillierte Analyse der damit verbundenen Lösungswege und Fehlstrategien. Neben der bereits durch die Primäranalyse belegte Zunahme linearer Übergeneralisierungen, die durch die Schraffierung nur teilweise reduziert wurden, erwies sich die Messlösung als zweite zentrale Fehlstrategie. Unterschiede in den gewählten Lösungswegen zwischen den Zeichnen-Gruppen und der Kontrollgruppe zeigten sich vor allem innerhalb der fehlerhaften Lösungen, während korrekte Lösungen in allen Gruppen meist formelbasiert erfolgten. Diese Befunde lassen sich mit Hilfe der durch Studie 2 erlangten prozessbezogenen Erkenntnisse erklären: Studie 2 zeigte zunächst, dass die Skizzen vor dem Lesen der eigentlichen Problemstellung erstellt wurden und somit die Rolle vorgefertigter Skizzen hatten (EH 1). Diese Skizzen nehmen einen besonderen, in der Literatur bisher nicht beschriebenen Status ein: Obwohl sie von den Lernenden selbst gezeichnet wurden, entstanden sie vor der eigentlichen Problemstellung und konnten somit nicht im Sinne des CMDC nach Van Meter und Firetto (2013) als generative Skizzen wirken. Stattdessen erfüllten sie für die Problembearbeitung funktional die Rolle externer Visualisierungen gemäß der CTML nach Mayer (2021). Dadurch entstand ein bisher in der Literatur nicht beschriebener Visualisierungstyp, der sich sowohl von generativen als auch von gegebenen Skizzen unterscheidet. Durch die eigene Erstellung besaßen die Skizzen für die Lernenden vermutlich einen höheren subjektiven Stellenwert als rein externe Visualisierungen. Dies könnte erklären, warum die Skizzen in Studie 2 genutzt wurden (EH 2), während frühere Studien keine oder eine lediglich geringe Nutzung vorgegebener Visualisierungen belegten (vgl. z. B. Dewolf et al., 2013; Dewolf et al., 2015). Vor allem die Tatsache, dass Lernende vor allem bei bestehenden Unsicherheiten oder Schwierigkeiten auf die Skizzen zurückgriffen, weist auf heuristisches Skizzenwissen hin (EH 3). Die für generative Skizzen typische konstruktive Funktion blieb jedoch aus, da die Skizzenerstellung nicht zielgerichtet hinsichtlich der Problemstruktur erfolgte.

Die Entstehung des negativen Effekts ließ sich in der Planungsphase verorten: Die fehlende Maßstabspassung zwischen Skizzen und Zahlangabe der Skalierungsprobleme verhinderte eine sinnvolle Text-Bild-Integration gemäß der CTML nach Mayer (2021) und führte systematisch zu falschen Lösungsansätzen in Form der Messlösungen und linearen Übergeneralisierungen des Typs LÜ-F (EH 6b, 6c). Der negative Effekt war somit dem spezifischen experimentellen Setting geschuldet und wurde vor allem durch fehlendes konzeptuelles Wissen, verstärkt durch fehlendes strategisches Skizzenwissen und eine unzureichende metakognitive Überwachung, verursacht. Die Beobachtung aus Studie 2, dass Lernende vor allem bei Unsicherheit oder auftretenden Schwierigkeiten auf die Skizzen zurückgriffen (EH 3) erklärt zugleich die fehlenden Unterschiede hinsichtlich der Verteilung der Lösungswege innerhalb der korrekten Lösungen in Studie 1.

Darüber hinaus verdeutlichten die beiden Studien, warum ein positiver Effekt ausblieb, unabhängig vom speziellen experimentellen Setting. Studie 1 zeigte zunächst, dass es keine Interaktionseffekte der Art der Zeichenanweisung mit Form oder Dimension[1] des geometrischen Objekts gab; insbesondere blieb der erwartete Interaktionseffekt mit der Form hinsichtlich eines weniger starken negativen Effekts bei gradlinigen Objekten aus (Forschungsfrage 1). Erklärung war, dass eine explorative Nutzung wie die Abschätzung des Größenverhältnisses durch eine physische oder mentale Rasterung wie erwartet zwar nur bei gradlinigen Objekten auftrat, jedoch nur vereinzelt; erfolgte Rasterungen wurden zudem nicht immer konsequent zur eigentlichen Lösungsfindung herangezogen. Daher zeigte sich keine Gesamtwirkung auf die Leistung (Forschungsfrage 4).[2] Ein Transfer der Erkenntnis zum Flächenverhältnis auf krummlinige Objekte gelang nicht, was auf fehlendes konzeptuelles Wissen über das Wachstumsprinzip insbesondere hinsichtlich der Formunabhängigkeit hinweist. Studie 2 stützte die Seltenheit solch explorativer Ansätze (EH 5), deren Beschränkung auf das Quadrat als gradlinige Figur sowie den fehlenden Transfer auf den Kreis (EH 12) und verdeutlichte darüber hinaus, dass eine explorative Nutzung in der Planungsphase nur bei konsequenter Umsetzung erfolgreich ist (EH 7). Zusätzlich lieferte Studie 2 die Erkenntnis, dass neben der explorativen auch eine zielgerichtete deskriptive Nutzung in der Planungsphase (EH 6a) leistungsförderlich wirken kann, wenn Lernende Text- und Bildinformationen zu einem kohärenten algorithmischen Modell integrieren. Beide Varianten blieben jedoch selten. Studie 2 zeigte, dass die Skizzennutzung in allen Teilprozessen meist deskriptiv und oft oberflächlich erfolgte (EH 4, EH 5, EH 6d, EH 8, EH 9b), was sich durch fehlendes konzeptuelles Wissen, eine Fokussierung auf algorithmische Verfahren, fehlende metakognitive Steuerung (z. B. EH 4, EH 6d, EH 9b) und teils auch fehlendes strategisches Skizzenwissen (z. B. EH 6c, EH 9c) erklären ließ. Entsprechend erwies sich die Nutzung bezogen auf die Teilprozesse häufig zwar als nicht leistungshinderlich, aber auch nicht leistungsförderlich. In einigen Fällen traten über die wenigen explorativen sowie zielgerichtet deskriptiven Nutzungen in der Planungsphase weitere teilprozessbezogene leistungsförderliche Nutzungen

[1] Der Effekt die Dimension betreffend wurde durch die zweite Studie nicht weiter untersucht, da hier ausschließlich Flächenprobleme betrachtet wurden.

[2] In den Experimentalgruppen beruhten die Größenabschätzungen auf mentalen Rasterungen; keine der 11 physischen Rasterungen wurde erfolgreich verwendet. Da dieser Fall in Studie 2 nicht auftrat, lassen sich hierzu keine weiterführenden prozessbezogenen Erklärungen ableiten.

auf, etwa bei Validierungen oder der Planausführung. Aufgrund fehlenden konzeptuellen Wissens trugen diese jedoch nicht zur Entwicklung korrekter Lösungen bei und blieben ohne positive Gesamtwirkung.

Lineare Übergeneralisierungen als eine seit langem bekannte Fehlstrategie beim Lösen nicht linearer Geometrieprobleme betreffend belegte Studie 1 die bereits weiter oben beschriebenen Effekte der Art der Zeichenanweisung (Forschungsfrage 2), jedoch zeigte sich kein Anstieg konsistenter linearer Übergeneralisierungen (Forschungsfrage 3). Damit konnte der von De Bock et al. (2003) beschriebene mögliche Mechanismus, dass das Zeichnen der Skizze lineare Übergeneralisierungen durch Fokussierung auf lineare Tätigkeiten triggert, empirisch nicht untermauert werden. Offen blieb, welche weiteren situativen oder individuellen Faktoren das Auftreten linearer Übergeneralisierungen beeinflussen. Sowohl die Gründe für die Anwendung linearer Übergeneralisierungen als auch die diesbezügliche Rolle der Skizzen blieben unklar. Studie 2 präzisierte diesen Befund qualitativ: Als Gründe für lineare Übergeneralisierungen wurden die Anwendung als Oberflächenstrategie (LÜ-P), mangels Alternative nach gescheitertem Skizzenansatz (LÜ-F) oder im Falle des Kreisproblems als Verfahrenstransfer (Schema oder Überlegung) identifiziert (EH 10). Eine lineare Fehlvorstellung trat nicht auf. Die Rolle der Skizzen betreffend zeigte sich, dass ihre Nutzung meist nicht zur Entstehung linearer Übergeneralisierungen des Typs LÜ-P beitrug (EH 6d); lediglich in einem Fall beruhte die Oberflächenstrategie auf einem Transfer linearer Tätigkeiten der Skizzenkonstruktion. Die Zunahme linearer Übergeneralisierungen durch auf Aufforderung hin erstellte Skizzen erklärt sich vielmehr durch lineare Übergeneralisierungen des Typs LÜ-F als Folge eines gescheiterten Skizzenansatzes (EH 6c). Die Markierung der Fläche scheint eine Anwendung linearer Übergeneralisierungen des Typs LÜ-P zu hemmen (EH 11), was den in Studie 1 festgestellten (leichten) Rückgang linearer Übergeneralisierungen in der Zeichnen-Markieren-Gruppe erklärt. Ergänzend deuteten die zusammengeführten Befunde aus Studie 1 und 2 darauf hin, dass beim Kreisproblem lineare Übergeneralisierungen häufiger kritisch hinterfragt werden, ihre Gesamtzahl jedoch unverändert bleibt. Die krummlinige Form scheint sich hemmend auf lineare Übergeneralisierungen als Oberflächenstrategie auszuwirken, was darauf hindeuten könnte, dass lineare Übergeneralisierungen beim Kreisproblem eher mangels alternativer Lösungsansätze gewählt werden (EH 13). Beim Quadrat dagegen entstehen lineare Übergeneralisierungen als Oberflächenstrategie offenbar weniger aufgrund figuraler Eigenschaften als aufgrund der Erinnerung an ein vermeintlich leichtes Berechnungsverfahren, was – gemeinsam mit den oben geschilderten Befunden zur Rasterung – die fehlenden Formeffekte auf die Leistung (Forschungsfrage 3) insgesamt plausibel prozessbezogen erklärt.

Insbesondere Studie 2 verdeutlichte als gemeinsamen Nenner aller Befunde, dass fehlendes konzeptuelles Wissen eine zentrale Rolle spielt – sei es beim Entstehen negativer Effekte, beim Ausbleiben positiver Wirkungen oder bei der Entwicklung linearer Übergeneralisierungen sowie der Wirkung der Skizzen in diesem Kontext. Dieser Befund entspricht der empirisch belegten Bedeutung des konzeptuellen Wissens für das Problemlösen allgemein sowie die Erstellung und die Nutzung von Skizzen speziell (Mayer, 2021; Rittle-Johnson et al., 2001; Schoenfeld, 1985; Van Meter & Firetto, 2013). In vielen Fällen trat dieses Defizit in Kombination mit mangelnder metakognitiver Steuerung oder fehlendem strategischem Skizzenwissen auf, die wie in den Abschnitten 3.1 und 7.5 diskutiert ebenfalls als wichtige Prädiktoren der Problemlöseleistung und der Wirkung von Skizzen gelten (Rellensmann et al., 2023; Schoenfeld, 1985). Die Ergebnisse unterstreichen die zentrale Bedeutung konzeptuellen Wissens, da selbst formal und funktional korrekte Maßstabsskizzen ohne ein entsprechendes Fundament ihr Potenzial nicht ausschöpfen konnten und insbesondere bei Problemen zu krummlinigen Objekten nur eingeschränkt wirksam waren. Vor dem Hintergrund der Befunde aus Studie 1 und 2 lässt sich auch die Wirkung der visualisierungszentrierten Lernumgebung aus Studie 3 präziser einordnen. Während in den beiden ersten Studien Visualisierungen in Form von Skizzen primär als Heuristik während des Problemlösens eingesetzt werden sollten, erfolgte in Studie 3 der Einsatz statischer und dynamischer Visualisierungen im Rahmen eines strukturierten Lernpfads. Diese visualisierungszentrierte Lernumgebung hatte das Ziel, das Wachstumsprinzip skalierter Längen, Flächen und Körper systematisch und im Sinne der Conceptual Change Theory (G. Posner et al., 1982; Vosniadou, 2007) zu vermitteln. Damit adressierte Studie 3 die fehlenden Grundlagen im konzeptuellen Wissen. Die Ergebnisse zeigten, dass Lernende der Experimentalgruppe verglichen mit der Kontrollgruppe signifikant häufiger nicht lineare Geometrieprobleme korrekt lösten, seltener lineare Übergeneralisierungen anwendeten und eine höhere Gesamtleistung erzielten, da sich die Leistung beim Lösen linearer Probleme nicht verschlechterte. Damit konnte gezeigt werden, dass Visualisierungen leistungsförderlich wirken können, wenn sie in ein konzeptuelles Gerüst eingebettet und ihr Einsatz durch metakognitive Unterstützung gestützt wird. Gleichzeitig wurde deutlich, dass lineare Übergeneralisierungen auch nach der Bearbeitung des digitalen Lernpfads ein bedeutsames Problem darstellten: Trotz signifikanter Reduktion traten sie auch in der Experimentalgruppe und vor allem bei Lernenden der Gesamt- und Sekundarschulen noch in erheblichem Umfang auf. Dies verweist darauf, dass auch die gezielt gestaltete visualisierungszentrierte Lernumgebung nicht bei allen Lernenden einen konzeptuellen Wandel anstoßen konnte. Eine weitergehende Überarbeitung der Lernumgebungen, etwa durch differenzierte Förderansätze und langfristige Stabilisierung des konzeptuellen Wissens sowie vertiefende Untersuchungen zur Rolle von Vorwissen und Lernvoraussetzungen erscheinen daher notwendig.

Insgesamt zeigt sich, dass Skizzen im Kontext nicht linearer Geometrieprobleme ohne ausreichendes konzeptuelles Wissen und ohne gezielte Einbettung nicht nur meist wirkungslos sind, sondern die Leistung sogar verschlechtern können. Zugleich eröffnet die dritte Studie eine positive Perspektive, indem sie andeutet, dass der durch statische und dynamische Visualisierungen unterstützte Aufbau konzeptuellen Wissens mit einer Veränderung bestehender Vorstellungen einhergehen kann und so das Potenzial besteht, lineare Übergeneralisierungen wirksam zurückzudrängen.

Diese Befunde sind einerseits vor dem Hintergrund methodischer Beschränkungen zu betrachten. Andererseits zeigen sie die Stärken des gewählten Forschungsdesigns, bestätigen viele in der Literatur berichtete Befunde, liefern zugleich neue und vertiefte Einsichten und machen den Bedarf nach weiterer Forschung deutlich. Diese Aspekte werden in den folgenden Kapiteln systematisch aufgegriffen.

12.2 Stärken und Limitationen

Als zentrale Stärke ist der sequentielle Aufbau der Studien zu sehen, die systematisch abgestimmt sind und sich gegenseitig ergänzen. Besonders deutlich wird dies im Zusammenspiel der beiden ersten Studien: Während Studie 1 quantitative Ergebnisse lieferte, wurden diese in Studie 2 qualitativ vertieft und durch eine teilprozessbezogene Betrachtung unter Einbeziehung von Eye-Tracking-Daten differenziert. Damit ergab sich ein ineinandergreifendes Design, das quantitative Befunde mit prozessnahen qualitativen Einsichten verbindet und so ein vertieftes Verständnis der Wirkmechanismen von Skizzen ermöglichte. Durch die teilprozessbezogene Auswertung der Eye-Tracking-Daten und ihre Triangulation mit den Verbaldaten des Stimulated-Recall-Interviews konnten Aufmerksamkeitsfokussierungen auf die Skizzen und Problemlösestrategien differenziert rekonstruiert werden. Der theoriebasierte Neuansatz von Studie 3 ergab sich unmittelbar aus den Befunden der ersten beiden Studien und erweiterte das Forschungsprogramm inhaltlich und methodisch, da er auf lernprozessbezogene Effekte statischer und dynamischer Visualisierungen ausgerichtet war.

Trotz der genannten Stärken sind verschiedene Einschränkungen zu berücksichtigen, die bei der Interpretation der Ergebnisse beachtet werden müssen. Im

Folgenden werden zunächst die übergeordneten Limitationen des gesamten Forschungsprogramms und im Anschluss spezifische Einschränkungen der einzelnen Studien systematisch dargelegt.

Die erste generelle Einschränkung betrifft die Vergleichbarkeit der Stichproben. Die drei Untersuchungen wurden mit unterschiedlichen Altersgruppen, an unterschiedlichen Schulformen und mit teils größerem zeitlichem Abstand durchgeführt, sodass die Kohorten nur eingeschränkt miteinander vergleichbar sind. Dies gilt insbesondere für die beiden ersten Studien, deren Erhebungen zwei bis drei Jahre auseinanderlagen und mit unterschiedlichen Lerngruppen durchgeführt wurden. Dies ist bei der Interpretation zu berücksichtigen. Unabhängig davon ist die Generalisierbarkeit der Befunde begrenzt, da den grundlegenden methodischen Überlegungen zur externen Validität entsprechend offen ist, inwieweit sich die Ergebnisse auf andere Lernendengruppen, Schulformen oder Unterrichtssituationen übertragen lassen (Döring, 2023). Eine weitere Limitation ergibt sich aus der Aufgabenbasis. Die Befunde aller Studien konzentrieren sich auf im Vergleichsformat formulierte nicht lineare Geometrieprobleme. Rückschlüsse auf andere Problemtypen oder -formulierungen lassen sich nicht direkt ziehen. Eine weitere inhaltliche Begrenzung betrifft die Form der Skizzennutzung in den Studien 1 und 2. Die Befunde beziehen sich auf vorgefertigte Skizzen, also Skizzen, die zwar von den Lernenden selbst erstellt wurden, jedoch vor der Problembearbeitung angefertigt wurden. Dadurch sind die Ergebnisse auf diese spezifische Form lernergenerierter Skizzen bezogen und lassen sich nicht ohne Weiteres auf Skizzen übertragen, die während des Problemlösens gezeichnet werden oder vorgegeben werden. Schließlich erfassen die Studien keine langfristigen Effekte, was insbesondere wie weiter unten beschrieben für Studie 3 von Relevanz ist.

Die studienspezifischen Limitationen betreffend ist für Studie 1 zu berücksichtigen, dass die zugrunde liegenden Daten zwei bis drei Jahre vor Beginn der eigenen Auswertungsarbeiten erhoben wurden. Auch wenn Kohorte, Aufgaben und Erhebungsbedingungen gut dokumentiert waren, können kohortenspezifische Entwicklungen, schulorganisatorische Veränderungen oder curriculare Anpassungen seit der Erhebung Einfluss auf die Einordnung der Ergebnisse haben. Die Befunde sind daher vor dem Hintergrund dieses zeitlichen Abstands zu interpretieren. Darüber hinaus war die Analyse auf das vorhandene Datenmaterial beschränkt. Wie bei Sekundäranalysen typisch, bestand keine Möglichkeit, zusätzliche Erhebungen oder vertiefende qualitative Verfahren wie Interviews nachträglich durchzuführen. Dadurch konnten bestimmte Befundmuster nicht prozessbezogen weiter ausgeleuchtet werden.

In Studie 2 ergaben sich mehrere methodische Einschränkungen durch das mobile Eye-Tracking. Die Interpretation der Blickbewegungen in Studie

2 wurde zwar durch die Triangulation mit den Verbaldaten der Stimulated-Recall-Interviews, den Rückgriff auf etablierte Interpretationsansätze sowie die teilprozessbezogene Betrachtung abgesichert. Dennoch erschwerten die begrenzte Genauigkeit der Eye-Tracking-Brille sowie die den einfachen und bekannten Formen geschuldeten teils sehr kurzen Fixationen und das Phänomen des peripheren Sehens manchmal eine eindeutige Interpretation – insbesondere wurden während der SRIs häufig nur längere Fixationen beachtet und besprochen. Darüber hinaus könnte die Laborsituation mit der 1:1-Beobachtung das Problemlöseverhalten in Studie 2 im Vergleich zu Studie 1 beeinflusst haben. Solche Einschränkungen sind für mobile Eye-Tracking-Umgebungen typisch, da sowohl geringe räumliche Genauigkeit als auch peripheres Sehen und sehr kurze Fixationszeiten die Validität und Eindeutigkeit der Blickbewegungsinterpretation begrenzen können (Holmqvist et al., 2011; Scheiter & Van Gog, 2009).

In Studie 3 fehlte schließlich die zunächst intendierte systematische Kontrolle der Bearbeitung des Lernpfads. Trotz der eingesetzten Begleithefte ist nicht eindeutig feststellbar, wie intensiv sich die Lernenden mit den Aufgaben des Lernpfads auseinandergesetzt haben. Variationen in der Nutzungstiefe digitaler Lernumgebungen sind gut dokumentiert und können die Wirksamkeit wesentlich beeinflussen (Gerjets & Kirschner, 2009). Schließlich ist für Studie 3 die zeitliche Perspektive zu berücksichtigen, die lediglich kurzfristige Effekte erfasste. Ein Retentionstest, der Aufschluss über nachhaltige Lernzuwächse geben könnte, konnte nicht durchgeführt werden. Damit bleibt offen, ob die positiven Effekte der Intervention stabil sind oder lediglich kurzfristig wirken (Field, 2024). Hinzu kommt die relativ kurze Interventionsdauer, die tiefgreifende Veränderungen im Verständnis nicht linearer geometrischer Zusammenhänge nur eingeschränkt erwarten lässt, da der Aufbau konzeptuellen Wissens in der Regel schrittweise und über längere Zeiträume verläuft (Rittle-Johnson et al., 2015; Rittle-Johnson et al., 2001). Schließlich umfasste die Stichprobe eine jüngere und heterogene Kohorte, deren Altersstruktur und schulischer Kontext nur teilweise mit denen der Studien 1 und 2 vergleichbar ist. Da der zehnte Jahrgang zum Zeitpunkt der Erhebungen von Studie 1 und 2 an den betroffenen Gymnasien noch der Sekundarstufe II zugeordnet war, ergaben sich hinsichtlich des Alters zwar Überschneidungen, die Lernenden in Studie 3 waren im Schnitt jedoch fast ein Jahr jünger als die der beiden ersten Studien. Der Altersunterschied ist insofern relevant, als sowohl Häufigkeit linearer Übergeneralisierungen als auch die Wirksamkeit von Interventionen wie in Abschnitt 2.4.3 dargestellt als altersabhängig beschrieben werden. Da es sich bei Studie 3 jedoch um einen Neuansatz handelte, wiegt diese Differenz jedoch weniger schwer.

12.3 Theoretische Implikationen

Die Ergebnisse der vorliegenden Arbeit sind in wesentlichen Punkten konsistent zu wichtigen theoretischen Befunden, geben jedoch darüber hinaus weiterführende Einsichten. Im Folgenden werden drei Aspekte beleuchtet, zu denen die Arbeit einen besonderen Beitrag leistet. Erstens die Einordnung der Ergebnisse in bestehende Theorien und empirische Befunde zu linearen Übergeneralisierungen in Verbindung mit Befunden der Problemlöseforschung, zweitens die theoretische Präzisierung der Rolle von Visualisierungen und insbesondere von Skizzen beim Lernen und Problemlösen und drittens die theoretische Weiterentwicklung prozessbezogener Modelle kognitiver Problemlöseprozesse bei nicht linearen Geometrieproblemen, die beide vorherige Aspekte übergreifend integriert. Diese drei Perspektiven strukturieren die theoretischen Implikationen der Arbeit: Die Befunde zu linearen Übergeneralisierungen und die Analyse der Skizzennutzung werden jeweils zunächst in ihren spezifischen theoretischen Kontexten eingeordnet und anschließend für eine weiterführende prozessuale Modellierung des Problemlösens zusammengeführt. Dadurch wird deutlich, wie beide Phänomene – lineare Übergeneralisierungen und die Nutzung von Visualisierungen – in gemeinsamen kognitiven Mechanismen wurzeln und wie die Arbeit bestehende Modelle differenziert und erweitert.

Die Ergebnisse der vorliegenden Arbeit knüpfen in zentralen Aspekten an die in Kapitel 2 ausführlich dargestellte Forschung zu linearen Übergeneralisierungen an, eröffnen darüber hinaus jedoch durch die differenzierte Einordnung dieses Phänomens in den Kontext des mathematischen Problemlösens theoretisch neue Einsichten. Damit tragen sie sowohl zur Bestätigung etablierter Befunde bei als auch zur konzeptionellen Weiterentwicklung des Forschungsfeldes. Alle drei Studien bestätigen zunächst die hohe Bedeutung sowie Studie 3 auch die Persistenz linearer Übergeneralisierungen im Kontext nicht linearer Geometrieprobleme (vgl. De Bock et al., 2007; Van Dooren et al., 2004 a, siehe auch Abschnitt 2.4.3). Ebenso wurden durch Studie 1 Befunde zum Einfluss von Form und Dimension des geometrischen Objekts gestützt und durch Studie 2 teilweise erweitert (vgl. De Bock et al., 1998, 2002; Pavlin-Bernardić & Mateša, 2012; Svanteson & Kullberg, 2020).

Ein neuer Beitrag der vorliegenden Arbeit betrifft die präzisere Einordnung der Gründe, aus denen lineare Übergeneralisierungen entstehen. Während frühere Forschungsarbeiten wie in Abschnitt 2.4.4 dargestellt vor allem theoretisch zwischen verschiedenen möglichen Ursachen linearer Übergeneralisierungen, nämlich dem Vorliegen einer linearen Fehlvorstellung, der Anwendung linearer Übergeneralisierungen als Oberflächenstrategie und der mangels Alternative unterscheiden, liefern die Prozessdaten der zweiten Studie erstmals empirische Hinweise darauf, wie sich diese Gründe im realen Problemlöseverlauf tatsächlich manifestieren. Zum einen zeigten sich lineare Übergeneralisierungen als Oberflächenstrategie im Sinne der Dual-Process-Theory (Evans, 2008; Stanovich & West, 2000). Diese wurden entweder durch oberflächliche Aufgabenhinweise oder durch fehlende metakognitive Überwachung verbunden mit algorithmischer Fokussierung auf inhaltlich nicht verstandene Flächeninhaltsformeln ausgelöst (vgl. De Bock et al., 2007; Greer, 2010). Zum anderen traten lineare Übergeneralisierungen mangels Alternative auf, die dann aktiviert wurden, wenn Lernenden mangels konzeptuellen Wissens kein tragfähiges Lösungsmodell zur Verfügung stand (vgl. De Bock et al., 2007; Greer, 2010).

Diese Muster entsprechen grundsätzlich den theoretisch diskutierten Annahmen, konnten jedoch in dieser Arbeit qualitativ sichtbar gemacht und in ihrer prozessbezogenen Verankerung nachvollzogen werden. Zugleich fand sich im Datenmaterial kein Hinweis auf stabile lineare Fehlvorstellungen, wie sie in der Literatur als mögliche Ursache diskutiert werden (Christodoulou, 2022; De Bock et al., 2007; Modestou & Gagatsis, 2007b).

Die prozessuale Verankerung dieser Typen in Problemlösemodellen bringt zwei wichtige theoretische Einsichten: Erstens erlaubt sie, lineare Übergeneralisierungen nicht nur als inhaltliches Misskonzept, sondern als Bestandteil kognitiver Prozesse zu verstehen. Dies zeigt sich sowohl in Form der Anwendung linearer Übergeneralisierungen als Oberflächenstrategie als auch in Form linearer Übergeneralisierungen mangels Alternative. Zweitens verdeutlicht die prozessbezogene Perspektive die bedeutende Rolle der in Abschnitt 3.1.3 dargestellten Problemlösekompetenzen, insbesondere jedoch die zentrale Rolle konzeptuellen Wissens. Wie in Abschnitt 3.2 gezeigt, umfasst ein tragfähiges Verständnis nicht linearer Geometrieprobleme drei wesentliche Bausteine: (1) Wissen über Flächen- und Volumeninhalte, (2) Verständnis von Ähnlichkeit und Skalierung, (3) funktionale Einordnung quadratischer und kubischer Wachstumszusammenhänge. Die Analysen belegen, dass Defizite in einem oder mehreren dieser Bereiche das Auftreten linearer Übergeneralisierungen deutlich begünstigen: Vor dem Hintergrund der in Abschnitt 2.4.4 betrachteten tieferliegenden Ursachen linearer Übergeneralisierungen zeigt sich, dass diese tatsächlich als eine Art Leitmotiv im Sinne Freudenthals (1983) wirksam ist, das bei nicht linearen Geometrieproblemen jedoch eng an fehlendes Konzeptwissen zu den verschiedenen Bausteinen der geometrischen Ähnlichkeit gebunden ist: Defizite in diesem Bereich erklären, warum Linearität entweder als Oberflächenstrategie auf der Basis von Aufgabenhinweisen genutzt wird oder mangels konzeptueller Alternativen als Notlösung zum Einsatz kommt. Auch oberflächliche Aufgabenmerkmale entfalten ihre problematische Wirkung also erst in Kombination mit unzureichendem Konzeptwissen und fehlender metakognitiver Steuerung. Schließlich zeigte sich, dass auch das Erkennen des nicht linearen Zusammenhangs zwischen den skalierten Objekten nicht hinreichend für die Entwicklung korrekter Lösungen ist, solange die weiteren Bausteine konzeptuellen Wissens nicht hinreichend ausgebildet sind. Dieser Befund steht in Übereinstimmung mit zentralen Annahmen der Conceptual Change-Theory, nach der konzeptueller Wandel sowohl die Korrektur fehlerhafter Vorstellungen als auch den Aufbau adäquater konzeptueller Strukturen verlangt (G. Posner et al., 1982; Vosniadou, 2007). Er ist zudem anschlussfähig an die Ausführungen von Modestou und Gagatsis (2010) zur Komponente des meta-analogen Bewusstseins proportionalen Denkens, zu der nicht nur die Fähigkeit gehört, zwischen proportionalen und nicht proportionalen Situationen zu unterscheiden, sondern auch, mit letzteren angemessen umgehen zu können (siehe Abschnitt 2.4.5).

Auch die in Kapitel 7 beleuchteten theoretischen Annahmen und empirischen Befunde zur Rolle von Visualisierungen und insbesondere Skizzen beim mathematischen Lernen und Problemlösen lassen sich durch die Ergebnisse dieser Arbeit erweitern. Die Ergebnisse der vorliegenden Arbeit stehen zunächst in grundsätzlicher Übereinstimmung mit theoretischen Modellen der Skizzennutzung (CTML nach Mayer, 2021; CMDC nach van Meter & Firetto, 2013) sowie empirischen Befunden zur Rolle von Skizzen beim mathematischen Problemlösen (vgl. z. B. Stylianou, 2011; Rellensmann et al., 2022). Durch die prozessbezogenen Analysen unter Nutzung von Eye-Tracking von Studie 2 ergeben sich jedoch vertiefte Einsichten, da diese detailliert sichtbar machten, zu welchem Zweck und in welcher Qualität Lernende Skizzen in einzelnen Teilprozessen des Problemlösens tatsächlich nutzen. Dieser prozedurale Einblick erweitert den bisherigen, vorwiegend produktorientierten oder auf reine Blickbewegungen beschränkten Zugang (vgl. z. B. Stylianou, 2011; J. Zhang, 1997) und lieferte differenzierte Einsichten in die tatsächliche Rolle von Skizzen beim mathematischen Problemlösen. Zudem liefert Studie 2 Hinweise, wie inhaltliches Vorwissen, strategisches und heuristisches (konditionales) Skizzenwissen sowie die Fähigkeit zu metakognitiver Steuerung als zentrale Moderatoren der Skizzennutzung im Problemlöseprozess zusammenwirken (vgl. z. B. Fiorella & Zhang, 2018; Rellensmann et al., 2023; Renkl & Scheiter, 2017; Reuter et al., 2015).

Der Befund, dass die in Studie 2 von den Lernenden erstellten Skizzen die Rolle vorgefertigter Skizzen hatten, wirft zunächst die theoretisch wichtige, bislang kaum behandelte Frage auf, inwiefern der Zeitpunkt der Skizzengenerierung die jeweils aktivierten kognitiven Prozesse bestimmt. Es erscheint theoretisch naheliegend, dass ein der Problemstellung nachgelagertes Zeichnen andere qualitative Prozesse aktiviert, etwa selektive Aufmerksamkeit, strukturierende Organisation und eine integrative Modellbildung zwischen Text und Bild (Ainsworth, 2006; Van Meter & Garner, 2005; Q. Zhang & Fiorella, 2019). Die Unterscheidung zwischen vor- und nachgelagerter Skizzengenerierung stellt damit eine bedeutsame theoretische Variable dar, deren Wirkung in der bisherigen Forschung nur marginal berücksichtigt wird.

Vor diesem Hintergrund lassen sich auch die widersprüchlichen empirischen Befunde zu Effekten von Skizzen bei der Lösung nicht linearer Geometrieprobleme (siehe Abschnitt 7.6) neu einordnen. Die Befunde aus Studie 1 und 2 verdeutlichen zunächst, dass zwei theoretisch unterschiedliche Perspektiven zu unterscheiden sind, deren Trennung in der bisherigen Forschung kaum systematisch thematisiert wurde: Zum einen der negative Effekt der vorgefertigten Skizzen sowie auch der ausbleibende positiver Effekt spontaner oder auf Anweisung hin erstellter Skizzen. Während De Bock et al. (2003) den negativen Effekt betreffend eine Fokussierung auf lineare Tätigkeiten als Ursache diskutierten, deutet die vorliegende Arbeit an, dass die spezifische Funktion vorab gezeichneter Maßstabsskizzen entscheidend ist: Ihre fehlende Passung zur Aufgabenstruktur – insbesondere hinsichtlich der Skalierungsrelationen – sowie die zeitliche Vorverlagerung der Zeichnung erschwerten die Text-Bild-Integration und begünstigten lineare Übergeneralisierungen. Im Zusammenspiel mit Befunden aus Studie 1, die bereits quantitative Hinweise auf den fehlenden positiven Effekt sowohl spontan erstellter als auch auf Anweisung hin erstellter Maßstabsskizzen belegte, präzisiert Studie 2, warum letztere nicht leistungsförderlich wirken. Zwar zeigten sich in einzelnen Teilprozessen wie etwa beim Validieren punktuelle förderliche Wirkungen wie etwa das Erkennen der Nichtlinearität des Skalierungszusammenhangs. Diese blieben jedoch ohne konzeptuelles Wissen zu den weiteren Bausteinen geometrischer Ähnlichkeit ohne Wirkung auf die Gesamtleistung.

Schließlich eröffnet Studie 3 eine weitere theoretische Perspektive: Die gezielte Kombination statischer und dynamischer Visualisierungen. Im Einklang mit Befunden zum Multimediaeffekt (Fiorella & Mayer, 2021; Mayer, 2021; Scheiter, 2021a) zeigt sie, dass das Zusammenspiel beider Formate das Verständnis nicht linearer Wachstumszusammenhänge verbessern und lineare Übergeneralisierungen reduzieren kann. Damit wird ein theoretisch erwarteter Nutzen kombinierter Visualisierungen erstmals für nicht lineare Geometrieprobleme empirisch gestützt – wenn auch aufgrund der zeitlich kurzen Intervention nur vorläufig.

Die Analyse linearer Übergeneralisierungen und die prozessbezogene Untersuchung der Skizzennutzung lassen sich zu theoretischen Einsichten zusammenführen, die zu einer Weiterentwicklung prozessbezogener Modelle des mathematischen Problemlösens beitragen. Dabei wird deutlich, dass beide Phänomene auf gemeinsamen kognitiven Mechanismen beruhen, die sich insbesondere in der Planungsphase auswirken. Die Befunde zeigen, dass Defizite in den konzeptuellen Grundlagen geometrischer Ähnlichkeit – etwa in Bezug auf Flächen- und Volumenwachstum, Ähnlichkeit und Skalierung oder die funktionale Einordnung nicht linearer Wachstumszusammenhänge – sowohl das Auftreten linearer Übergeneralisierungen begünstigen als auch eine förderliche Nutzung der Skizzen häufig verhindern. Diese Defizite wirken in der Planungsphase auf zwei unterschiedliche Weisen leistungsmindernd: Erstens, indem lineare Übergeneralisierungen als Oberflächenstrategie oder mangels konzeptueller Alternativen aktiviert werden, und zweitens, indem Schwierigkeiten der Text-Bild-Integration (vorgefertigter) Skizzen lineare Übergeneralisierungen begünstigen oder in einer falschen Messlösung münden. Zugleich erlauben die Prozessdaten eine präzisere Beschreibung teilprozessbezogener Formen der Skizzennutzung, die zusätzlich zu den gerade leistungshemmenden Wirkmechanismen sowohl Hinweise auf leistungsförderliche als auch nicht förderliche Wirkungen ergab. Auch diese ließen sich mit fehlendem Konzeptwissen in Verbindung bringen; insbesondere trug auch eine lokal förderliche Skizzennutzung nicht zur Verhinderung linearer Übergeneralisierungen bei.

Insgesamt zeigt die Arbeit, dass ein vertieftes Verständnis linearer Übergeneralisierungen und eine theoretisch präzisierte Einordnung der Skizzennutzung zentrale kognitive Mechanismen beim Umgang mit nicht linearen Geometrieproblemen schärfer fassen. Ergänzend erweitert Studie 3 diese Perspektive um einen theoretischen Zugang zur Bedeutung des kombinierten Einsatzes statischer und dynamischer Visualisierungen, sodass gemeinsam ein umfassenderer theoretischer Blick auf die Rolle von Visualisierungen beim Verständnis nicht linearer Zusammenhänge entsteht.

12.4 Praktische Implikationen für Unterricht und Didaktik

Aus den Befunden ergeben sich mehrere Konsequenzen für Unterricht und Förderung, die sowohl an die mathematikdidaktische Diskussion zu linearen Übergeneralisierungen als auch an allgemeine Erkenntnisse zur Rolle konzeptuellen Wissens, zur Bedeutung von Visualisierungen und zur Förderung metakognitiver Kompetenzen anschließen.

Ein erster und zentraler Ansatzpunkt liegt in der systematischen Förderung konzeptuellen Wissens, das sich als zentraler Faktor für die beobachteten linearen Übergeneralisierungen erwiesen hat. Folglich müssen die drei Komponenten – konzeptuelles Wissen über Flächeninhalte und Volumina, ein tragfähiges Verständnis proportionaler Relationen und ein funktionales Verständnis nicht linearer Zusammenhänge – sowohl isoliert als auch vernetzt gefördert werden. Für das Konzeptverständnis zu Flächeninhalten und Volumina sollte auch in höheren Jahrgängen immer wieder an Grundvorstellungen angeknüpft werden, um der in Abschnitt 3.2.5 geschilderten Fokussierung der Lernenden auf formelgeleitete Berechnungen sowie die Isolierung verschiedener Verfahren (Parkettierung, Formeln, Integralrechnung) entgegenzuwirken und Grundvorstellungen langfristig aufzubauen. Der zweite Baustein betrifft das Verständnis proportionaler Relationen. Wie in Kapitel 2 dargestellt, bleibt Proportionalität im Unterricht häufig auf das algorithmische Lösen von Routineaufgaben beschränkt. Ergänzend zu den dort diskutierten Vorschlägen – etwa dem mehrdimensionalen Modell proportionalen Denkens von Modestou und Gagatsis (2010) – erscheint es didaktisch sinnvoll, Proportionalität als Leitidee zu verstehen. Damit wird sie nicht nur als Rechenverfahren, sondern als grundlegendes Ordnungsprinzip mathematischen Denkens sichtbar, das verschiedene Inhaltsbereiche verbindet: Zentral ist dabei die Betonung von Invarianz und Relationalität. Der dritte Baustein betrifft die funktionalen Zusammenhänge. Forschungsergebnisse zeigen, dass insbesondere die fehlende Einsicht in die unterschiedlichen Wachstumsverläufe von Längen, Flächen und Volumina (linear, quadratisch, kubisch) zu linearen Übergeneralisierungen führt. Diese Zusammenhänge werden im Unterricht oft nur formal vermittelt, ohne sie an funktionale Vorstellungen von Veränderung und Abhängigkeit zu koppeln (siehe Abschnitt 3.2.3). Didaktisch sollte daher nicht nur die Abgrenzung linearer und exponentieller Zusammenhänge, sondern explizit auch die Unterscheidung linearer und quadratischer Wachstumsprozesse thematisiert werden. Entscheidend ist schließlich die Vernetzung dieser drei Komponenten im Sinne eines spiralförmigen Lernens (siehe auch Abschnitt 2.4.5). Nicht lineare Wachstumsverhältnisse sollten frühzeitig und wiederholt thematisiert werden – etwa bereits in der 5. Klasse nach Herleitung der Flächeninhaltsformel für Rechtecke (siehe Abschnitt 3.2.3), indem etwa Veränderungen von Flächen- und später Volumenmaßen bei verdoppelten Seitenlängen behandelt werden. Bei der Einführung des Ähnlichkeitsbegriffs sollte das unterschiedliche Wachstum von Flächen- und Volumengrößen systematisch verdeutlicht werden. Im Kontext des Funktionsunterrichts wiederum sollten lineare, quadratische und kubische Wachstumszusammenhänge explizit miteinander kontrastiert werden. So wird verhindert, dass lineare Routinen als Oberflächenstrategie oder „Notlösung" stabilisiert werden, und stattdessen ein tragfähiges, vernetztes Konzeptverständnis aufgebaut, das Lernenden flexible Problemlösestrategien ermöglicht. Gerade für diese spiralförmige Vernetzung bieten sich Visualisierungen – insbesondere dynamische Visualisierungen – an, da sie komplexe Wachstumszusammenhänge anschaulich machen, Relationen zwischen Größen verdeutlichen und den Wechsel zwischen verschiedenen Repräsentationen unterstützen.

Darüber hinaus sollten metakognitive Kompetenzen zur Reflexion und Steuerung des Problemlöseprozesses gezielt gefördert werden. Die Ergebnisse dieser Arbeit haben gezeigt, dass auch fehlende metakognitive Überwachung dazu beiträgt, dass Skizzen oberflächlich genutzt oder sogar hinderlich wirksam werden. Dies bedeutet, Lernenden Techniken zur bewussten Überprüfung der Angemessenheit von Skizzen an die Hand zu geben. Solche Reflexionsprozesse können helfen, oberflächliche Nutzungen frühzeitig zu erkennen und zu korrigieren. Leitfragen wie: „Welche Informationen liefert die Skizze?" oder „Welche Relationen sind korrekt abgebildet, welche fehlen?" könnten hilfreich sein. Auch die Förderung strategischen Skizzenwissens könnte ein Ansatz sein: Lernende sollten gezielt reflektieren, welche Eigenschaften einer Skizze im jeweiligen Kontext wichtig sind. Dazu gehören insbesondere Aspekte wie Proportionalität, Maßstabstreue oder die Hervorhebung relevanter Relationen.

Die Befunde der Arbeit deuten darauf hin, dass bestimmte Bedingungen – etwa der Einsatz passender Visualisierungen, die Förderung metakognitiver Regulation sowie der Aufbau von strategischem Skizzenwissen – potenziell dazu beitragen können, lineare Übergeneralisierungen zu reduzieren und die Bearbeitung nicht linearer Geometrieprobleme zu unterstützen. Auch wenn in den vorliegenden Studien weder ein spiralförmiger Wissensaufbau noch die Entwicklung konzeptuellen Wissens direkt untersucht wurden, legen die Ergebnisse nahe, dass Unterrichtsansätze, die zentrale Inhalte wiederholt und unter Einsatz geeigneter Visualisierungen aufgreifen und in verschiedenen Kontexten verknüpfen, wichtige Ansatzpunkte bieten könnten, um ein tragfähigeres Verständnis nicht linearer Zusammenhänge zu ermöglichen.

12.5 Ausblick und Forschungsdesiderate

Die Ergebnisse der drei Studien eröffnen vielfältige Perspektiven für weiterführende Forschung, die auf verschiedenen, eng miteinander verbundenen Ebenen ansetzen: Erstens die Verbindung von Konzeptwissen und linearen Übergeneralisierungen, zweitens die Rolle von Skizzen im Problemlöseprozess nicht linearer Geometrieprobleme und drittens die Rolle von Visualisierungen zur Vermittlung des Wachstumsprinzips skalierter Flächen bzw. Körper.

Zunächst bedarf es systematischer Längsschnittstudien, die klären, wie der spiralförmige Aufbau von Konzeptwissen zu Flächeninhalten und Volumina, Proportionalität und Wachstumszusammenhängen langfristig zur Zurückdrängung linearer Übergeneralisierungen beiträgt. Bislang liegen vor allem querschnittliche Befunde vor, sodass wenig über Entwicklungsverläufe bekannt ist.

Zweitens ist zu untersuchen, welche konzeptuellen Grundlagen wirklich notwendige Voraussetzungen einer produktiven Skizzennutzung bei der Lösung nicht linearer Geometrieprobleme sind. Es ist offen, ob bereits stabile Grundvorstellungen zu Flächeninhalten bzw. Volumina genügen oder ob zusätzlich ein Verständnis von Ähnlichkeit und funktionalen Wachstumszusammenhängen erforderlich ist. Hier wäre auch eine differenzierte Betrachtung unterschiedlicher Skizzenarten (spontan von Lernenden gezeichnet, auf Aufforderung hin mit oder ohne Maßstabsvorgabe gezeichnet oder vorgegeben) unter Nutzung von Eye-Tracking vielversprechend. Dabei sollten bekannte Moderatoren wie strategisches oder heuristisches Skizzenwissen und metakognitive Steuerungsprozesse berücksichtigt werden.

Drittens sollten zukünftige Studien systematisch untersuchen, wie sich der Zeitpunkt der Erstellung lernergenerierter Skizzen (vor versus nach der Problemstellung) auf die Text-Bild-Integration und die Modellbildung auswirkt. Diese Variable wurde bislang in der Forschung zu lern- oder skizzenbezogenen Strategien kaum berücksichtigt, ist jedoch für Theorie und Praxis gleichermaßen relevant.

Viertens könnte ein Fokus auf die Konfliktforschung gelegt werden. Aufbauend auf der Studie von Putarek und Vlahović-Štetić (2019) zur Konflikterkennung könnte unter Nutzung von Eye-Tracking untersucht werden, ob und wie gegebene Skizzen Konflikte zwischen heuristischer und analytischer Lösung bei nicht linearen Geometrieproblemen verstärken oder abschwächen und ob Lernende in verschiedenen Altersgruppen unterschiedlich reagieren.

Letzter Aspekt ist eine differenzierte Betrachtung statischer und dynamischer Visualisierungen zur Vermittlung des Skalierungsprinzips. Die dritte Studie dieser Arbeit verweist auf das Potenzial einer gezielten Kombination statischer und dynamischer, in eine digitale Lernumgebung eingebetteter Visualisierungen. Hier erscheint eine differenzierte Analyse der Wirkmechanismen statischer und dynamischer Visualisierungen notwendig, insbesondere im Hinblick auf adaptive Lernumgebungen, die Lernprozesse stärker individualisieren. Künftige Forschungen sollten klären, welche spezifischen Funktionen statische Visualisierungen (z. B. Hervorhebung von Proportionalität und Relationen) übernehmen können und in welchen Kontexten dynamische Visualisierungen explorative Zugänge und konzeptuelle Einsichten erleichtern. Dabei erscheint eine differenzierte Betrachtung offener und stärker gelenkter Lernumgebungen sowie adaptiver Systeme zentral, um Erkenntnisse zur individuellen Unterstützung von Lernprozessen mit Hilfe von Visualisierungen zu erhalten.

13 Fazit

Die vorliegende Arbeit zeigt, dass Visualisierungen insbesondere in Form von Skizzen nicht per se leistungsförderlich sind und sogar leistungshinderlich wirken können. Ihre Wirkung hängt entscheidend von konzeptuellem Wissen, strategischem Skizzenwissen und metakognitiver Steuerung ab. Während spontan erstellte Skizzen häufig qualitativ unzureichend sind und daher beim Problemlösen kaum unterstützen, können auf Aufforderung angefertigte Maßstabsskizzen trotz formaler Korrektheit die Leistung sogar verschlechtern. Prozessanalysen belegen, dass insbesondere eine misslingende Text-Bild-Integration in der Planungsphase – verursacht durch fehlende Maßstabspassung und fehlendes Konzeptwissen – bei nicht linearen Geometrieproblemen zu Messlösungen als falschen skizzenbasierten Lösungen und linearen Übergeneralisierungen führt. Zugleich bleibt ein positiver Effekt aus, wenn Skizzen überwiegend deskriptiv und oberflächlich genutzt werden, explorative oder zielgerichtet-deskriptive Nutzungen die Ausnahme sind und fehlendes konzeptuelles Wissen eine punktuelle leistungsförderliche Nutzung beispielsweise bei Validierungsprozessen verhindert. Zentrales Ergebnis der ersten beiden Studien ist, dass Skizzen ohne tragfähiges konzeptuelles Wissen ihre potenziell unterstützende Funktion verlieren und sogar leistungshinderlich wirken können. Gleichzeitig eröffnet die Intervention der dritten Studie eine klare Perspektive: Eine didaktisch eingebettete Kombination aus statischen und dynamischen Visualisierungen kann dazu beitragen, die Leistung bei nicht linearen Problemen zu verbessern und lineare Übergeneralisierungen zu reduzieren – ohne Nachteile für lineare Probleme. Damit wird ein Weg sichtbar, Skizzen und Visualisierungen wirksam zu machen: eingebettet, konzeptgeleitet, strategisch angeleitet und metakognitiv flankiert.

G. Volbers, *Visualisierungen bei nicht linearen Geometrieproblemen*, Studien zur theoretischen und empirischen Forschung in der Mathematikdidaktik,
https://doi.org/10.1007/978-3-658-52828-7_13

In Summe leistet die Arbeit einen doppelten Beitrag: theoretisch, indem sie die Rolle von Skizzen sowie die Gründe für lineare Übergeneralisierungen prozessual verankert und beide Phänomene als wissens- und prozessgebunden erklärt, die auf gemeinsamen konzeptuellen und metakognitiven Grundlagen beruhen, praktisch, indem sie konkrete Orientierungsperspektiven für einen Unterricht aufzeigt, der konzeptuelles Wissen zur Ähnlichkeit spiralförmig und unter Einsatz von Visualisierungen gezielt entwickelt. Dadurch eröffnet sich die Möglichkeit, tragfähige Alternativen zu linearen Übergeneralisierungen aufzubauen und nachhaltiges Problemlösen in nicht linearen Geometriekontexten zu ermöglichen.

Literaturverzeichnis

Abels, N. & Knipping, C. (2021). Reflexion von Skizzen als metakognitive Aktivität beim geometrischen Argumentieren und Beweisen – eine Untersuchung mit Studierenden des Grundschullehramtes. In É. Vásárhelyi & J. Sjuts (Hrsg.), *Theoretische und empirische Analysen zum geometrischen Denken* (S. 11–30). WTM. https://doi.org/10.37626/GA9783959872003.0.01

Ainsworth, S. (2006). DeFT: A conceptual framework for considering learning with multiple representations. *Learning and Instruction, 16*(3), 183–198. https://doi.org/10.1016/j.learninstruc.2006.03.001

Ainsworth, S., Tytler, R. & Prain, V. (2020). Learning by construction of multiple representations. In P. Van Meter, A. List, D. Lombardi & P. Kendeou (Hrsg.), *Handbook of learning from multiple representations and perspectives* (S. 92–106). Routledge. https://doi.org/10.4324/9780429443961-8

Ainsworth, S. & Van Labeke, N. (2004). Multiple forms of dynamic representation. *Learning and Instruction, 14*(3), 241–255. https://doi.org/10.1016/j.learninstruc.2004.06.002

Alemdag, E. & Cagiltay, K. (2018). A systematic review of eye tracking research on multimedia learning. *Computers & Education, 125*, 413–428. https://doi.org/10.1016/j.compedu.2018.06.023

Alexander, P. A. (1996). The past, present, and future of knowledge research: A reexamination of the role of knowledge in learning and instruction. *Educational Psychologist, 31*(2), 89–92. https://doi.org/10.1080/00461520.1996.10524941

American Psychological Association. (n.d.). *Cognitive process.* APA Dictionary of Psychology. https://dictionary.apa.org/cognitive-process

Anderson, J. R. (2000). *Learning and memory: An integrated approach* (2. Aufl.). Wiley.

Anderson, J. R. (2020). *Cognitive psychology and its implications* (9. Aufl.). Macmillan.

Anderson, L. W. & Krathwohl, D. R. (2014). *A taxonomy for learning, teaching, and assessing: A revision of Bloom's taxonomy of educational objectives.* Pearson.

Anderson, R. C., Reynolds, R. E., Schallert, D. L. & Goetz, E. T. (1977). Frameworks for comprehending discourse. *American Educational Research Journal, 14*(4), 367–381. https://doi.org/10.3102/00028312014004367

Andrá, C., Lindström, P., Arzarello, F., Holmqvist, K., Robutti, O. & Sabena, C. (2015). Reading mathematics representations: An eye-tracking study. *International Journal of*

G. Volbers, *Visualisierungen bei nicht linearen Geometrieproblemen*, Studien zur theoretischen und empirischen Forschung in der Mathematikdidaktik,
https://doi.org/10.1007/978-3-658-52828-7

Science and Mathematics Education, 13(S2), 237–259. https://doi.org/10.1007/s10763-013-9484-y

Ansorge, U. & Leder, H. (2016a). Visuelle Aufmerksamkeit: Konzepte und Paradigmen. In U. Ansorge & H. Leder (Hrsg.), *Wahrnehmung und Aufmerksamkeit* (2. Aufl., S. 71–83). Springer. https://doi.org/10.1007/978-3-658-12912-5_6

Ansorge, U. & Leder, H. (2016b). Visuelle Wahrnehmung: Farbe und Kontrast. In U. Ansorge & H. Leder (Hrsg.), *Wahrnehmung und Aufmerksamkeit* (2. Aufl., 85–100). Springer. https://doi.org/10.1007/978-3-531-92094-8_6

Arcavi, A. (2003). The role of visual representations in the learning of mathematics. *Educational Studies in Mathematics, 52*(3), 215–241. https://doi.org/10.1023/A:1024312321077

Atchison, D. A. & Smith, G. (2023). *Optics of the human eye* (2. Aufl.). CRC Press. https://doi.org/10.1201/9781003128601

Atkinson, R. C. & Shiffrin, R. M. (1968). Human memory: A proposed system and its control processes. In K. Spence & Spence Janet (Hrsg.), *The psychology of learning and motivation: Advances in research and theory* (Bd. 2, S. 89–195). Elsevier. https://doi.org/10.1016/S0079-7421(08)60422-3

Ayabe, H., Manalo, E. & De Vries, E [Erica] (2022). Problem-appropriate diagram instruction for improving mathematical word problem solving. *Frontiers in psychology, 13*, 992625. https://doi.org/10.3389/fpsyg.2022.992625

Ayan, R. & Isiksal Bostan, M. (2016). Middle school students' reasoning in nonlinear proportional problems in geometry. *International Journal of Science and Mathematics Education, 16*(3), 503–518. https://doi.org/10.1007/s10763-016-9777-z

Ayres, P. & Sweller, J. (2021). The split-attention principle in multimedia learning. In R. E. Mayer & L. Fiorella (Hrsg.), *The Cambridge handbook of multimedia learning* (3. Aufl., S. 199–211). Cambridge University Press. https://doi.org/10.1017/9781108894333.020

Baddeley, A. D. (1992). Working memory. *Science, 255*(5044), 556–559. https://doi.org/10.1126/science.1736359

Baddeley, A. D. (2000). The episodic buffer: A new component of working memory? *Trends in Cognitive Sciences, 4*(11), 417–423. https://doi.org/10.1016/S1364-6613(00)01538-2

Baddeley, A. D. (2010). Working memory. *Current Biology, 20*(4), R136-R140. https://doi.org/10.1016/j.cub.2009.12.014

Baddeley, A. D. & Hitch, G. (1974). Working memory. In G. H. Bower (Hrsg.), *Psychology of learning and motivation: Advances in research and theory* (Bd. 8, S. 47–89). Academic Press. https://doi.org/10.1016/S0079-7421(08)60452-1

Bakeman, R., Quera, V. & Gnisci, A. (2009). Observer agreement for timed-event sequential data: a comparison of time-based and event-based algorithms. *Behavior research methods, 41*(1), 137–147. https://doi.org/10.3758/BRM.41.1.137

Bandura, A. (1997). *Self-efficacy: The exercise of control.* Freeman.

Barzel, B. (Hrsg.). (2005). *Computer, Internet & Co. im Mathematik-Unterricht.* Cornelsen.

Barzel, B., Glade, M. & Klinger, M. (2021). *Algebra und Funktionen: Fachlich und fachdidaktisch.* Springer. https://doi.org/10.1007/978-3-662-61393-1

Barzel, B., Hußmann, S., Leuders, T. & Prediger, S. (2016). *Mathewerkstatt 9.* Cornelsen.

Behr, M. J., Harel, G., Post, T. R. & Lesh, R. (1992). Rational number, ratio, and proportion. In D. Grouws (Hrsg.), *Handbook of research on mathematics teaching and learning* (S. 296–333). Macmillan.

Berney, S. & Bétrancourt, M. (2016). Does animation enhance learning? A meta-analysis. *Computers & Education, 101*, 150–167. https://doi.org/10.1016/j.compedu.2016.06.005

Bétrancourt, M. & Tversky, B. (2000). Effect of computer animation on users' performance: A review. *Le Travail Humain, 63*(4), 311–329.

Blum, W. (Hrsg.). (2012). *Bildungsstandards Mathematik: konkret* (6. Aufl.). Cornelsen.

Bodemer, D., Ploetzner, R., Feuerlein, I. & Spada, H. (2004). The active integration of information during learning with dynamic and interactive visualisations. *Learning and Instruction, 14*(3), 325–341. https://doi.org/10.1016/j.learninstruc.2004.06.006

Bortz, J. & Schuster, C. (2010). *Statistik für Human- und Sozialwissenschaftler* (7., vollständig überarberarbeitete und erweiterte Auflage, limitierte Sonderausgabe). Springer. https://doi.org/10.1007/978-3-642-12770-0

Böswald, V. (2024). *Die Rolle der Position der Fragestellung beim Textverstehen von mathematischen Modellierungsaufgaben: Zwei Empirische Studien mit Befragungen und Eye-Tracking-Technologie.* Springer. https://doi.org/10.1007/978-3-658-43675-9

Bowen, G. M. & Roth, W.-M. (2003). Graph interpretation practices of science and education majors. *Canadian Journal of Science, Mathematics and Technology Education, 3*(4), 499–512. https://doi.org/10.1080/14926150309556585

Bräuer, V., Leiss, D. & Schukajlow, S. (2021). Skizzen zeichnen zu Modellierungsaufgaben – Eine Analyse themenspezifischer Differenzen einer Visualisierungsstrategie beim mathematischen Modellieren. *Journal für Mathematik-Didaktik, 42*(2), 491–523. https://doi.org/10.1007/s13138-021-00182-7

Brousseau, G. (2002). *Theory of didactical situations in mathematics* (N. Balacheff, M. Cooper, R. Sutherland & V. Warfield, Übers.) (Bd. 19). Kluwer. https://doi.org/10.1007/0-306-47211-2

Bruder, R., Büchter, A., Gasteiger, H., Schmidt-Thieme, B. & Weigand, H.-G. (Hrsg.). (2023). *Handbuch der Mathematikdidaktik* (2. Aufl.). Springer.

Bruder, R. & Collet, C. (2011). *Problemlösen lernen im Mathematikunterricht.* Cornelsen.

Bruner, J. S. (2009). *The process of education: Revised Edtition* (2. Aufl.). Harvard University Press.

Canham, M. & Hegarty, M. (2010). Effects of knowledge and display design on comprehension of complex graphics. *Learning and Instruction, 20*(2), 155–166. https://doi.org/10.1016/j.learninstruc.2009.02.014

Carrasco, M. (2011). Visual attention: The past 25 years. *Vision Research, 51*(13), 1484–1525. https://doi.org/10.1016/j.visres.2011.04.012

Çeken, B. & Taşkın, N. (2022). Multimedia learning principles in different learning environments: A systematic review. *Smart Learning Environments, 9*, Artikel 19. https://doi.org/10.1186/s40561-022-00200-2

Chazan, D. (1988). *Similarity: Exploring the Understanding of a Geometric Concept. Technical Report 88–15.*

Christodoulou, T. (2022). Why are the students unable to distinguish the proportional from the non-proportional mathematical situations? A review of the relative research on the illusion of proportionality. *Mediterranean Journal for Research in Mathematics Education, 19*, 37–54.

Chumachenko, D., Shvarts, A., Dreneva, A. & Krichevets, A. (2025). Eye movements in the development of geometric shape recognition: From sensory-motor processes to theoretical perception. *Educational Studies in Mathematics, 118*(3), 529–554. https://doi.org/10.1007/s10649-024-10298-5

Cobb, P., Wood, T., Yackel, E. & McNeal, B. (1992). Characteristics of classroom mathematics traditions: An interactional analysis. *American Educational Research Journal, 29*(3), 573–604. https://doi.org/10.3102/00028312029003573

Cohen, J. (1988). *Statistical power analysis for the behavioral sciences* (2. Aufl.). Routledge. https://doi.org/10.4324/9780203771587

Cook, D. (2007). Stimulated recall and mental models: Tools for teaching and learning computer information literacy. *Journal of the American Society for Information Science and Technology, 58*(3), 456–457. https://doi.org/10.1002/asi.20472

Corbetta, M. & Shulman, G. L. (2002). Control of goal-directed and stimulus-driven attention in the brain. *Nature Reviews Neuroscience, 3*(3), 201–215. https://doi.org/10.1038/nrn755

Corte, E. de, Verschaffel, L. & Pauwels, A. (1990). Influence of the semantic structure of word problems on second graders' eye movements. *Journal of Educational Psychology, 82*(2), 359–365. https://doi.org/10.1037/0022-0663.82.2.359

Corte, E. de, Verschaffel, L. & Van Dooren, W. (2012). Heuristics and problem solving. In N. M. Seel (Hrsg.), *Encyclopedia of the sciences of learning* (S. 1421–1424). Springer. https://doi.org/10.1007/978-1-4419-1428-6_420

Cox, D. C. (2013). Similarity in middle school mathematics: At the crossroads of geometry and number. *Mathematical Thinking and Learning, 15*(1), 3–23. https://doi.org/10.1080/10986065.2013.738377

Cox, R. (1999). Representation construction, externalised cognition and individual differences. *Learning and Instruction, 9*(4), 343–363. https://doi.org/10.1016/S0959-4752(98)00051-6

De Bock, D., Van Dooren, W., Janssens, D. & Verschaffel, L. (2007). *The illusion of linearity: From analysis to improvement*. Springer.

De Bock, D., Verschaffel, L. & Janssens, D. (1998). The predominance of the linear model in secondary school students' solutions of word problems involving length and area of similar plane figures. *Educational Studies in Mathematics, 35*, 65–83.

De Bock, D., Verschaffel, L. & Janssens, D. (2002). The effects of different problem presentations and formulations on the illusion of linearity in secondary school students. *Mathematical Thinking and Learning, 4*(1), 65–89. https://doi.org/10.1207/S15327833MTL0401_3

De Bock, D., Verschaffel, L., Janssens, D., Van Dooren, W. & Claes, K. (2003). Do realistic contexts and graphical representations always have a beneficial impact on students' performance? Negative evidence from a study on modelling non-linear geometry problems. *Learning and Instruction, 13*(4), 441–463. https://doi.org/10.1016/S0959-4752(02)00040-3

De Vries, E [Elena]. (2021). *Feedback in Digitalen Lernumgebungen: Eine Interventionsstudie zu dem Lernpfad „Quadratische Funktionen erkunden"*. Springer. https://doi.org/10.1007/978-3-658-35838-9

Dewolf, T., Dooren, W., Ev Cimen, E. & Verschaffel, L. (2013). The impact of illustrations and warnings on solving mathematical word problems realistically. *The Journal of Experimental Education*, *82*(1), 103–120. https://doi.org/impact

Dewolf, T., Van Dooren, W., Hermens, F. & Verschaffel, L. (2015). Do students attend to representational illustrations of non-standard mathematical word problems, and, if so, how helpful are they? *Instructional Science*, *43*(1), 147–171. https://doi.org/10.1007/s11251-014-9332-7

Döring, N. (2023). *Forschungsmethoden und Evaluation in den Sozial- und Humanwissenschaften* (6., vollständig überarbeitete und aktualisierte Auflage). Springer. https://doi.org/10.1007/978-3-662-64762-2

Dörner, D. (1976). *Problemlösen als Informationsverarbeitung*. Kohlhammer.

Dresing, T. & Pehl, T. (2018). *Praxisbuch Interview, Transkription & Analyse: Anleitungen und Regelsysteme für qualitativ Forschende* (8. Auflage). Eigenverlag.

Dudenredaktion. (o.D.a). *linear*. https://www.duden.de/rechtschreibung/linear

Dudenredaktion. (o.D.b). *Problem*. https://www.duden.de/rechtschreibung/Problem

Dudenredaktion. (o.D.c). *proportional*. https://www.duden.de/rechtschreibung/proprtional

Duroux, A. (1982). La valeur absolue: Difficultés majeures pour une notion mineure. *Petit x*(3), 3–14. https://irem.univ-grenoble-alpes.fr/medias/fichier/3x4_1570714622592-pdf

Duval, R. (2006). A cognitive analysis of problems of comprehension in the learning of mathematics. *Educational Studies in Mathematics*, *61*(1–2), 103–131. https://doi.org/10.1007/s10649-006-0400-z

Edelsbrunner, P. A. & Hofer, S. I. (2023). Unraveling the relation between representational competence and conceptual knowledge across four samples from two different countries. *Frontiers in Education*, *8*, Artikel 1046492. https://doi.org/10.3389/feduc.2023.1046492

Eitel, A. & Scheiter, K. (2015). Picture or text first? Explaining sequence effects when learning with pictures and text. *Educational Psychology Review*, *27*, 153–180. https://doi.org/10.1007/s10648-014-9264-4

Elia, I., Gagatsis, A. & Demetriou, A. (2007). The effects of different modes of representation on the solution of one-step additive problems. *Learning and Instruction*, *17*(6), 658–672. https://doi.org/10.1016/j.learninstruc.2007.09.011

English, L. D. & Gainsburg, J. (2016). Problem solving in a 21st-century mathematics curriculum. In L. D. English & D. Kirshner (Hrsg.), *Handbook of international research in mathematics education* (Third edition, S. 313–335). Routledge.

Epelboim, J. & Suppes, P. (2001). A model of eye movements and visual working memory during problem solving in geometry. *Vision Research*, *41*(12), 1561–1574. https://doi.org/10.1016/S0042-6989(00)00256-X

Erlebach, R. & Frank, C. (2022). Rolle des Vorwissens beim Lernen mit externalen Repräsentationen. *Unterrichtswissenschaft*, *50*, 479–516. https://doi.org/10.1007/s42010-022-00143-0

Evans, J. S. B. T. (2008). Dual-processing accounts of reasoning, judgment, and social cognition. *Annual review of psychology*, *59*, 255–278. https://doi.org/10.1146/annurev.psych.59.103006.093629

Fei-Fei, L., Iyer, A., Koch, C. & Perona, P. (2007). What do we perceive in a glance of a real-world scene? *Journal of vision*, *7*, 10. https://doi.org/10.1167/7.1.10

Field, A. (2024). *Discovering statistics using IBM SPSS statistics* (6. Aufl.). Sage.

Findeisen, S., Messner, J. & Guggemos, J. (2022). Dynamische, interaktive Visualisierungen – Erkenntnisse eines systematischen Reviews und Vorstellung einer digitalen Lernumgebung für die Domäne Wirtschaft. In K. Kögler, U. Weyland & H.-H. Kremer (Hrsg.), *Jahrbuch der berufs- und wirtschaftspädagogischen Forschung 2022* (S. 219–235). Verlag Barbara Budrich. https://doi.org/10.25656/01:26524

Finesilver, C. (2022). Beyond categories: Dynamic qualitative analysis of visuospatial representation in arithmetic. *Educational Studies in Mathematics, 110*(2), 271–290. https://doi.org/10.1007/s10649-021-10123-3

Fiorella, L. & Kuhlmann, S. (2020). Creating drawings enhances learning by teaching. *Journal of Educational Psychology, 112*(4), 811–822. https://doi.org/10.1037/edu0000392

Fiorella, L. & Mayer, R. (2015). *Learning as a generative activity: Eight learning strategies that promote understanding.* https://doi.org/10.1017/CBO9781107707085

Fiorella, L. & Mayer, R. E. (2021). Principles for reducing extraneous processing in multimedia learning: Coherence, signaling, redundancy, spatial contiguity, and temporal contiguity principles. In R. E. Mayer & L. Fiorella (Hrsg.), *The Cambridge handbook of multimedia learning* (3. Aufl., S. 185–198). Cambridge University Press. https://doi.org/10.1017/9781108894333.019

Fiorella, L. & Zhang, Q. (2018). Drawing boundary conditions for learning by drawing. *Educational Psychology Review, 30*(3), 1115–1137. https://doi.org/10.1007/s10648-018-9444-8

Fischbein, E. (1999). Intuitions and schemata in mathematical reasoning. *Educational Studies in Mathematics, 38*, 11–50. https://doi.org/10.1023/A:1003488222875

Flavell, J. (1979). Metacognition and cognitive monitoring: A new area of cognitive-developmental inquiry. *American Psychologist, 34*(10), 906–911. https://doi.org/10.1037/0003-066X.34.10.906

Flick, U. (2020). Gütekriterien qualitativer Forschung. In G. Mey & K. Mruck (Hrsg.), *Handbuch Qualitative Forschung in der Psychologie* (S. 247–263). Springer. https://doi.org/10.1007/978-3-658-26887-9_30

Flick, U. (2021). *Qualitative Sozialforschung: Eine Einführung* (10. Auflage, Originalausgabe, völlig überarbeitete Neuauflage). Rowohlt Taschenbuch Verlag.

Foster, C. (2023). Problem solving in the mathematics curriculum: From domain-general strategies to domain-specific tactics. *The Curriculum Journal, 34*(4), 594–612. https://doi.org/10.1002/curj.213

Freudenthal, H. (1973). *Mathematics as an educational task.* Springer. https://doi.org/10.1007/978-94-010-2903-2

Freudenthal, H. (1983). *Didactical phenomenology of mathematical structures.* Kluwer. https://doi.org/10.1007/0-306-47235-X

Fritz, J. (2020). *Schülerfehler im Problemlöseunterricht: Empirische Erkundungen zum Umgang der Lehrperson mit Schülerfehlern im mathematischen Problemlöseunterricht.* Technische Universität Braunschweig. https://doi.org/10.24355/dbbs.084-202112021337-0

Funke, J. (2003). *Problemlösendes Denken.* Kohlhammer. https://doi.org/10.11588/DIGLIT.18679

Gegenfurtner, A., Lehtinen, E. & Säljö, R. (2011). Expertise differences in the comprehension of visualizations: A meta-analysis of eye-tracking research in professional domains.

Educational Psychology Review, 23(4), 523–552. https://doi.org/10.1007/s10648-011-9174-7
Gerjets, P. & Kirschner, P. (2009). Learning from multimedia and hypermedia. In N. Balacheff, S. Ludvigsen, T. de Jong, A. Lazonder & S. Barnes (Hrsg.), *Technology-enhanced learning* (S. 251–272). Springer. https://doi.org/10.1007/978-1-4020-9827-7_15
Gick, M. L. (1986). Problem-solving strategies. *Educational Psychologist, 21*(1–2), 99–120. https://doi.org/10.1080/00461520.1986.9653026
Gillard, E., Van Dooren, W., Schaeken, W. & Verschaffel, L. (2009 a). Dual processes in the psychology of mathematics education and cognitive psychology. *Human Development, 52*(2), 95–108. https://doi.org/10.1159/000202728
Gillard, E., Van Dooren, W., Schaeken, W. & Verschaffel, L. (2009 b). Proportional reasoning as a heuristic-based process: Time constraint and dual task considerations. *Experimental psychology, 56*(2), 92–99. https://doi.org/10.1027/1618-3169.56.2.92
Goldin, G. & Kaput, J. (1996). A joint perspective on the idea of representation in learning and doing mathematics. In L. P. Steffe, P. Nesher, P. Cobb, G. Goldin & B. Greer (Hrsg.), *Theories of mathematical learning* (S. 397–430). Erlbaum.
Greefrath, G. (2010). *Didaktik des Sachrechnens in der Sekundarstufe.* Spektrum. https://doi.org/10.1007/978-3-8274-2679-6
Greefrath, G. (2018). *Anwendungen und Modellieren im Mathematikunterricht.* Springer. https://doi.org/10.1007/978-3-662-57680-9
Greefrath, G., Oldenburg, R., Siller, H.-S., Ulm, V. & Weigand, H.-G. (2016). *Didaktik der Analysis: Aspekte und Grundvorstellungen zentraler Begriffe.* Springer. https://doi.org/10.1007/978-3-662-48877-5
Greer, B. (1997). Modelling reality in mathematics classrooms: The case of word problems. *Learning and Instruction, 7*(4), 293–307. https://doi.org/10.1016/S0959-4752(97)00006-6
Greer, B. (2010). Overview of the papers: Why is linear thinking so dominant? *Mathematical Thinking and Learning, 12*(1), 109–115. https://doi.org/10.1080/10986060903465996
Greiff, S., Wüstenberg, S., Csapó, B., Demetriou, A., Hautamäki, J., Graesser, A. C. & Martin, R. (2014). Domain-general problem solving skills and education in the 21st century. *Educational Research Review, 13*, 74–83. https://doi.org/10.1016/j.edurev.2014.10.002
Gretsch, P. & Holzäpfel, L. (Hrsg.). (2016). *Lernen mit Visualisierungen: Erkenntnisse aus der Forschung und deren Implikationen für die Fachdidaktik.* Waxmann.
Hafner, S. (2012). *Proportionalität und Prozentrechnung in der Sekundarstufe I: Empirische Untersuchung und diaktische Analyse.* Springer.
Haider, H. (2021). *Lernen, Lernforschung.* Hogrefe. Dorsch Lexikon der Psychologie. https://dorsch.hogrefe.com/stichwort/lernen-lernforschung
Hamilton, E. R., Rosenberg, J. M. & Akcaoglu, M. (2016). The substitution augmentation modification redefinition (SAMR) model: A critical review and suggestions for its use. *TechTrends, 60*(5), 433–441. https://doi.org/10.1007/s11528-016-0091-y
Hannus, M. & Hyönä, J. (1999). Utilization of illustrations during learning of science textbook passages among low- and high-ability children. *Contemporary Educational Psychology, 24*(2), 95–123. https://doi.org/10.1006/ceps.1998.0987
Hartmann, L.-M. (2023). *Prozesse beim Problem Posing zu gegebenen realweltlichen Situationen und die Verbindung zum Modellieren.* Springer. https://doi.org/10.1007/978-3-658-43596-7

Hattermann, M., Rezat, S. & Sträßer, R. (2023). Geometrie: Leitidee Raum und Form. In R. Bruder, A. Büchter, H. Gasteiger, B. Schmidt-Thieme & H.-G. Weigand (Hrsg.), *Handbuch der Mathematikdidaktik* (S. 201–242). Springer. https://doi.org/10.1007/978-3-662-66604-3_7

Hegarty, M. & Just, M. A. (1993). Constructing mental models of machines from text and diagrams. *Journal of Memory and Language*, *32*(6), 717–742. https://doi.org/10.1006/jmla.1993.1036

Hegarty, M. & Kozhevnikov, M. (1999). Types of visual–spatial representations and mathematical problem solving. *Journal of Educational Psychology*, *91*(4), 684–689. https://doi.org/10.1037/0022-0663.91.4.684

Hegarty, M., Kriz, S. & Cate, C. (2003). The roles of mental animations and external animations in understanding mechanical systems. *Cognition and Instruction*, *21*(4), 209–249. https://doi.org/10.1207/s1532690xci2104_1

Heinze, A. (2007). Problemlösen im mathematischen und außermathematischen Kontext. *Journal für Mathematik-Didaktik*, *28*(1), 3–30. https://doi.org/10.1007/BF03339331

Heinze, A., Star, J. R. & Verschaffel, L. (2009). Flexible and adaptive use of strategies and representations in mathematics education. *ZDM*, *41*(5), 535–540. https://doi.org/10.1007/s11858-009-0214-4

Helle, L. (2017). Prospects and pitfalls in combining eye tracking data and verbal reports. *Frontline Learning Research*, *5*(3), 81–93. https://doi.org/10.14786/flr.v5i3.254

Hellenbrand, J. (2018). *Lernen durch sinnstiftendes Zeichnen: Eine Analyse von Blickbewegungen und Verhaltensspuren zu theoretischen Grundlagen.* Universitätsbibliothek Duisburg-Essen.

Helmke, A. (2012). *Unterrichtsqualität und Lehrerprofessionalität: Diagnose, Evaluation und Verbesserung des Unterrichts* (4. Aufl., aktualisierte Aufl.). Klett Kallmeyer.

Hembree, R. (1992). Experiments and relational studies in problem solving: A meta-analysis. *Journal for Research in Mathematics Education*, *23*(3), 242–273. https://doi.org/10.2307/749120

Hergovich, A. (2021). *Allgemeine Psychologie: Denken und Lernen* (2. aktualisierte und erweiterte Auflage, Bd. 5591). Facultas. https://doi.org/10.36198/9783838555911

Herold-Blasius, R. (2021). *Problemlösen mit Strategieschlüsseln: Eine explorative Studie zur Unterstützung von Problembearbeitungsprozessen bei Dritt- und Viertklässlern.* Springer. https://doi.org/10.1007/978-3-658-32292-2

Hershkowitz, R. (1989). Visualization in geometry: Two sides of the coin. *Focus on Learning Problems in Mathematics*, *11*, 61–76.

Hiebert, J. & Lefevre, P. (1986). Conceptual and procedural knowledge in mathematics: An introductory analysis. In J. Hiebert (Hrsg.), *Conceptual and procedural knowledge: The case of mathematics* (S. 1–27). Lawrence Erlbaum.

Höffler, T. (2007). *Lernen mit dynamischen Visualisierungen: Metaanalyse und experimentelle Untersuchungen zu einem naturwissenschaftlichen Lerninhalt.* Universitätsbibliothek Duisburg-Essen.

Höffler, T. & Leutner, D. (2007). Instructional animation versus static pictures: A meta-analysis. *Learning and Instruction*, *17*(6), 722–738. https://doi.org/10.1016/j.learninstruc.2007.09.013

Holland, G. (2007). *Geometrie in der Sekundarstufe: entdecken – konstruieren – deduzieren; didaktische und methodische Fragen* (3., neu bearb. und erw. Aufl.). Franzbecker.

Holmqvist, K., Nyström, M., Anderson, R. C., Dewhurst R., Jarodzka, H. & van de Weijer, J. (2011). *Eye tracking: A comprehensive guide to methods, paradigms, and measures.* Oxford University Press.

Holzäpfel, L., Lacher, M., Leuders, T. & Rott, B. (2018). *Problemlösen lehren lernen: Wege zum mathematischen Denken.* Klett Kallmeyer.

Hölzl, R. (2018). Ähnlichkeit. In H.-G. Weigand, A. Filler, R. Hölzl, S. Kuntze, M. Ludwig, J. Roth, B. Schmidt-Thieme & G. Wittmann (Hrsg.), *Didaktik der Geometrie für die Sekundarstufe I* (S. 203–225). Springer. https://doi.org/10.1007/978-3-662-56217-8_9

Huestegge, L. (2022). *Top-down-Verarbeitung.* Hogrefe. Dorsch Lexikon der Psychologie. https://dorsch.hogrefe.com/stichwort/top-down-verarbeitung

Hyönä, J. (2010). The use of eye movements in the study of multimedia learning. *Learning and Instruction, 20*(2), 172–176. https://doi.org/10.1016/j.learninstruc.2009.02.013

Izsák, A. (2003). "We want a statement that is always true": Criteria for good algebraic representations and the development of modeling knowledge. *Journal for Research in Mathematics Education, 34*(3), 191–227. https://doi.org/10.2307/30034778

Jarodzka, H. (2022). Eye-tracking – ein Versprechen für die MINT-Bildung? In P. Klein, N. Graulich, J. Kuhn & M. Schindler (Hrsg.), *Eye-Tracking in der Mathematik- und Naturwissenschaftsdidaktik* (S. XI–XV). Springer.

Jarodzka, H., Scheiter, K., Gerjets, P. & Van Gog, T. (2010). In the eyes of the beholder: How experts and novices interpret dynamic stimuli. *Learning and Instruction, 20*(2), 146–154. https://doi.org/10.1016/j.learninstruc.2009.02.019

Jarodzka, H., Skuballa, I. & Gruber, H. (2021). Eye-Tracking in educational practice: Investigating visual perception underlying teaching and learning in the classroom. *Educational Psychology Review, 33*(1), 1–10. https://doi.org/10.1007/s10648-020-09565-7

Johnson, C. I. & Mayer, R. E. (2012). An eye movement analysis of the spatial contiguity effect in multimedia learning. *Journal of experimental psychology. Applied, 18*(2), 178–191. https://doi.org/10.1037/a0026923

Johnson-Laird, P. N. (1980). Mental models in cognitive science. *Cognitive Science, 4*(1), 71–115. https://doi.org/10.1207/s15516709cog0401_4

Jong, T. de & Van Joolingen, W. R. (1998). Scientific discovery learning with computer simulations of conceptual domains. *Review of Educational Research, 68*(2), 179–201. https://doi.org/10.2307/1170753

Jörissen, B. & Marotzki, W. (2009). *Medienbildung – Eine Einführung: Theorie – Methoden – Analysen* (1. Auflage). Klinkhardt. https://doi.org/10.36198/9783838531892

Just, M. A. & Carpenter, P. A. (1980). A theory of reading: From eye fixations to comprehension. *Psychological Review, 87*(4), 329–354. https://doi.org/10.1037/0033-295X.87.4.329

Kaitera, S. & Harmoinen, S. (2022). Developing mathematical problem-solving skills in primary school by using visual representations on heuristics. *LUMAT: International Journal on Math, Science and Technology Education, 10*(2). https://doi.org/10.31129/LUMAT.10.2.1696

Kalyuga, S. (2008). Relative effectiveness of animated and static diagrams: An effect of learner prior knowledge. *Computers in Human Behavior, 24*(3), 852–861. https://doi.org/10.1016/j.chb.2007.02.018

Kalyuga, S. (2021). The Expertise Reversal Principle in Multimedia Learning. In R. E. Mayer & L. Fiorella (Hrsg.), *The Cambridge Handbook of Multimedia Learning* (S. 171–182). Cambridge University Press. https://doi.org/10.1017/9781108894333.017

Kalyuga, S. & Sweller, J. (2021). The redundancy principle in multimedia learning. In R. E. Mayer & L. Fiorella (Hrsg.), *The Cambridge handbook of multimedia learning* (3. Aufl., S. 212–220). Cambridge University Press. https://doi.org/10.1017/9781108894333.021

Kieran, C. (2007). Learning and teaching algebra at the middle school through college levels. In F. K. Lester (Hrsg.), *Handbook of research on mathematics teaching and learning: A project of the national council of teachers of mathematics* (S. 707–762). Macmillan.

Klein, C. & Ettinger, U. (2019). *Eye movement research: An introduction to its scientific foundations and applications.* Springer.

Kleinert, E. (2019). *Mathematische Modelle des Kontinuums.* Springer. https://doi.org/10.1007/978-3-662-59679-1

Klinger, M. (2018). *Funktionales Denken beim Übergang von der Funktionenlehre zur Analysis: Entwicklung eines Testinstruments und empirische Befunde aus der gymnasialen Oberstufe.* Springer. https://doi.org/10.1007/978-3-658-20360-3

Klinger, M. & Barzel, B. (2019). Der Funktionsbegriff: Zur Illusion von Linearität und anderen Hürden beim funktionalen Denken. *Unikate: Berichte aus Forschung und Lehre, 53,* 35–46. https://doi.org/10.17185/duepublico/48757

Koning, B. B. de & Tabbers, H. K. (2011). Facilitating understanding of movements in dynamic visualizations: An embodied perspective. *Educational Psychology Review, 23*(4), 501–521. https://doi.org/10.1007/s10648-011-9173-8

Kopp, B. (2021). *Schematheorie im Dorsch Lexikon der Psychologie.* https://dorsch.hogrefe.com/stichwort/schematheorie

Kopp, B. & Caspar, F. (2021). *Schema.* Hogrefe. Dorsch Lexikon der Psychologie. https://dorsch.hogrefe.com/stichwort/schema

Kosslyn, S. M. (1994). *Image and brain: The resolution of the imagery debate.* The MIT Press.

Koßmann, R. (2024). Vom Zweisatz zum Dreisatz? Rekonstruktion einer Stunde inklusiven Mathematikunterrichts. In G. Wilm, R. Koßmann, S. Böse & Fabel-Lamla, Melanie, Meyer-Jain, Cara (Hrsg.), *Videographische Forschung zu inklusivem Unterricht. Erziehungswissenschaftliche und fachdidaktische Perspektiven.* (S. 119–136). Julius Klinkhardt.

Kozma, R. B. & Russell, J. (1997). Multimedia and understanding: Expert and novice responses to different representations of chemical phenomena. *Journal of Research in Science Teaching, 34*(9), 949–968. https://doi.org/10.1002/(SICI)1098-2736(199711)34:9<949::AID-TEA7>3.0.CO;2-U

Krapp, A. (1992). Interesse, Lernen und Leistung. Neue Forschungsansätze in der Pädagogischen Psychologie. *Zeitschrift für Pädagogik, 38,* 747–770.

Krapp, A. (2002). Structural and dynamic aspects of interest development: Theoretical considerations from an ontogenetic perspective. *Learning and Instruction, 12*(4), 383–409. https://doi.org/10.1016/S0959-4752(01)00011-1

Krawitz, J. & Schukajlow, S. (2020). When can making a drawing hinder problem solving? Effect of the drawing strategy on linear overgeneralizations and problem solving. *Frontiers in psychology, 11,* 506. https://doi.org/10.3389/fpsyg.2020.00506

Krey, O. & Schwanewedel, J. (2018). Lernen mit externen Repräsentationen. In D. Krüger, I. Parchmann & H. Schecker (Hrsg.), *Theorien in der naturwissenschaftsdidaktischen Forschung*. Springer.

Krummenacher, J. (2021). *Aufmerksamkeit*. Hogrefe. Dorsch Lexikon der Psychologie. https://dorsch.hogrefe.com/stichwort/aufmerksamkeit

Kuckartz, U. (2018). *Qualitative Inhaltsanalyse: Methoden, Praxis, Computerunterstützung* (4., überarbeitete Auflage). Beltz.

Kultusministerkonferenz. (2004). *Bildungsstandards im Fach Mathematik für den Mittleren Schulabschlus: Beschluss vom 4.12.2003*. Wolters Kluwer.

Kultusministerkonferenz. (2005). *Bildungsstandards im Fach Mathematik für den Primarbereich.: Beschluss vom 15.10.2004*. Wolters Kluwer.

Kultusministerkonferenz. (2022a). *Bildungsstandards für das Fach Mathematik: Erster Schulabschluss (ESA) und Mittlerer Schulabschluss (MSA)*. Beschluss der Kultusministerkonferenz vom 15.10.2004 und vom 4.12.2003 i.d.F. vom 23.06.2022. https://www.kmk.org/fileadmin/Dateien/veroeffentlichungen_beschluesse/2022/2022_06_23-Bista-ESA-MSA-Mathe.pdf

Kultusministerkonferenz. (2022b). *Bildungsstandards für das Fach Mathematik: Primarbereich*. Beschluss der Kultusministerkonferenz vom 15.10.2004 i.d.F. vom 23.06.2022. https://www.kmk.org/fileadmin/Dateien/veroeffentlichungen_beschluesse/2022/2022_06_23-Bista-Primarbereich-Mathe.pdf

Kuntze, S. (2018). Flächeninhalt und Volumen. In H.-G. Weigand, A. Filler, R. Hölzl, S. Kuntze, M. Ludwig, J. Roth, B. Schmidt-Thieme & G. Wittmann (Hrsg.), *Didaktik der Geometrie für die Sekundarstufe I* (S. 149–177). Springer. https://doi.org/10.1007/978-3-662-56217-8_7

Lai, M.-L., Tsai, M.-J., Yang, F.-Y., Hsu, C.-Y., Liu, T.-C., Lee, S. W.-Y., Lee, M.-H., Chiou, G.-L., Liang, J.-C. & Tsai, C.-C. (2013). A review of using eye-tracking technology in exploring learning from 2000 to 2012. *Educational Research Review, 10*, 90–115. https://doi.org/10.1016/j.edurev.2013.10.001

Lamon, S. (1993). Ratio and proportion: Connecting content and children's thinking. *Journal for Research in Mathematics Education, 24*(1), 41–61. https://doi.org/10.5951/jresemath educ.24.1.0041

Landis, J. R. & Koch, G. G. (1977). The measurement of observer agreement for categorical data. *Biometrics, 33*(1), 159–174. https://doi.org/10.2307/2529310

Larkin, J. H. & Simon, H. A. (1987). Why a diagram is (sometimes) worth ten thousand words. *Cognitive Science, 11*(1), 65–100. https://doi.org/10.1111/j.1551-6708.1987.tb0 0863.x

Larson, A., Loschky, L., Matz, E., Smerchek, S., Weber, P. & Berger, L. (2008). The roles of central versus peripheral visual information in recognizing scene gist. *Journal of vision, 8*(6), 737. https://doi.org/10.1167/8.6.737

Lee, W.-K. & Wu, C.-J. (2018). Eye movements in integrating geometric text and figure: Scanpaths and given-new effects. *International Journal of Science and Mathematics Education, 16*(4), 699–714. https://doi.org/10.1007/s10763-016-9790-2

Lester, F. K. (Hrsg.). (2007). *Handbook of research on mathematics teaching and learning: A project of the national council of teachers of mathematics*. Macmillan.

Lester, F. K. & Cai, J. (2016). Can mathematical problem solving be taught? Preliminary answers from 30 years of research. In P. Felmer, E. Pehkonen & J. Kilpatrick (Hrsg.),

Research in mathematics education. Posing and solving mathematical problems: Advances and new perspectives (S. 117–135). Springer. https://doi.org/10.1007/978-3-319-280 23-3_8
Leutner, D., Leopold, C. & Sumfleth, E. (2009). Cognitive load and science text comprehension: Effects of drawing and mentally imagining text content. *Computers in Human Behavior*, *25*(2), 284–289. https://doi.org/10.1016/j.chb.2008.12.010
Levin, J. R. (1981). On the functions of pictures in prose. In F. J. Pirozzolo (Hrsg.), *Neuropsychological and cognitive processes in reading* (S. 203–228). Acad. Press.
Liljedahl, P., Santos-Trigo, M., Malaspina, U. & Bruder, R. (2016). *Problem solving in mathematics education*. Springer. https://doi.org/10.1007/978-3-319-40730-2
Lin, J. J. H. & Lin, S. S. J. (2014). Tracking eye movements when solving geometry problems with handwriting devices. *Journal of Eye Movement Research*, *7*(1), 1–14. https://doi.org/10.16910/jemr.7.1.2
Lincoln, Y. S. & Guba, E. G. (1985). *Naturalistic inquiry*. Sage.
López, J., Robles, I. & Martínez-Planell, R. (2016). Students' understanding of quadratic equations. *International Journal of Mathematical Education in Science and Technology*, *47*(4), 552–572. https://doi.org/10.1080/0020739X.2015.1119895
Lowe, R. K. (2003). Animation and learning: Selective processing of information in dynamic graphics. *Learning and Instruction*, *13*(2), 157–176. https://doi.org/10.1038/36846
Lowe, R. K. (2004). Interrogation of a dynamic visualization during learning. *Learning and Instruction*, *14*(3), 257–274. https://doi.org/10.1016/j.learninstruc.2004.06.003
Luck, S. J. & Vogel, E. K. (1997). The capacity of visual working memory for features and conjunctions. *Nature*, *390*(6657), 279–281. https://doi.org/10.1038/36846
Ludwig, M., Filler, A. & Lambert, A. (2015). *Geometrie zwischen Grundbegriffen und Grundvorstellungen*. Springer. https://doi.org/10.1007/978-3-658-06835-6
Ludwig, M. & Weigand, H.-G. (2018). Konstruieren. In H.-G. Weigand, A. Filler, R. Hölzl, S. Kuntze, M. Ludwig, J. Roth, B. Schmidt-Thieme & G. Wittmann (Hrsg.), *Didaktik der Geometrie für die Sekundarstufe I* (S. 43–66). Springer. https://doi.org/10.1007/978-3-662-56217-8_3
Mandl, H. & Friedrich, H. F. (Hrsg.). (2006). *Handbuch Lernstrategien*. Hogrefe.
Manor, B. R. & Gordon, E. (2003). Defining the temporal threshold for ocular fixation in free-viewing visuocognitive tasks. *Journal of neuroscience methods*, *128*(1–2), 85–93. https://doi.org/10.1016/s0165-0270(03)00151-1
Mason, L. (2001). Introducing talk and writing for conceptual change: A classroom study. *Learning and Instruction*, *11*(4–5), 305–329. https://doi.org/10.1016/S0959-4752(00)000 35-9
Mason, L., Pluchino, P. & Tornatora, M. C. (2015). Eye-movement modeling of integrative reading of an illustrated text: Effects on processing and learning. *Contemporary Educational Psychology*, *41*, 172–187. https://doi.org/10.1016/j.cedpsych.2015.01.004
Mason, L., Pluchino, P., Tornatora, M. C. & Ariasi, N. (2013). An eye-tracking study of learning from science text with concrete and abstract illustrations. *The Journal of Experimental Education*, *81*(3), 356–384. https://doi.org/10.1080/00220973.2012.727885
Maxwell, S. E., Delaney, H. D. & Kelley, K. (2017). *Designing experiments and analyzing data: A model comparison perspective* (3. Aufl.). Routledge. https://doi.org/10.4324/978 1315642956

Mayer, R. E. (2008). Applying the science of learning: Evidence-based principles for the design of multimedia instruction. *American Psychologist*, *63*(8), 760–769. https://doi.org/10.1037/0003-066X.63.8.760

Mayer, R. E. (2014). Cognitive theory of multimedia learning. In R. E. Mayer (Hrsg.), *The Cambridge handbook of multimedia learning* (2. Aufl., S. 43–71). https://doi.org/10.1017/CBO9781139547369

Mayer, R. E. (2021). *Multimedia learning* (Third edition). Cambridge University Press. https://doi.org/10.1017/9781316941355

Mayer, R. E. & Fiorella, L. (2021). Introduction to multimedia learning. In R. E. Mayer & L. Fiorella (Hrsg.), *The Cambridge handbook of multimedia learning* (3. Aufl., S. 3–16). Cambridge University Press. https://doi.org/10.1017/9781108894333.003

Mayer, R. E. & Hegarty, M. (1996). The process of understanding mathematical problems. In R. J. Sternberg & T. Ben-Zeev (Hrsg.), *The nature of mathematical thinking* (S. 29–53). Lawrence Erlbaum.

Mayer, R. E. & Moreno, R. (2003). Nine ways to reduce cognitive load in multimedia learning. *Educational Psychologist*, *38*(1), 43–52. https://doi.org/10.1207/S15326985EP3801_6

Mayring, P. (2022). *Qualitative Inhaltsanalyse: Grundlagen und Techniken* (13. Neuausgabe). Beltz.

McNeil, N. M. & Alibali, M. W. (2005). Why won't you change your mind? Knowledge of operational patterns hinders learning and performance on equations. *Child development*, *76*(4), 883–899. https://doi.org/10.1111/j.1467-8624.2005.00884.x

Medjedović, I. (2014). *Qualitative Sekundäranalyse: Zum Potenzial einer neuen Forschungsstrategie in der empirischen Sozialforschung.* Springer. https://doi.org/10.1007/978-3-658-05488-5

Miller, G. A. (1956). The magical number seven, plus or minus two: Some limits on our capacity for processing information. *Psychological Review*, *63*(2), 81–97. https://doi.org/10.1037/h0043158

Ministerium für Schule und Bildung des Landes Nordrhein-Westfalen (Hrsg.). (2004a). *Kernlehrplan für das Gymnasium – Sekundarstufe I in Nordrhein-Westfalen: Mathematik.* Ritterbach.

Ministerium für Schule und Bildung des Landes Nordrhein-Westfalen (Hrsg.). (2022b). *Kernlehrplan für die Sekundarstufe I Gesamtschule/Sekundarschule in Nordrhein-Westfalen: Mathematik.*

Ministerium für Schule und Bildung des Landes Nordrhein-Westfalen (Hrsg.). (2022a). *Kernlehrplan für die Sekundarstufe I Gymnasium in Nordrhein-Westfalen: Mathematik.*

Modestou, M. & Gagatsis, A. (2007b). Students' improper proportional reasoning: A result of the epistemological obstacle of "linearity". *Educational Psychology*, *27*(1), 75–92. https://doi.org/10.1080/01443410601061462

Modestou, M. & Gagatsis, A. (2010). Cognitive and metacognitive aspects of proportional reasoning. *Mathematical Thinking and Learning*, *12*(1), 36–53. https://doi.org/10.1080/10986060903465822

MULTIMA-Team. (Unveröffentlichtes Manuskript/2011). *Skalenhandbuch Multima Unterrichtsstudie.*

Myers, D. G. & DeWall, C. N. (2023). *Psychologie.* Springer. https://doi.org/10.1007/978-3-662-66765-1

National Council of Teachers of Mathematics. Curriculum. (1989). *Curriculum and evaluation standards for school mathematics*. NTCM.

Newell, A. & Simon, H. A. (1972). *Human problem solving*. Prentice-Hall.

Nitz, S. & Fechner, S. (2018). Mentale Modelle. In D. Krüger, I. Parchmann & H. Schecker (Hrsg.), *Theorien in der naturwissenschaftsdidaktischen Forschung* (S. 69–86). Springer. https://doi.org/10.1007/978-3-662-56320-5_5

Noetel, M., Griffith, S., Delaney, O., Harris, N. R., Sanders, T., Parker, P., Del Pozo Cruz, B. & Lonsdale, C. (2022). Multimedia design for learning: An overview of reviews with meta-meta-analysis. *Review of Educational Research*, *92*(3), 413–454. https://doi.org/10.3102/00346543211052329

OECD. (2004). *Learning for tomorrow's world: First results from PISA 2003*. OECD Publishing. https://doi.org/10.1787/9789264006416-en

OECD. (2013). *PISA 2012 results: Creative problem solving (Volume V): Students' skills in tackling real-life pro* (PISA). OECD Publishing. https://doi.org/10.1787/9789264190511-en

OECD. (2017). *PISA 2015 results (Volume V): Collaborative problem solving*. OECD Publishing. https://doi.org/10.1787/9789264285521-en

OECD. (2024). *PISA 2022 results (Volume III): Creative minds, creative schools*. OECD Publishing. https://doi.org/10.1787/765ee8c2-en

Oliva, A. & Torralba, A. (2006). Building the gist of a scene: The role of global image features in recognition. *Progress in brain research*, *155*, 23–36. https://doi.org/10.1016/S0079-6123(06)55002-2

Onkhar, V., Dodou, D. & Winter, J. C. F. de (2024). Evaluating the Tobii Pro Glasses 2 and 3 in static and dynamic conditions. *Behavior research methods*, *56*(5), 4221–4238. https://doi.org/10.3758/s13428-023-02173-7

Op't Eynde, P., Corte, E. de & Verschaffel, L. (2002). Framing students' mathematics-related beliefs. In G. C. Leder, E. Pehkonen & G. Törner (Hrsg.), *Beliefs: A hidden variable in mathematics education?* (S. 13–37). Springer. https://doi.org/10.1007/0-306-47958-3_2

Otto, B., Perels, F. & Schmitz, B. (2011). Selbstreguliertes Lernen. In H. Reinders, H. Ditton, C. Gräsel & B. Gniewosz (Hrsg.), *Empirische Bildungsforschung* (S. 33–44). VS Verlag für Sozialwissenschaften. https://doi.org/10.1007/978-3-531-93021-3_3

Paas, F. & Sweller, J. (2021). Implications of cognitive load theory for multimedia learning. In R. E. Mayer & L. Fiorella (Hrsg.), *The Cambridge handbook of multimedia learning* (3. Aufl., S. 73–81). Cambridge University Press. https://doi.org/10.1017/9781108894333.009

Paić-Antunović, J. & Vlahović-Štetić, V. (2011). The effect of feedback on the intensity of the illusion of linearity in high-school students' solving of geometry problems. *Review of Psychology*, *18*(1), 23–32.

Paivio, A. (1990). *Mental representations*. Oxford University Press. https://doi.org/10.1093/acprof:oso/9780195066661.001.0001

Palmer, S. E. (2024). Fundamental aspects of cognitive representation. In *Cognition and Categorization* (S. 259–303). Routledge. https://doi.org/10.4324/9781032633275-13

Pavlin-Bernardić, N. & Mateša, B. (2012). Illusion of linearity in area and volume problems: Do metacognitive and visual scaffolds help university students? *Review of Psychology*, *19*(2), 141–146.

Peeck, J. (1993). Increasing picture effects in learning from illustrated text. *Learning and Instruction, 3*(3), 227–238. https://doi.org/10.1016/0959-4752(93)90006-L

Pekrun, R., Julien, S., Zirngibl, A., Blum, W., Goetz, T., vom Hofe, R. & Jordan A. (2003). *Skalenhandbuch Palma Erhebungswelle II.*

Phillips, C. J. (2014). In accordance with a "more majestic order". The new math and the nature of mathematics at midcentury. *Isis; an international review devoted to the history of science and its cultural influences, 105*(3), 540–563. https://doi.org/10.1086/678170

Pólya, G. (1973). *How to solve it: A new aspect of mathematical methods* (2. Aufl.). Princeton University Press.

Posner, G., Strike, K. A., Hewson, P. W. & Gertzog, W. A. (1982). Accommodation of a scientific conception: Toward a theory of conceptual change. *Science Education, 66*(2), 211–227. https://doi.org/10.1002/sce.3730660207

Posner, M. (1980). Orienting of attention. *The Quarterly journal of experimental psychology, 32*(1), 3–25. https://doi.org/10.1080/00335558008248231

Potter, M. C. (1975). Meaning in visual search. *Science, 187*(4180), 965–966. https://doi.org/10.1126/science.1145183

Presmeg, N. C. (1986). Visualisation and mathematical giftedness. *Educational Studies in Mathematics, 17*(3), 297–311. https://doi.org/10.1007/BF00305075

Presmeg, N. C. (2006). Research on visualization in learning and teaching mathematics. In A. Gutiérrez & P. Boero (Hrsg.), *Handbook of research on the psychology of mathematics education: Past, present and future* (S. 205–236). Sense Publishers.

Puentedura, R. (2006). *Transformation, technology, and education.* http://hippasus.com/resources/tte/

Putarek, V. & Vlahović-Štetić, V. (2019). Metacognitive feelings, conflict detection and illusion of linearity. *Psychological Topics, 28*(1), 171–192. https://doi.org/10.31820/pt.28.1.9

Radach, R., Günther, T. & Huestegge, L. (2012). Blickbewegungen beim Lesen, Leseentwicklung und Legasthenie. *Lernen und Lernstörungen, 1*(3), 185–204. https://doi.org/10.1024/2235-0977/a000019

Rakoczi, G. (2012). Eye Tracking in Forschung und Lehre. Möglichkeiten und Grenzen eines vielversprechenden Erkenntnismittels. In G. S. Csanyi, F. Reichl & A. Steiner (Hrsg.), *Digitale Medien – Werkzeuge für exzellente Forschung und Lehre* (S. 87–98). Waxmann. https://doi.org/10.25656/01:8301

Rakoczy, K., Buff, A. & Lipowsky, F. (2005). *Dokumentation der Erhebungs- und Auswertungsinstrumente zur schweizerisch-deutschen Videostudie. „Unterrichtsqualität"* (Materialien zur Bildungsforschung) Nr. 13). GFPF.

Rayner, K. (1998). Eye movements in reading and information processing: 20 years of research. *Psychological bulletin, 124*(3), 372–422. https://doi.org/10.1037/0033-2909.124.3.372

Rayner, K. (2009). Eye movements and attention in reading, scene perception, and visual search. *Quarterly journal of experimental psychology (2006), 62*(8), 1457–1506. https://doi.org/10.1080/17470210902816461.

Redish, E. (2022). Using math in physics: 5. Functional dependence. *The Physics Teacher, 60*(1), 18–21. https://doi.org/10.1119/5.0040055

Reichle, E. D., Rayner, K. & Pollatsek, A. (2003). The E-Z reader model of eye-movement control in reading: Comparisons to other models. *The Behavioral and brain sciences*, *26*(4), 445–476. https://doi.org/10.1017/S0140525X03000104

Rellensmann, J. (2019). *Selbst erstellte Skizzen beim mathematischen Modellieren*. Springer. https://doi.org/10.1007/978-3-658-24917-5

Rellensmann, J., Schukajlow, S., Blomberg, J. & Leopold, C. (2022). Effects of drawing instructions and strategic knowledge on mathematical modeling performance: Mediated by the use of the drawing strategy. *Applied Cognitive Psychology*, *36*(2), 402–417. https://doi.org/10.1002/acp.3930

Rellensmann, J., Schukajlow, S., Blomberg, J. & Leopold, C. (2023). Does strategic knowledge matter? Effects of strategic knowledge about drawing on students' modeling competencies in the domain of geometry. *Mathematical Thinking and Learning*, *25*(3), 296–316. https://doi.org/10.1080/10986065.2021.2012741

Renkl, A. & Scheiter, K. (2017). Studying visual displays: How to instructionally support learning. *Educational Psychology Review*, *29*(3), 599–621. https://doi.org/10.1007/s10648-015-9340-4

Reusser, K. (1988). Problem solving beyond the logic of things: Contextual effects on understanding and solving word problems. *Instructional Science*, *17*(4), 309–338. https://doi.org/10.1007/BF00056219

Reuter, T., Schnotz, W. & Rasch, R. (2015). Drawings and tables as cognitive tools for solving non-routine word problems in primary school. *American Journal of Educational Research*, *3*, 1187–1197. https://doi.org/10.12691/education-3-11-7

Richland, L. E., Kornell, N. & Kao, L. S. (2009). The pretesting effect: Do unsuccessful retrieval attempts enhance learning? *Journal of experimental psychology. Applied*, *15*(3), 243–257. https://doi.org/10.1037/a0016496

Rinck, M. (2016). *Lernen: Ein Lehrbuch für Studium und Praxis*. Kohlhammer. https://doi.org/10.17433/978-3-17-026041-2

Rink, R. (2013). *Zum Verhältnisbegriff im Mathematikunterricht: Theoretische Grundlegung und Analyse kindlicher Vorgehensweisen im Umgang mit Verhältnissen im vierten Schuljahr* (Bd. 79). Franzbecker.

Rittle-Johnson, B., Schneider, M. & Star, J. R. (2015). Not a one-way street: Bidirectional relations between procedural and conceptual knowledge of mathematics. *Educational Psychology Review*, *27*(4), 587–597. https://doi.org/10.1007/s10648-015-9302-x

Rittle-Johnson, B., Siegler, R. S. & Alibali, M. W. (2001). Developing conceptual understanding and procedural skill in mathematics: An iterative process. *Journal of Educational Psychology*, *93*(2), 346–362. https://doi.org/10.1037/0022-0663.93.2.346

Rittle-Johnson, B. & Star, J. R. (2007). Does comparing solution methods facilitate conceptual and procedural knowledge? An experimental study on learning to solve equations. *Journal of Educational Psychology*, *99*(3), 561–574. https://doi.org/10.1037/0022-0663.99.3.561

Rival, I. (1987). Picture puzzling: Mathematicians are rediscovering the power of pictorial reasoning. *The Sciences*, *27*, 41–46.

Ronghuan, J., Xiaodong, L., Ping, X. & Tingting, M. (2020). Why students are biased by heuristics: Examining the role of inhibitory control, conflict detection, and working memory in the case of overusing proportionality. *Cognitive Development*, *53*, 100850. https://doi.org/10.1016/j.cogdev.2020.100850

Roth, J. (2006). Bewegliches Denken im Mathematikunterricht. *Journal für Mathematik-Didaktik*, *27*(1), 83–84. https://doi.org/10.1007/BF03340107

Roth, J. (2015). Lernpfade – Definition, Gestaltungskriterien und Unterrichtseinsatz. In E. Süss-Stepancik & H. Wiesner (Hrsg.), *Medienvielfalt im Mathematikunterricht: Lernpfade als Weg zum Ziel* (S. 3–25). Springer. https://doi.org/10.1007/978-3-658-06449-5_1

Rott, B. (2015). *Mathematisches Problemlösen: Ergebnisse einer empirischen Studie*. WTM. https://ebookcentral.proquest.com/lib/kxp/detail.action?docID=6274173

Rott, B. (2018). Empirische Zugänge zu Heurismen und geistiger Beweglichkeit in den Problemlöseprozessen von Fünft- und Sechstklässlern. *Mathematica Didactica*(41), 47–76. https://doi.org/10.18716/ojs/md/2018.1135 (47 – 76 Pages / mathematica didactica, Vol. 41 No. 1 (2018) / mathematica didactica Vol. 41 No. 1 (2018).

Rouche, N. (1992). *Le sens de la mesure: Des grandeurs aux nombres rationnels*. Didier Hatier.

Rożek, B., Błasiak, W., Andrzejewska, M., Godlewska, M., Pęczkowski, P., Rosiek, R., Sajka, M., Stolińska, A. & Wcisło, D. (2014). The eye-tracking research method in the process of solving mathematical tasks requiring drawing analysis. *Didactics of Mathematics*(11), 43–58. https://doi.org/10.15611/dm.2014.11.04

Salle, A. (2015). *Selbstgesteuertes Lernen mit neuen Medien: Arbeitsverhalten und Argumentationsprozesse beim Lernen mit interaktiven und animierten Lösungsbeispielen*. Springer. https://doi.org/10.1007/978-3-658-07660-3

Santos-Trigo, M. (2024). Problem solving in mathematics education: Tracing its foundations and current research-practice trends. *ZDM*, *56*(2), 211–222. https://doi.org/10.1007/s11858-024-01578-8

Scheiter, K. (2021a). Lernen und Lehren mit digitalen Medien: Eine Standortbestimmung. *Zeitschrift fur Erziehungswissenschaft : ZfE*, *24*(5), 1039–1060. https://doi.org/10.1007/s11618-021-01047-y

Scheiter, K. (2021b). *Visualisierung*. Hogrefe. Cambridge Handbooks in Psychology. https://dorsch.hogrefe.com/stichwort/visualisierung

Scheiter, K., Richter, J. & Renkl, A. (2020). Multimediales Lernen: Lehren und Lernen mit Texten und Bildern. In H. Niegemann & A. Weinberger (Hrsg.), *Handbuch Bildungstechnologie* (S. 31–56). Springer. https://doi.org/10.1007/978-3-662-54368-9_4

Scheiter, K. & Van Gog, T. (2009). Using eye tracking in applied research to study and stimulate the processing of information from multi-representational sources. *Applied Cognitive Psychology*, *23*(9), 1209–1214. https://doi.org/10.1002/acp.1524

Schindler, M. (2021). Eye-Tracking in der mathematikdidaktischen Forschung: Chancen und Herausforderungen. In K. Hein, C. Heil, S. Ruwisch & S. Prediger (Hrsg.), *Beiträge zum Mathematikunterricht 2021: Vom GDM-Monat 2021 der Gesellschaft für Didaktik der Mathematik (GDM)*. WTM-Stein.

Schindler, M. & Lilienthal, A. J. (2019). Domain-specific interpretation of eye tracking data: towards a refined use of the eye-mind hypothesis for the field of geometry. *Educational Studies in Mathematics*, *101*(1), 123–139. https://doi.org/10.1007/s10649-019-9878-z

Schmitz, A. (2017). *Beliefs von Lehrerinnen und Lehrern der Sekundarstufen zum Visualisieren im Mathematikunterricht*. Springer. https://doi.org/10.1007/978-3-658-18425-4

Schmitz, M. (2022). *Dekorative und repräsentative Bilder beim mathematischen Modellieren – Eine Eyetracking Studie*. Westfälische Wilhelms-Universität Münster.

Schnell, R., Hill, P. B. & Esser, E. (2011). *Methoden der empirischen Sozialforschung.* Oldenbourg Wissenschaftsverlag. https://books.google.de/books?id=d37SHMEuJAkC

Schnotz, W. (2005). An integrated model of text and picture comprehension. In R. E. Mayer (Hrsg.), *The Cambridge handbook of multimedia learning* (S. 49–70). Cambridge University Press. https://doi.org/10.1017/CBO9780511816819.005

Schnotz, W. (2014). Integrated model of text and picture comprehension. In R. E. Mayer (Hrsg.), *The Cambridge handbook of multimedia learning* (2. Aufl., S. 72–103). Cambridge University Press. https://doi.org/10.1017/CBO9781139547369.006

Schnotz, W. (2021). Integrated model of text and picture comprehension. In R. E. Mayer & L. Fiorella (Hrsg.), *The Cambridge handbook of multimedia learning* (3. Aufl., S. 82–99). Cambridge University Press. https://doi.org/10.1017/9781108894333.010

Schnotz, W. (2023). *Multimedia comprehension.* Cambridge University Press. https://doi.org/10.1017/9781009303255

Schnotz, W., Baadte, C., Müller, A. & Rasch, R. (2010). Creative thinking and problem solving with depictive and descriptive representations. In L. Verschaffel, E. de Corte, T. de Jong & J. Elen (Hrsg.), *Use of Representations in Reasoning and Problem Solving.* Routledge.

Schnotz, W. & Bannert, M. (2003). Construction and interference in learning from multiple representation. *Learning and Instruction, 13*(2), 141–156. https://doi.org/10.1016/S0959-4752(02)00017-8

Schnotz, W. & Kürschner, C. (2007). A reconsideration of cognitive load theory. *Educational Psychology Review, 19*(4), 469–508. https://doi.org/10.1007/s10648-007-9053-4

Schnotz, W. & Lowe, R. K. (2003). External and internal representations in multimedia learning. *Learning and Instruction, 13*(2), 117–123. https://doi.org/10.1016/S0959-4752(02)00015-4

Schnotz, W. & Rasch, T. (2005). Enabling, facilitating, and inhibiting effects of animations in multimedia learning: Why reduction of cognitive load can have negative results on learning. *Educational Technology Research and Development, 53*(3), 47–58. https://doi.org/10.1007/BF02504797

Schoenfeld, A. (1985). *Mathematical problem solving.* Academic Press.

Schoenfeld, A. (2016). PLearning to think mathematically: Problem solving, metacognition, and sense making in mathematics (reprint). *Journal of Education, 196*(2), 1–38. https://doi.org/10.1177/002205741619600202

Schoenherr, J. & Schukajlow, S. (2024). Characterizing external visualization in mathematics education research: A scoping review. *ZDM, 56*(1), 73–85. https://doi.org/10.1007/s11858-023-01494-3

Schoenherr, J., Strohmaier, A. R. & Schukajlow, S. (2024). Learning with visualizations helps: A meta-analysis of visualization interventions in mathematics education. *Educational Research Review, 45*, 100639. https://doi.org/10.1016/j.edurev.2024.100639

Schwamborn, A., Mayer, R. E., Thillmann, H., Leopold, C. & Leutner, D. (2010). Drawing as a generative activity and drawing as a prognostic activity. *Journal of Educational Psychology, 102*(4), 872–879. https://doi.org/10.1037/a0019640

Sercenia, J. C. & Prudente, M. S. (2023). Effectiveness of the metacognitive-based pedagogical intervention on mathematics achievement: A meta-analysis. *International Journal of Instruction, 16*(4), 561–578. https://doi.org/10.29333/iji.2023.16432a

Seufert, T., Hamm, V., Vogt, A. & Riemer, V. (2024). The interplay of cognitive load, learners' resources and self-regulation. *Educational Psychology Review, 36*(2), 50. https://doi.org/10.1007/s10648-024-09890-1

Siegler, R. S. (2005). Children's learning. *American Psychologist, 60*(8), 769–778. https://doi.org/10.1037/0003-066X.60.8.769

Smith, J. P., Males, L. M. & Gonulates, F. (2016). Conceptual limitations in curricular presentations of area measurement: One nation's challenges. *Mathematical Thinking and Learning, 18*(4), 239–270. https://doi.org/10.1080/10986065.2016.1219930

Smith, J. P., van den Heuvel-Panhuizen, M. & Teppo, A. R. (2011). Learning, teaching, and using measurement: Introduction to the issue. *ZDM, 43*(5), 617–620. https://doi.org/10.1007/s11858-011-0369-7

Squire, L. R. (1987). *Memory and brain.* Oxford University Press.

Stanovich, K. E. & West, R. F. (2000). Individual differences in reasoning: Implications for the rationality debate? *Behavioral and Brain Sciences, 23*(5), 645–665. https://doi.org/10.1017/S0140525X00003435

Star, J. R. (2005). Reconceptualizing procedural knowledge. *Journal for Research in Mathematics Education, 36*(5), 404–411.

Steinke, I. (2022). Gütekriterien qualitativer Forschung. In U. Flick, E. von Kardorff & I. Steinke (Hrsg.), *Qualitative Forschung* (14. Auflage, Originalausgabe, S. 319–331). Rowohlt Taschenbuch Verlag.

Stenzel, T. (2023). *Mathematisches Problemlösen in der Studieneingangsphase: Untersuchung von Bearbeitungsprozessen typischer Übungsaufgaben und zyklische Entwicklung einer Fördermaßnahme im Rahmen vorlesungsbegleitender Übungen.* Springer. https://doi.org/10.1007/978-3-658-39052-5

Stiller, D., Krichel, K. & Schwarz, W. (Hrsg.). (2021). *Heuristik im Mathematikunterricht: Bedeutung des Problemlösens in der Geschichte und seine didaktische Funktion für die Zukunft.* Springer. https://doi.org/10.1007/978-3-662-63752-4

Strasburger, H., Rentschler, I. & Jüttner, M. (2011). Peripheral vision and pattern recognition: A review. *Journal of vision, 11*(5), 13. https://doi.org/10.1167/11.5.13

Streefland, L. (1984). Search for the roots of ratio: Some thoughts on the long term learning process (towards ... a theory). *Educational Studies in Mathematics, 15*(4), 327–348. https://doi.org/10.1007/BF00311111

Strohmaier, A. R., MacKay, K. J., Obersteiner, A. & Reiss, K. M. (2020). Eye-tracking methodology in mathematics education research: A systematic literature review. *Educational Studies in Mathematics, 104*(2), 147–200. https://doi.org/10.1007/s10649-020-09948-1

Stylianou, D. A. (2002). On the interaction of visualization and analysis: The negotiation of a visual representation in expert problem solving. *The Journal of Mathematical Behavior, 21*(3), 303–317. https://doi.org/10.1016/S0732-3123(02)00131-1

Stylianou, D. A. (2011). An examination of middle school students' representation practices in mathematical problem solving through the lens of expert work: Towards an organizing scheme. *Educational Studies in Mathematics, 76*(3), 265–280. https://doi.org/10.1007/s10649-010-9273-2

Stylianou, D. A. (2020). Problem solving in mathematics with multiple representations. In P. Van Meter, A. List, D. Lombardi & P. Kendeou (Hrsg.), *Handbook of learning from multiple representations and perspectives* (S. 107–119). Routledge.

Stylianou, D. A. & Silver, E. A. (2004). The role of visual representations in advanced mathematical problem solving: An examination of expert-novice similarities and differences. *Mathematical Thinking and Learning*, *6*(4), 353–387. https://doi.org/10.1207/s15327833mtl0604_1

Susac, A., Planinic, M., Bubic, A., Jelicic, K. & Palmovic, M. (2023). Linking information from multiple representations: An eye-tracking study. *Frontiers in Education*, *8*, Artikel 1141896. https://doi.org/10.3389/feduc.2023.1141896

Svanteson, J. & Kullberg, A. (2020). Understanding the relationship between length and area when changing the size of a two-dimensional geometric figure. *Nordic Studies in Mathematics Education*, *25*(1), 89–108.

Sweller, J. (1994). Cognitive load theory, learning difficulty, and instructional design. *Learning and Instruction*, *4*(4), 295–312. https://doi.org/10.1016/0959-4752(94)90003-5

Sweller, J. (2005). Implications of cognitive load theory for multimedia learning. In R. E. Mayer (Hrsg.), *The Cambridge handbook of multimedia learning* (S. 19–30). https://doi.org/10.1017/CBO9780511816819.003

Sweller, J. (2011). Chapter two – cognitive load theory. In J. P. Mestre & B. H. Ross (Hrsg.), *Cognition in Education* (Bd. 55, S. 37–76). Academic Press. https://doi.org/10.1016/B978-0-12-387691-1.00002-8

Sweller, J., Van Merriënboer, J. J. G. & Paas, F. (2019). Cognitive architecture and instructional design: 20 years later. *Educational Psychology Review*, *31*(2), 261–292. https://doi.org/10.1007/s10648-019-09465-5

Tabachnick, B. G. & Fidell, L. S. (2013). *Using multivariate statistics* (6. Aufl.). *Pearson custom library*. Pearson.

Tall, D. (1991). *Advanced mathematical thinking*. Springer. https://doi.org/10.1007/0-306-47203-1

Theodoulou, A., Gagatsis, A. & Theodoulou, R. (2005). The illusion of proportionality in solving verbal geometrical problems by sixth grade students and the role of diagrams. In A. Gagatsis, Spagnolo F., G. Makrides & V. Farmaki (Hrsg.), *Proceedings of the 4th Mediterranean Conference on Mathematics Education* (S. 187–200).

Thibaut, M., Tran, T., Szaffarczyk, S. & Boucart, M. (2014). The contribution of central and peripheral vision in scene categorization: A study on people with central vision loss. *Vision Research*, *98*, 46–53. https://doi.org/10.1016/j.visres.2014.03.004

Thomaneck, A., Vollstedt, M. & Schindler, M. (2022). What can eye movements tell about students' interpretations of contextual graphs? A methodological study on the use of the eye-mind hypothesis in the domain of functions. *Frontiers in Education*, *7*, Artikel 1003740. https://doi.org/10.3389/feduc.2022.1003740

Thomaneck, A., Vollstedt, M. & Schindler, M. (2025). Students' approaches when capturing change in contextual graphs: A study combining eye tracking and stimulated recall interviews. *Mathematics Education Research Journal*. Vorab-Onlinepublikation. https://doi.org/10.1007/s13394-025-00517-4

Tirosh, D. & Stavy, R. (1999a). Intuitive rules and comparison tasks. *Mathematical Thinking and Learning*, *1*(3), 179–194. https://doi.org/10.1207/s15327833mtl0103_1

Tirosh, D. & Stavy, R. (1999b). Intuitive rules: A way to explain and predict students' reasoning. *Educational Studies in Mathematics*, *38*(1/3), 51–66. https://doi.org/10.1023/A:1003436313032

Tobii Pro. (2025). *Tobii Pro Glasses 3 user manual (Version 1.3).* https://manuals.plus/m/92720b4483f26e41cfaa3f9c496493ee4f185fdab0877c6f10a63f8bedaa212f.pdf

Tversky, B., Morrison J & Bétrancourt, M. (2002). Animation: Can it facilitate? *International Journal of Human-Computer Studies, 57*(4), 247–262. https://doi.org/10.1006/ijhc.2002.1017

Uesaka, Y. & Manalo, E. (2006). Active comparison as a means of promoting the development of abstract conditional knowledge and appropriate choice of diagrams in math word problem solving. In D. Barker-Plummer, R. Cox & N. Swoboda (Hrsg.), *Diagrammatic representation and inference. Diagrams 2006* (Bd. 4045, S. 181–195). Springer. https://doi.org/10.1007/11783183_25

Uesaka, Y., Manalo, E. & Ichikawa, S. (2007). What kinds of perceptions and daily learning behaviors promote students' use of diagrams in mathematics problem solving? *Learning and Instruction, 17*(3), 322–335. https://doi.org/10.1016/j.learninstruc.2007.02.006

Van Dooren, W., De Bock, D., Bolle, E., Janssens, D. & Verschaffel, L. (2003 a). Secondary school students' illusion of linearity: The role of direct versus indirect perimeter and area measures. *Mediterranean Journal for Research in Mathematics Education, 2*, 19–36.

Van Dooren, W., De Bock, D., Hessels, A., Janssens, D. & Verschaffel, L. (2004 a). Remedying secondary school students' illusion of linearity: A teaching experiment aiming at conceptual change. *Learning and Instruction, 14*(5), 485–501. https://doi.org/10.1016/j.learninstruc.2004.06.019

Van Dooren, W., De Bock, D., Hessels, A., Janssens, D. & Verschaffel, L. (2005). Not everything is proportional: Effects of age and problem type on propensities for overgeneralization. *Cognition and Instruction, 23*(1), 57–86. https://doi.org/10.1207/s1532690xci2301_3

Van Dooren, W., De Bock, D., Janssens, D. & Verschaffel, L. (2008). The linear imperative: An inventory and conceptual analysis of students' overuse of linearity. *Journal for Research in Mathematics Education, 39*(3), 1–30. https://doi.org/10.2307/30034972

Van Dooren, W., De Bock, D., Weyers, D. & Verschaffel, L. (2004 b). The predictive power of intuitive rules: A critical analysis of the impact of 'more A–more B' and 'same A–same B'. *Educational Studies in Mathematics, 56*(3), 179–207. https://doi.org/10.1023/B:EDUC.0000040379.26033.0d

Van Gog, T., Paas, F., Van Merriënboer, J. J. G. & Witte, P. (2005). Uncovering the problem-solving process: Cued retrospective reporting versus concurrent and retrospective reporting. *Journal of experimental psychology. Applied, 11*(4), 237–244. https://doi.org/10.1037/1076-898X.11.4.237

Van Meter, P. (2001). Drawing construction as a strategy for learning from text. *Journal of Educational Psychology, 93*(1), 129–140. https://doi.org/10.1037/0022-0663.93.1.129

Van Meter, P., Aleksic, M., Schwartz, A. & Garner, J. (2006). Learner-generated drawing as a strategy for learning from content area text. *Contemporary Educational Psychology, 31*(2), 142–166. https://doi.org/10.1016/j.cedpsych.2005.04.001

Van Meter, P. & Firetto, C. (2013). Cognitive model of drawing construction: Learning through the construction of drawings. In G. J. Schraw, M. T. McCrudden & D. R. Robinson (Hrsg.), *Learning through visual displays* (S. 247–280). Information Age Publishing.

Van Meter, P. & Garner, J. (2005). The promise and practice of learner-generated drawing: Literature review and synthesis. *Educational Psychology Review, 17*(4), 285–325. https://doi.org/10.1007/s10648-005-8136-3

Verschaffel, L., Corte, E. de, Lasure, S., Van Vaerenbergh, G., Bogaerts, H. & Ratinckx, E. (1999). Learning to solve mathematical application problems: A design experiment with fifth graders. *Mathematical Thinking and Learning*, *1*(3), 195–229. https://doi.org/10.1207/s15327833mtl0103_2

Vlahović-Štetić, V., Pavlin-Bernardić, N. & Rajter, M. (2010). Illusion of linearity in geometry: Effect in multiple-choice problems. *Mathematical Thinking and Learning*, *12*(1), 54–67. https://doi.org/10.1080/10986060903465871

Vollrath, H.-J. (1989). Funktionales Denken. *Journal für Mathematik-Didaktik*, *10*(1), 3–37. https://doi.org/10.1007/BF03338719

Vollrath, H.-J. (1999). Ein Modell für das langfristige Lernen des Begriffs „Flächeninhalt". In H. Henning & H. Besuden (Hrsg.), *Mathematik lernen durch Handeln und Erfahrung: Festschrift zum 75. Geburtstag von Heinrich Besuden*. Bültmann & Gerriets.

vom Hofe, R. (1992). Grundvorstellungen mathematischer Inhalte als didaktisches Modell. *Journal für Mathematik-Didaktik*, *13*(4), 345–364. https://doi.org/10.1007/BF03338785

vom Hofe, R. & Blum, W. (2016). "Grundvorstellungen" as a category of subject-matter didactics. *Journal für Mathematik-Didaktik*, *37*, 225–254. https://doi.org/10.1007/s13138-016-0107-3

vom Hofe, R., Lotz, J. & Salle, A. (2015). Analysis: Leitidee Zuordnung und Veränderung. In R. Bruder, L. Hefendehl-Hebeker, B. Schmidt-Thieme & H.-G. Weigand (Hrsg.), *Handbuch der Mathematikdidaktik* (S. 149–184). Springer. https://doi.org/10.1007/978-3-642-35119-8_6

Vosniadou, S. (2007). The cognitive-situative divide and the problem of conceptual change. *Educational Psychologist*, *42*(1), 55–66. https://doi.org/10.1080/00461520709336918

Wagner, I. (2013). *Lernen mit Animationen: Effekte dynamischer und statischer Visualisierungen auf die Bildung perzeptueller und kognitiver Repräsentationen beim Erwerb von Wissen über dynamische Sachverhalte*. Universität Koblenz-Landau.

Weigand, H.-G., Filler, A., Hölzl, R., Kuntze, S., Ludwig, M., Roth, J., Schmidt-Thieme, B. & Wittmann, G. (Hrsg.). (2018). *Didaktik der Geometrie für die Sekundarstufe I*. Springer. https://doi.org/10.1007/978-3-662-56217-8

Weinert, F. E. (2001). Vergleichende Leistungsmessung in Schulen – eine umstrittene Selbstverständlichkeit. In F. E. Weinert (Hrsg.), *Leistungsmessungen in Schulen* (S. 17–31). Beltz.

Weinstein, C. F. & Mayer, R. E. (1986). The teaching of learning strategies. In M. C. Wittrock (Hrsg.), *Handbook of research on teaching* (3. Aufl., S. 315–372). Macmillan.

West, T. G. (1992). Visual thinkers, mental models and computer visualization. In S. Cunningham & R. J. Hubbold (Hrsg.), *Interactive learning through visualization: IFIP series on computer graphics* (S. 91–102). Springer. https://doi.org/10.1007/978-3-642-77263-4_8

Wild, K.-P. & Schiefele, U. (1994). Lernstrategien im Studium: Ergebnisse zur Faktorenstruktur und Reliabilität eines neuen Fragebogens. *Zeitschrift für Differentielle und Diagnostische Psychologie*, *15*(4), 185–200.

Wilzek, W. (2021). *Zum Potenzial von Anschauung in der mathematischen Hochschullehre: Eine Untersuchung am Beispiel interaktiver dynamischer Visualisierungen in der Analysis*. Springer. https://doi.org/10.1007/978-3-658-35361-2

Winter, H. (1995). Mathematikunterricht und Allgemeinbildung. *Mitteilungen der Gesellschaft für Didaktik der Mathematik*, *21*(61), 37–46.

Wolfe, J. M., Võ, M. L.-H., Evans, K. K. & Greene, M. R. (2011). Visual search in scenes involves selective and nonselective pathways. *Trends in Cognitive Sciences*, *15*(2), 77–84. https://doi.org/10.1016/j.tics.2010.12.001

Wörner, D. (2014). Grundvorstellungen zum Flächeninhaltsbegriff ausbilden – eine exemplarische Studie. *Beiträge zum Mathematikunterricht*, 1327–1330. https://doi.org/10.17877/DE290R-1049

Zhang, J. (1997). The nature of external representations in problem solving. *Cognitive Science*, *21*(2), 179–217. https://doi.org/10.1016/S0364-0213(99)80022-6

Zhang, Q. & Fiorella, L. (2019). Role of generated and provided visuals in supporting learning from scientific text. *Contemporary Educational Psychology*, *59*, 101808. https://doi.org/10.1016/j.cedpsych.2019.101808

Zimmerman, B. J. (2000). Attaining self-regulation. In M. Boekaerts, P. R. Pintrich & M. Zeidner (Hrsg.), *Handbook of self-regulation* (S. 13–39). Academic Press. https://doi.org/10.1016/B978-012109890-2/50031-7

Zimmermann, W. & Cunningham, S. (1991). Editors' introduction: What is mathematical visualization? In W. Zimmermann & S. Cunningham (Hrsg.), *Visualization in teaching and learning mathematics* (S. 1–8). Mathematical Association of America.

FSC
www.fsc.org
MIX
Papier | Fördert gute Waldnutzung
FSC® C083411

Kolibri 360 GmbH
Ferdinand-Jühlke-Straße 7
99095 Erfurt, Deutschland
produktsicherheit@kolibri360.de